日中数学界の近代

西洋数学移入の様相

薩 日 娜

臨川書店

目　　次

序 文（橋本毅彦）

序 論　伝統数学から近代数学へ ……………………………… 8

第1部　清末中国の数学教育 ……………………… 21

第1章　西洋数学との出会い ……………………………… 23
　　第1節　漢訳西洋数学書の成立 ……………………………… 23
　　第2節　伝播と翻訳 ………………………………………… 25
　　この章のまとめ ……………………………………………… 44

第2章　洋務運動期の数学教育 …………………………… 45
　　第1節　伝統教育 …………………………………………… 45
　　第2節　教会学校 …………………………………………… 46
　　第3節　新式学堂 …………………………………………… 48
　　この章のまとめ ……………………………………………… 59

第2部　近代日本の西洋数学 ………………… 63

第3章　軍事教育施設と語学所 …………………………… 65
　　第1節　長崎海軍伝習所 …………………………………… 65
　　第2節　開成所 ……………………………………………… 75
　　第3節　横浜仏語伝習所 …………………………………… 82
　　第4節　静岡学問所と沼津兵学校 ………………………… 88
　　この章のまとめ ……………………………………………… 99

第4章　訓点版漢訳西洋数学書 …………………………… 102
　　第1節　漢訳西洋数学書の日本への伝播 ………………… 102
　　第2節　漢訳西洋数学書がもたらした影響 ……………… 103
　　この章のまとめ ……………………………………………… 123

第3部　学制公布と西洋数学の普及 ……………… 125

第5章　学制による数学教育制度の確立 …………… 127
第1節　学制以前の教育政策 ……………………… 127
第2節　学制と数学教育 …………………………… 129
第3節　珠算の採用 ………………………………… 131
この章のまとめ …………………………………… 134

第6章　日本数学界の変遷 …………………………… 136
第1節　東京数学会社 ……………………………… 137
第2節　東京数学会社の機関誌 …………………… 162
第3節　和洋折衷の学問的理念 …………………… 179
第4節　数学用語の整備と訳語会 ………………… 185
第5節　長沢亀之助と漢訳西洋数学書 …………… 206
第6節　東京数学会社の組織転換 ………………… 215
この章のまとめ …………………………………… 220

第7章　西洋化する日本の数学界 …………………… 222
第1節　西洋数学教育の普及 ……………………… 222
第2節　国際数学界への進出 ……………………… 230
この章のまとめ …………………………………… 240

第4部　清末における教育制度改革 …………… 243

第8章　日本をモデルとした教育改革 ……………… 245
第1節　科挙制度の弊害 …………………………… 245
第2節　変法維新人物の登場 ……………………… 249
第3節　張之洞『勧学篇』 ………………………… 262
第4節　日本への教育視察 ………………………… 270
第5節　周達と日本数学会 ………………………… 287
この章のまとめ …………………………………… 292

第9章　中国人留日学生の数学教育 ………………… 295
第1節　日本への留学生派遣 ……………………… 296
第2節　成城学校 …………………………………… 298

第3節　東京大同学校（清華学校）……………………………… *308*

第4節　第一高等学校 ………………………………………………… *318*

この章のまとめ ……………………………………………………… *346*

第10章　中国における近代数学の発展 ………………………… *349*

第1節　漢訳される日本の数学書 ……………………………… *349*

第2節　帰国した留学生 …………………………………………… *354*

この章のまとめ ……………………………………………………… *357*

結論　中日数学の近代化が意味するもの ………………………… *359*

注　　*371*

参考文献　　*403*

引用図版一覧　　*412*

謝辞　　*414*

索引　　*415*

序 文

　薩日娜（サリナ）氏は，東京大学の大学院で研究生活を送った研究者である。今回出版することになった本書は，その成果である博士論文をベースに新しい知見を加筆して完成させたものである。

　本書は西洋数学の近代の日本と中国への移入を比較的に論じたものである。西洋数学の日本への移入というテーマで，読者は何を思い起こされるだろうか。西洋医学の日本への移入ということであれば，まずは杉田玄白らの『解体新書』の訳出というエピソードが思い浮かぶのではないか。西洋の自然科学の知識に関して言えば，実はそれに先立ち漢訳の西洋学術書という形で中国から紹介されていたが，江戸時代の後半に蘭学という形で日本に多数導入されるようになり，幕末から明治以降は導入の規模も速度も大幅に増大していく。

　では数学はどうだったか。日本には和算という優れた数学の伝統があった。だから杉田玄白が西洋の解剖書に瞠目したような出来事に相当するエピソードが，数学の分野では見当たらないように思う。日本にも中国にも，西洋数学につながる基礎的な部分は理解が共有されており，長い伝統から複雑な算術や幾何学の問題とその解法が発展してきていた。また江戸時代には和算家は家元制度のようにして弟子を養成し，和算家同士が競合してより難しい問題に取り組んでいった。

　そのような既存の専門分野の存在が，数学史における西洋学術の由来に関してユニークで興味深い問題を提示しているといえよう。西洋学術の導入は伝統的な学術とどのような相互作用を起こしたのか。両者は対立したのか，共存したのか。何らかの折衷や融合がなされたのか。最終的に西洋学術が導入され定着されたとしても，何か伝統的な学術の要素が残存することはなかったか。

　本書はこのような興味深い歴史的，学問論的問題に対して，豊かな歴史事例を提供し，深い分析を試みている。日本と中国とを比較することによって，その豊かさ，深さは増しているように思われる。著者の薩日娜氏は，日本と中国の事例を単に対称的・並列的に比較するのではなく，先行する中国の歴史過程を叙述し，続いて日本での革命的でダイナミックな西洋学術導入の過程を分析

し，さらにそのような日本の過程に影響を受けた中国の事情を訪ねていく。両者は比較対照される事例であるとともに，相互に影響し合い，一体として捉えられるべき歴史過程であることが，本書では提示されている。

　中国人であり，長年日本に留学生として滞在した経歴をもつ著者は，この歴史研究の課題に大変よく応えてくれた。雑誌の記事を一つ一つ追いかけ，西洋学術の導入をめぐる会議の議事録をくくり，留学生の個人個人の氏素性をたどる。そのような歴史調査が本書に歴史研究としてのオリジナリティを与えている。

　また日本人読者の目にはなかなか届かない中国の歴史資料や最近の研究文献もよく参照し，中国で西洋学術導入に関わった人物の伝記的背景や，広大な国土を持ち錯綜とした歴史をもつ清末期中国の社会事情について，中央ばかりでなく地方の人物の活動にも目を向けて紹介する。

　明末から清の中期にかけては学術に通じたイエズス会士が多数中国に到来し，西洋の学問を中国に伝えた。清末期になるとイエズス会士に代わり英米の宣教師がやってきて最新の科学知識を紹介し，中国人と協力して学術書を翻訳した。その中の一人にイギリスからやって来たジョン・フライヤーがいる。彼は翻訳書を出版するだけでなく，科学の内容を伝える雑誌も刊行した。その雑誌は十数年の間だったが売れ行きがよく，最初 24 カ所で販売されていたのが，80 カ所に増設され，日本やシンガポールでも販売されたという。雑誌の内容だけを追うのでは知り得ない出版事情，読者層の広がりにも本書は言及している。

　また本書の第四部では，清末に日本に留学した中国人学生を一人ずつ丹念に追っている。彼らが入学した学校の教育課程，彼らの中国での出身や教育的背景などについても丹念に調査している。留学先の一つが東京の第一高等学校であり，そこでの教育のあり方などについても一高の関連資料を参照して論じている。また彼らの帰国後の活動についても中国側の資料で追う。この中国人留学生の動向調査は，豊かな歴史記述を提供するとともに，オリジナリティの高い研究成果として評価されよう。

　中国と日本の西洋数学の導入を比較した際に，最も鮮やかで対照的な差異として浮かび上がるのは，中国が西洋数学で使われる数学式を中国風の縦書きの

書式に書き改めて翻訳したのに対し，日本では速やかに横書きの文章の中に西洋流の数式をそのまま埋め込んで使用するようになったことだろう。現在では理科系の学術書と言えば横書きで文章が書かれ，数式が $ax^2 + bx + c = 0$ などのようにアルファベットを用いて記されるのは当然のことだと思われている。それ以外にどのような書き方があると言うのか，と多くの読者は思うことだろう。それが中国では違ったのである。日本も和算の時代はそうではなかったのだ。甲や乙の漢字を使い，＋や－も独特の伝統的な表記法を利用する。中国では西洋数学を翻訳する際にも伝統方式で表現したが，日本では早い時期に数式をそのまま使うように翻訳法を切り替えた。

　その効果は大きかったと考えられる。本書の構成は，先駆的な中国の漢訳西洋数学書出版等の清末の事情で始まり（第一部），幕末から明治での大規模な西洋学術導入の一環としての西洋数学の導入（第二，第三部），そして清末の 20 世紀初頭に至るまでの日本式に導入された西洋数学の中国への移入（第四部）となっている。西洋数学の導入で先んじていたのに日本に追い越されたという中国の事情を暗示する構成になっている。追い越されたことを中国人に実感させたのは，日清戦争での敗北という歴史的事件だった。しかし多くの知識人はその背後に，日本における西洋の科学技術，そしてその基礎となった西洋数学の速やかな導入があったことに気づいた。この西洋数学の速やかな吸収と定着ということの（多くの要因の中の）一つの要因として，西洋式の数式の利用ということを数えることができよう。

　だがそのように両国の差を指摘しつつも，歴史過程をじっくりと眺めれば，日本における西洋数学の導入過程も，初めから西洋式一辺倒で進んだ訳ではないことを本書は教えてくれる。前述の通り，江戸時代の日本には和算の優れた伝統があった。そのような和算の知識を備えた数学者が西洋数学の導入に関わり，ある時期からは留学組と議論を交わしつつ導入を進めていった。そのような伝統数学との相互作用を経つつ進められた西洋数学の導入過程について，著者は多くの興味深い事例，含蓄のあるエピソードを紹介している。

　そのような両派の相互交渉を示す一例として，明治時代になり東京数学会社（後の日本数学物理学会）において，とある和算家によって提示された問題と解法をめぐる話がある。その問題は円と楕円の接触に関わる幾何問題だったが，

それは明治期の数学界をリードすることになる菊池大麓を感銘させる一方で，フランス留学を果たして帰国した天文学者寺尾寿により西洋数学の手法で解かれ，さらにより一般的な形式に書き改められた。伝統的な和算と近代的な洋算との会合，競合，そして超克というプロセスが凝縮されているようなエピソードである。

　あるいはまた珠算。ソロバンを利用する計算法，今でこそ電卓の普及により忘れられた存在になりつつあるが，最近に至るまで算数の教育に使われ続けた。圧倒的な西洋数学の導入と定着の流れの中で，存続し続けた伝統的要素の一つになった。しかしその存続の経緯にも一ひねりある事情が隠されている。それについては本書を読んで頂くことにしよう。

　2016 年初めに著者薩日娜氏が勤務する上海交通大学を訪問する機会があった。訪問者として私も講演をしたのだが，その日の会議の趣旨は，同大学ばかりでなく，近隣の大学や北京大学などで科学史を研究する大学院生を招き，彼らの研究発表とそれに対する大学教員からの論評をすることだった。20 人ばかりの発表があっただろうか。筆者が米国留学中に体験した同様の大学院生と教員の研究集会を思い出し，現在中国の科学史研究の活況を味わった。

　当日は私も江戸時代の植物学を研究した大学院生の発表にコメントをしたが，薩日娜氏もまた，文献資料を押さえること，歴史分析の方法などについて，的確なコメントを言い聞かせるように発言なさっていた。大学院生時代だけを知る筆者にとって，頼もしい教員「薩老師」になっている同氏の姿を目の当たりにする思いだった。

　そのような著者が精魂を込めて書き上げた本書を，日本の多くの方々に読んで頂きたいと願い，ここに推薦申し上げる次第である。

東京大学大学院総合文化研究科教授

橋　本　毅　彦

序 論　伝統数学から近代数学へ

1. 本書の目的

　本書は，清末中国と明治日本において数学が西洋化された過程を，両国の教育制度，伝統文化，歴史背景から総合的に考察するとともに，両国の文化と教育の交流に目を向けながら，西洋文化の受容という共通の課題に直面した両国が，それぞれ独自の方法で見いだそうとした答えの一端を歴史的に研究しようとするものである。

　19世紀半ばから20世紀初頭までの60年ほどの期間の，中国と日本における西洋数学の受容を比較すると，顕著な違いが発見できる。西洋数学の輸入にあたって，当初，時期的に先行していたのは中国であったが，その総体的普及は日本に遥かに遅れた。本書は，先行研究では見逃されていた資料を分析し，更に一部未公刊の史料[1]を用いて，中国と日本の近代における西洋数学の受容の様相を比較することにより，その差違が生じた諸要因を探究し，近代の中日数学文化交流の歴史に新たな理解をもたらしたい。

2. 先行研究と本書の新視点

　本書は，近代西洋文明の東アジア諸国への影響に関する研究の一環として，清末中国と明治日本における数学文化と教育の交流を取り上げる。とりわけ，両国における伝統数学を捨てて西洋数学を受容するという全体的な流れ，及び中国から日本へ，あるいは日本から中国への影響についての基本的な枠組み，近代西洋の科学技術に対する当時の知識人の思想に対する理解は不可欠である。本書に関連のある先行研究は四つに分類できる。そのなかの特に重要と思われる著作と論文の紹介を通して，本研究が提示しようとする新たな視点と初めて取り上げた研究対象を明確にしたい。

　第一は，19世紀後半の清末中国における西洋科学思想，西洋数学の受容に関する研究であり，熊月之『西学東漸與晚清社会』（上海人民出版社，1994），王

渝生『中国近代科学的先駆―李善蘭』（科学出版社，2000），紀志剛『傑出的翻訳家和実践家―華蘅芳』（科学出版社，2000），汪暁勤『偉烈亜力與中西数学交流』（科学出版社，2000），王揚宗『傅蘭雅与近代中国的科学啓蒙』（科学出版社，2000）などがある。

　熊月之の研究では，アヘン戦争後の清末の中国がイギリスやフランスなどの西洋諸国に領土を半植民地化され，極度の混乱状態に陥った歴史的な背景を記述し，そのもとで西洋の科学技術と数学が科挙を中心にしていた清末の中国に伝えられたことを論述した。熊は，この書のなかで清末に中国に来た西洋の宣教師たちの略歴や中国に伝わった西洋の天文学，数学，化学，地質学の著書の書名などに言及したが，宣教師の宣教活動や科学技術の素養について，各著書の内容に関する詳細な紹介はなかった。汪暁勤，王渝生，紀志剛，王揚宗の著書では，清末の漢訳西洋数学書の共訳者である李善蘭，華蘅芳，ワイリー，フライヤーらの履歴や業績を詳細に紹介しているが，一般向けの読み物であるため，各記述の参考文献を明記していなかった。

　筆者はこれらの研究を踏まえて，清末の中国における西洋数学の受容を概観し，この時期の漢訳西洋数学書の成立に関連する一部施設での西洋数学の教育状況と主な翻訳者である李善蘭，華蘅芳，ワイリー，フライヤーらが，清末中国で西洋数学の受容にどのような役割を果たしたのかを分析した。特に，19世紀後半の中国における西洋数学の浸透について詳細に分析し，漢訳西洋数学書が成立した背景を考察した。さらに，上記の先行研究のなかでほとんど言及されなかった清末の新式学堂[2]が創設された経緯と主な教育者の活動を紹介し，洋務運動期の中国における数学教育の状況を論じた。

　第二は，幕末・明治期の日本における伝統数学の転換，西洋の科学思想の受容，及び明治初期の教育改革と数学界の状況についての研究である。小倉金之助『明治数学史の基礎工事』（岩波書店，1948），『近代日本の数学』（『小倉金之助著作集』2，勁草書房，1973），『日本の数学100年史』（上・下，「日本の数学100年史」編集委員会編，岩波書店，1983，1984），佐藤賢一『近世日本数学史―関孝和の実像を求めて』（東京大学出版会，2005），佐藤英二『近代日本の数学教育』（東京大学出版会，2006），などの著述を先行研究として挙げることができる。

　小倉の研究は明治時代の数学界の全体図に関する描写であり，幕末・明治期

における西洋数学の受容に関わる人物，書物，施設を概観することができる。佐藤賢一の著書では，和算家関孝和の実像を求めるために，関の数学の業績，関と関係ある和算家たちの残した原資料と関についての今までの研究を考察している。そのなかの和算と測量術の関係に関する研究により，和算家の実用的な仕事や当時の日本に伝わった西洋の数学（明末清初の漢訳西洋数学暦算）を理解しようとした一部和算家の態勢をうかがうことができる。佐藤英二の研究では，明治時代から昭和にいたる近代日本の数学教育の歴史的展開を中等教育における改革の過程において分析している。この著書により，明治時代の数学者の教育思想と数学教育の制度化における国民教育の構想を理解することができる。

　本書で，筆者は，以上の先行研究を参考にし，幕末・明治期の日本における西洋の科学技術や数学に対する知識人の思想と西洋数学を受容する際の時代背景を総括的に考察した。そして，上述した先行研究で見逃された内容と，断片的に言及された明治初期の教育制度と数学界の動きを研究した。

　具体的には，西洋の軍事，航海技術や語学を学ぶための教育施設での西洋数学の教育状況，そして，西洋数学の普及に制度的な保障を与えた教育政策，明治時代の数学界の縮図である東京数学会社の創設，発展，転換の過程に焦点を置くことによって，明治期における伝統数学の継続と衰退，および西洋数学が段階的に取り入れられていった状況を明らかにしようと努めた。

　そのほかにも，お雇い外国人教師による西洋数学の日本への伝播に関する資料を考察し，さらに，西洋数学の受容の際の数学用語の整備，そして明治期における西洋数学の教育の普及と専門的な研究の開始についても総括的に論じた。

　第三は，漢訳西洋数学書が日本に伝わった経緯とその影響についての研究である。そのようなものとしては，小倉金之助『中国・日本の数学』（『小倉金之助著作集』3，勁草書房，1973），八耳俊文「アヘン戦争以後の漢訳西洋科学書の成立と日本への影響」（『日中文化交流史叢書』第8巻，大修館書店，1998），馮立昇「『代微積拾級』の日本への伝播と影響について」，（『数学史研究』Vol. 162，1999），小林龍彦『徳川日本における漢訳西洋暦算書の受容』（東京大学博士論文，2004）などが注目すべき研究としてある。

　小倉の研究は，中国と日本の数学の交流に関する古代から近代に至る通史で

ある。八耳論文はアヘン戦争以降の漢訳西洋科学書全般の成立と日本への影響
に関する論述であり，馮論文は主に，李善蘭・ワイリー共訳の漢訳西洋数学書
の幕末・明治初期日本への影響を論じている。小林論文は，18 世紀の初期か
ら 19 世紀中葉までの日本における漢訳西洋暦算書の受容を膨大な原資料を基
に論述した研究であり，そのなかに和算家や蘭学者の研究に対する漢訳西洋暦
算書の影響，および漢訳西洋暦算書を通して当時の西洋学術の実像を考察して
いる。この研究から筆者は新しいヒントを得ることができた。

　本書では，以上の先行研究において，言及されただけで詳細に議論されな
かった史料を重点的に考察した。すなわち，清末の数学者華蘅芳とイギリス人
宣教師フライヤーの共訳した漢訳西洋数学書が明治初期の日本の数学界にどの
ような影響を与えたのかという問題に対して，具体的には，沼津兵学校の教授
であった神保長致による訓点版『代数術』の内容や東京数学会社の機関雑誌に
掲載された長沢亀之助の漢訳西洋数学書の引用を詳しく分析した。また，清末
中国や明治初期の日本におけるオイラー，ベルヌーイ等の西洋の数学者たちの
研究に関する認識を検討し，明治期に入った後の日本数学界の漢訳西洋数学書
に対する姿勢を探究した。東京数学会社の機関誌に載せた漢訳西洋数学書の内
容を例として挙げ，1877（明治 10）年以降の日本の数学者の漢訳西洋数学書に
対する態度の変遷を考察した。

　第四は，これまでの数学史，数学教育史，および，数学交流史の研究におい
ては，19 世紀末，20 世紀初頭における日本の数学界が中国に与えた影響につ
いての研究は十分に行われないままであった。ジョージア州立大学のレイノル
ズ（Douglas Reynolds）は，19 世紀末から 20 世紀の初頭における近代日中関係
史を「忘れられた黄金の 10 年」（*A Golden Decade Forgotten: Japan-China Relations,*
1898-1907）と呼んでいるが，この時期は実は中国と日本の教育文化面での交流
が隆盛を極めた時代であり，多くの中国人学生が日本に留学し，近代西洋科学
技術や数学の教育を受けていた。

　清末の留学生に関する研究としては，実藤恵秀『中国人日本留学史』（くろ
しお出版，1960），黄福慶『清末留日学生』（台北中央研究院近代史研究所，1975），
阿部洋『中国の近代教育と明治日本』（福村出版，1990）などが先駆的なものと
してある。

　実藤の著書は清末の中国が日本に留学生を派遣した政府側の文献や留学生た
ちの日記，20世紀初頭の日本の新聞，雑誌に記された留学生に関する書類を
もとに，清朝からの留学生に対する明治後期の各階層の日本人の姿勢などを詳
しく論じた著書であり，近代中国の留学生に対する最初の全般的な研究である。
黄，阿部の研究は実藤の著書を参考にしながら，中国語と日本語で書かれた留
学生関係の書物であり，留学生の政治的な活動や彼らの受け入れ教育機関を紹
介したものである。

　筆者は上述する著書により清末中国人の日本留学の諸相や清末に中国に渡っ
た日本人留学生に関する具体的な動向を把握することができた。本書において，
上述した先行研究が利用できなかった，第一高等学校や東京大学に留学した清
末の留学生に関する資料を明示し，特に上述した先行研究でほとんど言及され
なかった中国の数学教育の近代化に対する中国人留学生の貢献を考察した。

　上述した先行研究の後に現れた清末留学生に関する研究の多くは政策史，制
度史に関するものであるが，近年，理学・工学を専攻した留学生についての研
究も現れている。代表的な研究としては，楊艦『近代中国における物理学者集
団の形成』（日本僑報社，2003），石田文彦「理学・工学を専攻した中国人の留日
学生史」（技術史教育学会編集委員会編『技術史教育学会誌』6(2)，2005），「理工学
を専攻した中国人留日学生の社会的活動」（技術史教育学会編集委員会編『技術史
教育学会誌』8(2)，2007）などの著書と論文が挙げられるが，これらは，主に物
理学などの理工系の学生の帰国後の活動を中心にしており，数学を学んだ留学
生に関する情報や，彼らの日本での勉学状況に関する記述は少ない。

　現在に至るまで，清末の留学生が日本で受けた数学教育の状況に関する研究
は皆無であると言ってよい。特に，彼らが日本に残した原資料は，中日両国の
数学史研究者や数学教育の専門家の間で注目されてこなかった。筆者は，本書
において，東京大学駒場博物館と駒場図書館に残されている清末留学生の自筆
の入学願書，履歴書，および留学生を受け入れた学校側の文書などの原資料を
用いて，清末の留学生が受けた数学教育の具体的な状況を明らかにしようとし
た。清末の留学生が学んだ教育施設は数多くあるが，本書では，各章の内容と
関連する成城学校，東京大同学校，第一高等学校の三つの学校に留学した留学
生たちに焦点を当てることにする。また，第一高等学校の校長であった狩野亨

吉に宛てた，清末の中国に渡った日本人教師の手紙の内容を分析し，清末の留学生派遣事業における日本人教師の役割を究明するが，これも本書において初めて明らかになる内容である。そして，京師大学堂から派遣された初期の留学生の日本での留学生活を紹介し，彼らによる数学書の翻訳活動や帰国後の留学生が中国において数学教育の近代化のために果たした役割を検討する。

3. 中日伝統文化と西洋数学の出会い

人類の共通文化の一つである数学は文化ごとに独自の発展を遂げていた。中国と日本の歴史においても，各自の特徴を持つ伝統数学が発展していた。両国の伝統数学は深いつながりを有していた一方，各々がたどった発展の道には相違点もあった。19世紀の後半に，西洋科学技術に刺激を受け，西洋文明を模範に近代化を進めていこうとしたことは，非西洋世界の多くに共通する現象であり，中国と日本の伝統数学もその変革の大波に巻き込まれたといえる。両国の伝統数学に決定的な影響をあたえることになる西洋数学との出会いは，ほぼ共通の歴史状況の下で起こったといえるが，具体的な受容方法は同一ではなかった。

3.1. 清末数学と西洋数学との出会い，およびその特徴

中国の伝統数学は，一般的に中国の古代天文学や暦学の発展と深い関連を持ちながら展開してきた。しかし，古代から清末までの各時代の数学は，その性格も各々違ったものであり，研究の中心となる対象も様々であった。本書では研究テーマに直接に関連するものに記述を限定し，中国伝統数学の発展の歴史については紹介しない。すなわち，西洋数学と最初に出会った時代である明末清初における中国数学の状況から記述を始めて，主に19世紀後半から20世紀初頭において数学が西洋化されるに至った経緯について議論する。

19世紀の西洋数学との出会いに先立って16世紀末から，マテオ・リッチ（Matteo Ricci, 1552-1610, 中国名・利瑪竇）[3] をはじめとするイエズス会士が，その当時の西欧数学を中国に紹介したのが，最初の中国数学と西洋数学との出会いであった。この時期，中国に伝わったのは，ヨーロッパ古代・中世の数学を

集大成したルネサンス期数学であった。その後，清朝の雍正朝[4]からの長い鎖国政策[5]のため，アヘン戦争までの 150 年間，中国への西洋の数学やほかの諸学問の流入は中断された。鎖国期に行われた中国での数学の研究は，主に二種類あって，一つは古代の伝統数学，いわゆる「中算」の古代典籍を整理し，叢書の編集を行ったものであり，もう一つは明末清初に伝えられた西洋数学を中国の伝統数学と結びつけた「清代数学」という独特な形の数学の研究として発展したものであった。西洋の近代数学の導入が再開されたのは，19 世紀のアヘン戦争とその後の洋務運動期（1860-1895）になってからである。

　アヘン戦争が終結した後，「太平天国革命」[6]を鎮圧することによって地位向上を遂げた中国の官僚集団は，1894 年に日清戦争が勃発するまでの間，「強を求め，富を致す」ことを主要な目的として掲げ，そのために欧米先進資本主義諸国の近代文明，とりわけ科学と技術を学ぶべきだと主張し，富国強兵の道を踏み進めることを企てた「洋務運動」を展開した。その結果として，西欧科学書の編訳や出版が，先進科学技術を学ぶ手段の一つとして行われることになった。また，洋務運動期から清末までにかけての中国では，西洋の軍事，技術，言語を勉強するために，新式学堂が数多く創設された。

　清末中国の新式学堂では，科学技術の基礎である西洋近代数学の教育も行われていた。この時期に，西洋人宣教師と清末知識人の共訳による漢訳西洋数学書が数多く出版された。

　本書で紹介するように，これらの漢訳西洋数学書は，幕末・明治初期の日本にも影響を与える一方，清末中国においても新式学堂で教科書として使われていた。

　このようにして 19 世紀の後半において，ニュートンの力学体系が成立して以降，急速に発展を遂げた新しい西洋数学と中国で独自に展開されていた「清代数学」が出会った時，中国人数学者とプロテスタント宣教師の共訳によって漢訳西洋数学書が作られた。これにより，中国における西洋数学の受容が始まったのである。

　清末における西洋数学の受容の大きな特徴は，漢訳西洋数学書のなかに現れた。例えば，西洋数学書を翻訳した際，中国人数学者の李善蘭と華蘅芳らは西洋で通用している原著の数学記号に馴染んでいなかったので，それをそのまま

使うことを拒んで，中国式に書き直すか，あるいは自作の漢字に基づく記号を使用して記述した。また，横書きの西洋数学書を中国の伝統的な縦書きに書き直した。このような翻訳方式は，その後の西洋数学書の漢訳に影響し，西洋数学を本格的に受容していく上では非常に面倒な習慣が持ち込まれることになった。確かに，西洋数学を受容する最初の段階では，彼らが微分の符号を「彳」，積分の記号を「禾」として，西洋の記号を中国式に書き直したことは，西洋数学の定義や概念を理解することに便利であった。また，西洋の数字や符号を中国式に書き直すことは，当時の読者にとって親切であり，漢訳西洋数学書に用いられた漢字に訳された新しい数学用語は，中国における数学教育の普及に貢献し，日本の数学界にも影響を与えた。だが，西洋書のなかで共通に用いられていた記号を使わない彼らのやり方は，西洋数学の普及に障害をもたらすことになったのも事実であった。例えば，漢訳西洋数学書を著すたびに，本のなかに西洋式記号と中国式記号の対照表を作る必要があり，新しい記号が現れるとそれに対応する新しい中国式の記号を作らなければならないことになった。これは西洋から大量に数学書を輸入し，翻訳する際に余計な作業が発生してしまい，西洋数学の速やかな普及の妨げとなった。

　中国において横書きで完全に西洋の数学記号と数字を使った数学書が現れたのは，20世紀の初頭になってからである。筆者の今までの調査によると，最初に現れた現代式の数学教科書は1903（明治36）年に発行された範迪吉らの翻訳[7]による『初等代数新書』，『初等幾何学』，『新撰三角法』などの書物である。これは，清末における最初の漢訳西洋数学書『数学啓蒙』（ワイリー訳，1853）の出版から50年後のことであり，日本における現代式横書き数学書として普及した代表的な教科書『チャールス・スミス氏代数学』（長沢亀之助・宮田輝之助共訳，1887）の出版から26年後のことである[8]。

　数学書を横書きにするようになったことは，それ自身はあまり重大な事件と思われないかもしれないが，数学教育の近代化の進展に影響を与えた現象として，重視すべきことであろう。

3.2. 日本の伝統数学と西洋数学との出会い，およびその特徴

　中国での場合と同じく，西洋の宣教師たちは布教の手段として，西洋の科学

技術，天文・暦学を日本に伝えた。京都にいたカルロ・スピノラ（Carlo Spinola, 1564-1622）[9] は，1605（慶長 10）年から京都の天主堂で天文の観測をするとともに，そこに「都のアカデミア」を設けて，天文，測量，機械，建築に関することのほか，「数学概論」をもっとも重要なものとして教えた[10]。その後，1630（寛永 7）年のいわゆる寛永の禁書により，中国で出版された書籍は，キリスト教関係のものばかりではなく，イエズス会士の記述した科学書も，輸入が禁止された。しかし，1720（享保 5）年の禁書令緩和の後，中国で出版されたイエズス会士の記述による科学書の輸入が許可されるようになった[11]。幕末になると，さらに西洋から直接に書籍を輸入することになり，蘭学時代から使われていたオランダの数学書以外に，高度な内容の本として，主に，英，米，仏，独に留学，あるいは学問の視察に行った人々によって日本に持ち込まれたものがあった[12]。

　日本では，1868 年に明治維新が起こった。19 世紀の西洋数学との出会いは，中国の方がやや先行していたが，それを承けた数学教育と研究体制の変革は，明治維新を経た日本の方がはるかに速く進んでいった。

　1885（明治 18）年に『東京数学物理学会記事』の中に掲載された，日本の近代数学の誕生を述べた文書には「亜船渡来萬国交際ノ運ニ至リ是ニ於テ西洋ノ数理我邦ニ入リ新旧相並ヒテ学者ノ研究スル所トナル」[13] と書かれているが，幕末・明治初期の日本では，アメリカの船（ペリーの艦隊）が渡来した後，西洋数学が輸入されるようになり，その新数学は旧数学と並んで学者たちによる新たな研究の対象になったというのである。

　ここで旧数学といわれているのは，日本の伝統数学である和算だった。すなわち，幕末・明治初期に西洋数学が日本に伝わった当時，和算という伝統的数学が存在していたことによって，当時の日本の数学の状況は，中国とも異なる，特筆すべき経過を辿ることになった。

　和算は徳川時代（1603-1868）に日本人学者が中国伝統数学の基礎の上に独自に開発探究した数学であり，その後に輸入された西洋数学とは異なる体系の数学であった。西洋近代数学が自然諸科学と密接な関わりを持って発展したのに比べ，和算は一般的に実用を軽ずる面が強いという特徴を持っていたというのが通説であった[14]。近年，和算家のなかにも，水車など機械を設計し，測量術

を研究した人物が存在していたという事例が報告されている[15]。

　江戸時代においても，何人かの和算家が積極的に蘭学や漢籍（イエズス会士による漢訳西洋暦算書）を通じて西洋の暦学や数学と接触していた[16]。

　だが，幕末・明治初期に西洋数学の輸入が開始された当初，西洋数学を習得し始めた軍事施設と西洋の語学教育機関にいた人々と比べて，多くの和算家たちは自分の伝統数学に自信があって，社会的にも広く影響力を有していた。そして，能力ある和算家の視点から見ると，当初輸入された西洋数学の内容は幼稚なものに見え，同時に，その奥に控えていた厳密な理論体系は簡単に理解されず，受け入れられるものではなかった。

　しかし，時代が進み，日本社会が西洋近代社会の社会制度や科学技術を大きく採り入れるにつれて，実用性に乏しかった和算に比べ，科学技術を支える西洋数学の先進性と実用性がますます世の中に認められていき，西洋数学への転換が進んだ。このような経過によって，日本数学は和算から洋算へ急激に移行する転換期に入ったのだが，その際に和算を学んだ人々のなかから西洋数学を学ぶ人物も現れ，教育制度の確立期に西洋数学を普及する役割を持って，和算家の多くは教員になっていった。

　単に和算と西洋数学が混在したというだけではなく，和算と西洋数学をともに理解できる数学者が存在したということは，明治初期の日本数学界がもっていた大きな特徴である。また，こうした数学者たちと協力して日本における西洋数学の定着に力を注いだのは，西洋の航海術と測量術，あるいは西洋の砲術などを学ぶために西洋数学を身に付けた学者たちであり，そうした人材を養成した長崎海軍伝習所，蕃書調所などの機関は，日本における西洋数学の受容の橋頭堡となるに至った。

　こうして，明治新政府の急速な近代化と歩調を合わせて，西洋数学が和算を押しのけて行くことになる。1872（明治 5）年に公布された「学制」で下された和算を廃止して洋算を採用するという決定はその象徴的出来事であった。これによって，洋算の普及が加速され，和算は衰退に向かう運命が決まったと考えられがちだが，和算の遺風はその後も引き続き数学界に一定の領域を占めていた。たとえば，日本での数学研究や教育の普及を目的にした東京数学会社が創設された1877（明治 10）年前後になっても，伝統的な和算書は世に問われ続

けていた[17]。和算家の中には，伝統を守りつつ自らの研究の伝統を進歩させよ
うと望んだ者もいた。さらに明治初期には，和算と西洋数学は「通約不可能」
な学問ではないという考え方を持っている学者が存在し，西洋数学を和算で解
釈し，和算の問題を西洋数学で解決しようという努力もあった[18]。

　こうして，学制の公布，数学者研究団体の設立，西洋数学の研究の深化につ
れて，和算家の中からも多数の学者が完全に洋算に移行する意思を固めたため，
明治後期になると，一部地方を除いて[19]，三百年の歴史ある日本の伝統数学
——和算は，歴史文化の遺産として研究されることが数学界の大きな流れに
なった。

　1880，1881（明治 13，14）年頃になると，日本人学者の多くは，西洋数学と
和算の共通点を探ることを止め，完全に西洋数学を受容するようになり，日本
語で書かれた大量の西洋数学書が現れ，数学教育の普及から純粋数学の研究の
段階へと移行するようになった。

　筆者は本書において，日本での西洋数学の受容の過程を論じ，この変革が起
こった年代や契機となる出来事などを検討する。

3. 3.　伝統数学から近代数学への転換：中日の相違点

　産業革命以降の西洋の科学技術が東アジアに伝えられた際，西洋人の注意は
最初に東アジアの諸国のなかでも中国に集中していた。そして，西洋の宗教，
思想，文化を伝播しようとする宣教師の積極的な協力のもと，西洋の書物の漢
訳が作られたのである。漢訳西洋数学書はそのなかの一部である。

　アヘン戦争の結果や黒船の来航で，西洋の脅威を感じた日本人は，近隣中国
を介して西洋の事情を早急に理解しようとした。

　漢字文化圏の一員である日本では，漢文は当時の知識人の大部分が知悉して
いた言語であったので，西洋文化を受容する際，わざわざ時間をかけて西洋の
語学を学ぶ必要はなかった。また漢訳本では，東アジアの伝統文化との相違の
大きな西洋文化が，清末の知識人，あるいは中国の事情をよく理解している宣
教師の手によって，分かりやすく翻訳されていた。そのため，幕末・明治初期
の日本人が西洋文化を吸収し，輸入する時，それらが中国式に解読され，消化
された漢訳西洋書を参考にしたのである。

　中国と日本の伝統数学は深いつながりがあったので，西洋数学を受容する時にも，日本人の漢訳本に対する信頼は深かった。そのため，漢訳西洋数学書は，幕末・明治初期の日本で翻刻され，訓点をほどこされたばかりでなく，主要な参考書や教科書にも指定され，日本における西洋数学の受容に重要な役割を果たしたのである。

　ここで指摘したいのは，漢訳西洋数学書に対する日本人の姿勢である。幕末・明治初期の日本人学者が漢訳西洋数学書を参照し写した時，中国式に書き換えられた記号をそのまま使った学者もいたが[20]，西洋式に再度書き換えた学者も多かった[21]。1880，1881（明治13，14）年ごろになると，日本で出版された雑誌で漢訳数学書を紹介するときには，その中の中国式記号を西洋式に戻すことが普通のことになり，西洋数学の普及を阻害する障害物を取り除けたのだった[22]。

　もちろん日本における西洋数学の普及や数学教育の近代化は，漢訳西洋数学書の媒介がなくても，必然的に実現したであろう。幕末の政府や明治新政府により設立された各施設では，西洋人による西洋の数学の教育が行われていたように，直接に西洋から学ぶ努力も並行して行われていた。しかし，漢訳西洋数学書がなかったなら，受容にかかる時間は実際にそうであったほどには短くなかっただろうし，費やす人力，物量もはるかに大きく，非効率的なものになったであろう。すなわち漢訳西洋数学書は，日本の数学教育の近代化を促進する役割を担ったのである。

　漢訳西洋数学書は明治期に入った後も依然として，日本の数学界で重視されていた。明治初期になると，日本の西洋化は著しくなったが，中国渡来の漢訳本に対する信頼は減少していなかった。漢訳西洋数学書を翻刻し訓点を付ける作業は絶えず行われて，漢訳数学書の訓点版が教科書として使用され，東京数学会社の機関誌のような数学関係の書物にも依然として漢訳西洋数学書の引用と紹介があった。

　だが，1877（明治10）年以降になると，日本の数学界は漢訳西洋数学書を参考にする一方で，しだいに国内の人材が育っていったので，時間が経過するとともに漢訳本に依拠する割合が減少していった。

　1880年代以降は西洋に派遣した留学生が次々と帰国するようになり，招聘

した外国人教師の養成した人材も研究・教育に参加しはじめたので，西洋数学を直接輸入し，吸収する条件が成熟し，日本の数学界は，もはや漢訳本に依拠する必要がなくなり，それらと訣別し，独立して発展していく段階に達した。

　中国における伝統数学から近代数学への転換の様相は，日本に比べると，はるかに漸進的であった。西洋近代数学の導入を始めた時期は中国の方が日本より先だったので，この時代の漢訳西洋数学書の多くは日本に伝わり，日本人学者に読まれて研究され，日本の数学界の西洋化に貢献した。

　ところが，日本が中国より早く，西洋数学を全面的に受け入れたのと対照的に，中国数学の西洋化は，日本よりはるかに遅れた。その結果，日清戦争での清朝敗北後，中日間の数学文化交流での立場も逆転し，日本で近代西洋数学を勉強する中国人留学生が多くなった。そして，彼らの手によって，日本人学者による数学の著書が中国語に翻訳され，中国の数学界と教育界に大きな影響を与えるようになった。

第 1 部
清末中国の数学教育

概　要

　清末中国における西洋数学の受容は日清戦争（中日甲午海戦）を境に二つの段階に分かれる。戦争前は主に西洋からの直接的な影響を受けていたが，戦争以降は主に日本を媒介して西洋数学の影響を受けるようになった。

　清末中国の西洋数学との接触は，アヘン戦争の直前に布教のためにやってきた宣教師の設立した翻訳施設と，中国の復興を目指した「洋務運動」期に創設された西洋の軍事，技術，語学を学ぶための施設と密接に関係していた。

　西洋の宣教師たちは布教のために大量の聖書やキリスト教関連の書物を印刷する必要があったので，積極的に印刷所を創設した。また，宣教の補助に使う書籍として，西洋の科学技術や数学関連の書物を印刷した。それら書物の刊行は清末中国が西洋数学と接触するきっかけになった。

　一方，アヘン戦争以降の中国の官僚階層，及び民間知識人の間では，西洋の科学技術を理解するために，西洋の科学技術に関する著書を翻訳しようとする運動が起こった。翻訳された西洋の科学技術書のうち，後述するような数学書は相当な割合を占めている。

　以下の各章では，清末に刊行された漢訳西洋数学書が，洋務運動期に創設された新式学堂で，教科書として使われていた経緯を概観し，日清戦争以前の中国における西洋数学教育の状況を考察しよう。

第1章　西洋数学との出会い

　漢訳西洋数学書と称する書物は，明朝末期から清朝初期にはじめて登場した。これらは主に，キリスト教布教のため中国に渡来した西洋人宣教師と中国人学者との協同によって漢訳された数学書である。これら，第一期の漢訳西洋数学書を翻訳するにあたっては，数学と自然科学の素養を持つイエズス会宣教師が口頭でその意味を伝え，中国人学者が文章化するという手続きを経た。それらの内容は古代ギリシア数学やデカルト以前の近代初期の数学に関するものを主としていた。

　清末中国に現れた西洋数学の書物は，いわば第二期の漢訳西洋数学書である。これらにより中国に伝わった西洋数学の内容は，主にニュートン力学体系の確立以降の内容である。

　本書で研究の対象とするのは，第二期の漢訳西洋数学書の成立とその清末の数学教育での役割，及び明治初期の日本への影響に関してであるが，第一期の漢訳西洋数学書も洋務運動期の数学教育中に使われていたので，漢訳西洋数学書が成立した背景を見るために，以下の第1節で，第一期の漢訳西洋数学書を簡単に紹介しながら，その日本への影響についても言及する。

第1節　漢訳西洋数学書の成立

　明末・清初に中国に来て，活躍していたイエズス会宣教師としては，マテオ・リッチ（利瑪竇，Matteo Ricci，1552-1610），ロー（羅雅谷，Giacomo Rho，1593-1638），アダム・シャール（湯若望，J. Adam Schall von Bell，1591-1666），フェルビースト（南懐仁，Ferdinand Verbiest，1623-1688）などの名前が挙げられる。彼らと協力していた中国人学者には，徐光啓（1562-1633），李之藻（1565-1630）らがいた。

　漢訳西洋数学書として現れた最初の書物は，1607（慶長12）年5月に完成し，北京で出版された『幾何原本』であり，マテオ・リッチが徐光啓と共訳したものだった。これは，マテオ・リッチの師であったクラヴィウス（C. Clavius，1537-1612）が編纂した『原論』ELEMENTA のラテン語版初版本（1574）のうちの，

前 6 巻を訳したものである。

『幾何原本』の次に『同文算指』（1611）というヨーロッパの筆算を中国に最初に紹介した書物が現れた。これは，主にマテオ・リッチと李之藻がクラヴィウスの『実用算術概論』（*Epitome arithmeticae practicae*, 1585）と程大位の『算法統宗』（1592）に基づいて編訳したものである。

徐光啓がアダム・シャールらと西洋の暦法に基づいた新しい暦法書『崇禎暦書』（1631–1634 年間に刊行）を編集したがその中の暦法の内容が明代には施行されず，のち清代になってから『時憲暦』として再編され，全国に公布された。この書により，西洋の三角法及び対数などが中国に伝わった。

清朝（約 1660–1911）となると，康熙帝みずからが西洋の数学に興味を示し，『数理精蘊』（1723），『暦象考成』（1723）のような叢書が編纂され，17 世紀以前の西洋数学の主要な内容が，漢訳され，整頓された形で中国に移植された。このような機運に乗じ，王錫闡（1628–1682），梅文鼎（1633–1721），梅珏成（1681–1763）などの中国人数学者たちも漢訳された西洋数学を研究するとともに伝統数学書の復刻，注釈，検討の仕事をした。彼等は西洋数学を受容しながら，折衷的な，且つ独創性ある諸研究を開始したのである。だが，康熙以降の鎖国政策により，西洋数学の輸入も停止された。

第一期の漢訳西洋数学書の多くは日本に伝わり，日本の伝統数学の発展に影響を与えたものもあるが，さほど重視されなかったものもある[23]。

『幾何原本』は刊行後舶載され，1720（享保 5）年の禁書令緩和以前にすでに日本に輸入された。たとえば，1722（享保 7）年に出た万尾時春の『見立算規矩分等集』には細井廣澤が序文を寄せているが，そこには「最近たまたま幾何原本，勾股法義，測量法義などの数学・測量書を窺うことができ，西洋数学・測量学の蘊奥の一端を知り得たことは，大変嬉しいことであった」と書かれている[24]。だが，『幾何原本』が日本に伝えられたとき，当時の日本の学者はその価値を認めなかった。これについて藤原松三郎は「幾何原本に盛られた厳密なる論理的証明法は，我邦学者によって認識されなかった結果であって，その論ずる所は極めて簡単な事実のみで，一見して分りきっていると考えた。当時の我数学者はこれを重視せず，より複雑な幾何学問題を取り扱っている所から，我邦がより進歩していたと誤認した結果ではあるまいか」と言っている[25]。

　これはやはり，和算には証明するという観点がなかったために，ユークリッド幾何学の論理性が直ちに理解されなかったことを示していると思われる。西洋数学の伝統を代表するユークリッドの幾何学に見られる，定義と公理を出発点とし，形式的な論理を満足する演繹的推理を用いた証明を積み重ねていくという叙述方法，及び，量と量の間の厳密な演算の規則は，中国と日本の伝統数学では欠けていたものである。

　「中算」と「和算」のなかにも図形の研究はあったが，ユークリッドの幾何学と比較すると図形の性質そのものについての研究はほとんどなく，ただ計量の手段としての直観的分析が行われているだけだった。目的はあくまでも計量的であり[26]，図形の性質を探究する重要性，必要性が強く意識されていなかったことは，「中算」や「和算」が代表する東アジアの伝統的数学の特徴である。

　禁書令緩和後の日本に最初に輸入された明末清初の漢訳西洋数学書は『暦算全書』(1724) であり，その中の西洋の平面・球面三角法を和算家の中根元圭 (1662-1733) や建部賢弘 (1664-1739) が学んでいたことが分かっている[27]。

　明末清初に行われた，中国語に通じた西洋人宣教師と，西洋の科学技術に興味を持つ中国人学者が共訳するという方法で西洋の科学典籍を翻訳する形式は，西洋の科学技術が再び中国に伝播された 19 世紀後半まで継続していた。

　第二期の漢訳西洋数学書は，主に西洋人宣教師が活動した「墨海書館」という施設と，洋務運動派の創設した江南製造局の翻訳施設で訳され，刊行された。以下の第 2 節で，第二期の漢訳西洋数学書を作った施設の状況と主な翻訳者であるプロテスタント宣教師のワイリー（偉烈亜力，Alexander Wylie, 1815-1887)，フライヤー（傅蘭雅，John Fryer, 1839-1928) と彼らに協力した中国人数学者李善蘭 (1810-1882)，華蘅芳 (1833-1902) について論じることにする。

第 2 節　伝播と翻訳

1. 墨海書館

1.1. 墨海書館の設立

　清末中国における最初の西洋書籍の翻訳施設は，上海に造られた「墨海書館」

（The London Mission Press）である。これはイギリスから布教のために中国に来た
ロンドン宣道会の宣教師ウォルター・ヘンリー・メドハースト（麦都思，Walter
Henry Medhurst，1796-1857），ウィリアム・ミュアーヘッド（慕維廉，William
Muirhead，1822-1900），ジョセフ・エドキンス（艾約瑟，Joseph Edkins，1823-1905）
らが 1843 年に上海に創設し，上海で初めて西洋の科学技術と数学の書籍を出
版した出版社である。牛を動力とする印刷機を備えていたが，電力がなかった
当時では最新の機器であった。

　メドハーストは清末中国に来た最初の宣教師である。メドハーストは中国に
来る前にマラッカ，ペナン，バタヴィア（現在のジャカルタ）などの東南アジア
の各地方で布教活動をしていた。彼は，バタヴィアで日本の書籍を見ることが
でき，更に日本を追放されてバタヴィアにいたシーボルト（Philipp Franz von
Siebold，1796-1866）と出会って，日本の状況を了解し，日本語を研究していた[28]。
メドハーストは日本へは行かなかったが，中国だけではなく，日本に対しても
関心を持っていた。

　メドハーストは 1835 年に中国に到着して，墨海書館を創設し，そして墨海
書館を経営しながら中国の知識人層の間で活躍し，多くの知識人と交わること
になった[29]。

　墨海書館はイギリスのロンドン教会（London Missionary Society）に所属し，主
に布教のための書籍を翻訳することを目的として設立されたが，そこで西洋の
科学技術と数学に関するかなり多くの書籍が中国語に翻訳された。墨海書館は，
中国における二つ目の漢訳西洋数学書の発祥地
となった。墨海書館で完成された西洋の科学技
術・数学書が，中国における西洋の科学技術と
数学伝播の第二段の幕をあけた。

　墨海書館には当初西洋からの宣教師が多かっ
たが，そのあと中国人学者も働くようになった。
墨海書館には王韜（1828-1897）や李善蘭といっ
た西洋の学問に通じた知識人たちがおり，彼ら
と宣教師らが協力して，西洋の政治・科学・宗
教の書籍を翻訳した。

図1　墨海書館でのメドハースト

　清末中国における早期の啓蒙的な知識人であった王韜が、ここで働いた最初の中国人である。1849年、メドハーストが彼の才能と学識を聞いて、墨海書館に招いて、編集と校正の仕事を委任した[30]。

　科学技術書や数学書の主な翻訳者は、イギリス人宣教師ワイリーと中国人学者李善蘭だった。

　続いて、彼らの西洋数学の伝播に関する業績を考察しよう。

1.2.　ワイリーの業績

　ワイリーは中国研究者であり、漢名は偉烈亜力である。彼はレッグ（理雅各，James Legge, 1815-1897）の推薦により、1847（道光27）年に中国に渡り、伝道のかたわら、新約聖書や数学書を中国語に翻訳し、他方、1855年に満蒙語文典を英訳したことで知られる。

　ワイリーは墨海書館で西洋の科学技術書と数学書を翻訳していただけではなかった。洋務運動の一環として、李鴻章（1823-1901）によって上海に設立された江南製造局に設けられた訳書館では、翻訳事業の中心人物として、多数の西洋の書籍を漢訳した。

　ワイリーは、1852年の8月から11月の間に「Zero」というペンネームで《北華捷報》（*North China Herald*）という雑誌に中国科学に関するメモ：数学（"Jottings on the Sciences of Chinese Mathematics"，中国では「中国科学札記：数学」と訳された）という論文を発表し、中国の伝統数学の成果を紹介した。

図2　アレクサンダー・ワイリー

　North China Herald の編集者であるヘンリー・シャーマン（Henry Shearman，イギリス商人，奚安門 ?-1856）が、1853年に中国科学に関するメモ：数学（"Jottings on the Sciences of Chinese Mathematics"）の全文を『上海歴書』という雑誌に掲載した。さらに1864年には、中国と日本の科学技術、歴史文化、伝統的な芸術などを紹介することを主旨とした雑誌『中国と日本に

図3　北華捷報

おけるリポジトリ』（*Chinese and Japanese Repository*）に載せられ，その後ドイツ語，フランス語に翻訳された。

　ワイリーの『中国科学に関するメモ：数学』は，三上義夫が『和漢数学発展史』（*The Development of Mathematics in China and Japan*）[31] を刊行するまでは，西洋の学者が中国の伝統数学を理解しようとする際に最初に読む包括的な書物となっていた。

　ワイリーは，1853年に『数学啓蒙』2巻を出版した。本書の第2部のなかで言及する，沼津兵学校の教科書として使われた『筆算訓蒙』は，『数学啓蒙』と深い関係をもつ。

　『数学啓蒙』の序文には，「天下万国之大，有書契，即有算数」と書かれている。即ち，「世界中には国々が数多くあるが，書物があるところに数学がある」という意味で，ワイリーは諸国で数学の書物が広く読まれたことについて論じている。

　序文にはまた，ワイリーは布教のため西洋から中国に来て，西洋数学の基礎知識を教授するために『数学啓蒙』2巻を著し，また数学の勉強を子供の成長と比較し，基礎知識を身につけた後，さらに代数学や微分などの高等な数学書を著述するつもりであると述べている。

　『数学啓蒙』は出版された後，清末の知識人によく読まれていた。例えば，上海でワイリーと友人になった沈毓桂という人物が，著書について，「『談天』，『数学（啓蒙）』などの著書を，遠い所や近隣の人々が争って購読した」と記述していた[32]。

　清末の維新派の人物である梁啓超（1874–1930）が，『数学啓蒙』を学んで，この本を「数学の勉強は算術から始まって，代数学に及ぶ。ワイリーの『数学啓蒙』が『数理精蘊』の内容の一部と一致している。算術の勉強に非常に便利である」と評価した[33]。

　ワイリーは李善蘭と協力し，ほかにも3冊の西洋の数学書を中国語に訳した。これについては，李善蘭の項目において引き続き紹介する。

　ワイリーと李善蘭の共訳した西洋数学書のなかでもっ

図4　数学啓蒙

とも注目されるのは，『幾何原本』(Euclid *Elementa* の後半9巻) の翻訳作業である。ワイリーが中国に来た後，中国の学者が『幾何原本』に興味を持っていることを知り，マテオ・リッチと徐光啓による不完全な翻訳に対し，『原論』の全部の翻訳を完成する決意をした。上海での李善蘭との出会いをきっかけにし，協力して完全版の『幾何原本』を翻訳することにした。翻訳作業は，1852年7月から1856年3月の間に行なわれた。そして，1865年，曽国藩 (1811-1872) の援助により，南京で15巻の『幾何原本』が出版された。

図5　幾何原本

　ワイリーが李善蘭と西洋の書物を一緒に翻訳した時，常にそれらの国の数学史の知識を紹介していた。彼らの著書のなかでニュートン (I. Newton, 1642-1727)，ライプニッツ (Leibniz, 1646-1716)，ラグランジュ (Joseph-Louis Lagrange, 1736-1813) らの数学の仕事が紹介されたが，オイラー (Leonhard Euler, 1707-1783) などの数学者の研究については触れられていなかった。

　主にフライヤーと華蘅芳の共訳した『代数術』の日本への伝播，および清末と明治初期におけるオイラーの数学の業績に対する理解については後述する。

　1867年，ワイリーは上海で *Notes on Chinese Literature* (中国語訳は『中国文献解題』) と *Memorials of Protestant Missionaries to the Chinese : giving a list of their publications, and obituary notices of the deceased* (中国語訳は『在華新教士記念録』) の2冊の本を出版した。

　『中国文献解題』は2,000年の間の中国の古代文献を解説したものであり，これはワイリーの著書の中でもヨーロッパでもっとも注目されたものである。西洋人の漢学者に対して，中国文献を研究する案内書であり，科学史の研究者スミス (D. E. Smith, 1860-1944)，サートン (G. Sarton, 1884-1956)，ニーダム (J. Needham, 1900-1995) らは皆，ワイリーの著書を参照した[34]。

　ワイリーの『在華新教士記念録』のなかには，338名の宣教師の略歴と著書が紹介されており，西洋の宣教師に関する研究にとって史料的な価値の高い論著である。

　ワイリーは科学技術，数学の知識を紹介するほか，中国の少数民族の文献学

についての研究も行った。例えば，1880 年，『前漢書』の第 95 巻「西南夷伝」と「朝鮮伝」の翻訳をし，翌年，第 96 巻を翻訳した。そのほかに，また「匈奴与中国関係史」，元代の「巴思巴（パスパ）」文，「女真古銘文」（古代満州語）についての研究がある。

　1874 年から「亜州文会博物館」の創設を準備し，その年の 2 月から始め，11 月になるまでに博物館を建て，数多くの工業製品，人種の説明資料，植物・動物・鉱物標本の展示品を展示した。

　1877 年 7 月 8 日，ワイリーは上海を去って故国に帰った。1883 年に両目を失明し，1887 年 2 月 6 日に亡くなった。

　ワイリーが中国に来たのは布教のためであったが，中国における西洋の科学技術，西洋数学の受容に対して多大な業績を残したのである。

1.3.　李善蘭の業績

1.3.1.　李善蘭の略歴と著書

　李善蘭は清末における数学者である。官職は三品卿・戸部郎中に上った。彼が残した業績は数学，物理学，化学，天文学などの分野にわたるものである。

　李善蘭は字を壬叔といい，秋紉と号した。浙江省海寧の人である。10 歳頃から数学に興味をもってはじめに『九章算術』を学び，その後『幾何原本』前 6 巻，李治の『測円海鏡』および戴震の『勾股割円記』などを学習した。彼自身「束髪〔成童（15 歳）の年〕して自ら算を学び，30 過ぎて漸く深く学ぶ所になった」[35] と述べている。彼は 35 歳の時に嘉興（現在の浪江香北部）へ行き，浪江の学者の顧観光（1799–1862），張福値（?–1862），張文虎（1808–1885），汪曰楨（1813–1881）たちと交流し，彼らと各種数学の問題を議論した。

　この時，李善蘭は『方円闡幽』(1845)，『弧矢啓秘』(1845)，『対数探源』(1845)，『麟徳術解』(1848) などの数学の著書を完成した。

1.3.2.　李善蘭の漢訳西洋数学書

　1847 年にイギリスの宣教師ワイリーが上海を

図 6　李善蘭

訪れた。彼は中国語を理解できたので，1853 年に中国語で『数学啓蒙』とい
う書物を書いて西洋の初等数学を紹介した。

　李善蘭は 1852 年に上海に行きワイリーと知り合った。この時，また一人の
イギリスの宣教師エドキンズが上海に滞在していたので，李善蘭はエドキンズ
とも交流していた[36]。

　当時，李善蘭は西洋の科学書の翻訳の仕事をしていた。彼は，「ヨーロッパの
各国は，日増しに勢力を精強にし，中国の辺境は患いになっている」[37] と書き，
清末中国が西洋に分割される厳しい現実に直面していることを憂慮していた。

　彼は，西洋の国々が精強になるのは「器具を製造するのに精しい」からで，
「それには算学に明るくなる」[38] 必要があることを指摘していた。つまり西洋
の科学技術の発展が西洋数学の発展と不可分であると考えたのだった。それゆ
え，彼はいつも「人びとが算を習って，器具を製造するのに詳しくなれば，威
力を持って海外の各国を震え上がらせ朝貢を奉らせ
る」[39] ことができると自分の著書のなかで論じていた。
このような愛国思想が推進力となって，彼に翻訳と数
学研究の仕事をさせて，賞賛に値する成果をあげさせ
たのである。

図 7　訓点版『代数学』

　李善蘭は外国語が理解できなかったので，翻訳の方
式は徐光啓と同じように，外国人によって口頭通訳さ
れたものを「筆述（あるいは筆受）」したのであった。
翻訳した書籍の内容は多方面にわたり，1852 年の夏
から 1859 年までの 8 年間に相次いで，植物学・天文
学・力学および数学の分野の書籍を，ワイリーらと共
訳した。未完におわった訳書もある。翻訳した本の中
には数学書が四部あるが，そのうち『幾何原本』（後
半の 9 巻)，『代数学』（13 巻)，『代微積拾級』（18 巻)
の各書はワイリーとの共訳であり，『円錐曲線説』（3
巻）はエドキンズとの共訳だった。

　李善蘭にはまた『奈端数理』と称した未完の訳出原
稿がある。「奈端」とはイギリスの物理学者・天文学

図 8　代微積拾級

者・数学者ニュートン（現在の中国では「牛頓」と書く）の最初の漢訳名である。
「数理」とは『自然哲学の数学原理』（*Philosophiae Naturalis Principia Mathematica*,
1687）を指している。これについて丁福保（1874-1952）が次のように述べている。

> 『奈端数理』4 冊は英国の奈端著，ワイリーとフライヤー口訳，海寧李
> 善蘭筆述である。按ずるに，本書は平円・楕円・放物線・双曲線の各類に
> 分けてある。楕円以下は未訳で，すでに訳した部分も推敲が加えられてい
> ない。往々 4, 50 字で一文になっていて，理が深い上に，文もまた読むの
> が難しい。吾が師の若汀先生〔華衡芳〕がたびたび添削しようとしたが，
> 訳稿は大同書局に借用されて失われてしまい，今は問い詰めることもでき
> ない[40]。

『奈端数理』については後述する『格致彙編』のなかでも紹介されている。
それによると，最初の計画として，この本は全部で 8 冊の著書として刊行する
予定であった。李善蘭は最初ワイリーと共訳していたが，その次にフライヤー
と協力し，前 3 冊の翻訳を完成した[41]。しかし，この前の 3 冊の原稿を紛失す
るという不幸な事故があったので，全体の翻訳作業も中止することになった。
　李善蘭の訳書である『代数学』の原書はイギリスの数学者ド・モルガン
（Augustus De Morgan, 1806-1871）が，1835 年に著した『代数学初歩』（*Elements of
Algebra*）である。
　『代微積拾級』はアメリカの数学者ルーミス（Elias Loomis, 1811-1899）が著し
た『解析幾何と微積分初歩』（*Elements of Analytical Geometry and of Differential and
Integral Calculus*, 1850）を訳したものである。
　李善蘭の西洋人宣教師との共訳した著書の底本はほぼ分かっている。ただ
『円錐曲線説』という訳本の底本だけは，いまだ特定されていない。
　以上，李善蘭の略歴，著書，訳書を簡単に紹介した。19 世紀後半の中国に
おいて，李善蘭は中国伝統数学の研究や西洋の数学の受容を促進する多くの成
果を挙げたことから，以前から数学史研究者たちに注目されてきた。本書でも
後述するが，彼が西洋人宣教師と共訳した数学書は幕末・明治初期の日本へも
伝えられた。

1.4. 墨海書館の漢訳西洋書

　墨海書館が 1863 年に閉鎖するまでに，宣教師と中国人学者の共訳の形で数多くの西洋の科学技術と数学の翻訳書が完成し，刊行された。

　その中から数学と天文学・物理学に関する主なものをまとめてみよう。

　表 1 が「墨海書館」から出版された主な数学，物理学，天文学の著書である。

　墨海書館からはまた，1857 年より雑誌『六合叢談』が刊行された。その内容は自然科学，自然神学，西洋人文科学における文章が中心であった。それを分野別に列挙すると，

天文学：第 1 巻の 5，9，10，11，12，13 号及び第 2 巻の 1，2 号にワイリーと王韜の共訳した『西国天学源流』を載せ，西洋の天文学の発展を紹介した。

物理学：第 2 巻の 1，2 号にワイリーと王韜の共訳した『重学浅説』を載せた。そのなかに西洋の物理学者の紹介があり，この本は中国で刊行された最初の西洋力学の訳書であった。

数　学：第 1 巻の 7 号に掲載された『作表信奉』という文の中で，中国数学者明安図，李善蘭らの三角学に関する研究の紹介があり，その他に

表 1　墨海書館で翻訳された主な数学，天文学，物理学の著書

書名	翻訳者	翻訳作業期間	刊行年	注釈
『重学』20 巻	ワイリーと李善蘭	1848–1866	1866	重学とは力学を言う，明治時代の日本にも伝わった
『幾何原本』（後半 9 巻）	ワイリーと李善蘭	1852–1856	1866	Euclid, *Elementa* の全 15 巻の中国語訳が完成
『代数学』13 巻	ワイリーと李善蘭	1852–1856	1866	中国で刊行された最初の記号代数学の訳書
『代微積拾級』18 巻	ワイリーと李善蘭	1852–1856	1866	中国で刊行された最初の微分積分学の訳書
『重学浅説』	ワイリーと王韜	1858	1858	中国で刊行された最初の西洋の力学の訳書
『談天』	ワイリーと李善蘭	1859	1859	全訳ではなかったので，徐建寅が続きを翻訳した

も外国の数学者の成果も紹介されることがあった。

地理学：宣教師モール（G. E. Moule, 1828–1912）の書いた世界の地学に関する文章を載せた。

その他，西洋の人文学の文章も紹介された。

『六合叢談』は全部で15号刊行され，1858年6月に停刊となった。

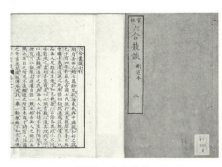

図9　六合叢談

日本では，この中の宗教以外の内容が印刷されることがあった。『六合叢談』は出版後すぐ日本にも舶載された。日本では幕府の洋学研究教育機関である蕃書調所により一部削除された翻刻版も作成され（これを官板刪本という），『遐邇貫珍』（1853–1856），『中外新報』（1854–1861）などと共に「我邦新聞の祖先」と称されるほどで，日本の新聞発達史においても重要な位置を占めている[42]。

墨海書館で翻訳された西洋科学技術と数学書の種類と数量は，後述する「江南製造局」の「訳書館」から出版された書物より少なかったが，清末中国へ最初に西洋の天文学，高等数学（代数学，微積分），力学，光学の知識を伝えたことで注目されるものである。

2.　江南製造局と訳書館

2.1.　江南製造局と訳書館の設立

19世紀後半，末期清王朝の朝廷は自らの政権を維持するため，積極的に西洋の銃砲や艦船を購入するとともに工場を建ててそれらの生産を開始した。

1861年，曽国藩が安慶で「安慶軍機械所」を創設し，徐寿（1818–1884），華蘅芳らの学者を招集し，大砲，軍艦を造るよう命じた。ここに，洋務運動の幕が開いた[43]。

曽国藩は「外人の工業は数学に基づいており，そのなかの要点はすべて図面によって学ばなければならない」[44]と指摘し，もしその書を努力して勉強しな

ければ，「日に日にその道具に慣
れていっても，どうやって道具を
使い，どうやって道具を作ればい
いのかについては分かろうとして
も分からない」[45) と論じて，あわ
せて内外の翻訳の人員を組織して
西洋の軍事関連の書籍を翻訳し，
国軍兵士に理論面から西洋の軍事
知識を熟知させることに務めた。
この思想の影響下にあって，江南

図 10　江南製造局の翻訳館

製造局・北京同文館・福建船政学堂・天津機器局・天津水師学堂・北洋水師学
堂・金陵機器局など 10 箇所以上の機関が，翻訳作業を行っていった。

　1865 年，李鴻章はアメリカ人が上海で造った「旗記鉄場」を購入し，次いで，
丁日昌，韓殿甲が主管していた上海の二つの大砲工場を合併し，「江南製造局」
を創設した。同年に南京にも「金陵機器局」を創設した[46)。

　清末中国における第二期の漢訳西洋数学書の成立は，江南製造局の創設と関
連するものであった。

　江南製造局が設立された後，機械を製造するために，西洋の科学技術書の翻
訳が差し迫って必要になり，製造局内に「訳書館」が造られた。

　その設立の経緯は，江南製造局の主事である徐寿の建議からうかがうことが
できる。

　　［原　文］

　　旋請局中馮，沈二総辦設一便考西学之法，至能中西芸術相頡頏，因想一
法，将西国要書訳出，不独自増識見，並可刊印播伝，以便国人尽知，又寄
信至英国購『泰西大類編』，便于翻訳者，又想書成後可在各省設院講習，
使人明此各書，必于国家大有裨益，総辦聞此説善之，乃請総督允其小試[47)。

　　［訳　文］

　　製造局の馮，沈二人の主管に向けて，西洋の科学技術を考察するのに便

利な方法を作り，中国と西洋の芸術が相互に拮抗できるようにさせることを申し出る。一つの方法として，西洋の国の重要な書物を翻訳し，自身の知見を増やすだけではなく，印刷を用いて国内の人々にも知らせる。また翻訳のために，イギリスに手紙を送り『泰西大類編』を購入する。訳書が完成したら各省に学院を設立し，講習によって，人々に本の内容を了解させることは，国家に大いに役立つはずである。主管が聞いた後，この建議は「よい」として，総督が試みることを許可した。

以上の記録によると，徐寿が江南製造局の主要な管理者である馮桂芬と沈毓桂という 2 人に建議したのは，西洋の科学技術を考察するために，西洋の国の重要な書物を翻訳すること，そして，訳書を通して，全国各地の人々に西洋の状況を理解させることであった。

この徐寿の訳書に関する建議が馮，沈 2 人の主管から曽国藩に伝えられることになり，1868 年に曽が徐寿の建議を受け入れ，江南製造局に訳書館を設立した。訳書館にイギリスからの宣教師フライヤーが主要管理者として招かれた。フライヤー以外にはワイリーとアメリカからの宣教師ダニエル・ジョローム・マクゴワン（瑪高温，D. J. MacGowan, 1814-1893）らがいた。

洋務派に招かれた中国人には，徐寿，華蘅芳，李善蘭，徐建寅，李風苞など十数名の学者がいた。彼らは軍事関連の書籍を翻訳するほかに，数学，物理学，化学や天文学などの自然科学の書籍，そして鉱業，機械製造などの科学技術の応用についての書籍をも翻訳していた。

次の項目では，この訳書館の主たる翻訳者であるフライヤーと華蘅芳の略歴を紹介する。

2.2. フライヤーの翻訳書

フライヤーは，イギリスの貧しい牧師の家庭に生まれ，政府の奨学金でポーツマス（Portsmouth）のハイベリー・カレッジ（Highbury College）を卒業し，1861 年にイギリスを離れ，プロテスタント宣教師として中国を訪れた。初めの 2 年間は香港の神学校の校長を務めた。1863 年に北京同文館の英語教師になり，1865-1868 年に上海の中国英学校の校長を務め，その後 1868 年 5 月か

ら洋務運動の中心的な機関であった江南製造局の
主要管理者兼通訳官となって，西洋の科学技術文
献の翻訳に従事した[48]。

フライヤーは北京語（当時の官僚の使う言語），
広東語，満州語，モンゴル語などに通じ，また西
洋の科学技術の素養があったので，江南製造局の
訳書館には月給 250 両の白銀（当時のイギリスの通
貨で換算すると，年俸 800 英ポンド）の高給で招か
れたのである[49]。

図 11　ジョン・フライヤー

　この時から華蘅芳らと協力し『代数術』，『微積溯源』などの西洋の数学書を
共訳した。

　後述するが，この二つの数学書は清末の北京，湖北省に設立された新式学堂
において教科書，あるいは参考書として使われた。また，明治初期に日本に伝
わり，沼津兵学校の教科書として使われ，その中の西洋数学の問題は東京数学
会社の機関誌にも紹介されていた。

　フライヤーは 1875 年に上海で格致書院を設立し，同時に『格致彙編』とい
う科学の月刊誌を創刊して啓蒙活動を行ったことでも有名である。『格致彙編』
は中国における西洋の科学を普及するための最初の雑誌であり，科挙制度のも
とで思想的に閉塞していた清末中国における，初めての啓蒙的な雑誌であった。
第一期は 1876 年 2 月 9 日（光緒 2 年正月 15 日）に刊行され，以後，2 ヶ月に一
回出版するようになった。1878 年 3 月（光緒 4 年 2 月）に，フライヤーが病気
になった妻をイギリスに送ることになったため休刊し，1879 年の秋，フライ
ヤーが中国に戻ると，翌年の 1880 年 4 月（光緒 6 年 3 月）に再び刊行されるよ
うになった。1882 年 1 月（光緒 7 年 12 月）になると，経済的な原因で休刊し，
1890（光緒 16）年に再び刊行が始まった。この時期から季刊になり，雑誌のペー
ジ数が増加した。1892（光緒 18）年にフライヤーがアメリカに赴任になり，刊
行は終了した。

　第一期『格致彙編』は，3,000 部刊行された後すぐに売り切れたので，再版
されることになった。そして，中国では 24 ヶ所の販売所を設置していたが，
その後毎年，刊行数が増えたことにより，販売所も増加し，80 ヶ所に達した。

『格致彙編』の販売所は中国だけではなく，日本，シンガポールなどの国にも設置されていた[50]。

図12　格致彙編

『格致彙編』には，「序言」，「算学奇題」，「互相問答」，「格物雑説」があり，その他に西洋の科学技術を紹介する翻訳も掲載されていた。日本からの情報も載せられていたことは注目すべきことである。例えば，第一期には「日本效学西国工芸」という一篇の文章があった。それは日本で翻訳されたイギリス船の器械に関するものであり，図も添付されていた[51]。

『格致彙編』に載せられた文章の多くはフライヤーの編集したものであり，時折ほかの外国人宣教師による翻訳著述も掲載された。この雑誌では，一般的な科学の常識のほかに，西洋の器械の製造方法なども紹介された。そして，多くの文章の後には大量の図が添付され，西洋の科学技術の発展の状況を分かりやすく紹介していたために高い評価を得ていた。

梁啓超が著した『西学書目表』の中では，『格致彙編』が西洋を理解するための「極要」（もっとも重要）な書目であると評価されていた[52]。

フライヤーはまた，1885年，上海で「格致書室」という書店[53]の経営を始め，多くの西洋の科学技術に関する書籍を販売した。格致書室は，清末中国の知識人が西洋の科学技術や西洋数学に関する情報を手に入れる重要な場所になった。

さらに彼は1880年に『江南製造総局翻訳西書事略』を書き，江南製造局の創設以後の歴史や翻訳事業について詳細に記した。これは，今日の研究者が江南製造局で西洋の数学や科学技術の書物が翻訳されたときの状況を理解する際の基本史料として利用されている。『江南製造総局翻訳西書事略』のなかで，フライヤーは自分が中国に20年ほど滞在し，中国に広く西洋の科学技術を伝播することばかり願っていると述べている。

2.3. 華蘅芳の数学研究

2.3.1. 華蘅芳の略歴

華蘅芳は，字を若汀と言い，本籍は江蘇省の金匱（今の無錫市）である。彼は，小さい頃から数学を好んで学び，科挙のために習得する『四書』『五経』の勉

強を疎んで，父親の書架に納まっていた中国の古典
数学書や西洋数学書を好んで読んだ。そのような彼
の数学研鑽のようすを伝える記事が残されている。
「華蘅芳年十四，通程大位『算法統宗』飛帰等題」
がそれである[54]。すなわち，華蘅芳は 14 歳の時に
程大位の『算法統宗』を学習し，「飛帰」[55] などの
問題に通じたというのである。

図 13　華蘅芳

　また華蘅芳は自著『学算筆談』巻 5 において，

　　　私は数学の勉強において生涯を通じてほかの人から学んだことはなかっ
　　た。〔中略〕15，6 歳の時，偶然，古本の中から『坊本算法』という本を
　　見つけ，心の中で喜んだ。昼夜を分かたず研究し，数ヶ月でその道理に通
　　じた。父上は私が数学を好んで勉強するのを見て，〔私の〕性格に合い，
　　かつ興味を持っているとお考えになり，遂に〔私に〕数学の書物を買って
　　くださった。それで，『周髀』，『九章』，『孫子』，『五曹』，『張邱建』，『夏
　　侯陽』，『緝古』，『海島』，『益古演段』，『測円海鏡』などを読むことが出来
　　た。〔中略〕その後，又，秦氏（秦九韶，1202-1261）の『数書九章』，梅氏（梅
　　文鼎，1633-1721）の『暦算全書』などを手に入れ，〔中略〕初めて数学に
　　も古今中西の異同のあることがわかった。『幾何原本』は，当時，未だ全
　　訳が出ておらず，その前 6 巻も単行本としては存在していなかった。ただ，
　　『数理精蘊』の中にあったので，これを購入し，遂に幾何の学にも通ずる
　　ことができた，これは私が 20 歳のころであった[56]。

と述べている。
　これによると，華蘅芳は当時の一般的な知識人のように『四書』『五経』の
勉強をしなかった。彼は，若い頃から立身出世にまったく関係のなかった数学
の研究を志した。科挙の試験を通らずとも，経済的に余裕のあったことが，数
学研究を志した一つの背景にあった。彼のような人物は当時はほんの僅かで
あった。
　また『華蘅芳家伝』によると，

　　［原　文］

　　　咸豊十一年〔華蘅芳〕随曽文正至安慶，領金陵軍機所事，与〔徐〕寿同
　　絵図式，自造黄鶴輪船[57]。

　　［訳　文］

　　　1861 年に，華蘅芳が曽国藩について安慶に行き，金陵軍機所〔を創設
　　すること〕に参与し，徐寿と図式を描き，自分の力で黄鶴輪船を作ること
　　にした。

と述べられている。

　実際，金陵兵器工場は 1865 年に創設されたので，この時，華蘅芳が曽国藩
の金陵軍機所を創設する計画に参加したものと思われる。

　1862 年には曽国藩が再び徐寿，華蘅芳を推薦し，安慶に呼び出したのであ
る[58]。このように，華蘅芳は再度曽国藩のもとに行き，李善蘭らと一緒に洋務
運動を支援したのである。

　1865 年，曽国藩と李鴻章が上海に江南製造局を創ることを計画した時，華
蘅芳は自分の豊富な知識を生かして具体的な業務に携わった。68 年，江南製
造局に翻訳局が設置されて以降，華蘅芳はフライヤーと協力し，西洋の数学書
や科学技術書を中国語に翻訳した。

　1880 年，華蘅芳は，格致書院内の上海公書院の教官になり，87 年，天津の
武備学堂に行き，数学を教授し，92 年には，湖北の両湖書院（常州の龍城書院
院長と江陰の南菁書院）の教員になり，96 年からは院長を兼任した[59]。

　華蘅芳は生涯を通じて，西洋の数学書と科学技術書を多数翻訳し，そのうち
刊行されたものは 12 種類，171 巻にも上った[60]。

2.3.2.　華蘅芳の著作

　華蘅芳の数学者としての著作は極めて多い。それらを概観しておこう。まず，
1872 年に『開方別術』を著したが，ここでは整数係数の高次方程式の整数根
を求める方法を詳しく述べている。1882 年には『開方古義』2 巻を著し，三次
以上の方程式の解法を論じた。また同年に『学算筆談』6 巻を著したが，これ

は後に 12 巻本として完結した。この期間中にまた『算法須知』(1882 完成,
1887 刊行) 4 章を著し,四則演算の重要性を説き,フライヤー主編の『格致須知』
に掲載した。そのほかに,華蘅芳は『西算初階』という本を書いたが,これは
刊行されなかった。1892 年には 8 種の断片的な著書をまとめて『算草叢存』
を刊行した[61]。華蘅芳の上記の『開方別術』『開方古義』『学算筆談』『算草叢存』
は,『数根術解』(1 巻)『積較術』(3 巻) と併せて『行素軒算稿』と呼ばれている。

　華蘅芳がフライヤーと共訳した西洋数学書には,『代数術』(25 巻, 1873),『微
積溯源』(8 巻, 1874),『三角数理』(12 巻, 1878),『代数難題解法』(16 巻, 1879),
『決疑数学』(10 巻, 1880 訳, 1896),『合数術』(11 巻, 1887 年に執筆されたが未刊),
『算式解法』(14 巻, 1898 共訳, 1899) の 7 編がある。これらのなかで『代数術』
と『微積溯源』などは明治時代の日本にも伝来した。

　『代数術』と『微積溯源』の内容は後に詳しく紹介するので,そのほかの漢
訳数学書の内容を概観してみよう。

　『三角数理』12 巻はイギリスのハイマース (J. Hymers, 1803-1887) の原著 *A
Treatise on Plane and Spherical Trigonometry* の訳であり,巻 1〜3 は三角関数の
関係式を論じ,巻 4 は平面三角形の解法,巻 5 は三角関数の冪級数展開式,巻
6 は対数を論じ,巻 7, 8 は三角関数の恒等式とその応用を説き,最後の 4 巻
は球面三角法の解法からなっている。

　『代数難題解法』16 巻はイギリス人ルンド (J. Lund, 1794-1867) の原著 *A
Companion to Wood's Algebra* に基づいたものだった。この本は確率論を中国で
もっとも早く紹介したものであり,本書の巻 8 と巻 12 で確率 (probability) の
ことを「決疑数」と訳している。本書に紹介されている問題は,具体的な数値
の問題のみで一般的命題はなかった。

　『決疑数学』は確率論を紹介した専門書であり,清末の数学者が確率論を学
ぶ時の重要な参考資料になった。さらにその「総引」のなかには,西洋数学史
の資料が多く含まれていた。例えばパスカル (B. Pascal, 1623-1662),ホイヘン
ス (C. Huygens, 1629-1695),ラプラス (P. S. Laplace, 1749-1827),ポアソン (S. D.
Poisson, 1781-1840),ド・モルガン (A. DeMorgan, 1806-1871) などの多くの西洋
人数学者の確率論に関する仕事が紹介されている。

　『合数術』はイギリス人ベルネ (白爾尼, O. Byrne) の原著に基づいたもので

あると書かれており[62]，対数表の作り方を論じたものだった。なかに確率論に関する内容もあったがこの本は刊行されなかった。

このほかに『代数総法』，『相等算式理解』，『配数算法』などの漢訳数学書もあった。

華蘅芳はまた宣教師マクゴワンと『金石識別』，『地学浅釈』，『防海新論』，『御風要術』などの西洋の科学技術の本を訳した。

2.3.3.　李善蘭と華蘅芳

李善蘭と華蘅芳は2人とも中国伝統数学を熟知していただけではなく，明末の漢訳西洋数学書を理解しており，自ら数学と科学の著作を著している。華蘅芳と李善蘭の著書を比べると，李善蘭の本の内容は華蘅芳の本より豊富で，高度なものが多い。それに対して彼らの翻訳した数学書では，華蘅芳の訳した本の内容の方が，李善蘭の訳本より高度な数学の内容を含んでおり，しかも翻訳用語も洗練されていた。華蘅芳は李善蘭の学生であり，後継者でもあり，李善蘭の漢訳西洋数学書を熟読していたので，自らが西洋数学書を翻訳する際，李善蘭の漢訳西洋数学書より内容の深いものを選んだのである。すなわち，華蘅芳は，李善蘭の漢訳西洋数学書の内容よりも高等な，代数学，三角法，微積分学，及び確率論等の数学書を選んだわけである。

いずれにしても，李善蘭と華蘅芳は著述，翻訳，教育の仕事を通じて，中国における西洋数学の受容と中国近代数学の発展に大きな影響を与えた。また，彼らが漢訳した西洋数学・科学の書物は海を渡り，日本にも伝えられ，明治初期の日本の数学界にも影響を与えたのである。

2.4.　数学書の刊行物

江南製造局と訳書館の設立以後の12年間に，西洋から翻訳した科学技術書のうち，刊行されたのは98種類，235冊，未刊行のものは45種類，内容の一部を訳したのは13種類であった[63]。

その局長（総弁）である魏允恭の『江南製造局記』の中の不完全な統計によると，1868（同治7）年から1905（光緒31）年に至るまでに，訳書館が翻訳した書籍は178種以上あって，しかも1894（光緒20）年に翻訳されたものは103

種もあった[64]。

　フライヤー『江南製造局翻訳西書事略』によると，1879 年 6 月の末までに，31,110 種類，83,454 冊の書物が販売されたという。フライヤーは，

　　［原　文］

　　　所銷售書籍已数万余，可見中国皆好此書[65]。

　　［訳　文］

　　　販売した書籍は既に数万余冊，中国の人々は皆このような本が好きなのだと見てとれる。

と書いている。フライヤーはまた北京の同文館，上海の格致書院など多くの教会学校で訳書館で翻訳した書籍を教科書として使っていたことを例として挙げている。

　李善蘭の『談天』，華蘅芳の『地学浅説』は，この訳書館から刊行されたものだった。

　翻訳の質については，梁啓超が著書『読西書之法』のなかで，

　　［原　文］

　　　訳筆之雅潔，亦群書中所罕見也。

　　［訳　文］

　　　訳文の正しさときれいさは，また多くの著書のなかで少なく見られるものであった。

と高く評価していた。梁啓超以外の清末の変法運動の首脳である康有為，譚嗣同らも皆，江南製造局の訳書局で漢訳された西洋の科学技術の著書を読んでいた。

　1893 年，譚嗣同が上海へ遊学した時，フライヤーに案内され，江南製造局を見学し，科学技術の問題を議論し，訳書館から刊行された書籍を多く買って，湖南省に戻ったという。彼が哲学書『仁学』や論文「以太説」のなかで使った

「以太」[66] という用語は，フライヤーの翻訳した『治以免病法』のなかにあったものを参考にしたものである。康有為は 1882 年，上海を通り過ぎた時，江南製造局から刊行された書籍を多数買い，広東省に持ち帰って真摯に勉強したという[67]。

　このように，洋務派官僚の李鴻章らに弾圧された清末の変法運動のリーダたちも，李鴻章らの創った江南製造局から刊行された西洋の科学技術書に学び，西洋の事情を理解し，清末中国の振興を切望していた。

この章のまとめ

　以上第 1 章では，主として日清戦争以前の中国における漢訳西洋数学書の成立過程について考察した。

　この時代の中国に現れた西洋数学の著書は，主にプロテスタント宣教師の協力により西洋数学に興味を示した知識人の筆述したものである。中でも，李善蘭と華蘅芳の手によって完成された著書が代表的なものであり，当時の中国人が西洋の数学を理解するための主要な書物になり，その翻訳の形式と定めた数学の術語はその後の翻訳書の手本になったのである。

　後述するが，李善蘭と華蘅芳の作った漢訳西洋数学書は幕末・明治初期の日本に伝わり，日本における西洋数学の受容に重要な基本文献になるのである。

　李善蘭と華蘅芳は西洋の言語を知らなかったので，宣教師と共訳した著書のなかには明確な間違いも少なくなかった。この点については，本書第 2 部第 4 章で，日本に伝わって訓点版の作られた『代数術』の内容を討論する際に明示する。

　前述したように李善蘭と華蘅芳以降，精力的に西洋の数学の知識を伝えようとした人物も何人かいたが，彼等の訳書の形式は主に李と華のものを真似ていて，伝わった西洋数学の内容も李と華の訳本を超えることはなかった。

　そのため，李善蘭と華蘅芳らが西洋人宣教師と協力して作った漢訳西洋数学書は日清戦争までの間，中国の新式学堂で主要な教科書として使われていた。この点については次の第 2 章で論じよう。

第2章　洋務運動期の数学教育

　洋務運動期の中国における数学教育の状況を分析すると，(1) 科挙のための伝統教育の一部としての数学の教育，(2) 宣教師により設立された「教会学校」での数学の教育，(3) 洋務派の官僚により設立された新式学堂での数学の教育という三種類の教育の系統が存在していたことができる。この章では，この三種類の教育のうち，最初の二つの概要を説明した後，新式学堂での数学教育を詳しく考察し，日清戦争以前の清末の中国における西洋数学教育の教授の状況を探究してみよう。

第1節　伝統教育

　清初から，北京の「国子監」[68] には数学を教授する機関があったという記録が残されており，洋務運動期の中国には，昔ながらの科挙を目的とする伝統教育の一部としての数学教育が存在していた。例えば，1818（嘉慶23）年に編まれた『大清会典』巻61の「国子監」という条目には「国子監〔中略〕掌国学之政令，凡貢士，監生，学生之隷于監者，皆教之。監生之別有四：曰恩監生，〔中略〕又八旗官学生，漢算学生，算学肄業生，毎届三年，欽派大臣，考取恩監生一次」と書かれている。これを訳すと，「国子監〔中略〕では国の学問に関する政令を管掌する。凡そ貢士，監生など，〔国子監に〕従属する学生に，皆教える。監生は四種類ある：曰く恩監生，〔中略〕又，八旗の官学生，漢族の算学生，算学を卒業した学生に対し，3年ごとに，皇帝から大臣を派遣し，試験を通じて恩監生を採用する」となる。

　このような国による数学の教育と試験の制度について伝えるのは，清の1670（康熙9）年から1823（道光3）年までの文書である『欽天監則例』，『清文献通考』，『会典事例』，『東華録』などに残る記述である。その後のことははっきりとした記録が残っていないが，少なくとも国子監の算学館がずっと残っていたことは確実である。

　一方，地方では，私塾による伝統数学の個人教授が昔から続けられていた。

また数学に関心を持つ人々により，地方での独特の教育形式として，数学専門の算学館や書院が運営され，1 人の比較的高いレベルの数学者が教師になって，数学に興味を持つ学生たちを教えていた。教育方法は問題とその解答という形式を中心とするものであった。各算学館や書院には定期試験があり，地元の試験の合格者は北京に送られ，さらなる試験に参加し，合格して採用された者は清政府の下級官吏に任ぜられた。

　これらの機関で数学の教師を担当していた人々の多くは儒教教育を受けた人々であるが，個人的な関心から数学を研究し，学生を募集し，数学を教えていたのである。教育内容は中国の伝統数学が中心であった。教科書として使われていたのは，中国数学の古典籍であり，清末における西洋数学の受容にはあまり影響を与えなかった。

第 2 節　教会学校

　清末のキリスト教宣教師による教育事業は，清の 1839（道光 19）年にマカオに設立された「教会学校」から始まり[69]，その後，中国の内陸地方にも次々と設立された。主な教育機関を例挙すると，1845（道光 25）年上海に設立された「約翰書院」，1864（同治 3）年山東省の登州で設立された「文会館」，1866（同治 5）年青州に設立された「廣徳書院」，1871（同治 10）年武昌に設立された「文華書院」，1888（光緒 14）年に北京で設立された「彙文書院」などである[70]。

　これらの教会学校の多くは 20 世紀初頭まで存在し，数学教育も継続されていた。統計によると，1853 年から中国の各地に 78 校の教会学校が設立され，1,200 余名の学生が在籍していた。1875 年になると，800 校の学校が 2 万人以上の学生を抱えるようになり，1899 年になると，2,000 校の教会学校に 4 万人以上の学生が在籍していたという。教会学校の創設者のなかではアメリカからの宣教師がもっとも積極的であり，1898 年までにアメリカ人宣教師の創設した初等学校は 1,032 校，学生は 16,310 名，中等・高等学校は 74 校，3,819 名の学生がいたという[71]。

　これらの教会学校が中国に西洋数学を伝えたことの一つの証拠として挙げられるのは，上海の「約翰書院」で学んだ江蘇省の楊岷源という学生が 1903（明

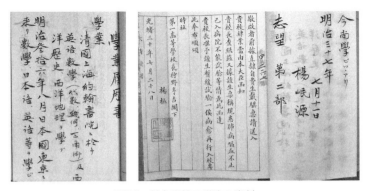

図 14　教会学校の学生の資料

治 36）年日本に私費で留学し，1904（明治 37）年の 7 月 11 日に第一高等学校
第二部に入学を希望した時の「学業履歴書」である。そこには「清国上海約翰
書院ニ於テ英語，数学（代数，幾何，三角術）及ヒ西洋歴史，西洋地理ヲ学ブ」
と書かれている[72]。

　教会学校の数学教師は外国人宣教師であり，その教育内容は西洋の代数学，
幾何学，三角法，解析幾何学などであった。教会学校が増加したので，教科書
の編集のため，1877 年に「益智書会」（School and Textbook Series Committee）が設
立され，各種の教科書が訳された。そのなかで，教会学校の授業中に使われた
数学の教科書は以下のようなものだった。

A）ワイリー（Alexander Wylie）編撰の『数学啓蒙』2 巻（1853）

B）アメリカ人宣教師ウィルソン（Galvin Wilson Mateer, 1836-1908）と中国人
　　学者鄒立文が共訳した『形学備旨』10 巻（1885），『代数備旨』13 巻（1891），
　　『筆算数学』3 冊（1892）

C）アメリカの数学者ルーミス（Elias Loomis, 1811-1899）の原著をアメリカ
　　人宣教師パーカー（Rev. A. P. Parker, 1850-1924）が中国語に訳し，中国人
　　学者謝洪賚が校正した『八線備旨』4 巻（1893）

D）アメリカの数学者ルーミスの原著をアメリカからの宣教師ジャドソン
　　（J. H. Judson, 生卒年不明，中国名・裴徳生）が訳し，中国人学者劉維師が
　　筆述した『円錐曲線』（1893）

E）宣教師フライヤーが編輯した叢書に『格致須知』(1887-1888) があり，その中の『算法須知』(1887) は中国人学者華蘅芳の著したものだった。その他にこの叢書に含まれていた『量法須知』(1887)，『代数須知』(1887)，『三角須知』(1888)，『微積須知』(1888)，『曲線須知』(1888) などはフライヤーの著書だった[73]。

教会学校で使われた数学の教科書の多くはイギリスやアメリカからの宣教師の編訳した本であり，そのなかには中国人学者と共訳した教科書も含まれていた。

第3節　新式学堂

1862 年 6 月，洋務派の働きにより，北京で京師同文館が創設された。これは中国における最初の近代的学校であった。それ以後，洋務運動期に，各省では西洋の語学や科学技術を教授する各種の新式学堂が数多く創設されたが，これらの学堂が設立された経緯とそこで行われた数学の教育を考察してみよう。

1. 語学教育のための学堂

1.1. 語学施設の設立

この種類の学堂の中で代表的な施設は，前述した 1862 年に設立された京師同文館と 1863 年に上海で設立された広方言館，1864 年に広州で設立された同文館などである。

1862 年 8 月に，清朝における外国事務機関である「総理各国事務衙門」が，北京に同文館を設立することを建議し，1757 (乾隆 22) 年にすでに創設されていた「俄羅斯文館」，すなわち「ロシア文館」と合併することにした[74]。

1863 年には，当時の江蘇省の巡府[75]，洋務派官僚の 1 人であった李鴻章が，上海で「広方言館」，広東で同文館を設立するよう上奏し許可された[76]。

上海と広東で同文館を設立された経緯に関して，以下のような記述が残されている。

［原　文］

　同治初総理衙門設同文館，並設印書処，以印訳籍。呉人馮桂芬倡議上海，広東城応仿設[77]。

［訳　文］

　同治初年，総理衙門[78]が同文館を設立し，並びに本を印刷する設備を置き，訳書を印刷することにした。呉の人である馮桂芬[79]が上海，広東城でも〔それを〕真似て設置するべきだと提議した。

［原　文］

　蘇巡府李鴻章従其議，遂就上海敬業書院地址，建広方言館，教西語西学，以訳書為学者畢業之証[80]。

［訳　文］

　江蘇の巡府李鴻章がその提議に基づき，上海の敬業書院の旧址に広方言館を設立し，西洋の言語と西洋の学問を教え，訳書を以って学者卒業の証にする。

　李鴻章は馮桂芬の提議に基づき，上海の敬業書院の旧址に広方言館を設立し，西洋の言語と西洋の学問を教え，西洋の著書を翻訳するようになった[81]。

　また，以下の史料によると，李鴻章がまた，広東にも同文館を創るように奏請した[82]。

［原　文］

　上海李鴻章奏請飭広東仿照同文館，設立学館，学習外国語言文字等語，已諭令広東将軍等査照辨理[83]。

［訳　文］

　上海の李鴻章が奏請し，広東を整頓し，同文館に倣って，学館を設立し，外国語の言語，文字等を習う〔ということを〕，すでに広東の将軍に命令し，

調べて〔そのまま〕創るようにさせた。

[原　文]

　同治二年論，前已立同文館，現据李鴻章奏，上海已設立外国語言文字学館，広東事同一律，応仿照辨理[84]。

[訳　文]

　同治 2 年の布告，以前にすでに同文館を設立し，現在李鴻章の建議により，上海ではすでに外国語言語，文字学館を設立している，広東でも同じく〔上海を〕真似て創るべし。

　このように，洋務運動期に西洋の言語を習い，西洋の書籍を翻訳するために北京で同文館を創った後，民間の学者らの建議により，洋務派の官僚たちも積極的に上海と広東などの地方でも同じような施設を創った[85]。

　上海の同文館は 1863 年に設立された後，1867 年に「広方言館」と改称した[86]。1869 年には江南製造局に統合され，「正課」の学生 40 名，「附課」の学生 40 名がいた[87]。

1.2.　数学教育の状況

　洋務派の設立した新式学校での数学の教育を考察するために，上海での広方言館と北京での京師同文館の数学の教育を検討してみよう。

1.2.1.　広方言館

　1863 年に設立された上海の同文館（後の広方言館）は，設立当初から数学を必修科目として定めていただけではなく，学生が数学を専攻することも許していた。広方言館は洋務派が設立した学校のなかで最初に数学を講じた学校である。

　1869 年，広方言館が江南製造局に統合された後のカリキュラムについては，以下のような建議がなされていた。

　孔子の学問である六芸のなかでも，数学の教授を廃止したことはなかった。西洋人の製造〔技術〕は日に日に進んでいるのだが，皆数学を基礎にしている。〔中略〕毎日西洋の学問を勉強するなかで暇を見出して，午後になると，即ち，数学[88]を学習し，筆算，珠算にかかわらず，先に加，減，乗，除，開方から修得する。中国の数学〔伝統数学〕では，算経十書〔10種類の伝統数学の書物〕に習熟し，過去の〔数学の〕達人の著述を皆閲覧すべし。西洋の数学では幾何，重学，代数の諸書を学び，順序を守り且つ漸進すべし。〔中略〕若し〔研究の〕内容が近いなら，ほかの科目〔の勉強〕を免じて，専門的に数学を習得してもよい。測量〔術〕から製造の方法に至るまで，若し勉強がかなり進んでいるなら，〔西洋の数学の内容を詳細に〕考究すべし[89]。

　これは李鴻章の建議したものだった。

　ここで，李鴻章が孔子の学問のなかでも数学の教授があると論じて，さらに西洋の技術は日ごとに進んでいるのは，数学を基礎にしているからである。そのために，毎日西洋の学問を勉強し，特に数学を勉強する必要があると論じて，中国の伝統数学と西洋の数学を含むすべての数学を勉強すべきであると指摘した。また李鴻章は，中国の伝統数学と西洋数学が同じものであり，儒教のなかでも数学の教育があり，西洋の技術の学習にも数学の教育が必要である，と考えた。そして李鴻章は，測量術や〔機械を〕製造する方法を勉強したあと，さらに高いレベルの西洋数学を勉強するべきだと指示していた。

　広方言館の数学の教師を務めた人には以下の人物がいた。

(1) 陳　晹（1806-1863）　　：彼は 1863 年には教師として勤めていたが，まもなく死去した。

(2) 時日醇（1807-1880）　　：晩年に広方言館の数学の教習になったという記録がある[90]。

(3) 劉彝程（生没年不詳）[91]：字は省庵，江蘇興化の人，1873-1875 年に広方言館の数学の教習になった。

　劉彝程は当時の科挙の試験に興味が無く，独学で伝統数学や西洋数学を学んだ人であった。数学の著書には『割円闈率』，『開方闈率』，『対数問答』などが

あった。後述する漢訳西洋数学書もこの頃刊行されたものであった。その中の
一つ,『代数術』が 1873（同治 12）年に刊行された時には,「無敢任校算者」,「彝
程一見了然，為之校算」[92] という記録が残されている。すなわち，当時の中国
では，西洋数学を理解する人が少ないので，校正者の誰もがそれを恐れ『代数
術』を敢えて校正するものがいなかったのだが，劉彝程がその内容を一目見た
だけで理解できたので，校正することにした。その後，華蘅芳がフライヤーと
『微積溯源』を完成した時，その校正も劉彝程が手伝った[93]。そうして，彼は伝
統数学と西洋数学の研究をしながら，広方言館の数学の教師になったのである。

　本書の第 2 部において明治初期日本の「和洋折衷」の学者について言及する
が，清末中国でも伝統数学と西洋数学を融合しようとする学者が存在していた。
劉彝程はその中の代表的な人物であった。彼は伝統数学を研究していたが，西
洋数学の優位性を常に認めていた。

　以下のような記録がある。

　　［原　文］
　　　夫泥于中法者，恒糾纏文字，論説則不簡明，泥于代数者，恒展巻即演算
　　式，絶不窮其源尾。余力矯此，務源于撰題本旨，掲以示人，往々先抒公理，
　　然後以題合之[94]。

　　［訳　文］
　　　中国の伝統〔数学の〕方法では，常に文字にかかわる紛糾があって，簡
　　明に論説しない。代数学の〔問題〕は，常にその数式を展開するだけで，
　　その原理を求めようとしない。私はこれを矯正しようと思い，〔数学〕の
　　問題の原理を人に示すために先に公理を述べて，そして問題に合わせて説
　　明することを志している。

　劉彝程は自著である『簡易庵算稿』のなかで，さらに清末に中国に伝えられ
た西洋数学の知識に理論的な説明を与えてその数学の原理を述べ，さらに西洋
数学を使って伝統数学の問題を解明した。また中国の伝統数学のなかの「勾股
術」を使い，西洋数学の方程式の問題を解答するなどしていた。

劉彝程の学生は彼の数学教育の様子を以下のように記述している。

［原　文］

　自先生以題悔人而後，代数雖属西法，而人乃視為己有矣[95]。

［訳　文］

　先生が問題を〔提出して〕教えると，代数学は西洋の数学の方法である
のにもかかわらず，〔学生の皆が〕それを自国の伝統数学のなかにすでに
あったかのように考えるようになった。

　上述したように，劉彝程は授業中に常に，西洋数学の理論を使って中国伝統
数学の問題を解決し，また伝統数学の方法で西洋数学の問題を解説していたが，
その経験を通じて学生が速やかに数学を身につけることを促して，一挙両得の
教育効果を得ていた。

　劉彝程のような伝統数学と西洋数学の折衷を行おうとした数学者が存在して
いたことが，この時期の数学の特徴のひとつであるが，第 2 部で紹介する明治
初期の福田理軒のような学者も同様であった。両者ともに，伝統数学と西洋数
学の共通点を探ろうとしている。これは，中国と日本の数学界における伝統数
学から西洋数学への転換期に見られた共通の特徴であった。

　広方言館では以上のような数学教師たちが，学生に伝統数学と西洋数学を教
えていた。彼らの授業を受け，数学に興味を持って，好成績を得た学生の中か
らは席淦，汪鳳藻，厳良勲，楊兆鋆などの人物が現れた[96]。

　以上，広方言館に務めた数学の教師を例挙し，その中から劉彝程を中心に紹
介し，広方言館の数学教育の状況を考察した。

　以下は，広方言館の教育カリキュラムであり，

［原　文］

　一辨志，二習経，三習史，四講習小学，五課文，六習算，七考校日用，
八求実用，九学生分上下両班[97]。

　［訳　文］

　　一は志を育てる，二は経を習得する，三は歴史を習得する，四は小学を講習する，五は文章を学ぶ，六は数学を勉強する，七は日常の事柄を考究する，八は実用を求める，九は学生を上下の二つのクラスに分ける。

という教育の趣旨が規定されている。具体的な教育科目については以下のように述べられている。

　［原　文］

　　其功課：国文，英文，法文，算学，輿地[98]

　［訳　文］

　　その科目：国語，英語，フランス語，数学，地理学

　広方言館では数学と外国語の教育に力を注いでいたことがわかる。これらは従来の科挙の教育制度とはまったく異なる教育科目である。

1.2.2.　同文館

　北京に設立された同文館（ほかの地方での同文館と区別するために通常は「北京同文館」と呼ばれる）が設立された当初は主に西洋の語学の教育を中心としていたため，西洋の科学技術と数学の授業は行われていなかった。しかし，まもなく西洋数学の授業が行われることになった。

　同文館では，最初英文館だけが設けられていたが，1863年からは俄文館（ロシア語），法文館（フランス語）が，1871年には徳文館（ドイツ語）が設けられ，外交のための人材を育成していた。

　1866（同治5）年，恭親王[99]が，機械を作るには必ず天文・算学を修めていなければならないと奏上し，同文館には天文算学館が設けられ，算学，天文，地理，航海測量，各国歴史などが教えられるようになった[100]。

　また「同治五年，北京同文館于英，法，俄文三館以外，設天文，算学，化学，格致，公法各課」[101] という記録がある。すなわち，「1866（同治5）年，北京の

同文館が英，法，俄文の 3 館のほかに，天文，算学，化学，格致，公法の各課を設置する」ことにしたのである。

「同治五年創設天文算学等科，以七年為期」[102] とされているが，「京師同文館規」[103] によると，8 年の期間で授業することになっていた。年ごとの授業は以下のとおりである。

第 1 年：文字を読むことと書くこと，簡単な文章の読解など

第 2 年：簡単な文章の読解，センテンスの翻訳など

第 3 年：世界地図の説明，世界史の学習，文章の翻訳など

第 4 年：数理啓蒙，代数学の勉強，公的文章の翻訳など

第 5 年：格物[104]を講じて，幾何原本，平面三角法，球面三角法（当時は弧三角という）を学習し，翻訳の練習

第 6 年：器械の作り方，微分積分学，航海術，測量術の学習，翻訳の練習など

第 7 年：化学，天文学，測量術，世界の法律などを講じて，翻訳の練習など

第 8 年：天文学，地理，地質学（当時は「金石」という），政治学（「富国策」と書かれている），翻訳の練習など

この同文館の「8 年課程計画」によると，最初の 5 年間は中等教育に当たる教育をして，続く 3 年間は大学程度の教育に当てる計画であった。また，その計画によると，初めの 3 年間は語学の教育を主とし，続く 5 年間には科学技術などの修学を重んじていた。

同文館での数学の教授に関して，1866（同治 5）年の 8 月に以下のような命令が下った。

［原　文］

　　允郭嵩燾請，召生員鄒伯奇，李善蘭，赴同文館差委[105]。

［訳　文］

　　郭嵩燾の申し出により，鄒伯奇，李善蘭を呼び出して，同文館の仕事を委託する。

　このような経過を経て，1868 年，鄒伯奇と李善蘭が数学の「教習」（教員）として，同文館に招かれた。

　李善蘭はそれ以後亡くなるまでの 13 年間，教習として同文館に務めた。李善蘭についてはすでに紹介したので，ここでは，鄒伯奇について紹介しよう。

　鄒伯奇 (1819-1869)，字は特夫という。広東省南海の人で，天文・数学・物理・地理などの学問や儀器製造にすぐれていた。計算尺・観象儀・渾天儀・時鍾・象限儀などを製造した。また欧州の銀版写真法の発明（1839 年）と同じころ，一種の写真機を発明したとされる。これは中国における最初のカメラと言われる。数学の著書には『学計一得』2 巻，『対数尺記』1 巻がある。彼は数学の研究で有名であったため，同文館の教習の職に 2 回（1866 年，1868 年）ほど招かれたが，病気とその他の理由で赴任しなかった[106]。

　1880（光緒 6）年，同文館の数学の副教習である席淦 (1845-1917, 李善蘭の弟子)，貴栄（生没年不詳，数学の素養が高いといわれた）[107] の編集した『算学課芸』という書物が刊行された。これは同文館で学んだ学生用の試験問題とその解答の一部を収集したものであり，「元」，「亨」，「利」，「貞」の 4 巻から構成されていた。本の最初に「同文館算学教習李壬叔先生閲定，副教習席淦，貴栄編次，肄業生熊方柏，陳寿田，胡玉麟，李逢春同校」と書かれている。

　『算学課芸』の序文を書いた人物は，1869 年から同文館の総教習を務めたアメリカ人宣教師のマーティン（丁韙良，Dr. W. A. P. Martin, 1827-1916）である。

　丁韙良の「序」には「開館以来十有余載，茲由副教習席淦，貴栄等将所積試巻選輯四帙，顔曰『算学課芸』」[108] と書かれている。

　『算学課芸』の内容をみると，巻 1 には「天文測算」（球面関数の問題），「重学測算」（力学の問題），「炮弾射程」（放物線など二次方程式の問題），「航海測算」（測量術の問題）などの内容が含まれ，巻 2 には「平面幾何」，「立体幾何」，「垜積」（累乗の和），「無窮級数」，「連比例」，「不定方程」，「四元術」（四元方程式の問題）などの内容が含まれ，巻 3 には「『測円海鏡』類問題」[109] の内容が含まれ，巻 4 には「勾股問題」，「各類応用問題」などの内容が含まれている。

　巻 1 から巻 4 までの試験問題は 198 問であり，内容の多くは中国の伝統数学の著書である『九章算術』，『張丘建算経』，『測円海鏡』や清末の漢訳西洋科学書・数学書である『重学』，『代数学』，『代数術』などの書物から選んだもので

ある。これによると，これらの書物は同文館の授業中に使われた教科書である
と推測することができる。

　『大清会典』の記録によると，同文館の学生は卒業するまでに「凡算学，以
加減乗除而入門，次九章，次八線，次則測量，次中法之四元術，西法之代数術」
のような水準に達していなければならないという決まりがあった。すなわち，
「数学は，加減乗除から入門し，その次は九章（算術），その次は三角法，その
次は測量術，その次は中国伝統数学の方法である四元術[110]，西洋の方法では
代数術を（習うべき）」であるという規定だった。

　以上，同文館での数学の教育の状況を概観したものである。同文館は天文学
と数学の授業を追加した後，30年間（1866-1895）にわたって教育内容を改正
することはなかった。

　1895年，陳其樟が教育課程を整備するように提案をした。陳の提案は以下
のとおりである。

　　都〔北京を指す〕に西洋の学問を探究して講じるために同文館を設置し
　たと考えられるが，実際の学生は100人以上で，毎年多額の費用を費やし
　ている。だが，〔そこで〕学んでいるのはただ，数学，天文学，および，
　各国の言語と文字だけであり，外国であるなら小中学塾と称することがで
　きる程度であって，とても大学とは呼び得ない。且つ全体として少しずつ
　教える項目を加えているといわれるが，実際は虚名だけである。また学科
　の分類が無く，精密に教えるべきことと簡単に済ますことの弁別も無く，
　外国に嘲笑されるだけである[111]。

　上述した陳其樟の提案によると，北京では，同文館を設置した目的は，西洋
の学問を探究して講じるためである。そこで，学生の人数は100人以上で，毎
年多額の費用を費やしているが，彼らの学んでいるのは，小中学校程度の数学，
天文学，語学の知識であり，高いレベルの知識ではなかった。全体として少し
ずつ教える項目を加えているといわれるが，実際は虚名だけであり，学科の分
類が無く，精密に教えるべき内容と簡単に教える教育内容の区別がないので，
〔同文館での教育は〕，外国〔の教育者〕に笑われるだけであるという。

こうして，陳其樟が洋務派による同文館での教育の欠点を具体的に指摘した。

この提案により，1895 年以降（日清戦争以降），カリキュラムをはじめとする同文館の教育課程が整備されることになった。

同文館から卒業した数学の優等生には蔡錫勇，左秉隆，楊兆鋆，楊樞らの人物がいる[112]。だが，彼らのうち数学教育者になった者は一人もなく，ほとんど官僚になった。例えば，楊樞は清末の駐日大使として，清末の日本への留学生の事業を管理していた。

2. 軍事教育のための新式学堂

洋務運動期の中国では西洋の軍事技術を学ぶための施設が次々と創られていた。このような施設を軍事学堂という。特に有名だった軍事学堂は福建船政学堂と天津水師学堂，広東水師学堂，湖北武備学堂である。

軍事学堂の設立された経緯を考察し，そこで行われた数学教育の状況を概観してみよう。

1866（同治5）年，洋務派官僚である左宗棠（1812-1885）が福建省の馬尾というところに造船所を建て，それに附属する施設として，船渠（ドック）[113]の東北に学堂を設立した。学堂は 2 ヶ所にあり，一つは「前堂」と言われ，主にフランス語を勉強させ，造船技術を練習させる場所であり，「前学」とも略称された。もう一つは「後堂」と言われ，主に英語を勉強させ，船の操縦訓練をさせる場所であり，「後学」とも略称された。「前学」，「後学」を合わせて「船政学堂」と総称した。これは清末中国において最初に，西洋の軍事造船術を学ぶために設立された専門学校であった。

この左宗棠が設立した船政学堂での技術陣はフランス系の人々であった。ナポレオン 3 世の軍隊が太平天国の戦いで左宗棠を助けたことから関係が始まり，技師・職長・熟練工らがフランスからやってきた。彼らは高額の給料で雇われていた。フランスからはまた，機械や付属品も届いた。造船所で使われた技術はこれらの西洋人によってのみ担われ，清末の封建官僚にはそれを学ぼうとする熱意はなかった[114]。

1880（光緒6）年，李鴻章が天津に「北洋水師学堂」を創設する建議案を提

出した。その建議案が許可され，学堂内では，英語，幾何学，代数学，平面三角法と球面三角法，級数，重学，天文，地理学，測量術を教えることになった[115]。

その後，1885 年に李鴻章が天津に武備[116]学堂を設立し，1886 年には張之洞が広東で水師学堂を創設した。

この時期に創設された軍事学堂では，数学の修業は不可欠であった。一例として福州船政学堂における教育を挙げれば，以下の通りである。福州船政学堂の修業年限は 5 年と 3 年の区別がある。造船術と船の操縦を学ぶために設置された「前堂」と「後堂」の修業年限は 5 年であり，「前堂」の付属機関として設置した「絵事院」の修業年限は 3 年であった。

福州船政学堂の学生には，英語，フランス語，造船術，算学，力学，光天文学，化学，天文学，地質学などの科目は必修とされ，試験を通じて学生の成績を公表し，賞罰も行われていた。

教育科目のなかでの算学とは，西洋の数学をさしている。西洋の数学は造船術を学ぶ基礎科目として教育されていた。

数学科目の具体的な内容には，算術，幾何学，透視絵の描き方（測量術），三角法，解析幾何学，微分積分学などが含まれている。

この章のまとめ

以上第 2 章では，主に日清戦争以前の中国における新式学堂での西洋数学教育の状況について考察した。

1860 年代以降の中国では，同文館のような西洋の言語を学ぶための施設が現れたが，西洋の言語を身につけて，自らの意志で積極的に西洋数学の知識を中国に紹介しようとした数学者は現れなかった。また，国民教育の場で数学の普及を目指そうとする数学団体の設立もなかった。これは後の章で示した同時代の日本と異なる点であり，清末中国における西洋数学の教育の普及が明治日本に遅れを取った原因の一つである。

日清戦争以前の中国における西洋数学の教育は主に，清末の洋務運動期に設立された西洋の軍事技術，造船術，工業技術などを学ぶための新式学堂で行われていた。前述したように，当時の洋務派の官僚たちは，西洋数学の教育は，

西洋の軍事技術，科学技術を学ぶための基本であるという認識を持っていた。

　これらの学堂での具体的な数学教育の内容は，西洋の代数学，幾何学，平面三角法，球面三角法，微積分学，航海測量術，天文測量術などであり，授業に使っていた数学の教科書は，李善蘭，華蘅芳らの著書および中国人学者と西洋人宣教師が共訳した漢訳西洋数学書だった。

　教育の方針から見れば，一般的に西洋の学問を教え，「格致」を重要視していたが，多くの新式学堂では，中国の古典を西学と並列して教えていたことが注目すべき点である。「中学」と「西学」の両方を教え，いわゆる「融貫東西」を原則とする学堂が多かった。例えば，上海広方言館や洋務運動の後期に張之洞によって創設された学堂では中学と西学両方を連携して教えていた。西学だけを教えていた京師同文館では，最初の学生は主に満州貴族の子弟を中心にしていたが，その後漢民族の知識人の中からも選んで入学させた。

　宣教師による新式学堂での教育は主に宣教が目的であり，洋務派の開設した新式学堂での教育は短期間で西洋の軍事技術の概ねの様子を理解することが目的であった。

　いずれも，整備された教育政策を背景として作られたものではなかったので，結果として，儒教教育中心の清末中国では主流になることができなかった。

　新式学堂での西洋数学の内容は同時代の日本より遅れているとは言えないが，教育制度の保障から言っても，社会全体の西洋数学教育に対する関心から言っても，日本の状況とは比較にならないものであった。前述してきたように，中国における二回目の西洋数学の受容は時代的に日本より早かったので，日本における西洋数学の受容にも影響を与えていたのである。

　一方，洋務運動期に設立された新式学堂から，清末中国の衰退の運命を変えるような実力のある人物は誕生しなかった。梁啓超が「今の同文館〔中略〕の類が，優れた才能を得ることができないのは何故か。それは芸〔技芸，技術〕のことは多く言うが，政治，教育についての言は少ないからである。彼らの口にするのは浅薄な言語文学のことやうわべだけの軍事のことに過ぎない。その真髄を理解せず，努力もしない。口先だけでは幾らも成就できないのだ」[117]と評論し，さらに「その病根は三つある。一つは科挙制度を改めないこと，二つめは師範学堂を立てないため教師の人材がないこと，三つめは専門が分かた

れず精緻な学問のしようがないからである」[118] としたように，実際の情況も
この通りで，これは日清戦争で日本に負けるまでつづいた。日清戦争の敗北に
より，洋務派の数十年の営為は，一朝にしてついえ去った。こうしてやっと一
部の人々は多少とも覚醒し，表面的な努力だけではなく根本的な変革をしなけ
れば富国強兵を図ることはできないと気づいた。そして，本書の第4部で論じ
るように，清末中国の各地で，知識人による変法自強運動が盛んになり，中国
が強くなるには，まず「興学育才」から始めるべきだという声が，たちまち朝
廷に満ちたのである。

第 2 部
近代日本の西洋数学

概　要

　清末中国の西洋数学との出会いは宣教師たちによる数学書籍の出版を通じて
であったが，日本の受容は長崎海軍伝習所，蕃書調所，江戸の医学所，軍艦操
練所，長崎の済美館，精得館，箱館の諸術調所，洋学所などでの教育を介して
であった。これらの他にも，藩校における教育，地方の私塾でも西洋数学の教
育が行われていた。

　幕末の諸藩では洋学を積極的に取り込んでいた。洋算を早く摂取して，それ
を藩内教育に持ち込んだ佐賀藩や薩摩藩のような先駆的な藩もあった。1865
（慶応元）年，大隈重信と副島種臣の働きかけで長崎に創設された佐賀藩の致遠
館では，教科内容に英語，万国公法，米国憲法などと並んで算術が挙げられて
いた[119]。1864（元治元）年，薩摩藩も軍事科学，蘭学，英学の教育機関として
開成所を設けるが，そこでも洋算が教えられていた。笠井駒絵の近世藩校一覧
によって調べてみると，幕末から明治初期にかけて，295藩校のうち，134校
に算術の科目が設定され，さらにそのうち，7校が洋算あるいは筆算と明記し
ていた[120]。

　こうして，幕末期の幕府や諸藩は，不十分ながらも西洋数学を近代科学技術
の基礎として教育課程に取り込んでいたのである。

　私塾の場合も時勢の変化に乗って，洋算を教える例があった。とくに有名な
私塾として近藤真琴の攻玉塾と福田理軒，治軒父子の順天求合社が挙げられる。

　このように，幕末・明治初期の日本における系統的な西洋数学の教育は，藩
校や私塾による教育，および長崎，江戸，横浜に創設された軍事，造船などの
諸術を伝習する機関や語学校を通じて浸透していった。

第3章 軍事教育施設と語学所

　幕末・明治初期の日本では，西洋の軍事技術を学ぶため，あるいは西洋語を翻訳する人材を育てるために設立した軍事教育施設や語学所において西洋数学の教育が行われることにより，西洋の数学が日本に浸透した。

　第3章では，長崎海軍伝習所，開成所，横浜仏語伝習所・横須賀造船所，静岡学問所・沼津兵学校など，幕末から明治初期に西洋数学を受け入れる舞台となった機関を例として取り上げて，これらの施設で行われた西洋数学の教育の状況を考察する。

　そして，これらの機関から輩出された人々のなかから，主に明治初期の教育制度―「学制」の制定に関わった小野友五郎，明治初期の数学団体―東京数学会社の創設に尽力した初代社長の柳楢悦と神田孝平，およびその主要メンバーの一人である川北朝鄰，明治初期における漢訳西洋数学書を日本へ伝えた神保長致らを例としてあげ，彼らの受けた西洋数学の知識の構造を分析し，後に社会で活躍し，西洋数学の普及に努めた様子を描くことにしたい。

第1節　長崎海軍伝習所

　1855（安政2）年末の長崎海軍伝習所の創設は，日本における西洋数学の教授の始まりであるということができる。ここで，日本の数学史上初めて，組織的，系統的に西洋の数学が講じられたのである。オランダ人海軍将校によって，オランダ語通訳を介して長崎海軍伝習所で教授されていた数学は，点竄[121]（代数学），対数，平面三角法，球面三角法などであって，幾何学と微積分の基礎の教育も行われていた。ここには，小野友五郎（1817-1898），柳楢悦（1832-1891），塚本明毅（1833-1885），中牟田倉之助（1837-1916），赤松則良（1841-1920）のような明治初期の西洋数学の受容に貢献した人々がいた。彼らは，そこで西洋の高等数学（微積分を含む）の知識を身につけ，東京数学会社の会員となり，その発展を促す掛け替えのない存在となった。

1.　設立経緯と教育内容

　長崎海軍伝習所における西洋数学の教育を考察する前に，先行研究をもとに，長崎海軍伝習所設立の経緯と教育内容の決定過程を検討しておこう。

　1853（嘉永6）年6月，アメリカ合衆国の東インド艦隊司令官ペリー（Matthew Calbraith Perry, 1794-1858）准将が黒船4隻を率いて浦賀に来航したことに衝撃を受けた幕府は，緊急に海防を充実する必要に迫られ，鎖国体制下にあった長崎での貿易を許されてきたオランダに軍艦を注文すると同時に，オランダ商館長ドンケル・クルチウス（J. H. Donker Curtius, 1813-1879）に，近代海軍創設について内密に意見を求めた[122]。クルチウスは，1854（嘉永7）年オランダ国王ウィレム3世の日本への特派艦スンビン（Soembing, 後に観光丸と改称する）号の艦長ファビウス（G. Fabius）中佐の幕府海軍創設の意見書を，長崎奉行水野忠徳（1810-1868）に取り次いだ[123]。ファビウスは3回の意見書を提出した。その内容は，

(1)　日本の地理的人的条件は海軍に最適であり，〔日本の〕開国は洋式海軍を創設する好機である。

(2)　士官および下士官・兵の乗組員（航海科，運用科，機関科，砲術科，水夫，火夫，海兵）の養成には学校（伝習所）教育が良いが，士官は特にそうである。

(3)　オランダ海軍の伝習所は，蒸気船の運航法，大砲の操法と製造法，蒸気機関の取り扱い方と製造法を教育する。そのため伝習生は少なくとも，数学・天文学・物理学・化学などの普通学と，測量術・機関術・運用術・造船術・砲術その他の軍事学を学ぶことになる。

(4)　この教育を受けるには，日本は長崎にオランダ語学校を設け，生徒に言葉の予習をさせておくのがよい。

などである[124]。

　3回にわたるファビウスの意見書を詳細に検討した長崎奉行の水野は，オランダからの軍艦購入，幕府海軍の創立および海軍伝習所設立に関する一括構想を立て，それを老中阿部正弘（1819-1857）に提出した。阿部正弘らの幕閣は水野の構想を全面的に支持した。その後，幕府側とオランダ側の交渉により，

ジャワにいた軍艦スンビン号を幕府に献上することとし, 1855 (安政 2) 年 7
月に, 同艦はペルス・レイケン (G. C. Pels Rycken, 1810-1889) 大尉を長とする
教育班を乗せて長崎に入港した。7 月には幕府が正式に伝習命令を発し, 11 月
に海軍伝習所が発足した。総責任者は長崎目付永井尚志 (1816-1891), 伝習生
の長は矢田堀景蔵 (1829-1887), 勝麟太郎 (1823-1899) で, 幕臣 36 人のほか,
佐賀, 福岡, 薩摩などの諸藩から 129 名の伝習生が入所した[125]。

　伝習所ではこれらの伝習生たちをスンビン号 (観光丸) と, あとで届けられ
る予定の咸臨丸, 朝陽丸の三つの軍艦の乗組員になるための教育が行われた。

　以下は 1855 (安政 2) 年正月 19 日に記録された授業時間割である[126]。

表 2　長崎海軍伝習所授業時間割表

曜日	午前	午後
月曜日	砲術, 究理学, 操卒 (学校にて), 騎兵調練	船具, 運用, 算術, 火器製造, 分析学
火曜日	船具運用, 解体術, 大砲調練, 騎兵調練, 航海運用	算術・蘭語, 巻木綿, ペロトン (学校にて), 航海・点竄, 造船・砲術
水曜日	砲術・造船, 算術・蘭語, 窮理学	バタイロン (学校にて), 騎兵調練, 分析術 (出島にて)
木曜日	航海・点竄, 算術・蘭語, 解体術, 大砲調練	船具運用, 砲術・造船, 下等士官心得
金曜日	船具・運用, 蒸気機械学, 究理学, 歩兵調練	地理学, 巻木綿, 利仁意 (学校にて)
土曜日	蒸気機械学, 小銃調練 (学校にて), 解体術	歩兵調練, 分析術 (学校にて), 騎兵調練

　伝習所での授業は, 班長レイケン大尉が航海術と運用術, ス・フラーウェン
中尉が造船術と砲術, デ・ヨンゲ主計官が算術というようにそれぞれ担当が決
まっていた[127]。

　第一期の伝習は 1855 (安政 2) 年 10 月の下旬に始まった[128]。学講堂としては,
長崎奉行の別役宅で, 永井玄蕃頭が居住していた西役所が充てられ, 学生舎は
その附属長屋であった。軍事学や実地教育のための練習艦には, オランダから

幕府に贈呈されたスンビン号（観光丸）が使用された。伝習生の大部分はオランダ語と洋算を知らなかった。したがって，講義は通詞を通じて行なわれたが，その通詞すら初めて目にする用語が多かった。そこで教官は，術語などは伝習生に教える前に，通詞に充分語義を理解させてから教壇にのぼらなければならなかった[129]。

　このようにして長崎海軍伝習所の教育は軌道に乗るようになった。

2.　西洋数学の教授

　長崎海軍伝習所の受講生は，第一期が 39 名で最も多く，第二期は 11 名で最少，第三期は年少者中心で 26 名となった。第一期と第二期には，この他に諸藩などからの聴講生約 130 名が加わっていた。これに対して教師陣は，第一期と第二期の中頃までを担当した大尉艦長ペルス・レイケンの組が 22 名，これと交替して第二期の後半と第三期を受持った海尉艦長カッテンディーケの組が 37 名であって，受講生の少ない後期の方が教師団の陣容がかえって充実していた。

　航海術の教授は理論と実技に分けられた。理論の方は，オランダ海軍で使われていたピラールの教科書 Jan. Carel. Pilaar, *Handleiding tot de beschouwende en werkdadige Stuurmanskunst, 2de.* 1847 に準拠して進められた[130]。この教科書は上下 2 巻にわかれ，上巻は理論篇，下巻には航海術の実施に必要な各種の図表を収めている。上巻の第 1 編は数学，第 2 編は経緯度・海図・地磁気・推測航法，第 3 編は天文学・天測高度改正法，第 4 編は時刻・子午線・時辰儀・径緯度決定法，第 5 編は羅針儀・六分儀の構造および使用法というように，当時の西欧航海術の教科書の標準的構成をとっていた。これに従えば，航海術に必要かつ充分な，数学・地理学・天文学等の知識が得られ，それから大洋推測航法・天測位置決定法に進めるという構成になっていた。

　ピラールの教科書上巻第 1 編で扱っている数学は，航海術に必要かつ充分な算術・代数・幾何・平面三角法・球面三角法である。

　佐賀藩からの伝習生である中牟田倉之助が残した三角法のノートには，

$$\sin a = \sqrt{1 - \cos^2 a} = \frac{1}{\cos eca} = \frac{1}{\sqrt{1 + \cot^2 a}}, \quad \sin(a + b) = \sin a \cos b + \sin b \cos a$$

などの式が書き記されており，伝習所の教育内容の片鱗を伝えている[131]。

　オランダ人教師の指導のもとで，算術に通じた伝習生はやがて代数の加減乗除を学び，中には対数の理論を学んだ者もいた。代数学を学んだ学生はまた幾何学をも学び，1856（安政 3）年 10 月には測量術および三角術の構成，原則の内容にまで進んだ，と言われている[132]。

　なお，伝習生であった佐野常民（1823-1902）を通じて，ペルス・レイケンが鍋島閑叟に，海軍創設についての意見書を提出しているが，その中で軍艦の幹部乗組員となるものは，「…其相応の筋道の事を用意候はで叶はず。其用意と申すは文章読誦の学，急速の算，ステルキュンスト，メートキュンストの起本の学に御座候」[133] といい，日本には必要な本がないが，オランダには適当な入門書があるから，オランダ語の学習も必要であると，付け加えている。

　ここまで見てきたように，長崎海軍伝習所で教えた人たちはいわゆる専門の数学者ではなく，海軍軍人が軍人を育てるために必要な数学を教えたのである。海軍を育てるための伝習所で，航海術や砲術，機械学の基礎として，西洋数学の教育をおこない，西洋数学を実用的なもの，技術のための必須の道具として伝習生たちに認識させたと言えるのである。

3.　伝習生

　ここで，長崎海軍伝習所の伝習生のなかから後述する明治初期の「学制」における西洋数学の教育に関わりがある小野友五郎と，本書の第 3 部に詳細に論じる東京数学会社の創設や発展に力を注いだ初代社長の一人である柳楢悦の略歴と数学の研究について紹介する。

3.1.　小野友五郎

　小野友五郎は，1817（文化 14）年 10 月 22 日に生れた。16 歳の時，笠間藩の和算家甲斐駒蔵に入門し，本格的に和算の勉学を始めた[134]。小野友五郎の和算の最初の師，甲斐駒蔵は，1836（天保 7）年に江戸の和算の巨匠・長谷川寛

の門に入ったが，小野も弘化年間（1844-1848）に長谷川塾に正式に入門した。彼は，『拾璣算法』や『算法新書』を独習し，1852（嘉永 5）年に，師の甲斐とともに『量地図説』2 巻を刊行した[135]。

　小野の入門した長谷川派の学風は，伝統的な和算に忠実であって，西洋式の応用数学には冷淡であった。小野はこのような塾で和算を勉強し，36 歳まで正統の和算家として活動していた。36 歳の時，藩から幕府の天文方への出役を申し付けられた。以後はもっぱら，和算化された西洋数学，さらに西洋数学そのものとその応用に移っていく。それでも彼は，長谷川派を除名されることもなく，維新後までも社友として在籍し，とくに 1879（明治 12）年の『社友列名』では，別伝の部「斉長」という，当時，同派の事実上の最高位に挙げられている[136]。

　長崎海軍伝習所の同期生であった中牟田倉之助の以下のような回想により，小野の数学の能力を窺える。

　　　小野，福岡の二人は，年もとっていたが，和算の素養があったので，蘭教師の提出する問題を，通詞が説明すると，ただちにそれを会得して，容易に解決するのが常であった。とうてい我等の企て及ばぬところと思った[137]。

　小野は後に幕府軍艦操練所の航海術の教授方となるが，ここでも彼は「算術は一般稽古人の巧拙を問はず，加減乗除の練習を先とし，単に筆算等の熟達を得て而して後，順次問題に入り習熟を専務となせり。〔中略〕航海術は算術の教授を終り，筆算に熟達せし稽古人をして，方針・舟行等（推測航法）の教授を施し，而して六分儀測量・防具儀調査等（天測法）の綿密なる教授を，懇切を主として教へたるなり」[138] というように，洋算・筆算主義を踏襲している。

　小野の洋算の教育について，彼が 1891（明治 24）年より雑誌『数学報知』の 88 号〜90 号に掲載した論文「珠算の効用」により，長崎伝習所にいた際どんな数学がどの程度まで教授されたのかを垣間見ることができる。そこに，伝習所時代のことについて「…其渦巻[139] は航海法か肝腎で，〔中略〕大きな船を拵へて漂流か出来ては何もならない併し我邦に先に航海術か無い，其で手前は航

海術の乗方の表を組で十四代将軍に献上を致しまし
た，さうして見たならば前伝習を受けませぬ中に曲
線のヂヘレンシャーレ又インテフラールも出来て居
ることは御承知ください…」[140]　と書いている。そ
のなかで，「ヂヘレンシャーレ」は differentiale，す
なわち，微分である。「インテフラール」は integraal,
すなわち，積分を指している。

図15　本邦洋算伝来

　後述する漢訳西洋数学書の日本への影響を論じる
箇所で，再び小野友五郎の記述した文章を引用する
が，伝習所で数学を勉強した時，漢訳西洋数学書の
なかの微積分の内容を参照したということを記している。

　また彼の自筆草稿「本邦洋算伝来」によれば，彼が伝習所で受けた洋算の講
義の中に高等代数学・微積分などが含まれていたことを確認することが出来
る[141]。そこには，最初に受けた科目と教師の名前などを記録し，「算術　ヨン
グ　航海術　エーグ　高等数理学　ペルスレーキ[142]」と書いていた。その「ヨ
ング」，「エーグ」，「ペルスレーキ」とは長崎伝習所で伝習生に数学と航海術を
訓えた教員の名前である。小野の草稿には，また，教育科目は「セーフルキュ
ンデ　算術　加減　乗除　分数　比例　開方式　ゼーファールトキュンデ　航
海術　方針　舟行　六分儀　平之角　弧之角　アルヘブラ　通常数理学　通常
問題原理　ホーヘルアルヘブラ　高等数理学　求積　曲線　等原理」と書かれ
ていた。

　このなかで，

「セーフルキュンデ」とは cijferkunde，アラビア数字を使った計算法，すな
わち，西洋の算術

「ゼーファールトキュンデ」とは zeevaartkunde，航海術

「アルヘブラ」とは algebra，代数学

「ホーヘルアルヘブラ」とは hoger algebra，高等代数学

を指している。

　このように，伝習所では航海術を修得するために，小野らの伝習生たちはオ
ランダ人教師から算術，高等数理学，微分学，積分学，力学等を学んでいたこ

とがわかる。

　小野は 70 歳の頃に算術書『尋常小学校新撰洋算初法』4 巻（1886）を刊行した。そのなかで次のように書いている。

　　　安政年間幕府蘭人を長崎に聘し教師として創めて海陸軍操練伝習の業を開けり此時全国才俊有為の士各々課を分ち業を従ひ不肖予の如きも亦伝習生となり専ら航海術を修め得る処少なからず蓋し洋算法の本邦に入るや此行を以て始めとして爾来泰西の諸学科相踵で進入し次第に隆盛を極め終りに今日の如き進歩を為すに至れるなり凡学術に従事するもの算術を知るに非れば入る事能わざるなり[143]。

　小野が述べていることを要約してみると，安政年間に幕府がオランダ人を教師として長崎に招聘し，海軍と陸軍の伝習生を訓練する事業が始まった。この時，全国から才能ある人材がそこで学問を学ぶようになった。不肖ものの私（小野）も長崎に伝習生として航海術を学んだと，まず，述懐する。

　引き続き，小野は長崎での海軍伝習の始まりは日本における西洋の数学の受容の始まりであり，それから西洋の諸学問が日本に伝播し，次第に隆盛を極めるようになったと指摘する。そして，『尋常小学校新撰洋算初法』が書かれた1886（明治 19）年ごろに日本における西洋の各学問が進歩することになった。そのため，すべての学術に従事する時，算術を知らないといけないと説き，西洋の学問を受容するにあたって，国民教育における数学教育の重要性を主張したのである。

　このようにして最初は伝統数学——和算の教育を受けた小野は長崎海軍伝習所での西洋数学の薫陶を経て，西洋数学を自らのものとしたのであった。

3.2. 柳楢悦

　柳楢悦は 1832（天保 3）年の生まれで，伊勢津藩の藩士で通称は芳太郎といった。初めは同藩の村田恒光について和算を学び，和算書の共著もある。安政年間に長崎海軍伝習所でおよそ 3 年間オランダ士官について航海術と測量術を学んだ。1862（文久 2）年，幕府の海軍に所属して海岸測量に従事した。

　柳は 1870（明治3）年4月に兵部省御用掛となったが，兵部卿から海軍の創立に関して意見を求められると「…海軍ノ創立ハ必ズ航海測量ヲ基トス…」との千字に近い有名な建議文を提出して水路部の創設に努力した[144]。さらにこの年の5月に彼は測量主任として，英艦シルビア号に乗船し，南海測量を命ぜられ，7月までに志摩的矢浦，紀州尾鷲湾を測量した。この測量が日本の海軍によるはじめてのものである。これはシルビア号が以前から避難港として両港の測量を予定していたものだった。

図16　柳楢悦

柳に測量の学識経験があったとは言え，実のところ艦船による海上測量はこの時がはじめてであり，しかも器具も旧式のものばかりで使用できず，シルビア号の予備品を借り，同船のあとについての測量であったから，英式測量術の実習を行ったと言った方が適切である。しかしこの時の測量で柳はその方法を自分のものにし，つづいて8月から12月まで行った瀬戸内海塩飽諸島の測量では日英合同測量にもかかわらず，実測図は柳独自の手で完成させ，その精巧さに英艦長も「もはや他の助力を要せず水路業務を実施できる」と政府に報告したほどである[145]。

　翌1871（明治4）年の2月に，柳は39歳で海軍少佐，春日艦長となり北海道各港を測量したが，その帰途に測量した釜石港の海図が日本海軍製作の海図第1号で，同図には「大日本海軍水路寮，第一号。陸中国釜石港之図。御艦春日従事艦長海軍少佐柳楢悦…」と書かれている[146]。

　柳が，この時の経験に基づいて『量地括要』（全2巻）を著して，1871（明治4）年9月に水路寮から出版した。

　その学術的価値について，数学史研究者の武田楠雄が『維新と科学』のなかで「…その数理的知見の高さに驚かされる〔中略〕洋算とともに〔中略〕中国への移入三角法[147]，徳川期の和算の粋を執るところ，学識の高さに舌を捲く〔中略〕これがもし文科的著書であったならば柳楢悦の名は天下に喧伝されたのではないか…」と評価している[148]。

　筆者もこの著書を閲覧したが，その中に日本の伝統数学の和算だけではなく，西洋の三角函数の内容も含まれていた。特に，西洋の三角関数は西洋の記号や

数字を使った完全な西洋式になっており，同時代の漢訳西洋数学書とはまったく異なっていた。

『量地括要』の序文に「今春奉命一周北海道測定…」と書き，北海道周辺を測定したことを記している。この時の北海道紀行を柳は「春日紀行」と題して出版しているが，そこには各地の水路や風土事情が記されている。

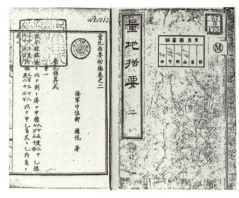

図 17　量地括要

1872（明治 5）年 4 月に兵部省が廃止され，陸・海軍省はそれぞれ独立したが，海軍大輔（この時点では事実上の海軍長官）に勝海舟，同少輔に川村純義（のちに大将）が任ぜられると柳は大佐に進み，10 月には水路権頭（ごんのかみ）を兼任し，1876（明治 9）年 8 月には初代の水路局長となった。

柳は 1877（明治 10）年に数学者として，明治初期の日本における最初の学会の一つである東京数学会社の創設に尽力し，その機関雑誌にも時々寄稿していた。柳は東京数学会社においては初代社長となったが，洋行のため一度社長を辞めた後，1880（明治 13）年から 1882（明治 15）年の間，再び社長を務めた。

柳は，1878（明治 11）年に観象台視察のためイギリスとフランスに派遣された。この出張の時，彼は和算家鈴木円の著書『容術新題』（1878）を携えて，イギリスのトドハンターなどの数学者に寄贈したという[149]。そして，もともと関心のあった水産動物学関係の原書も多数購入して意欲的なところを見せている。1879（明治 12）年には円錐曲線論の問題集である『算題類選』全 3 巻を編纂し出版した。

柳には和算風の著作『新巧算題三章』（1854）がある。その初巻の最後に「関流八傳　津　柳芳太郎楢悦子厳撰」と書かれている。柳は，伝習所での講義に使われたピラールの原書も翻訳し，『航海惑問』（1862）として出版した。また，『台湾水路志』（1873），『南島水路志』（1874）などを書いた。そのほかの著書には，円錐曲線を論じた『算法蕉葉集』（1877），『算法橙実集』（1878）などがある[150]。

柳も多才多芸な博識の人で，数学，天文，水産，植物，料理，詩歌などに関する著作，文章などを数多く作って世に出し，特に数学および測量術に対する興味を一生持ち続けたようである[151]。

　彼は 1880（明治 13）年に海軍少将に任ぜられている。1888（明治 21）年に元老院議官，大日本水産会幹事長を務めた。1890（明治 23）年に第 1 回貴族院議員となったが，翌 1891（明治 24）年 1 月 15 日に 60 歳でその多彩な人生を閉じた[152]。彼は東京の青山墓地に葬られている。その墓碑に勝海舟の筆で「海軍少将正三位勲二等柳楢悦墓」と刻まれている。それとならんで建っているのは「柳勝子の墓」である。勝子は柳の三度目の夫人で，本書の第 4 部に言及する講道館の創始者，弘（宏）文学院の院長である嘉納治五郎の姉であるが，勝海舟の世話で 23 も年長の柳に嫁ぎ 37 歳の若さで未亡人となり，6 人の遺児を育てた[153]。

第 2 節　開成所

　1855（安政 2）年に発足した洋学所は翌年の 2 月に蕃書調所と改名され，実際の業務を始めたのは同年の 7 月からである[154]。この時点では，外交・軍事科学を中心とする翻訳・調査機関であったが，1857（安政 4）年には教育機関としての機能を兼ねることになり，翌年 1 月には生徒 191 人を集めて開校式が行われた。生徒は最初幕臣に限られたが，後には陪臣の入学も許可されるようになった[155]。

　1862（文久 2）年，蕃書調所は洋書調所と改称され，翌年の 8 月には開成所と再び名称を改めて，研究，教育の機関へと発展した。この「開成」とは，中国古典に見える「開物成務」から取られた言葉である[156]。

　開成所では，1877（明治 10）年に東京数学会社の初代社長になった神田孝平（1830-1898）が，数学教授として教鞭を執っていた。この節では，蕃書調所と開成所の数学教育を概観し，そこで数学教育を担った神田の西洋数学を考察する。

1.　蕃書調所と開成所の教育担当者たち

　開成所が開かれた時代は，日本の外交関係の変化により，蘭学は衰え，英・仏・独の三学が盛んになっていた。そこで 1864（元治元）年に開成所は規則を改め，「和蘭学，英吉利学，仏蘭西学，獨乙学，魯西亜学」の各科が正式に設けられ，科学技術関連では「天文学，地理学，窮理学，数学，物産学，精錬学，器械学，画学，活字術」の 9 科がおかれた[157]。しかし，当時の日本は，政治的に不安定な状況もあって，また開成所には科学技術の知識をもつ人物がいなかったため，科学技術関連の研究はほとんど行われず，教育もどこまで行われたかははっきり分かっていない。

　科学教育にくらべれば，数学教育は比較的よく行われたようだが，特に開成所になってからは，語学校の感が強くなったようである[158]。

　たとえば，蕃書調所・開成所によって印刷された著書として，1862（文久 2）年の冬に『独逸単語篇』（木版）が現れている。その翌 3 年にドイツ語の辞書である『独逸語文典』（活版）が洋書調所から出された。また，英語の原文のままの著書として *Familiar Method*（1860），*English Grammar*（1862，『英吉利文典』『木の葉文典』と通称された），*Elements of Natural Philosophy*（1863），*Rudiments of Natural Philosophy*（1866），*Educational Course*（1866），*English Spelling Book*（1866），*Book for Instruction*（1866，『英吉利単語篇』）等が現れ，フランス語の原文の著書である *Liure pour L'Instruction*（1866），*Les Premiers Pas de L'Enfance*（1867），*Nouvelle Grammaire Francaise*（刊年不明）などの書物が現れた[159]。

　西洋科学技術を翻訳・移植する前提として，多くの外国語修得者を早急に育成する必要があり，辞書編纂とともに，共通の語学テキストが求められたので，アルファベットで印刷された欧文テキストが出版された。活字印刷技術の開発と活用自体が，開成所の課題となり，蕃書調所頭取古賀謹一郎からその任務を委嘱されたのが，自然科学と西洋技術に通じていた市川斎宮（兼恭，1818-1899）であった[160]。この市川斎宮が 1859（安政 6）年に数学担当の命を受けているが，このときにはまだ数学科はなく，それが新設されたのは 1862（文久 2）年であった[161]。

　数学科について残っている資料は極めて乏しく，わずかに分かっているのは

教授陣の名前くらいである。これについて「文久 2 年 2 月 11 日神田孝平教授出役，3 月 10 日長岡藩士鵜殿団次郎が 3 月 13 日に三河西端藩士黒沢弥五郎が教授出役に任命された」という記録がある[162]。すなわち，新設された数学科で神田孝平が教授出役となり，やや遅れて長岡藩士鵜殿団次郎（1831–1868）と三河西端藩士黒沢弥五郎（1838-1979）の 2 人も教授出役となっている[163]。その後神田たちは転出し，1866（慶応 2）年の職員録には，教授出役として，福山藩士佐原純吉・同石川長次郎（彝）の 2 人の名が出ている[164]。

　これらの教授陣のうち，市川は蘭医であったが，福井藩の砲術師範となり，後に召されて天文方に入り，オランダ献納の電信機の組立を伝習した。洋算はヘルデルの『幾何学の初歩』（*Allereerste gronden der meetkunst*）などによって学習したという[165]。また，市川はドイツ語の教授でもあり，1879（明治 12）年東京学士会院会員となった。鵜殿は，手塚律蔵に蘭英の書を学んだすぐれた数学者であるといわれている。後に，海軍の教授をつとめて，1868（明治元）年長岡で没した。佐原純吉は長崎伝習所 1 期生であり，神田にもまなんだという。1877（明治 10）年には長崎師範学校長になっている。石川長次郎は，明治になってから，著書，訳書を出版している[166]。

　開成所の数学科の学生は，1866（慶応 2）年には 150 人ほどいたが，その大部分は「海陸軍奉行支配」の者であったという[167]。

　続いて，開成所で数学教授になった神田孝平の略歴と数学の著書を紹介しよう。

2．神田孝平

2．1．著作と略歴

　神田孝平は，1830（天保 1）年美濃国（現在の岐阜県）不破郡岩手村に生まれた。父は同地の旗本中氏の臣だった。漢学を身に着けた後，1853（嘉永 6）年から杉田成卿，伊東玄朴らの門に入り，蘭学と数学を学び洋学の修業をしたという。

　神田について，開成所に「文久二年二月十一日数学教授出役トナル。始メテ数学ヲ設ケタルナリ」という記録がある[168]。彼に数学を習った者としては箕作麟祥，菊池大麓，外山捨八，神田八郎（山本信実）などの名前が挙げられる。

　神田は，開成所での数学の講義内容の一部を編輯して数学書を刊行している。書名は『数学教授本』（全4巻）であり，第1巻のみに神田の名前が記されている。この本を参照すると，神田は漢訳西洋数学書からもかなり学んだ様子である[169]。

　だが，同じく東京数学会社の社長になった柳楢悦や岡本則録と比べれば，神田の和算の知識は深くはなかったとも推定できる。1878（明治11）年6月に和算家鈴木円が著述した『容術新題』に神田の序文があり，その中で「余イマダ容術ニ通セズ其得失当否ヲ論ズルコト能ハズ」と吐露しており[170]，また，萩原禎助（または萩原信芳，1828-1909）の著書『円理算要』に寄せた序で，神田ははっきりと自分は「和算を知らない」と述べている。

　神田は明治維新後には政府に出仕し，文部少輔などを務めた。彼は，明治6年に創設された「明六社」の同人として，啓蒙的文章を発表し，東京学士会院会員，東京人類学会会長なども務めた。数学者というよりも，洋学者，知識人と呼ぶことが相応しい人物であったことが分かる。訳書に『経済小学』，『和蘭政典』，『性法略』などがあり，著書に『経世余論』，『日本石器時代図譜』などがある[171]。

　神田は「東京数学会社」の初代社長になり，その機関雑誌の第1号に「題言」を載せたことで有名だが，数学の問題を投稿したことはない。その理由の一つは，明治10年代に入ってから，彼の関心が考古学，経済学の分野に移行していたことがあろう[172]。神田は1880（明治13）年3月，社長を辞職したい旨を書面で提出し，例会の決議により，社長の任を解かれたが，東京数学会社には留まった。東京数学会社それ自体を脱したのは1882（明治15）年12月のことであった。1898（明治31）年没。

2.2. 『数学教授本』について

　以下，神田の『数学教授本』について，その内容を概観してみよう。

　最初の「汎則」では，西洋数字，記号，位名を使うとしている。ただし，位名は「漢法を用ふ」と述べて，定位表を紹介する。

　その次に「加法」，「減法」，「乗法」，「除法」として四則計算を説明する。

　続けて，「記号用法」として，四則計算の基本用法を，例題を用いて紹介する。

最後に「問題」を提出し，その答えも書いている。全般的に見ると整数の四則演算を説明した教科書風の書物であるが，開成所において教授した数学の内容にもとづく入門書と見做してよいであろう。

『数学教授本』全体を通してみると，洋式の数字や記号を使っていることから，当時日本に輸入された西洋の簡単な算術の書物を参考にしたものと考えられる。例題

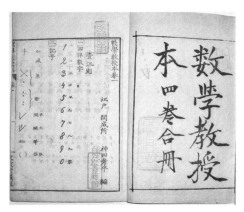

図 18　数学教授本

として挙げられた内容は，その時代の和算書になかった世界的視野を含んだ問題が取り上げられていた。例えば，「減法」の問題の中に「奈端〔ニュートン〕といふ人は千六百四十二年に生まれ千七百二十七年に没せり享年何程なるや」という問題があり，「除法」の問題に「英国倫敦〔ロンドン〕の廣さ百二十二方里なり千八百五十一年の住民合わせて二百三十六万二千二百三十六人あり。一方里の住民何程當るや」という問題が出題されている。

この『数学教授本』の内容を『洋算用法』（柳河春三著，1857），『数学啓蒙』（ワイリー著，1853。1862 年日本に伝えられた），『筆算訓蒙』（塚本明毅著，1869）などの数学書と比べて，その特徴を説明しよう。

『数学教授本』で紹介された内容の順番は，『数学啓蒙』と類似している。すなわち，『数学啓蒙』は「数字の表示」―「定位表」―「加減乗除」―「度量衡」という順序だった。『筆算訓蒙』では「度量衡」を最初の部分，すなわち「命位」が終わったところで紹介している。

『数学教授本』では最初から，アラビア数字と西洋の計算記号を紹介しており，『数学啓蒙』より西洋化が進んでいる。また，例題の計算結果を「試験法」で検証した箇所は，『数学啓蒙』と『筆算訓蒙』にはなく，現代的な教授法と同じものである。

『数学教授本』での「加減乗除」の定義は，『数学啓蒙』，『筆算訓蒙』のように詳しく説明していない。これらの「乗法」や「除法」の具体的な操作をし，

『数学教授本』と比較してみると，後者の「乗法」の計算方法は，今日と同じ a 型（遠積法）である[173]。『筆算訓蒙』もこれと類似している。それに対して，『数学啓蒙』は a 型と b 型の両方を紹介し，『洋算用法』はもっと複雑な形の「乗法」を紹介している

　『数学教授本』の「単位相乗表」（九九表）は，『洋算用法』と同じく図表で示されている。だが，この九九表を，『洋算用法』は漢数字で表示したのに対して，『数学教授本』はアラビア数字で表示した。『洋算用法』の九々の表は中国明末の算術書『九章洋注算法比類大全』（呉敬，1450）『算法統宗』（程大位，1593）のなかにある「鋪地錦」の影響を受けてと見做せる。他方，『数学啓蒙』と『筆算訓蒙』の九九表は類似していて，これらは，算盤の「口訣」から伝えられたものであろう。この点について，『数学教授本』は漢訳西洋数学書や明治初期の数学書との間に内容の相違点が見られ，それらを参考にしながらも，直接西洋の数学書にもとづいて書かれたことが分かる。

図19　洋算用法

　『数学教授本』の「除法」計算を展開する形式は，『洋算用法』のものと似ているが，『数学啓蒙』と『筆算訓蒙』とは相当に違うものであった。例えば，「小数点」を『数学教授本』では，『洋算用法』と同じく「，」で表した。それに対して，『数学啓蒙』と『筆算訓蒙』では，「小数点」を「.」や「。」で表した。「乗法」や「除法」の計算で「被乗数」と「乗数」，または「被除数」と「除数」に対する命名法はほぼ同じである。また，例えば，「被除数」を「実」と書き，「除数」を「法」と書いたが，これは伝統的な中国数学からの影響である。

　以上が第 1 巻の内容である。

　『数学教授本』は，第 2 巻を神田乃武[174]，第 3 巻を河原九万，第 4 巻を児玉俊三を編輯者とする。

　第 2 巻の「度量貨幣法　数学教授本」では，主に，明治初期の日本における度量衡の換算方法が紹介され

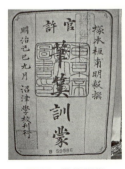

図20　筆算訓蒙

る。この巻は 1870（明治 3）年 5 月に完成された。第 3 巻は「分数　小数　数学教授本」であり，主に，分数，小数の計算規則や最大公約数，最小公倍数を求める方法などを紹介する。また，第 2 巻の内容と関連し，「度量分数変化」，「度量数を変えて小数とする」という項目があり，分数，小数の変換が説明される。ここでは「小数点」をコンマ「，」で表している。この巻末には「庚午十一月完成」とあるから 1871（明治 4）年に出来たことが分かる。

　後に樋口五六（藤次郎）が『数学教授本』について次のように論じている。

　　　洋法数理ナルモノノ我国ニ渡来セシハ，今ヲ距ル二十有余年，〔中略〕，旧幕府海軍創立ノ際，算術ノ学科ヲ設ケシニ起ル。然レドモ航海ノ活用ヲ主トシ未ダ曾テ数理ヲ研究セシハ非ザルナリ。故ニ，著書ナシ。支那出版ノ『数学啓蒙』以テ入門ノ軌途トナス。其ノ他，和蘭書ノ翻訳ニ係ルモノアリ。茲ニ，柳河春三氏『洋算用法』ヲ著シ大ニ行ハレ，世ノ洋算ヲ学ブ者之ヲ基トス。次デ，神田孝平氏『数学教授本』ヲ著ス。維新以後大ニ昔日ノ陋習ヲ破リ，学術ノ盛ニ行ハルルニ到リ，数理ノ功用大ニ公衆ニ及ボス。…[175]

　樋口はここで，幕末において日本海軍が創立された際に始まった西洋数学の教育で，最初は中国から伝えた『数学啓蒙』やオランダから翻訳した教科書を使っていたことを述べ，1857（安政 4）年に著わされた柳河春三の『洋算用法』は，当時，西洋数学を学ぶ時の参考になったと記している。柳河春三も神田と同じく開成所の教授になり，神田と親しい関係があった友人であるといわれる。そして，樋口は『洋算用法』に次いで，重要なものとして『数学教授本』を例として挙げたのである。

　『数学教授本』の執筆年代について，小倉金之助などの研究者は一般に 1870，1871（明治 3，4）年に作られたとしている[176]。しかし，第 2 巻を執筆した神田乃武は「明治元年著」と記し，また，序文において「本書ハ開成所ニ於テ始メテ筆算ヲ教授セル時ノ稿本ヲ発行シタル者ニテ，汎則ヨリ加減乗除ノ四則オヨビ分数ヲ作ル法ニ至ルマデヲ説明シテアリ」とも述べている[177]。乃武の序文のなかの「筆算」というのは洋算の算術のことである。『数学教授本』の草稿は，

神田が開成所で数学を教授した時の講義をもとにしたものであることも述べられている。書題に「数学」と書かれているが，これは，今日の Mathematics ではなく，Arithmetic と見るべきであろう。これも中国から伝えられた『数学啓蒙』の「数学」と同じ意味であり，「加減乗除」の四則計算「分数」の問題などを説明している。

先にも引用した菊池の記録によると，神田は「点竄」という名称で「代数学」を教えていたようである。この他に，神田の高等数学の習得について考察できる一例として，漢訳西洋数学書の『代微積拾級』を筆写したことなどが挙げられる。この写本の多くの箇所には神田が書き残した西洋式による微分積分の計算を見ることができる[178]。

以上，開成所の数学教員となった神田の西洋数学，および，著書『数学教授本』の内容を分析したが，『数学教授本』の内容のうち，どこまでが開成所で講義されたものかはわからない。しかし，開成所の後身である大学南校の規則（1870（明治3）年2月）に，「数学之儀ハ加減乗除，分数，比例迄屹度修業可致候」[179] とあるほか，課程表には代数，幾何まで載っていることから見ても，開成所での教授内容も，この程度のものであったと思われる。実際，菊池大麓の回想によれば，神田に算術と代数を学んだが幾何は教えられなかったとされる[180]。開成所に学んだ目賀田種太郎（1853-1926）[181] の残したノートには幾何学があったが，体積計算法までであった[182]。

第3節　横浜仏語伝習所

1865（慶応元）年3月にフランス語の通訳養成のため，勘定奉行小栗上野介忠順（1827-1868），外国奉行栗本鋤雲（1822-1897），2代目フランス公使，レオン・ロッシュ（Léon Roches, 1809-1901）らの建議によって横浜語学所，別名横浜仏語伝習所（Collège Japonais-Français）が開設された。

1867（慶応3）年5月に，横須賀製鉄所が独自に職工生徒の募集を始めた。これが横須賀造船所黌舎の興りである。この黌舎の規則によると，主要科目は造船学と機械学であったが，これら主要科目の修業以前に教養科目を修得することになっていた。はじめにフランス語を学習し，フランス語の意味が理解で

きるようになった後に，数学を含めた教養科目が教授されたのである。主たる
教養科目は語学と数学であった。

1.　数学教育の概況と現れた人材

横浜仏語伝習所では，毎日午後 5 時から 6 時の間に数学の教授が行われてい
たという。教鞭を執っていたのはフランスの騎兵曹長シャルル・ビュラン
（Charles Buland, 1837-1871）と牧師のメルメ・ド・カション（Mermet de Cachon,
1828-1889），公使館書記官レオン・ブラン（L. Brin）などであった。この伝習所
からフランス語のできる人達が大勢育った。成績優秀者には，フランス人教員
らがポケットマネーで購入した褒美の品を自ら授与したりしている。1867（慶
応 3）年 1 月 13 日フランスからシャノワナ（Ch. S. J. Chanoine, 1835-1915）参謀
大尉を団長とする士官 5 人，下士官 10 人が到着し，さらにナポレオン 3 世か
ら二中隊分の大砲が届けられ，横浜での三兵教練が本格化した。生徒の中には，
歩兵科に沼間守一（民権活動家），荒井郁之助（初代中央気象台長，後述する東京数
学会社の社員になる），騎兵科に益田孝（三井物産社長），矢野二郎（東京商業学校長），
砲兵科には大鳥圭介（枢密顧問官），田島応親（陸軍大佐）などがいた。沼間，
益田，矢野は英語もでき，荒井はオランダ語と数学ができた。大鳥は開成所教
授方から，田島はフランス語伝習所からやってきた。1867（慶応 3）年の 1 年
間に 1,400 人の幕臣が歩兵科の教練を受けた[183]。

1873（明治 6）年 2 月 5 日横須賀造船所黌舎の新営舎が完成。同年 10 月 17
日には，エコール・サントラル（Ecole Central）を卒業したばかりのポーラ・サ
ルダ（Paul Sarda, 1850-1905）が機械学教官として，1875（明治 8）年 1 月 31 日
にはキャナール（L. Canal）が普通学教官として着任した。

1875（明治 8）年 11 月 30 日現在の営舎には一等生 4 人，二等生 8 人，三等
生 10 人，四等生 11 人がいた。

学科目は，

四等生：算学，代数学初歩，幾何学初歩，日本地理学，図学，仏学，和漢学
三等生：算学，代数学，幾何学，化学，日本地理学，図学，仏学，和漢学，
　　　　翻訳学

　　二等生：算学，代数学，画法幾何学，三角術，物理学，化学，日本地理学，
　　　　　　図学，仏学，和漢学
　　一等生：高等代数学，高等幾何学，高等画法幾何学，物理学，化学，図学，
　　　　　　仏学和漢学，翻訳学
だった。

　1876（明治9）年7月10日営舎は本科と予科に分かれ，一等生は本科，二等
生以下は予科とし，本科を3年制にするという変更がなされた。学科目は[184]，

　　第1年：幾何図学，微分積分学，推理重学，物品抗耐学，物質組成学，造船
　　　　　　実訣，博物学，製図
　　第2年：造船学，蒸気機械学，造船実考課，製図
　　第3年：蒸気機械学考課，艦砲学，築造学，製図，工場就業

となって，ここに高等工業学校造船科に匹敵する学校ができた。この時，予科
四等生に泰西近世史が加わった。これとは別に4年制の職工学校も作られた。

　1876（明治9）年になると営舎出身者で優れた者が出るようになり，以下の
通りさらなる研鑽が命じられた。

　例えば，同年7月22日，山口辰禰（顧）は3年間シェルブール造船学校に
留学するように命じられた。翌年1月8日には予科一等生の高山保綱を東京開
成学校本科1年に編入させ，引き続き工学を勉強させるようにした。同年6月
22日に，若山鉉吉（幕臣），桜井省三（加賀藩），辰巳一（加賀藩），広野静一郎
らを3年間フランスに留学させ，翌1878（明治11）年2月26日に黒川勇熊（長
州藩）を3年間フランスに留学するよう命じ，1879（明治12）年7月22日に高
山保綱を3年間フランスに留学するように命じた[185]。

　山口辰禰は後の海軍造船少将で工学博士，高山保綱と桜井省三は海軍造船大
監（大佐），若山鉉吉は東京帝国大学工科大学教授，辰巳一は海軍造船大佐，
黒川勇熊は海軍造船少将になるなど，日本海軍の建設に貢献した。辰巳一はレ
ジオン・ドヌール勲章勲2等を授与され，また桜井省三は工学博士にしてフラ
ンス料理の本を書いたことでも有名である。

　以下，これまでの数学史の研究で見落とされた横浜仏語伝習所で学んだ学生
の一人である神保長致の略歴と数学の研究について紹介する。

2.　神保長致

2.1.　略歴

　東京の神田に神保町という地名がある。これは江戸時代，数家に分かれて栄えた旗本神保氏の，第二分家（初代は神保長賢）の屋敷があった所といわれる。幕末の頃，その家系を継ぐ神保佐渡守長興は，騎馬奉行を経て大目付を務めた。その神保一族の，第四分家（長賢の弟の長近が初代）の 10 代目を継いだのが，本書で紹介する神保長致である[186]。

　神保長致は，1842（天保 13）年，幕臣滝川氏の子として生まれ，寅年生まれの三男というので，寅三郎（虎三郎）と称した。1866（慶応 2）年 24 歳の時に，神保常八郎長貴の養子に迎えられて，騎兵指図役勤方を仰せつけられる[187]。

　神保はかつて開成所で学んだという記述がある[188]。しかし，開成所で学んだ内容について，はっきり分かっていない。神保は開成所で早くより俊秀を認められ，その後派遣されて，横浜に設立された横浜仏語伝習所の伝習生を命ぜられた。そして，彼は主にフランス語と航海術，軍事学，数学などを学んだ。

　神保は，横浜仏語伝習所を卒業した後，騎兵差図役勤方を経て，明治元年沼津兵学校の第一期生となったが，学業優秀のために抜擢されて，沼津兵学校のフランス語の教授になり[189]，三等教授方になったという記録が残っている[190]。その後，陸軍兵学寮に出仕した[191]。

　なお，陸軍兵学寮教授陣『掌中官員録』，1874（明治 7）年 10 月西村組商会『官員録・職員録』によると，神保は塚本明毅（陸軍兵学寮大教授を務めていたのは 1872（明治 5）年 3 月から 5 月であった）の後任になり，1873（明治 6）年から陸軍兵学寮中助教，1874（明治 7）年は同大助教，正七位になったが，その後，1875（明治 8）年より陸軍士官学校（陸軍兵学寮から名称が改変された）の教授になって，51 歳になる 1893（明治 26）年までの長い間その職を務めていたという[192]。神保は 1910（明治 43）年に没している。

2.2.　著作と研究

　神保長致は 1873（明治 6）年にフランスのエスマン（または越斯満）が著した『数学教梯』を翻訳し，陸軍兵学寮から出版した。このエスマンとは 1872（明

治 5) 年に 3 ヶ年の期間をもって招かれたフランス
士官で，1870-71 年の普仏戦争で戦闘に参加し，赴
任当時は，まだ腕の傷が全治せず繃帯をしていたと
いう[193]。

神保は陸軍士官学校で授業していたフランス人士
官の講義ノートを翻訳し，『算学講本』という名前
で出版した。その内容は算術と画法幾何学であった。
『算学講本』は全 5 巻からなり，巻 1 「算術」（1876），
巻 2 「代数」（1876），巻 3 「平面幾何学之部」（1878），
巻 4 「立体幾何学之部」（1879），巻 5 「三角　標高
平面幾何」（1880）という構成であった。

図 21　数学教梯

　前述したように，1877（明治 10）年，神保は日本最初の数学会である東京数
学会社の会員となったが，その機関誌に数学に関する問題などを投稿したこと
はなかった。しかし，筆者は，神保の事跡を調査する過程で，1889（明治 22）
年 12 月に刊行された雑誌『数理会堂』の第一三会附録の中に，神保の寄稿し
た数学記事を見出すことができた。それは，『数理会堂』第八会に掲載された
三角法の問題に解答を与えたものである。やや冗長になるが神保の数学の力量
を窺うために問題と彼の解答を以下に引用しておく。

　　　三角法　陸軍教官　神保長致君　本会堂第八会ニ記セシ三角形 *ABC* 内
ノ一点 *M* ヲ過ル直線 *DE* ハ *a* 邊ニ平行ナラズシテ *A* 角ノ二邊間ニ於テ *a*
邊ト背反平行（暫ク此ノ如ク譯ス）ナルトキ別言スレハ $\angle DEA = \angle B$,
$\angle EDA = \angle C$ ニシテ *GF*, *HK* モ亦同様ニ *b*, *c* ト背反平行ナルトキハ *M*
點ノ位置如何ニ関セズ次式アリ　$l \cot A + m \cot B + n \cot C = 2R$ 式中 *R*
ハ此三角形ノ外切圓ノ半径ヲ示ス。

　『解』　*M* ヨリ *a*, *b*, *c* 邊ニ下垂線ヲ *x*, *y*, *z* トスレバ，$MD = z \operatorname{cosec} C$,
$ME = y \operatorname{cosec} B$ ナリ。故ニ
　　　$MD + ME = l = z \operatorname{cosec} C + y \operatorname{cosec} B$ ……（1）
ナリ。又同様ノ法ニテ

$$m \;=\; x \operatorname{cosec} A + z \operatorname{cosec} C \;\cdots\cdots\;(2)$$

$$n \;=\; y \operatorname{cosec} B + x \operatorname{cosec} A \;\cdots\cdots\;(3)$$

（1）ノ両邊ニ $\cot A$ ヲ乗シ（2）（3）ヘ $\cot B$，$\cot C$ ヲ乗シ公因数ヲ括リ而シテ相加シ

$$l \cot A + m \cot B + n \cot C \;=\; x \operatorname{cosec} A\,(\cot B + \cot C) \; +$$
$$y \operatorname{cosec} B\,(\cot A + \cot C) \; +$$
$$z \operatorname{cosec} C\,(\cot A + \cot B)$$

トナル，正弦餘弦ノ式ニ変形スレバ

$$l \cot A + m \cot B + n \cot C \;=\; \frac{x \sin(B + C) + y \sin(A + C) + z \sin(A + B)}{\sin A \sin B \sin C}$$

$$=\; \frac{x \sin A + y \sin B + z \sin C}{\sin A + \sin B + \sin C}$$

トナル，然ルニ次図〔図は略す〕ニ於テ

$$\sin BOD \;=\; \sin A \;=\; \frac{BD}{BO} \;=\; \frac{a}{2R}$$

又同理ニテ

$$\sin B \;=\; \frac{b}{2R}, \;\; \sin C \;=\; \frac{c}{2R}$$

故ニ

$$x \sin A + y \sin B + z \sin C \;=\; \frac{ax + by + cz}{2R} \;=\; \frac{2S}{2R} \;\; (S\,ハ面積)$$

又前式ヨリ

$$\sin A \sin B \sin C \;=\; \frac{abc}{8R^3}$$

ナリ然ルニ

$$\sin A \;=\; \frac{a}{2R} \;=\; \frac{2S}{bc} \;\text{ヨリ}\; abc \;=\; 4RS\,\text{ナリ}$$

故ニ

$$\sin A \sin B \sin C \;=\; \frac{S}{2R^2}$$

　　因テ

$$\frac{x \sin A + y \sin B + z \sin C}{\sin A \sin B \sin C} = \frac{2S}{2R} \times \frac{2R^2}{S} = 2R$$

　解答の主旨は，三角函数の数式を巧みに利用して，図形の変換などから答え
を導くものであった。この解答を見る限り，神保の数学力は当時の学者のなか
でも高いレベルであった，と推測される。

　『数理会堂』第一三会附録とは，雑誌『数理会堂』の刊行1年を記念して特
別に刊行されたものであるが，そこに掲載された問題はフランスの数学雑誌か
ら抄訳した算術，代数学，幾何学，三角法に関する問題が中心となっていた。
また，神保の解答の後に，菊池大麓の解いた三角法の問題も掲載された。こう
した経緯を考えるならば，神保は陸軍士官学校の教官を務めながら数学研究を
続けていたと考えてよい。

第4節　静岡学問所と沼津兵学校

　1868年の7月，江戸は東京と改称され，9月には慶応は明治と改元され，日
本の近代史における新たな一頁が開かれた。同じ年に徳川宗家が静岡に移封さ
れたが，その地には優れた幕臣を擁する静岡学問所・沼津兵学校が創設され，
多くの人物がそこで西洋数学の教育を受けることになった。それらの学校は，
大学南校で専門教育が施される前には，長崎海軍伝習所系統の人材を集めた最
高の科学教育機関であり，特に化学・物理学などの自然諸科学のほか，数学部
門のレベルが高いことで知られていた。

　まず，静岡学問所の数学教育を考察してみよう。

1. 静岡学問所

　後述する沼津兵学校と同じように，静岡学問所での数学の教育にもユーク
リッド幾何学の講義があった。静岡学問所の教師陣には津田真道（1862（文久2）
年に西周とオランダ留学），中村正直，杉亨二，外山正一のほかクラークがいた。

お雇いアメリカ人教師のクラークは主に，化学，数学などの科目を担当していた。クラークがここで教授していた講義を，川北朝鄰と山本正至が日本語に訳して『幾何学原礎』としている。この本の考察を通じて，静岡学問所における西洋数学の教育について紹介しよう。

　まず，クラーク，川北朝鄰，山本正至の略歴を見る。

1.1.　クラーク

　クラーク（Edward Warren Clark, 1849-1907）は，1849（嘉永 2）年 1 月 21 日，アメリカ合衆国のニューハンプシャー州のポーツマスに生まれた。父親は清教徒会衆派（組合派）の牧師となった人で，著書も多く残している。クラークは 1865 年ニュージャージ州のニューブランズウィックにあるラトガース学校に入学し，そこで明治時代に大学南校の教師を務めたグリフィスと同級生になった。また，その時に日本から留学してきた学生と出会って，日本への関心を強めた。1869 年，彼は大学をやめて，グリフィスとともに欧州に渡った[194]。

　クラークが日本に来たきっかけは，静岡の学問所に外国人教師を招くことを斡旋していた勝海舟が，福井の松平春嶽のもとで藩校の教授をしていたグリフィスに手紙を送り，その学友の一人を推薦してくれるよう頼んだことだった。グリフィスがクラークを推薦し，それにしたがって招かれたクラークが 1871（明治 4）年 10 月末に横浜に到着し，山手の伝道会館に滞在していたとき，勝の知らせを受けて静岡から迎えに来たのが，中村敬宇，人見勝太郎らの 4 名の教授や役人であった。クラークはその案内で，5 日を費やして静岡に到着した。最初のうちクラークは静岡の杏ノ谷三松の蓮永寺の書院に住み，毎日馬で駿府城内の学問所に通って，教育を続けた。

　クラークが受け持った授業は，化学，物理学，数学そのほかで，毎日の講義のスケジュールは午前 9 時から正午までと，午後 2 時から 5 時までであった。正午になると，彼のために新設された実験室で器械や実験の準備をし，図や化学式を黒板に書いてから，昼食のため蓮永寺へ帰った。彼が再び学校にもどるまでの間に，学生たちは黒板に書かれた事項を写した。講義は英語とフランス語で行なわれ，日本語しか分らない学生に対して下條という青年が通訳をしていた。クラークは日本人の学生の優秀さと熱心な態度に感心したという[195]。

日曜日に蓮永寺で聖書研究会を開き，クラークは日本人の青年たちにキリスト教を伝えた。通訳の下條や静岡学問所の教授中村敬宇もその時に聖書を勉強した者であった。

　蓮永寺は学校から遠く，当時外国人が住むのには不便でもあったので，勝海舟と大久保一翁（静岡県大参事）の計らいで，クラークの住む洋風の住宅が駿河城跡に建築されることになった。クラークの指示を受けながら，6ヶ月かけて完成させた。クラークはしばしばここに日本人を招いて，幻灯，科学実験，顕微鏡などを見せたという。クラークは静岡において，後に東京に出てからも，日本人に種痘を施していた。クラークはまた休日を利用して，富士山に登り，その高さを 3,521 メートルあまりであるとした[196]。

　明治新政府は，政治も教育も首都に集中させる方針をとったので，クラークの友人や援助者，優秀な学生たちが次々と東京へ呼び出されて静岡を去っていった。クラークは「諸県学校ヲ顧慮スルコトヲ進ムル建議」という意見書を静岡当局に提出し，すぐれた学校を地方の小都市に置くことが教育上有意義であることを力説した[197]。しかし，明治政府はその中央集権化を強力に推し進めたので，静岡におけるクラークの諸計画は実現をはばまれ，彼の努力は空しいものとなり，ついには彼も東京の開成学校へ移るようにという命令が来た。

　開成学校の理化学教師としてクラークが活動したのは，1873（明治6）年12月から1年間であった。最初の任期はこの年の10月9日までであったが，12月31日まで延長になったという[198]。彼は翌年春にはインド旅行に出発する予定であったので，それ以上の契約延長をしなかった。1875（明治8）年3月7日，横浜を出帆し，神戸と長崎に立ち寄って日本を去り，アジアへの旅に出て行った。クラークはアジアと欧州を経由してアメリカに帰国し，その後，日本滞在中のことを記した *Life and Adventure in Japan* と，アジア旅行の見聞をまとめた *From Hong-Kong to the Himalayas* や論文 *International Relations With Japan* などを書いた[199]。

　そのなかで，*Life and Adventure in Japan* によってクラークの静岡学問所での活動が詳しくわかる。なお，ここでは詳しく紹介することをしないが，*From Hong-Kong to the Himalayas* により，当時のアジアの状況がわかり，論文 *International Relations With Japan* によりクラークの明治維新初期の日本につい

ての考え方を知ることができる。

1.2.　川北朝鄰

　川北朝鄰（1840-1919）は江戸の生まれで，初めは和算を神田泰雨に学び，後に村瀬孝養に学び，さらに御粥安本につき，安本没後は内田五観の弟子になり，明治維新後は静岡学問所で洋算を修めた。川北はこの時に学んだことに基づいて，クラークが口述したものを山本正至とともにまとめて筆述し，『幾何学原礎』という名で出版した。それ以外に川北はトドハンターなどの多くの西洋数学書を翻訳しており，後述する東京数学会社の機関雑誌にはそれらの本の名前が記載されている。川北は，東京数学会社の初期会員であり，創設初期から組織者，編集者として重要な役割を果たした。和算と洋算の両方を理解できたので，その機関雑誌に多くの和算問題と洋算問題を提出しながら，他のメンバーの投稿した問題にも解答した。また，1884（明治 17）年にこの東京数学会社が東京数学物理学会になった後も，川北は組織の仕事を担当し，『東京数学物理学会記事緒言』を書き，東京数学会社の歴史を回顧した。それは，後の人々が東京数学会社のことを調べる際に，貴重な手がかりになっている。

　川北はまた東京麹町で私塾立算堂を開き，洋算を教授した。また自ら数理書院に入り，数学書の訳述に心を尽くした。他方，1887（明治 20）年に上野清（1854-1924）らとともに，約 70 人の民間数学者を集めて「数学協会」を結成し，数学教育者として活躍した。数学協会は 1887（明治 20）年から 1893（明治 26）年の解散まで，『数学協会雑誌』を発行したが，雑誌の性格は東京数学会社の機関雑誌に類似したものであった。

1.3.　山本正至

　山本正至（生没年不明）については，『幾何学原礎』の奥付によると，静岡県士族であったことがわかる。彼は旧幕臣で，後に静岡県庁に出仕したこと，田沢昌永と共著で『筆算題叢』（静岡県江川町の広瀬市蔵刊）を著し，それが県下の小中学校で教科書として広く使われたということなどが分かった[200]。

1. 4. 『幾何学原礎』

1. 4. 1.　構成と内容

　『幾何学原礎』首巻および巻 1～6 の全 7 冊は，木版刷の和綴本として静岡の文林堂から刊行された。版権免許の日付は，首および巻 1～5 が 1875（明治 8）年 12 月 5 日，最後の巻 6 は 1878（明治 11）年 11 月 6 日となっている。つまり，クラークが日本を離れてまもなく刊行されたことがわかる。『幾何学原礎』の首巻に E. W. C. という頭文字を記した 1873（明治 6）年 2 月付のクラークの「序文」（英文）がある。

　「序文」のなかでクラークは主に，数学という学問が科学のなかでもっとも人々の正確な思惟，鋭い洞察力を必要とする学問であり，幾何学の論証は人の思考能力を向上させると書き，ユークリッドの幾何学は 2,000 年前の古代のギリシアの数学書でありながらもっともよい教科書であり，もっとも権威ある著作であると述べている。

　クラークの英文の序文の次に「凡例」がある。「凡例」には，

> 　一此書は今を去る事二千有余歳「ギリーキ」国測量学士「ユークリット」
> 　　氏著す所尋常幾何学書にして原名「エレメントリーユークリット」と号
> 　　す亜国「格拉克先生静岡学校に於て之を教授す其図解詳にして最便解し
> 　　易さを以て是を編して初学の資となす。
> 　一西洋各国に於て此書頗る行はる諸名家顕す所の尋常幾何学書大概之に基
> 　　たり因て幾何学原礎と名付く
> 　一幾何学書は通例文を以て之を詳解し生徒をして諳熟せしむるを法とす然
> 　　共文意達せす誤解を生るを恐る故に式を設けて初学をして便解し易から
> 　　しむるなり
> 　一幾何は量地建築を始要用最広し世人皆之知る故に其用方を挙ざるなり

と記されている[201]。

　すなわち本書は，「亞国格拉克」先生が「静岡学校」で教授していた，「ギリーキ」国測量学士「ユークリット」氏の著書である「エレメントリーユークリット」を編集したものであるという。「エレメントリーユークリット」は西洋各

国で広く使われており，普通の幾何学の本の多くはこれに基づいていたので，編集した本を『幾何学原礎』と名付けたと説明している。また，「幾何学書は通常は文章によって説明し理解させるものだが（確かに，ユークリッド『原論』は式を用いていない。ただし，それが19世紀末の幾何学の「通例」であったとはいえない），初学者に簡単に理解させるために式を設けるとした。なお，幾何学は「量地建築」を始め広く使われていたので，幾何学の（日常生活に）使える方法を挙げている」と書いている。

　この「凡例」は，川北か山本の手によって書き加えられたものであると思われる。

　各巻の最初に「訳語」の項目が置かれている。東京数学会社に「訳語会」が創設され，多くの数学用語の訳語が確定し普及する以前にも，日本人学者は初めて出会った数学用語に対して，その意味を考えて漢語に翻訳するように努力していたことがわかる。基本的な概念の訳語として，例えばDefinitionを「命名」，Postulateを「確定」，Axiomを「公論」，Propositionを「考定」，Theoremは現代と同じく「定理」と訳している。これは日本における数学用語の翻訳として，1880（明治13）年の「訳語会」が設立する2年前に行われた試みの事例である。

　「訳語」の次には，本のなかで使われている「符号」が詳しく紹介されている[202]。

　次いで，『幾何学原礎』（ここでは『原礎』と略す）の内容を中村幸四郎らの訳による『原論』の内容と比較してみよう。

　現代の訳本である中村の『原論』第1巻における「定義」23条を，『原礎』では「命名」35条としている。

　比較してみると，両書の「定義」と「命名」は第18条まで内容が同じである。だが，『原礎』の命名第19条は，『原論』になかった

図22　幾何学原礎

内容である。

　以下，『原礎』第20～23条は『原論』第19条。『原礎』第24～26条は『原論』第20条。『原礎』第27～29条は『原論』第21条。『原礎』第30～34条は『原論』第22条。『原礎』第35条は『原論』第23条となっている。

　中村の『原論』には「公準」（「要請」）が5条だが，『原礎』では「確定」として3条のみある。残りの2条は『原論』では，次の「公論」の第11，12条となっている。なお，『原礎』の「公論」第5，7条は，『原論』にはなかったものである。

　『原礎』では第1巻48題のうち，最初の12問を「考定第～問題」として，残りを「考定第～定理」としているが，内容は『原論』第1巻の全48題とほぼ同じである。

　ほかの巻についても内容を比較したが，一致しているものが多かった。『原礎』では巻之5を除いて，各巻末に問題がつけられている。すなわち，巻の最後に「第1巻用法」，「第1巻例題」というタイトルで問題が付けられている。これは教科書として使われていた証拠であると思われる。また，『原礎』のなかの図はその数が多く，しかも詳しい説明文が付いている。

　特に注目すべきことは，首巻の最後に「巻七　考定二十一條　図面組立」「巻八　考定二條　五巻七巻八巻例題六十條」と書かれているので，最初の計画では第7巻や第8巻もあるはずだったようだ。しかし，管見では巻7と巻8は確認されず，その詳細は不明である。

　『幾何学原礎』全体の文章に目を通して見ると，文言の流暢さにより内容がわかりやすくなっていることは特徴的である。本書は，幾何学の教科書がまだあまり現われていなかった明治初期において，ユークリッド幾何学の普及を促す質のよいテキストブックになったと考えてもよいだろう。

1. 4. 2.　底本

　『幾何学原礎』の底本はトドハンターであるといわれているが，トドハンターとは若干の異同があるので，トドハンターを主たる底本としながらも，他の本（恐らく複数）を参考にしたと考えるべきだという議論がある[203]。

　『幾何学原礎』は，トドハンターと異なり，式を併用しているが，欧米では，

教科書には式を用いていなくても，授業では式が用いられていたから，式の使用はトドハンターの本とクラークの講義との相違であるとされている。

筆者は，1787 年刊行のロバート・シムソン（Robert Simson, 1687–1768）著，Edinburgh の J. Balfour 出版の *The elements of*

図 23　幾何学原礎例題解式

Euclid を参照したところ，その第 1 ページから第 195 ページまでの 6 巻の内容と『原礎』巻 1 〜巻 6 の内容とが，まったく一致していることを発見した。

本の扉に，

> The elements of Euclid viz. the first six books, together with the eleventh and twelfth. The errors, by which Theon, or others, have long ago vitiated these books, are corrected, and some of Euclid's demonstrations restored. Also the book of Euclid's Data, in like manner corrected By ROBERT SIMSON, M.D. Emeritus Professor of Mathematics in the University of Glafgow…

と書かれている。

この本は全 520 ページであるが，巻末に，本のなかに使われている三角形，円などの図が付けられている。そして，これらが『原礎』の冒頭に付けられている図とまったく一致しているのである。

これによって，クラークは当時の静岡学問所の数学の授業で幾何学の教科書として，確かにシムソンのこの本を使っていたと確定できる。そして，翻訳は前の 6 巻を終え，続きの巻の内容を翻訳する計画もあったが，全巻の訳を終わらないままになってしまったと考えられる。

1. 4. 3.　幾何学の教科書

明治初期，日本で刊行された良い幾何の教科書がなかったため，当時の中学

校などでは原書によって教授された。原書は重要な講義資料として使われており，教師が原書を訳しながら説明していくことは，当時の中学校において普通のことであった。明治5年の中学教則によれば，外国語毎に分かれた中学校に対して，それぞれ次の幾何学書が教科書として示されている。イギリスの系統では，チャールズ・デーヴィス（Charles Davies, 1789-1876）の *Elementary Geometry Trigonometry*，フランスの系統では，アドリアン＝マリ・ルジャンドル（Adrien-Marie Legendre, 1752-1833）の *Elementarie Geometrie*，ドイツの系統ではウィーガント（Wiegand）の *Elemente Geometria* を使うことになっている[204]。

　しかし，1872（明治5）年以降は外国の幾何学書の翻訳が多く出版されるようになり，中学校用教科書として採用されるようになった。翻訳された教科書はアメリカのものが比較的多く，中心になっていたのはデーヴィスやロビンソンのものであり，いわゆるルジャンドル流の幾何学だった。ユークリッドの伝統を守るイギリス流の幾何学書は少なかった。1877（明治10）年よりも前に現れたユークリッドの幾何学と言えば，後述する山田昌邦の『幾何学』とこのクラークの『幾何学原礎』くらいしかなかったのである。

　クラークの『幾何学原礎』は出版された後まもなく当時のエリート学校で教科書として使われるようになり，「明治19年まで継続刊行せられ，当時有数の教科書として役立った」という[205]。

　1877（明治10）年以降の師範学校，中学校で使われた幾何学教科書の状況によると[206]，

　1882（明治15）年は青森県師範学校，福井県中学校，秋田県中学校，広島中学校

　1883（明治16）年は大阪府師範学校，山口県師範学校，秋田県師範学校，山口県中学校，大阪府中学校

　1884（明治17）年は長野県師範学校，青森県中学校，山口県中学校

　1888（明治21）年は静岡県尋常中学校

などの学校で『幾何学原礎』は使われていた。

　『幾何学原礎』巻之1から巻之6までの問題の解答は，川北朝隣編輯『幾何学原礎例題解式』として出版された。各巻の巻末には「例題補遺」として新たに問題が追加されているが，その中には『幾何学原礎』の知識で解くのはむず

かしいものもある[207]。

　ところで，明治十年代の末になると，田中矢徳の『幾何教科書』（中学校用，1882），中條澄清の『高等小学校幾何学』（1883），遠藤利貞の『小学幾何学』（1883），高橋秀夫の『工夫幾何学』（1884），日下部慎太郎の『小学幾何学』（1885）などの単なる翻訳の域を脱した幾何学書が現われ，『幾何学原礎』は徐々に使われなくなった。

　1884（明治17）年の長野県尋常師範学校規則のように，口授用として採用した教科書について「幾何学原礎ハ誤謬ノ箇所多キニテ教授ノ際注意シテ之ヲ用テ」[208] と注意書を施している場合もある。

　このように，『幾何学原礎』は明治初期や半ばに流行していたロビンソン，ウィルソン，ライト，ショブネらの幾何学書とともに多くの中学校や師範学校で使われていたが，明治後期になると，ついに菊池によってトドハンターの『ユークリッド』が導入され，教科書として菊池のものが最適であるとみなされるようになった。こうして，『幾何学原礎』は教科書として使われる価値を失ったのである。

2.　沼津兵学校

　沼津兵学校は静岡学問所より 2 ヶ月後に設立された。

　沼津兵学校の学習科目には，数学として点竄（代数）・幾何などが定められ，日本古来の和算とは違う西洋の数学が教えられた。沼津兵学校では，塚本明毅・赤松則良・伴鉄太郎ら長崎海軍伝習所で洋算を身に付けた教授たちが手腕を発揮した。軍事技術の基礎として，数学は兵学校の必須科目だったわけであり，微分・積分とその他の高等数学が教授されることになっていた。沼津兵学校は，日本において本格的に洋算教育を実施した先駆的な学校といえる。

　ここで，教科書として使われた書籍の一冊は，塚本明毅の手によって作られた『筆算訓蒙』であった。1869（明治2）年 9 月に沼津兵学校が刊行した塚本明毅撰『筆算訓蒙』は，日本における最初の本格的な洋算教科書といわれている。この本は 1872（明治5）年の文部省より頒布された学制で，教科書として公示された[209]。小倉金之助によって，「この書は，一面においては，たんなる

西洋からの直訳的でないところの日本的なる風格を維持している」,「『筆算訓蒙』は数学教育上の傑作であった。人もし明治維新を記念すべき名教科書を求めるなら，私はまず第一にこの書を推したいと思う」とまで評価されている[210]。

　西洋から直訳した数学の教科書はまだ現れていなかった過渡期のこの時代において，『筆算訓蒙』は算術の教科書として，西洋数学の初心者向きにとても適切な教科書であったと考える。

　筆者は『筆算訓蒙』の3種類の現存版を参照したが，多くの大学の図書館に保存されていることから予想されるとおり，当時は教科書として，沼津兵学校附属小学校に使用されたほか，全国的にも広く普及したことがわかる。

　『筆算訓蒙』の巻1は「数目，命位，加法，減法，乗法，除法，諸等化法，通法，命法，諸等加法，諸等減法，諸等乗法，諸等除法」からなり，巻2は「分数，通分，約分，加分，減分，乗分，除分，小数，分数化小数法，小数加法，小数減法，小数乗法，小数除法」からなる。巻3は「比例式総論，正比例，転比例，合率比例，連瑣約法」からなる。本書では，西洋の数学記号を使い，大きな数を読む時に分かりやすくするため，点をつけるとよいと記している。

　この本を用いていた沼津兵学校の教育課程は次のとおりであった。

表 3　沼津兵学校の教育課程における『筆算訓蒙』の内容

	1 年	2 年	3 年
点竄	開平・開立まで	二次方程式	連数・対数の理
幾何	平面式	三角関数・正斜三角	立体

　沼津兵学校の数学教育の成果は，「…生徒尤モ数学ニ長ジ，沼津ノ生徒トイヘハ挙世間ハスシテ数学ニ巧ナル者トナスニ至レリ」[211] とまでの評判をとるほどであった。ここに書かれているように，その教授や生徒からは，明治の数学界をリードする優れた数学者・数学教師を多数輩出した。

　1877（明治10）年に設立された日本最初の数学の学会「東京数学会社」の最初のメンバー117名のうち，17名は，沼津兵学校関係者であった。塚本明毅・永峰秀樹・中川将行・荒川重平・真野肇・山本淑儀・榎本長裕・海津三雄・堀江当三・伊藤直温・伴鉄太郎・赤松則良・神保長致・古谷弥太郎・宮川保全・

矢田堀鴻・岡敬孝である。特に中川と荒川の2人の海軍教授は，和算の封建制を強く批判し，数学の産業技術面への実用的なものとすべきことを強調し，用語・記号の統一や数学書の左起横書きを最初に実践したことで，数学史上高く評価されている。

　基礎学科としての数学に優れていた沼津兵学校からは，測量・工学などの応用分野で活躍する人材も多く出た。沼津兵学校が廃止された後も，附属小学校の後身であった集成舎が地元に残され，そこでは兵学校以来の優れた洋算教育が行われ，『代数要領』のような教科書を出版したほどであり，同時期の地方小学校には稀有の存在であった。

　この学校の教授方助手であった山田昌邦は，1872（明治5）年に北海道開拓使学校（後に札幌農学校）のために幾何学の教科書を著した。これはユークリッド幾何の教科書としては日本で最初のもので，トドハンターの1862年版を訳したものだった。しかし内容はごく初めの部分を訳しただけで，トドハンターの第1巻の「設定21，定義，凡三角の内に一点を設け下辺の両端より此点に直線を引くときはこの両線の和は三角両辺の和より小なるべし　又此点に作るところの角は三角の頂角より大なるものなり」の証明で終わっている。低い水準のものであったと考えられるが，幾何における論証の意義をはっきりととらえていたことは確かであろう。

この章のまとめ

　以上，主に幕末・明治初期の日本における西洋数学の受容を概観した。

　この時代の日本における西洋数学の受容は幕末に設立された西洋の軍事技術，航海術，言語を習得するための教育機関から始まった。これらの機関から西洋の数学を研究した数学者，あるいは数学教育者は現れなかったが，その後の日本の数学界の転化に影響する教育政策，および数学団体と関連する主要な人物が多数現れた。

　第3章で論じた小野友五郎，柳楢悦，神田孝平，川北朝鄰，神保長致の5人のいずれもこのような経歴がある人々であった。

　小野友五郎と柳楢悦は，最初は和算を習得し，その後長崎海軍伝習所で西洋

の数学と出会った者の代表である。近代日本における西洋数学と接触した最初の人物として彼らは西洋の科学技術の基礎である西洋数学の重要性を早く認識したのである。そのため，小野友五郎は「学制」期に数学教育の普及のために数学の教科書を執筆し，柳楢悦は西洋の数学関係の書物を書き，さらに西洋のような数学会を設立することに尽力した。彼らの伝統数学の素養も彼らの西洋数学に対する考え方に影響していた。たとえば，小野友五郎は西洋数学の術語を和算用語で説明し，柳楢悦は西洋数学を和算で解釈しようと努力し，西洋数学と日本の伝統数学の間の共通点の有無を探索した。

　神田孝平は洋学者と称するべき人であり，和算を十分に理解しない人々を代表する。彼は幕末の日本において，西洋数学に対して最初から抵抗がなかった数少ない学者である。開成所で西洋の初等数学を教えた神田は中国からの漢訳西洋数学書を日本語に書き直すという作業によって，微分，積分のような高等な西洋数学の知識を身につけたのである。彼の『代微積拾級』の自筆写本は漢訳西洋数学書の日本への影響を物語る書物であり，福田半の記述によると，同書は明治初期の西洋数学を学ぶための人々に参考資料として利用されていたことがわかる。和算の教養が薄い神田は「関流第八伝」の柳楢悦と協力し，日本の数学界の発展を目指し，国民に数学を普及する志を持って，第 3 部で論じる100 名以上の会員を集めた数学団体である「東京数学会社」を創設した。この点から見ても，洋学者，経済学者といわれる神田の明治初期の数学教育の普及に果たした役割を忘れてはならないだろう。

　川北朝鄰と神保長致は徳川家が静岡で創設した静岡学問所と沼津兵学校に関連する人物である。川北朝鄰は和算の教養もあり，静岡学問所でお雇い外国人教師の授業により西洋数学に対する認識を高め，日本初の *ELEMENTA* の前 6 巻の完成に関わった。彼は明治初期の数学界で非常に精力的に活動し，後述する「東京数学会社」の主幹メンバーになっただけではなく，上野清，長沢亀之助らの後輩を支え，多くの数学の教科書を編集した。神保長致は沼津兵学校に行く前に横浜でフランス語を習得するかたわら西洋の数学を身につけた。その後，沼津兵学校へ学生として入校したが，成績優秀として教員に選抜されるのである。ここで，筆者は先行研究で見逃された神保長致という学者の履歴を考察し，特に数学雑誌のなかでは菊池大麓らと名前を並べて西洋数学の研究をし

ていたことを紹介した。

　続く第 4 章では，主に，前述した神保長致の手により完成された全 25 巻の訓点版『代数術』を考察し，具体的にどのような西洋の数学知識が漢訳西洋数学書を媒介として明治初期に伝えられたのかについて詳細に論じる。

第4章　訓点版漢訳西洋数学書

　19世紀後半に漢訳西洋数学書が日本に伝わった経緯とその影響を論じた先行研究には，小倉金之助のものがある。彼の研究は基礎文献として注目に値する。近年は小倉の研究を基にして，漢訳西洋数学書の日本への伝播と影響を論じた研究も現れている[212]。その多くは李善蘭の訳した西洋数学書の日本への影響について論じたものである。これに対して，華蘅芳の訳した西洋数学書の日本への影響については，これまでほとんど研究が行われてこなかった。だが，19世紀後半の中国において華蘅芳は，李善蘭と同じく西洋数学の研究で重要な業績を挙げた著名な数学者であり，しかも彼の漢訳西洋数学書の内容は李善蘭の訳本よりもすぐれたものであったので，明治時代の数学者に注目されていたことは間違いないと思われる。また，李善蘭の漢訳西洋数学書の日本への伝播は，おもに幕末に限られていたのに対して，華蘅芳の漢訳西洋数学書は主に明治以降に日本に伝えられた。また，数学者による訓点版が作られたことや，日本人数学者が西洋の数学書を直接翻訳する時に参考書として利用されたことが特徴的であった。

　筆者はここで，清末の漢訳西洋数学書が日本に伝わった経緯を簡単に紹介し，華蘅芳『代数術』の訓点版の内容を分析し，漢訳西洋数学書を通じてどのような西洋の数学の知識が明治初期の日本に伝えられたのかを考査する。そして，『代数術』の底本と原著者について考察し，先行研究の誤りを指摘する。『代数術』により中国と日本に伝わった西洋数学の内容と数学者の業績を検討し，さらに『代数術』の間違っていた数学の方程式を原著により修正することを試みたい。

第1節　漢訳西洋数学書の日本への伝播

　李善蘭と華蘅芳らの翻訳した西洋数学書の多くは明治初期の日本に伝えられ，19世紀後半の日本人学者が西洋科学技術を学ぶ際に重要な参考文献となった。

　漢訳西洋数学書が日本に伝えられたルートは，以下の三つに分類される[213]。

（1）西洋の船が中国経由で日本に入港する際，中国で入手された漢訳本が日本に持ち込まれた。

（2）中国への訪問や視察を介して日本人が購入し，持ち帰った。

（3）日本に来た宣教師が，その前に中国に立ち寄り，そこで手に入れた漢訳西洋数学書を日本に伝えた。

　（1）と（3）のルートを通じて伝わったことが明らかな漢訳本の多くは医学，植物学などの西洋の科学書であるが，数学書についての記録はまだ見つかっていない。二番目のルートを通じて伝わった数学書には，はっきりとした記録が残っているものとして，1862（文久2）年，高杉晋作，中牟田倉之助，五代友厚らが上海に赴いた時に買ったものについて以下のような資料がある。「念七日。中牟田と英人ミニユヘルに至る。上海新報，数学啓蒙，代数学などの書を需めて帰る。念八日。書坊来る。書籍を需む。念九日。書坊を訪ぬ。書籍を得て帰る」[214]。また『子爵中牟田倉之助傳』に中牟田が購入した書籍の中に「数学啓蒙　十部　代数学　十部　代數積拾級　一部三冊　談天　一部三冊」が存在していたという[215]。

　この他にもあったであろう様々なルートから，清末に中国語で翻訳された西洋数学書は日本に伝わり，幕末・明治初期の日本人数学者たちに注目され，訓点版や写本が編まれた。

第2節　漢訳西洋数学書がもたらした影響

1. 写本と著書

　日本に伝わった漢訳西洋数学書を学んだ一例として，前述した小野友五郎が次のような記載を残している。

　　…支那人の作った代微積といふ書物があります宜しうございますが，その代微積といふものは何てあるかといふと代の字は代数のこと，微は微分，積は積分のことでございます，またさういふものてなければ其航海法などが出来ぬでございます。

と言い，さらに，

　　　先のは支那人の翻訳した，代微積，日本のとは點竄術といふものが丁度
　　　合って居る，其からヂヘレンシャーレとインテフラールすなわち微分と積
　　　分といふものは綴術と名を付けて一種になって居ります。

と記している[216]。小野は日本に伝わった李善蘭の『代微積拾級』を読み，西
洋の微積分学を勉強しなければ西洋の航海術を学ぶことができないと述べて，
西洋高等数学の重要性を認識していたことを示す一方で，「代微積」は日本の
伝統数学のなかの「点竄術」であり，「微分と積分」は「綴術」であるとも解
釈し，西洋数学の概念に対応する和算のなかの概念を見つけようとした[217]。

　そのほかに，前述した東京数学会社の初代社長の一人であった神田孝平が
『代微積拾級』に倣い，写本ノートを著した[218]。それは 1865（慶応元）年のこ
とである。当時神田は開成所の数学教授であり，算術と代数の初歩を教えてい
た。神田の写本は明治初期の学者が漢訳西洋数学書を学ぶ時の重要な参考書に
なり，福田半（または福田治軒，1837-1888）が西洋人の原著者ルーミス（Elias
Loomis）の原著 *Elements of Geometry and Calculus*（1871）を訳する時，中国語訳
および神田の写本を参考にしながら『代微積拾級訳解』（1872）と命名された
書目を訳し，解析幾何の最初の部分を刊行した[219]。『代微積拾級訳解』凡例の
なかに「この書はアメリカの「ロヲミュス」氏の著すところにして「エナリチ
カール，ゼヲメトリー」という測量術を分離し代数，微分，積分などの方法を
詳細に説明したものである。これをイギリスのイレアリ氏は上海で口訳し代微
積拾級と名づけた。今〔私が〕1871 年版の原書を訳し，又上海からの訳本と
比較し，〔上海で刊行された〕書の遺漏するところを原書により補い，刊行す
ることにした」と書いている[220]。

　また，和算家の漢訳西洋数学書を学んだ一例として，大村一秀が記した写本
ノートである『訓訳代微積拾級』（年代不明）も挙げられる[221]。

2. 訓点版『代数術』

　明治初期に伝わった漢訳西洋数学書に対する訓点版には，塚本明毅による李善蘭の『代数学』首巻，および，前3巻の訓点版[222]，および神保長致により作られた華蘅芳の『代数術』全25巻の訓点版がある。

　塚本明毅の訓点版『代数学』についての研究は多く存在しているが，神保長致の訓点版『代数術』に対する専門的な研究は未だ現れていない。しかも前述したように神保長致という人物についてすら，あまり注目されてこなかった。

　以下，神保長致の手により完成された全25巻の訓点版『代数術』の作られた背景，構成の特徴，および，この本が具体的にどのような西洋の数学知識を明治初期に伝えたのかについて論ずる。

2.1. 特徴とその影響

2.1.1. 原著者と底本

　漢訳本『代数術』の底本となったものは，イギリスの数学者ウォレス（William Wallace, 1768-1843, 漢訳本は著者名を華里司と書く）の著した *Encyclopaedia Britannica*（8th ed. 1853）Volume II の Algebra の項であるとされていきた。

　吉田勝彦が『洋学史事典』（日蘭学会編）において，「『代数術』の原典は William Wallace（華里斯, 1768-1843）*Encyclopaedia Britannica. 8th ed.* Algebra の項を翻訳したもの」[223] と最初に書いてから後は，それが通説となっていた。例えば，『日本の数学100年史』の執筆者は吉田のものをもとにしている。中国と日本の数学史研究者も皆，吉田の説に基づいて，簡単に『代数術』の底本はウォレスの執筆した *Encyclopaedia Britannica. 8th ed.* のなかの Algebra であると書いている。

　Encyclopaedia Britannica. 8th ed. のなかのウォレスが執筆した Algebra は *Encyclopaedia Britannica. 8th ed.* の第482ページから第584ページまでの全102ページからなる文章である[224]。実際にこれを『代数術』と比較すると，『代数術』の内容は遥かに豊富なものであることが分かる。*Encyclopaedia Britannica. 8th ed.* のなかの Algebra は，William Wallace の別の著書を要約したものであった可能性が高い。従って，『代数術』の底本に対する，吉田の「*Encyclopaedia*

Britannica. 8th ed. のなかの Algebra の項目である」という記述は適切ではなく，『代数術』の底本はウォレスの書いた西洋の代数学 Algebra に関する書物であったと考えられる。

実際，『代数術』の25巻第273款には，華里斯（ウォレス）という名前が現れ，1812年に著した著書のなかに $\frac{1}{a} = \frac{1}{\tan ga} + \frac{1}{2}\tan g\frac{1}{2} + \frac{1}{4}\tan g\frac{1}{4}a + \frac{1}{8}\tan g\frac{1}{8}a$ ＋… という式が載せられていたという記述がある。

Encyclopaedia Britannica. 8th ed. Algebra は，1861年に出版されたものであり，漢訳書『代数術』を作る際にはウォレスの *Algebra*（1812）が底本となっていたと思われる。筆者は現存する明治時代の西洋から輸入された書物の目録を調べたが，そのなかにウォレスの *Algebra* という書を見つけることができなかったので，神保が訓点版を作る時にも，原著を参照できなかった可能性が非常に高いと思われる。

もし，神保がウォレスの原著を見なかったまま，その要約である *Encyclopaedia Britannica. 8th ed.* を参照し，その中から必要な情報を探しながら漢訳本『代数術』の訓点版を作ったとしたら，これは本当に大変な作業であり，神保の数学の能力とフランス語のレベルの高さを証明する有力な証拠になっているに違いないだろう。

2.1.2. 『代数術』にみる西洋数学史

華蘅芳の『代数術』は「序」のある版と「序」の無い版の2種類ある。神保の訓点版に華蘅芳の「序」はない。神保が『代数術』の訓点版を作った際には，「序」のない版を参考にした可能性が高い[225]。

華蘅芳の漢訳本と神保長致の日本語の訓点版を比較しながら，『代数術』の内容を紹介しよう。

華蘅芳は「序」を載せた版のなかで，フライヤーと協力してこの本を中国語に翻訳した経緯を紹介しながら，西洋の代数学について説明した。そこには「中法之天元西法之代数所由作也」と書かれ，中国

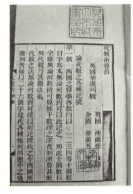

図24　代数術

伝統数学の「天元術」が西洋の代数に相当すると論じられた。

　続いて，漢訳本『代数術』とその訓点版の各巻の内容を概観し，清末と明治初期の人々が西洋の数学と数学史のどの程度の内容を理解していたかについて考察していく。

　巻 1 は「論代数之各種記号」というタイトルで，主に代数学のなかに登場する各種の記号を紹介し，単項式の各累乗の積を求める方法と多項式の運算方法などを説明したものである。華は第 1 款のなかで「今西国所常用者，毎以二十六箇字母代各種幾何因題中之幾何，有已知之数，亦有未知之数，其代之之例，恒以起首之字母，代已知之数，以最後之字母，代未知之数，今訳之中国，則以甲乙丙丁等元代已知数，以天地人等元代未知数」と書き，西洋で使われている 26 個のアルファベットで既知数と未知数を表すというデカルト（Rene Descartes, 1596-1650）の方法を紹介したが，この訳本では西洋文字を用いず，中国の伝統的な数学において既知数と未知数として使われてきた「甲乙丙丁」，「天地人」などの文字を使うとした。これに対し，神保は訓点版のなかに「甲乙丙丁等元今再換ａｂｃｄなど字母此惟存原文而已」というように英小文字へ再変換して，西洋の原著に使われていた文字をそのまま使うと記した。その後の款のなかでも，神保は華の原文に訓点を付けながら，華の中国式記号を西洋の数学記号に取り替え，注釈を付して，「正数」，「負数」，「倍数」，「代数式」などの数学の専門用語である名詞にフランス語の読み方を添書した。第 7 款で分数の表示方法を説明した際に，「凡幾何以他幾何分之，記其約得之数，其法作一線以界其法實，線之上為法，線之下為實」と書いた。ここでの「法」とは「分子」であり，「實」とは「分母」である。神保は華の原文の下に「本邦現用西式故記除約之式正与此言相反下傚之」と注釈をし，華が $\dfrac{\text{一二}}{\text{三}}$ と書いたものを $\dfrac{3}{12}$ と書き換えた。

　巻 2 は「論代数諸分之法」であり，代数の分数式を論じている。巻 3 は「論代数之諸乗方」であり，代数式の乗法を論じている。巻 4 は「論無理之根式」であり無理式の運算を展開している。巻 5 は「論代数之比例」とし，比例式の運算を論じている。巻 6 は「論變清独元之一次方程式」，巻 7 は「論變清多元之一次方程式」，巻 8 は「論一次式各題之解法」であり，一次方程式を紹介し，

その運算方法を展開した。

　巻 9 は「論二次之正雑各方式解法」であり，二次方程式を紹介し，その運算方法を論じた。特にその第 96 款に「雖此種虚式之根，在解二次之式中，無有一定之用処，不過可藉以明題之界限不合，故不能解而已，然在各種算学深妙之処，往往用此虚式之根，以講明深奥之理，亦可以解甚奇之題，比他法更便，大抵算理愈深愈可用之」と書いた。すなわち，「この虚根とは二次方程式の解としてあるが，計算には一定の用途がない。問題の条件がおかしいときに使うにすぎない，だから解することはできない。しかし，数学の多くの分野では，この虚根を使い，奥深い理論を説明することができる。また，奇妙な問題を解答する時，ほかの方法より更に便利であり，数学の道理が難しくなればなるほどよく使える」としている。

　これに対して，李善蘭とワイリーによる『代数学』のなかでは「虚根」について，「今雖無意，且不合理，而其所解所用，或倶合理，盖非一処用之，大概可用也」と論じられていた。すなわち，「虚根」にはあまり意味が無いがおおむね使えると考えていたのである。これと比較してみると，『代数術』の翻訳者である，華蘅芳とフライヤーがすでに「虚根」を十分に理解した上で，その重要性を強調していたことがわかる。

　巻 10 は「論各次式之総理」である。その第 99 款では，四次方程式を例として，方程式の根の数は最大指数を持っている項の指数の数と同じであることを，「無論幾次之式，其所有之若干根数，必等于式中最大之方指数」と指摘したうえで，「代数学の基本定理」を議論した。

　続く巻 11 は「論三次之正雑各方式解法」であり，三次方程式の解法を説明したものだった。そして，この中の第 115 款では「此法名曰迦但之法，惟詳考之，知其法不自迦但而始，乃是大太里耶，与弗里耶斯二算学士，同時両地各創之法」と記して，三次方程式の解の公式が創られた歴史を紹介した。文中の「迦但」とはイタリアの数学者カルダーノ（G. Cardano, 1501-1576）のことであり，「大太里耶」とは，イタリアの数学者のタルタリア（Tartaglia, 1499-1557），「弗里耶斯」はフェッロ（Ferro, 1465-1526）である。神保は，迦但の左に「カーダン」と書いている。

　巻 12 では，四次方程式の簡単な形式のものから始め，各種類の四次式の解

法を議論した。その第 124 款には，
「若四次式之各項倶全者則解之法，
比前両款所論更難，其法之大要，
必先變式為三次式，其變法有数
種，茲且論尤拉所設之法」と書か
れている。この文意は「若し四次
方程式の各項が備わっていると，
その解法は前の第 122 款と第 123
款の議論より更に難しい，その方
法の概要は，必ず先に四次方程式

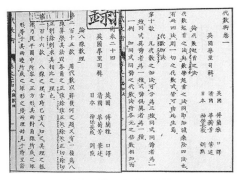

図 25　訓点版『代数術』

を三次式に変えるべきである。その変えるための方法は数種類ある，ここで尤
拉の作った方法を論じる」と言うことだった。

　ここで，「尤拉」はオイラーを指している。

　オイラーの名前と彼の数学に関する著作は，19 世紀後半には，漢訳西洋数
学書やそれを基にした日本製の訓点版を通じて，清朝末期の中国人数学者や明
治初期の日本人に知られていたことが分かる[226]。

　訓点版『代数術』の原文を見てみよう。

　　空其第二項之式。〔中略〕變之為 $y^4 - py^2 - qy + r = 0$ 則此式中無 y^3
之項。而其 pqr　皆為已知之任何正負各数。如欲作一四次式。與此無 y^3 之
項之式相似。則必先令 $y = \sqrt{a} + \sqrt{b} + \sqrt{c}$ 又令 $a,\ b,\ c$ 為 $z^3 + p'z^2 + q'z$
$+ r' = 0$ 式之三箇根。則依総論之例。得 $a + b + c = -p',\ ab + ac +$
$bc = q',\ abc = r'$ 如将所設之 $y = \sqrt{a} + \sqrt{b} + \sqrt{c}$ 式。自乗得 $y^2 = a + b$
$+ c + 2(\sqrt{ab} + \sqrt{ac} + \sqrt{bc})$ 令 $-p'$ 代其 $a + b + c$，移其項得 $y^2 + p' =$
$2(\sqrt{ab} + \sqrt{ac} + \sqrt{bc})$ 将此式自乗。得 $y^4 - 2p'y^2 + p'^2 = 4(ab + ac + bc)$
$+ 8(\sqrt{a^2bc} + \sqrt{ab^2c} + \sqrt{abc^2})$。又因此式中之 $ab + ac + bc = q'$ 而其
$\sqrt{a^2bc} + \sqrt{ab^2c} + \sqrt{abc^2} = \sqrt{abc}(\sqrt{a} + \sqrt{b} + \sqrt{c}) = \sqrt{r'}y$。則可以代法得
$y^4 + 2p'y^2 + p'^2 = 4q' + 8\sqrt{r'}y$。如此。則得無 y^3 項之四次式 為 $y^4 +$
$2p'y^2 - 8\sqrt{r'}y + p'^2 - 4q' = 0$。則此式之一箇根為 $y = \sqrt{a} + \sqrt{b} + \sqrt{c}$ 而
其 abc 為其三次式 $z^3 + p'z^2 + q'z + r = 0$ 之三箇根

すなわち，一般的な四次方程式 $Ay^4 + By^3 + Cy^2 + Dy + E = 0$ についてオイラーは「〔まず〕第二項を消去する」として，四次方程式の項のなかの三次の項を0にするよう置換することにした。この置換による結果は $y^4 - py^2 - qy + r = 0$ という形となり，「簡約四次方式」を得るのだが，オイラーはこの簡約四次方程式の根が $y = \sqrt{a} + \sqrt{b} + \sqrt{c}$ のような形であると仮定した。そして，未知数である p, q, r は a, b, c から決めるべきものになる。引き続き，オイラーは $y = \sqrt{a} + \sqrt{b} + \sqrt{c}$ 式の両辺を平方して，

$$y^2 = a + b + c + 2(\sqrt{ab} + \sqrt{ac} + \sqrt{bc})$$

を得た。さらに，この両辺を平方することにより

$$a + b + c = -p', \quad ab + ac + bc = q', \quad abc = r'$$

として，三次の項のない四次式

$$y^4 - 2p'y^2 + p'^2 = 4(ab + ac + bc) + 8(\sqrt{a^2bc} + \sqrt{ab^2c} + \sqrt{abc^2})$$

を導く。すなわち，オイラーは補助的な変数 p', q', r' を導入し，もとの四次方程式と結びつけることによって，四次方程式を簡約四次方程式に変えることができたのである。そして，ここで使った a, b, c は，三次方程式 $z^3 + p'z^2 + q'z + r = 0$ の三個の根であり，この三次方程式の根は前に紹介したカルダーノの公式で求めることができる，とした。

これに続いて，訓点版『代数術』12巻の第129款では，五次，および，五次以上の方程式の根を求めることについて以下のように言及している。

［原　文］
　　以上各巻論二次三次四次諸式，求根之各法，大低已明，而算学家向来尚未求得一律能解各次式之通法，即如五次及五次以上之式，無人能思得一通法，可径解之，亦無有一定可化之為簡次之式者，若平心而論，則前所言解三次式之法，亦不能為公用之法，因遇各根倶為實数者，即不能化，故又必借径于八線表也

［訳 文］

　以上の各巻に二次方程式，三次方程式，四次方程式の諸式を論じることによって，根を求める各方法は大低明確になった。だが，数学者は未だに各種類の次数の方程式を求めるのに通ずる解答式を求めることができていない。即ち，五次方程式，及び五次以上の方程式を求める一般的な方法を誰も解答することができない。また，五次以上の方程式を簡単化することも容易ではない。実際，前述した三次方程式にも，一般的な方法は見つかっていない。三次方程式の根が実数である時，それを簡単化する時にも必ず三角函数を使って解答する必要がある。

　ここでの議論は，19世紀の西洋数学を代表するラグランジュ（J. I. Lagrange, 1736-1813），アーベル（N. H. Abel, 1802-1829），ガロア（E. Galois, 1811-1832），ガウス（K. F. Gauss, 1777-1855）らよって証明された，五次以上の代数方程式のべき根による一般解は存在しないということについての結論をまとめたものになっている。引用した原文での「八線」とは三角関数のことであり，三次方程式の解法は三角関数で求められると論じている。

　以上，華蘅芳の『代数術』が想定していた代数学は，単に方程式を立てて問題を解くといった初期の段階にとどまるものではなく，一般的な解法の可能性といった抽象的で，高度な内容をも含んだものであった。こうした代数学の一般的な理論が清末の中国に伝えられていたこと，そして，神保の訓点版『代数術』により，明治10年代以前にすでに日本にも伝わって，教授されていたことがわかる。そして，最終的な結果だけでなく，そこにいたる代数学の発展過程でのオイラーの役割にも言及するといったように，数学史を深く論じることもしていたのである。

　続く訓点版『代数術』の巻13は「論等職各次式之解法」と題して，第130から135款にわたって「已知数 a」と「未知数 x」が代数式のなかで機能が同じ場合の解法を説明している。巻14「論等根各次式之解法」は，第136から143款の内容を含み，主に四次方程式を例にして，根が相等しい時の四次方程式の解法を説明している。巻15「論有實根之各次式解法」は第144から150款からなり，根が実数（整数，分数）である時の方程式の解法を紹介した。

　巻 16「論求略近之根数」は第 151 から 157 款からなり，二つの例を挙げ，根が実数ではない場合の方程式の解法を紹介した。第 156 款では「以上所論求各根略近之数，其法名曰疊代之法，此法本為奈端所設，惟其後又有拉果闌諸者，變通之，則更靈便，能使人易知毎次代得之数離其根之真同数若何」と書いている。この部分で紹介している方程式の解法は「疊代之法」と言われ，西洋で「奈端」，すなわちイギリスの数学者ニュートン（I. Newton, 1642-1727）が作った方法であり，それはまたフランスの数学者「拉果闌諸」，すなわちラグランジュによりさらに完成されたと説明する。さらに引き続き「茲将拉果闌諸之新法詳審之」として，ラグランジュの方法を解明した。神保は「奈端」の隣に「ニュートン」，「拉果闌諸」の隣に「ラグランス」と日本語の読み方を書いている。

　巻 17「論無窮之級数」は無限級数を使って方程式を解明する方法を紹介し，「凡欲将所設之任何之式化為級数之式，此在最深之算学中，用代数最要之事也」と述べて，級数の展開により代数方程式を解明することの重要さを論じている。

　巻 18「論対数與指数之式」は，主に対数，指数の定義などを論じている。なお，その第 168 款では，ブリッグス（H. Briggs, 1561-1631）とネイピア（J. Napier, 1550-1617）の対数の研究を紹介している。これらの人名について神保は，華蘅芳が与えた漢名の横に「ブリッグス」，「ナブル」とする振り仮名を添えた。

　巻 19「論生息計利」では対数，指数の応用例題を「利息」の計算を通じて説明した。巻 20「論連分数」では煩雑な分数を簡単な分数の和にする方法を紹介している。巻 21「論未定之相等式」では不定方程式を論じた。巻 22「論用代数以解幾何之題」では平面幾何問題を二次方程式で運算する時に使える解析幾何学の初歩を紹介した。

　巻 23「論方程式之界線」は様々な曲線を論じて，その性質を分析した。そのなかの第 210 款のなかでは「蔓葉線」のことを論じ，また李善蘭の『代微積拾級』がこれを「薜茘線」としたのは間違っていると指摘した。神保は「蔓葉線」のそばに「シソイド」と西洋名を書いている。長沢亀之助が東京数学会社の機関雑誌でこの曲線を紹介していることについては，次の第 6 章で引き続き論ずる。

　巻 24 は「論八線数理」を主題とするが，この項では三角関数が詳しく論じられている。冒頭の第 215 款には，「用代数以解幾何之題，又有一種為八線算学，

其法以各角之正弦，餘弦，正矢，餘矢，正切，餘切，正割，餘割，求其相比之理也」と書かれており，「八線」の定義やその命名の由来が説明されている。神保の訓点版は，日本に伝わった三角関数の中国名，正弦，餘弦，正矢，餘矢，正切，餘切，正割，餘割といった用語の左側にフランス語の読み方をカタカナで書いている。

　中国では 17 世紀にスイス人宣教師テレンツ（Jean Terrenz, 1576-1630）により三角関数が紹介され，その時に決められた「八線」の説に従った三角関数の表現方法が清朝末期まで使われた。三角関数の日本への伝播は，明朝末清朝初の『崇禎暦書』や梅文鼎（1633-1721）の著書『暦算全書』などを通じてであったことが明らかにされている[227]。

　巻 24 の第 216 款では，初めに西洋における三角関数の歴史が紹介された。その先頭に「プトレマイオスの定理」が登場する。ここではプトレマイオス（Ptolemaios, 約 90-168）は「特里密」と書かれているが，これは彼の英語名が「トレミー」であることに由来すると考えられる。続いて，ギリシア数学における三角法の研究やロシア数学者の果たした役割を論じて，また，スイスの数学者ベルヌーイ（Johann I. Bernoulli, 1667-1748）が 1722 年に著した数学書のことについても言及している。その後，オイラーの著書に依拠しながら彼の三角関数に関する業績を論じた。原文は次のように記されている。

　　　又有尤拉者。于一千七百五十四五両年中。著書論八線之理。比前人更明。而弧三角之法。亦為尤拉于一千七百七十九年所成之書。初以代数馭之。

　上記の文章を翻訳すれば，「オイラーは 1754-5 年に三角関数に関する著作を著し，三角関数の原理を論じた。〔オイラーの著書は〕前代の数学者の研究よりもさらに明白である。なお，球面三角関数に関してもオイラーは 1779 年に著作を著し，初めて代数学の方法を以てこれを論じ〔球面三角関数の問題を解決し，前人の研究を〕超えている」となる[228]。

　この第 216 款の最後に，「又有法蘭西人拉果蘭諸。亦論之。至此時。三角之法。蓋已精矣」と書かれている。ここでの法蘭西人拉果蘭諸とはフランスの数学者ラグランジュを指している。すなわち，「フランス人のラグランジュも〔三

角関数を〕研究した。ラグランジュの時代になると，三角関数の研究はすでに
精密になっている」と指摘した。

　次の217款では次のように述べた。

　　八線数理，在解明各幾何之題，用處最廣，可甚省古時為幾何格致各題所
　專設之繁図〔中略〕即如哥斯所設平圓内作十七等辺形之題，亦可不繁言而
　解，又如用八線入代數，已可将方程式之諸理，廓充至最廣，又如天文家，
　可得甚簡便之法，以推算各行星與彗星之動角，及所行之各道…

　この217款では，「三角関数は様々な幾何学の研究にも非常に広い用途があ
り，〔幾何学の〕煩雑な図を簡単に解明できる」と言い，「哥斯」すなわち数学
者ガウス（C. F. Gauss, 1777-1855）は，正十七辺形の作図法を三角関数で簡単に
導き[229]，また，天文学者にとっては惑星や彗星の移動角度や軌道計算にも三
角関数を使えることが指摘された。

　続いての第234から260款では三角関数の公式の展開と応用を紹介した。中
でも第256款には次のような注目すべき記述がある。

　　以上所有 q, r, w, x 四幅之式。為算学士費依達所定之法。惟費依達設
　此各法。但為弧之通弦式。今則改為正弦式。如于此四幅。令

　$$cordea \ = \ 2\sin\frac{1}{2}a$$

　$$corde\,(\pi - a) = corde\,(180^0 - a) \ = \ 2\cos\frac{1}{2}a$$

　為費依達之原式[230]。盖費依達初設此式之時。不過指出某倍弧之正餘弦。
可以彼此互求。然亦未言其級数之総法。迨一千七百〇一年。有卜奴里者。
設一公式。為弧背之通弦式。其式與 r 幅同。然當時未有人證之。至一千七
百〇二年卜奴里又設両式。亦為弧之通弦。其式與 w 幅同。惟其第二式。
奈端已早有此法。此書中所録 q, r, w, x, $2x$ 四幅公式。為尤拉所輯。拉
果蘭諸之書中。言曽用其自己之算法。證此各式知其不誤。其算法與微分術
相同

　やや長くなるが，第 256 款の問題を解説しておこう。まず，ここで現れる q, r, x, $2x$ 幅式とは前の第 250 款，第 251 款，第 254 款，第 255 款のなかで議論された各式を指している。すなわち，q 幅式は，

$$\cos a \;=\; x$$
$$\cos 2a \;=\; 2x^2 - 1$$
$$\cos 3a \;=\; 2x^3 - 3x$$
$$\cos 4a \;=\; 8x^4 - 8x^2 + 1$$
$$\cos 5a \;=\; 16x^5 - 20x^3 + 5x$$
$$\cos 6a \;=\; 32x^6 - 48x^4 + 18x^2 - 1$$
$$\cos 7a \;=\; 64x^7 - 112x^5 + 56x^3 - 7x$$
$$\vdots$$

を表し，これの級数展開は，

$$\cos na \;=\; (2x)^n - n(2x)^{n-2} + \frac{n(n-3)}{1\cdot 2}(2x)^{n-4} - \frac{n(n-3)(n-5)}{1\cdot 2\cdot 3}(2x)^{n-6} + \cdots$$

となる。また，r 幅式は，

$$\sin a \;=\; y$$
$$\sin 2a \;=\; 2yx$$
$$\sin 3a \;=\; y(4x^2 - 1)$$
$$\sin 4a \;=\; y(8x^3 - 4x)$$
$$\sin 5a \;=\; y(16x^4 - 12x^2 + 1)$$
$$\sin 6a \;=\; y(32x^5 - 32x^3 + 6x)$$
$$\sin 7a \;=\; y(64x^6 - 80x^4 + 24x^2 - 1)$$
$$\vdots$$

を表し，これの級数展開は，

$$\sin na = y\left[(2x)^{n-1} - (n-2)(2x)^{n-3} + \frac{(n-3)(n-4)}{1\cdot 2}(2x)^{n-5} - \frac{(n-4)(n-5)(n-6)}{1\cdot 2\cdot 3}(2x)^{n-7} + \cdots\right]$$

である。さらに，w 幅式は，

$$\cos 2a = 1 - 2y^2$$

$$\cos 4a = 1 - 8y^2 + 8y^4$$

$$\cos 6a = 1 - 18y^2 + 48y^4 - 32y^6$$

$$\cdot$$
$$\cdot$$
$$\cdot$$

を表し，これの級数展開は，

$$\cos na = 1 - \frac{n^2}{2}y^2 + \frac{n^2(n^2-4)}{2 \cdot 3 \cdot 4}y^4 - \frac{n^2(n^2-4)(n^2-16)}{2 \cdot 3 \cdot 4 \cdot 5 \cdot 6}y^6 + \cdots$$

となる。ただし，n は偶数である。x 幅式[231]は，

$$\sin a = y$$

$$\sin 3a = 3y - 4y^3$$

$$\sin 5a = 5y - 20y^3 + 16y^5$$

$$\cdot$$
$$\cdot$$
$$\cdot$$

であり，これの級数展開[232]は，

$$\sin na = ny - \frac{n(n^2-1)}{2 \cdot 3}y^3 + \frac{n(n^2-1)(n^2-9)}{2 \cdot 3 \cdot 4 \cdot 5}y^5 - \cdots$$

となる。ただし，n は奇数である。また，$2x$ 幅式[233]は，

$$\sin 2a = 2xy$$

$$\sin 4a = x(4y - 8y^3)$$

$$\sin 6a = x(6y - 32y^3 + 32y^5)$$

$$\cdot$$
$$\cdot$$
$$\cdot$$

であり，これの級数展開は，

$$\sin na = x\left[ny - \frac{n(n^2-4)}{2 \cdot 3}y^3 + \frac{n(n^2-4)(n^4-16)}{2 \cdot 3 \cdot 4 \cdot 5}y^5 - \cdots\right]$$

となる。ただし，n は偶数である。

　また，文中の「算学士費依達」とはフランスの数学者フランソワ・ヴィエト（François Viète, 1540-1603），「ト奴里」とはスイスの数学者ヤーコプ・ベルヌーイ（Jakob Bernoulli I, 1654-1705）を指している。すなわち，第 256 款の議論は次のように要約できる。

　$q,\ r,\ w,\ x$ の四幅の式は数学者ヴィエトの定めた式であり，ヴィエトは角の通弦式としていた。（それを）今正弦の式に書き換える，（そうすると）このように示した四つの幅式になる。もし，

$$cordea\ =\ 2\sin\frac{1}{2}a$$

$$corde\,(\pi - a)\ =\ corde\,(180^0 - a)\ =\ 2\cos\frac{1}{2}a$$

になると，ヴィエトの元来の式のように変形することができる。ヴィエトは最初にこれらの式を作る時，ただ（これらの式は）多倍角の正弦と余弦の両者[234]は相互に求めることができると指摘しただけであり，級数の総合的な式について言及しなかった。1701 年には，ヨハン・ベルヌーイ（Johann Bernoulli I, 1667-1748）という学者が角の通弦式[235]を作った。それは r 幅式と同じものである。しかし，当時は（この通弦式を）証明する人がいなかった。1702 年にヤーコプ・ベルヌーイが二つの角の通弦式を作った[236]。それは w 幅式および x 幅式と同じものである[237]。その第二式についてニュートンはすでに研究している。（実際）オイラーは $q,\ r,\ x,\ 2x$ の四幅公式を（その著 *Introductio in Analysin Infinitorum* に）まとめている。ラグランジュは著書のなかで，自らの数学の方法を利用し，これらの数式が正しいものであることを証明したと書いている。その証明した方法は微分術と同じものである。

　このように，訓点版『代数術』のなかで，ヴィエト，ベルヌーイ，ニュートン，ラグランジュなどの西洋の数学者たちが行った三角関数と無限級数に関する研究を紹介しながら，彼らの研究がオイラーの三角関数と無限級数の研究とどのように関係するのかについて議論したのである。

　近代以前の日本や中国の三角法の特徴は，正多角形の辺の比を幾何学的に表現するに過ぎなかったが，ここで三角関数を無限級数で表し[238]，高度な数学として微分積分学と結びつけて紹介したことは著しい貢献と言える。加えて，そうした発展史にあってオイラーが重要な役割を果たしていると指摘した意義は大きい。

　引き続き，訓点版『代数術』の内容のなかのオイラーの複素数の研究を紹介し，19 世紀後半の中国と日本に西洋数学のなかの重要な概念である複素数はどのように紹介されたのかを考察してみよう。

　オイラー以前のヨーロッパの数学者たちは，虚数を用いることに当惑していた。例えば微分積分学を樹立したライプニッツ（Leibniz, 1646-1716）でさえ，$\sqrt{-1}$ のことを「存在する面と存在しない面を持ち表す両性の動物」と呼んでいたのである[239]。

　　　私たちは，不可能な性質を持つ数の概念に至った。したがって，それらは単に想像のなかで存在しているから，普通は想像上の変量と呼ばれるのである。〔中略〕これらの数は心の中に存在している。それらは，想像上の世界に確かに存在していて，それどころか私たちはそれらについて十分な考えを持っている。事実，私たちがこれらの想像的な数を利用したり計算のなかで用いたりすることに何の障害もない…[240]

　このようにオイラーは，虚数を用いることに当惑していた彼以前の数学者たちとは違って，無条件でそれを受け入れたのである。彼は 1751 年の論文のなかで「1 のべき根」と呼ばれるものについて調べた[241]。

　訓点版『代数術』の巻 25 は「論八線数理」であり，第 261 款から 281 款では様々な三角関数の展開式を分析しながら，引き続き西洋の多くの著名な数学者の三角関数についての具体的な研究を紹介し，その中心となる内容として複素数の研究を論じた。

　第 261 款の冒頭では「前于開方各式中。曽用虚式之根号 $\sqrt{-1}$ 者。此式在考八線数理中。實有大用處」と述べられている。すなわち，「前の各開方解法のなかで，虚数の根である $\sqrt{-1}$ を用いた。この式は三角関数の研究のなか

で実に大きな使い道がある」という。これに続けて，三角級数の「虚根」の用
途を説明したが，この款には 18 世紀の確率論の代表的な研究者であるド・モ
アブル（Abraham de Moivre, 1667-1754）の定理

$$(\cos\theta + i\sin\theta)^n = \cos n\theta + i\sin n\theta \ (i = \sqrt{-1}, \ n \in Z)$$

も現れる。『代数術』ではド・モアブルを「棣美弗」と書いた。中国では現在
も彼の名に棣美弗を使っている。

　オイラーの複素数の研究に関する記述は訓点版『代数術』の巻 25 第 262 款
から始まる。第 262 款には「于一千七百三十間。考平圓及双曲線之算式時所得。
惟代数幾何之書中。謂是尤拉所設之法」と書かれている。すなわち，式 $(\cos\theta$
$+ i\sin\theta)^n = \cos n\theta + i\sin n\theta$ はド・モアブルが 1730 年ごろに平面状の円と双
曲線の研究過程で考えた式であるが，しかし，代数幾何学の書中にはオイラー
の作った方法（式）である，と指摘している。

　実際，これは数学史上に起こった優先権をめぐる問題の一つであり，今日で
は式 $(\cos\theta + i\sin\theta)^n = \cos n\theta + i\sin n\theta$ は，ド・モアブルが 1722 年に初めて
発表したということが分かっており，このド・モアブルの定理が，現在の複素
数の基礎になっていることは周知のところである。尤も，オイラーの著書を繙
いてみると，このド・モアブルの定理を最初に理解し現在の形で利用したのは，
オイラーであるといっても差し支えがない[242]。

　オイラーは著書『無限解析入門』のなかで，$\cos\theta \pm i\sin\theta$ の形の表記につい
て考察した。このことについては訓点版『代数術』の巻 25 のなかで詳しく説
明した。これの第 269 款では，オイラーの，

$$e^{a\sqrt{-1}} = \cos a + \sqrt{-1}\sin a$$
$$e^{-a\sqrt{-1}} = \cos a - \sqrt{-1}\sin a$$

という二つの数式の作り方を論じている[243]。この款の最後は次のように書い
ている。

［原 文］

　此両式，当時拉果蘭諸以為最巧之法，惟観其求此両式之時，所用之正弦餘弦之級数，即為一千七百間，奈端所設之級数，如奈端当時能多用一番心，則已可知之，不必待五十年後，尤拉攷出矣

［訳 文］

　この二つの数式について，ラグランジュはもっとも巧妙なものであると考えていた。実際，この二つの数式を求める時に使われた正弦と餘弦の級数は，1700 年ごろにニュートンが作ったものである。もし，ニュートンが当時さらに工夫して研究を進めることができていたら，この二つの数式はすでに知られていたはずのものであり，〔そうすれば〕50 年後にオイラーの研究を待つこともなかっただろう。

　文中の 1700 年ごろにニュートンが作った級数というのは，第 268 款のなかの級数，

$$\cos a = 1 - \frac{a^2}{1 \cdot 2} + \frac{a^4}{1 \cdot 2 \cdot 3 \cdot 4} - \cdots, \quad \sin a = a - \frac{a^3}{1 \cdot 2 \cdot 3} + \frac{a^5}{1 \cdot 2 \cdot 3 \cdot 4 \cdot 5} - \cdots$$

を指している。この級数を求める方法については，オイラーの『無限解析入門』(1748) で詳しく説明されている。

　第 270 款では「古累固里」ことジェイムズ・グレゴリ（J. Gregory, 1638–1675）の三角関数の展開式を求める方法を紹介する。その後，ドイツの数学者「来本之」，すなわちライプニッツが同じ三角関数の展開式を得て，グレゴリと優先権を巡るトラブルがあったことが記されている。

　第 272 款では，円周率を求める方法が論じられた。そして，級数の展開を使って円周率を求めるようになった以前の，数学者が「割圓法」を用いて苦労して円周率を求めていた歴史を振り返りながら，次のように記している。

　　算学士固霊者，用平圓内容外切之多等辺形，費了極大工夫，算得此三十六位之数，其臨死之時，嘱其家以此数刻于墓碑，盖其平生得意之作恐其磨滅，故欲傳之永久，亦猶亞幾黙徳之墓刻一球形與圓柱形也，惟固霊之後，

又有法蘭西人提拉尼者，用更簡便之法推得一百二十位円周率之数，後有尤
拉攷之，言提拉尼之法，只需八十小時工夫，已可算畢，又有人云英国哇克
斯福徳大書院内，有一書中，已記一百五十位周率

　上記文を要約しておこう。

　ここでの「固霊」とはドイツ出身で，オランダで活動していた数学者ルード
ルフ・ファン・キューレン（L. V. Ceulen, 1539-1610）を指すが[244]，彼が円に内
外接する正多角形を用いて 36 位の円周率を求めた後，いつも自慢して得意に
なっていた。しかし，この研究が忘れられるのを恐れ，死後自分の墓碑にそれ
を彫刻させるようにしたと言う伝話を紹介し，「亞幾黙徳」すなわち古代ギリ
シアの数学者アルキメデス（Archimedes, 約 B. C. 287–B. C. 212）が彼の墓碑に自
分の研究の成果を彫刻した伝説を真似ている，と言う。そしてフランスの数学
者「提拉尼」すなわちド・ラニー（T. De Lagny, 1660-1734）がさらに簡単な方
法で 120 位の円周率を求めた。オイラーはド・ラニーの方法をさらに工夫して
精密な円周率を求めている。なお，イギリスのオックスフォード大学のラドク
リフ図書館には円周率を 150 位まで記録した本がある[245]。
　続く第 274 款から第 276 款のなかで，次の方程式，
　　$v^{2m} - 2v^m \cos mx + 1 = 0,\ v^2 - 2v \cos x + 1 = 0$
を取り上げ，これの幾何学的な解決法を紹介した後，代数学による方法は幾何
学の方法より便利であり，当時の数学者が代数学の方法を好んで使うように
なったことを説明する。

　この記事の最後に再び「ド・モアブル定理」について触れて，「此法于代数，
幾何，微分術最深之理中有大用處」と指摘し，「ド・モアブルの定理」が代数学，
幾何学，微分学においてもっとも役に立つものである，としてその重要性を強
調した。

　第 279 款では三種類の二次方程式について，それらを三角関数で解く方法を
説明した。

　第 280 款には，フランスの数学者・物理学者シメオン・ドニ・ポアソン
（Siméon Denis Poisson, 1781-1840）の作った三角関数に関する問題を解明した記
事が掲載されている。

　最後の第281款では，フランスの数学者ルジャンドルの著書に触れて正十七辺形の一辺を三角関数で表す方法を紹介し，また「其法本為算学士哥斯所設」とも書いている。すなわちこの方法は，もともとガウスの作ったものなので，その詳細を知りたければガウスの著書を読めば分かる，と言うのである。

　最後に，虚数，複素数という概念が，中国や日本の数学者にどう受け入れられたのかを検討しておこう。

　李善蘭は漢訳本『代数学』のなかで，「虚根」について，「今雖無意，且不合理，而其所解所用，或倶合理，盖非一処用之，大概可用也」と書いた。すなわち，「今は意味無しと言うも，その解答や用途が共に合理的であるかもしれない。〔これは〕一つの〔問題を解答する〕ところに使えるものではなく，おおむね使える」と考えたのである[246]。これと比較すると，華蘅芳は『代数術』の巻9の第96款において次のように書いている。

　　［原　文］

　　　雖此種虚式之根，在解二次之式中，無有一定之用処，不過可藉以明題之界限不合，故不能解而已，然在各種算学深妙之処，往往用此虚式之根，以講明深奥之理，亦可以解甚奇之題，比他法更便，大抵算理愈深愈可用之。

　　［訳　文］

　　　この虚式の根と雖も，二次〔方程〕式を解く時，一定の用途はないが，〔方程式の〕問題の解答に合わないことを明確にさせる時に使え，解答できないことを説明できる。各種の数学の深くて巧妙なところがあって，常にこの虚式の根を使い，〔数学の〕深奥な道理を説明することができる。また，珍しい問題を解答する時にも使えて，ほかの方法より更に便利であり，数学の問題が難しくなれば難しくなるほど使える。

　華蘅芳は虚根を十分に理解した上で，その重要性を強調したのである。漢訳本のなかの「虚根」に対するこのような認識は神保の訓点版により，明治初期の日本にも伝えられたのである。「虚根」は，代数方程式や微積分法などとは違って，まったく新しい概念であるということを受け入れて，そして，ド・モ

アブルやオイラーが扱ったように，指数・三角関数と結びつけて理解することの重要性を認識した，と言えるのである。

この章のまとめ

　以上明治初期の日本において，漢訳西洋数学書を媒介として伝わった西洋数学の影響を検討するために，神保長致の訓点版の内容を詳細に考察し，訓点版と漢訳本の間違っていた数式を正確に修正した。

　華蘅芳とフライヤーの共訳した漢訳本『代数術』は，代数の初歩から方程式論，二項級数，対数級数，指数級数，代数多項式，四次方程式の解法，冪級数展開，および解析幾何の原理から三角関数の理論までの内容を包含し，多くの西洋人数学者の業績を詳しく紹介した。そして，神保の訓点版により，これらの西洋数学の知識は明治初期の日本人に伝えられることになったのである。

　『代数術』は，出版された後，その内容が質的に李善蘭の『代数学』を超えていたために，まもなくその影響も『代数学』を超えるようになり，清末の数学者は『代数学』より『代数術』を重視するようになった。例えば，梁啓超が1896年に『西学書目表』を編纂した時，また蔡元培が1899年に『東西学書録』を編纂した時，いずれも代数学の著書として『代数術』だけを紹介した。また，当時の新式学堂では，代数学の教科書として『代数学』の代わりに『代数術』を使うようになった。

　1900（光緒26）年に『代数術補式』という書物が著され，その筆者は「早年読代数術一書，〔中略〕，海内風行久為定本然其間簡略求賅之処亦復不少」と書いているが，ここには25巻の『代数術』を学んだ跡が見られ，この本の中においては『代数術』では簡略に扱われていた問題の解法が詳細に論じられている[247]。

　神保長致の訓点版は陸軍学校の教科書であった。このことは言い換えれば，明治初期の陸軍関係者は『代数術』を通して西洋の高等数学を学び，さらに『代数術』のなかの豊富な西洋数学史の情報を入手したことを意味するのであり，その記述を通じて西洋数学が如何にして発展してきたかを理解したものと思われる。こうしたことを踏まえて，小倉金之助は，神保の訓点版『代数術』は「当時の日本が持つ最高の数学書というべきである」と評価したのである[248]。

　また，神保の訓点版を漢訳本と比較して見ると，四つの注目すべき特徴が見出される。すなわち，

　第一に，神保は訓点本において，中国式の数式と数学記号のすべてを西洋式に書き直している。

　第二に，神保の訓点本は，漢訳本の内容の全部に対する完全版である。漢訳本『代数学』の内容の一部のみに訓点を付けた塚本明毅の仕事は，神保の仕事とは比較にはならない。

　第三に，神保は訓点本のほぼ全ての数学用語と西洋人数学者の名前に，カタカナでフランス語の読み方を付けている。これもほかの写本や訓点版にはなかったことである。例えば，塚本明毅訓点版『代数学』のなかでは，唯一ワイリーの名前だけが西洋式に書かれていた。

　第四に，神保は漢訳本の内容の分かりにくい箇所に対しては，訓点を付しただけでなく，詳細な注釈を追加した。

　以上第 2 部の第 3 章，第 4 章では，主に幕末・明治初期の日本における西洋数学の受容を考察したが，次の第 3 部で，同時代の中国には現れなかった西洋数学の教育を保障した教育制度，数学の普及を目的にした数学団体の創設，発展，転換の状況を詳細に議論し，日本における西洋数学の受容が同時代の中国を乗り越えた歴史の流れを考察することにする。

第 3 部
学制公布と西洋数学の普及

概　要

　幕末・明治初期の日本において，多くの学問分野で古い体系が廃棄され，新しい学問体系が採用されたが，その中で最も大きな変容を成し遂げた学問分野のひとつは数学であった。この時代に伝統的和算家が圧倒的多数を占めていて，西洋数学の教育はまだ国民教育のなかで整備化されていなかったため，専門的に西洋数学を研究する学者はまだ現れていなかった。西洋数学の著書も多数輸入されていたが，西洋数学を学ぶために人々は漢訳西洋数学書を用いていた。

　だが，明治後期になると，日本では伝統数学を学んだ人々の多くは西洋数学に転じた。そして，西洋から直接日本語に訳された書籍が学校教育に使われ，大学で数学の学位を取る者が現れ，数学の雑誌には高等な研究論文が掲載されるようになった。

　明治日本の数学界の西洋化に対する東京大学（1877 年創立）での西洋数学の教授も大きな意義があるが，本書では，明治日本の国民教育における西洋数学の普及を考察し，同時代の中国における西洋数学の教育が遅れた原因を分析することを目的とする。この第 3 部の第 5 章では，主に，1872（明治 5）年の学制の制定と，その教育への影響を考察する。第 6 章では，1877（明治 10）年に創設された東京数学会社の発展，その転換に目を向けることにする。そして，東京数学会社の創設された経緯や時代背景を考察し，関連する人物の西洋数学の受容に対する考え方などを分析し，さらに数学術語を決定するための訳語会の事業や東京数学会社の機関誌の内容を検討する。以上の分析により，伝統数学から西洋数学への転換の過程や明治 10 年代以降の日本人学者の漢訳西洋数学書に対する態度の変遷について探究する。第 3 部をしめくくる第 7 章では，明治期の日本における西洋数学の受容を速めた要因を考察する補助資料として，先行研究に基づいて明治後期の教育制度や数学教科書の翻訳された状況，学会誌における数学の研究論文の掲載や日本の数学界の国際数学界のネットワークへの進出について論じる。

第5章　学制による数学教育制度の確立

　1872（明治5）年8月に公布された学制は，日本史上最初の近代国民教育体制として，近代化に極めて大きい役割を果たした。学制における初等教育過程の中に洋算が採用されたことは，1877（明治10）年秋の東京数学会社の創設とともに，明治初期における和算から洋算への転換を決定付け，明治日本における西洋数学の受容を速めた要因として理解することができる。こういう意味で，学制の発布と東京数学会社の設立は日本の数学が伝統的和算から近代的洋算への転轍を特徴づける重要な事件として特筆に値する。

　学制の制定，及び学制における数学教育制度の確立は，先行する経験をもたずになされたものではなかった。前述したように，幕末期から西洋の圧倒的な軍事力に脅かされ，憂慮の念を深めていた幕府や諸藩は，軍事科学や殖産興業の基礎的知識としての西洋数学の役割について一応の認識をもっており，その認識を踏まえて西洋数学の知識を教育体制の中に積極的に持ち込もうとしていたのである。

第1節　学制以前の教育政策

　明治維新の直後に，新政府は人材養成を急務とし，近代国民を養成するための一般国民教育に力を注いだ。そのため明治政府は旧幕府から接収した教育機関を復興させるとともに，新教育政策をも策定せしめた。

　文部省創立前には中央集権的な教育行政機関は存在しなかった。だが，明治政府の教育政策は1871（明治4）年7月に文部省が設置されてから始まるのではなく，それ以前に，早くも1868（明治元）年2月から政府の教育政策が本格的に展開され始めていた[249]。文部省設置以前，新政府の教育政策は既に，大学政策，中小学政策，藩の教育政策，私塾私学政策，海外留学生政策などのかなり広い領域を扱っていた。しかし，新政府が東京を中心として創設した学校である大学が，一方では国の最高教育機関であり，他方では全国の学校行政を企画する中央教育行政官庁の役割を担っていた。

　1869（明治2）年2月の府県施政順序により，各府県は「学校ヲ設ル事」を府県民政の一環とみなして，政府から郷学を受け取って，庶民のための郷学，稽古所や筆算所も遍くものとされた。郷学や稽古所，筆算所の教科は大体筆，算，書の三科であり，伝統的な寺子屋とほとんど同様であった。

　1869（明治2）年11月に大学校は改革案を提出し，大学規則及び中小学規則の草案を作成して，政府に伺いを立てた。ここで，大学校によって初めて大学，中学，小学三段階の学校制度案が打ち出されるが，特に注目すべきことは，中小学規則における初級学科として句読，国史，万国史，地理，習字，算術等があげられ，その算術は「新に一種ノ数字ヲ製シ筆算ノ法ニ倣ヒ簡便ナラシム」として，洋算を教えることが明記されていることである。翌12月，大学校が大学に改称されるが，大学は大学規則及び中小学規則にさらに修正を加え，1870（明治3）年2月に各府藩県へ示達する。そこで，小学の学科は句読，習字，算術，語学，地理学，五科大意（五科は教科，法科，理科，医科，文科）と定められた。ここでは算術についての更なる説明はなかったが，算術は理科，医科などの基礎としてより重要な位置に置かれたことは明瞭であろう。

　全国の府藩県はこの中小学規則を政府の成法として受け止め，それに依拠して藩校を中小学に組織し直した藩も少なくないが，東京府と京都府もこれに準拠して府学を創設した。藩校を中小学校に改組するときに，算術に洋算を教えると明記した藩もあるし，算術の科目を新設した学校も少なくなかった。

　こうした背景で，明治初期の指導者は，近代科学技術における数学の重要性を認識し，普通教育に次第に数学教育を導入するようになった。この段階において，近代科学技術を全面的に移植するために，国家の科学教育機関で西洋数学を採用せねばならないことは，争う余地のない事実認識となっていた。但し，一般国民を就学させる小学校での洋算採用までは未だ距離があった。文部省が創設される以前には，全国的に統一された教育政策，教育科目を推進することはできなかった。このような状況は学制の制定によって改められた。続いて，学制によって学校教育に洋算が採用された経緯について考察しよう。

第 2 節　学制と数学教育

　1871（明治 4）年 7 月 18 日，廃藩置県が行われた。その 4 日後に文部省が創設された。同日，佐賀藩出身の江藤新平（1834-1874）は文部大輔に任命された。7 月 28 日，江藤と同じ佐賀藩出身の大木喬任（1832-1899）が初代文部卿（後の文部大臣）に任命され，8 月 4 日，江藤新平が文部省から左院へ転出して，以後大木喬任が学制改革の最高責任者となった[250]。

　大木は文部卿に任じられてからすぐに，廃藩に伴って旧藩学校を整頓しながら，全国統一の学校規則・教科を打ち立てるように動き出した。そのため，文部省は早々に全国的な人口状況や府県における学校の教師，生徒，教科，費用などの実態について調査を行う一方，フランス，オランダ，ドイツ，ロシア等諸外国の学校教育制度関係の資料を収集研究して，学制の立案のための準備に取り掛かった。その結果，1872（明治 5）年 8 月 2 日，学制の前文に当たる「被仰出書」が公布され，翌日 3 日に，学制が公布された[251]。

　学制によって小学校では「算術　九々数位加減乗除但洋法ヲ用フ」として規定され，「小学教則」によって小学校算術がより詳しく規定された。ここにおいて，一般国民を就学させる小学校でも「洋法」，すなわち洋算を採用することが定められたのである。しかし，学制はほとんど文部省のブラックボックスのなかで作られたものなので，その具体的な制定過程，特に算術教育について洋算採用に至った経緯は充分に明らかになっていない。

　これまでの定説は小倉金之助のものである。その『数学史研究』（第 2 輯）及び「日本に於ける近代的数学の成立過程」という論著において，学制の制定過程で文部当局は数学教育に関して最初は和算の採用に決したが，その後決定を覆して，小学校から大学まで学校で数学は洋算専用とし，和算の全面的廃絶を決定したとの論断を提出した。そして，小倉の論断は，日本数学教育史研究者の中で一般に受け入れられて定着し，ほとんど定説となって流布している。

　小倉が以上の論断を提出した典拠は，雑誌『数学報知』に連載された川北朝鄰の「高久慥齋君の傳」における「高久守静小學校教員勤務履歴」である[252]。高久守静（1821-1883）は和算家で，明治 4 年に文部省の直轄小学校の教員の職に就いた。同「履歴」は，1877（明治 10）年 1 月，高久が学校教員の辞意を表

明した際，東京府知事宛てに提出されたものである。それによると，明治 4 年
11 月，文部省中小学掛吉川孝友なる人が高久を呼んで，「今度小学校改革あら
んとす数学教員人員満たず但給料の如き僅に金八圓先生奉職すべきや否」と教
員になることを要請した。それに対して高久が，「其算は和なりや洋なりや」
と授業中何を教えるかについて聞いたのに対して，吉川が「和算なりと」と答
えたので高久は教員になったのだという。

　この吉川と高久の会話により，1871（明治 4）年 11 月の時点で文部省内では
和算を採用することになっていたというわけである[253]。

　一部研究者による，学制発布期における数学教育についての研究では，文部
省は最初から洋算，即ち西洋数学を教えることを決めたと論じられている[254]。

　学制制定の指導者，組織者，顧問はそれぞれ，大隈重信，大木喬任，フルベッ
キであるが，その具体的な起草者として，12 月 2 日に箕作麟祥，岩倉純，内
田正雄，高野長英，瓜生寅，木村正辞，杉山孝敏，辻新次，長谷川泰，西潟訥，
織田尚種，河津祐之の 12 人を学制取調掛として任命した。それで，この 12 人
が一つの委員会をなして学制を作ったと見なす学者もいるが，学制の起草は
1871（明治 4）年 12 月 2 日よりもっと早く，そして学制の立案者及び学制草案
の起案者は大木文部卿自身及び大木側近で大木のブレーンとして働いた高野長
英，西潟訥，辻新次，瓜生寅，杉山孝敏などの人々で，草案の総括的な起草者
は高野であった[255]。

　1871（明治 4）年 12 月の段階で，この 12 人を学制取調掛に任命したのは，
いよいよ出来上がろうとする学制草案について諮問することを期待したからで
ある。つまり，この 12 人は各自の立場から学制草案についての諮問に応じる
諮問委員会ないし，今日の審議会のような役割を演じたのである。

　学制制定について，文部省は 2 回にわたって正院へ伺いを立てた。第一次学
制制定について伺いを提出したのは，明治 5 年正月 4 日のことであった。この
日，大木文部卿は起草された伺い書を正院へ提出したが，この第一次伺いはま
た，学制大綱の伺いとも言われる。この伺い書に描き出されていたのは，学制
のおおよその輪郭に過ぎなかった。第二次の伺いが出されたのは 3 月 14 また
は 15 日のことであって，この第二次の伺いはまた学制発行の伺いとも言われ
る。この時点では，学制がほぼ出来上がっていた。その際，文部省から正院へ

学制の原案を中心とする，学制伺いの本文，学校系統図その他参考書類などが提出された。しかし，この学制の原案には，具体的な教科目が示されていなかった。さらに，学制原案の第 28 章には「教則別冊アル」と明記しているにも関わらず，小学教則が学制の原案には付随されていなかった。つまり，1872（明治 5）年 3 月の学制原案からは，当初小学校算術について，文部省内で一体どのように考えられていたかが分からない。実際に，文部省が設立されて以来，1872（明治 5）年 3 月正院へ第二次学制制定の伺いを提出するまでの間に，小学校の教科，ことに算術についてどのように考えられたのかを示す史料は一つも見つかっていない。換言すれば，算術に「洋法ヲ用フ」と言う枢要な文言は，学制公有本で初めて現れたわけである。1872（明治 5）年 3 月には，「小学教則」もほぼ出来ていた。そして，この時点では文部省は既にフルベッキのアドバイスを聞き入れて，アメリカから算術の参考書としてデーヴィス氏あるいはロビンソン氏の書物と算術教授用「算法ノ繪圖」等を取り寄せていた。つまり，算術に西洋の教授法を以って，西洋の数学を教えることは，1872（明治 5）年 3 月の時点までには既定事実になっていたのであった[256]。

第 3 節　珠算の採用

　1872（明治 5）年 8 月 2 日，学制が公布された。学制に伴う小学教則は，7 月に発行され，9 月に府県へ発布された。

　学制の第 27 章では，小学校算術について，「洋法ヲ用フ」と規定していた。

　さらに，小学教則で小学第八級には「洋法算術」について，「筆算訓蒙洋算早学」を以って西洋数字から始めて教えるようにというより詳しい説明が加えられた[257]。

　このように，数学教育において小学校をはじめとして，すべての学校で洋算を教えるように規定され，日本の伝統的な和算を教科として教えるかについてははっきり書かれていなかった。だが，1873（明治 6）年から翌年にかけて，文部省は相次いで 3 通りの布達を出して，小学教則における算術教育政策に修正を加えた。先ず，1873（明治 6）年 4 月に達せられた文部省布達第 37 号だが，その原文は次のようになる。

［原　文］

　　小学教則中算術者洋法而已可相用様相見へ候得共従来之算術ヲモ兼学為
致候補ニ候
條此段相違候也　　但日本算術者数学書　等ヲ以テ教授可致候也

［解　釈］

　　小学の教則の中で算術には西洋の数学を教えるが，その状況により，従
来の算術〔伝統数学のこと〕を兼学し，〔西洋の数学を学ぶ時の〕補助に
することがあっても差し支えない，伝統数学書を使って教授することもよ
いというわけである。

　1ヶ月後，1873（明治6）年5月改正文部省布達第76号によって，「小学教則」
第8級における「洋法算術」を「算術　洋法ヲ主トス」と改める。その後さらに，
翌年3月布達第10号によって1873（明治6）年の布達37号が廃止され，次の
ように達せられる。

［原　文］

　　明治六年当省第三十七号布達相廃止観條，小学教科中洋算相用候共日本
算相用候
共其校適宜ニ取計不苦候此旨更ニ布達候

［解　釈］

　　明治6年文部省の第37号布を廃止する。小学校の教育の科目の中では
西洋の数学を教えようとも，日本伝統数学を教えようとも，学校は二つの
数学から適宜に選んで教えてよい旨を更に布達する。

というのである。
　こうして，この一連の布達によって，「洋法ヲ主トス」る前提の下に珠算が
小学校の算術教育に復活されたのだった。
　ここで，所謂「珠算」とは，そろばんを使用して計算を行う方法のことであ

る。江戸時代に発達を見た珠算は伝統的な和算の知識体系と結びつき，それと相互依存関係にあったが，学制公布後あらためて復活させられた珠算は「洋法」を前提にするものへと変化した。

　珠算が日本の小学校の算術教育に回復した直接的且つ現実的な原因は，当時，洋算を教えられる教師が少なかったと言うことである。しかし，そのほかに，もっと深い文化的な原因も存在していた。それは，当時の日本社会，あるいは20世紀のなかばまでの漢字文化圏の社会では珠算が存続しており，その社会においては代替不可能な文化的価値を有していたことであった。

　実際に，日常の加減乗除ぐらいの計算ならば，珠算は便利かつ簡単で誤ることもない。日本社会において（中国においても）広汎に利用されていて，その利便性は決して現代の西洋式の筆算に劣るものではない。

　言うまでもなく，珠算は，西洋数学を受容する前の日本の社会と文化の中に深い根を下ろしていて，それは明治維新が起こったからといってすぐに変わるものではなかった。そうであるがゆえに学制が公布され実行されるに際して，実際上のさまざまな困難（例えば，西洋数学の教育を受けた教師が不足）が起こっただけではなく，相当に強い社会的・文化的な衝突をも招いた。

　1891（明治24）年『数学報知』第88号には，小野友五郎による論説「珠算の巧用」が掲載されているが，その中で小野は，自分が明治6年の時分に，学制により学校教育から珠算が廃止され洋算を教えるようになったことを聞いたので，文部省へ行って，参事官と議論をした経験を回顧している。それによると，小野は文部省へ行ったが，大木文卿に会えなかった。それでも，彼は参事官と議論し，それによって，3日後，文部省から洋算と珠算とを同様に教授するように達せられたのだという。

　小野が参事官と珠算についてどのような議論をしたかは不明であるが，この回想から想像するならば，彼が認識していた限りでの珠算の効用を力説して，珠算が廃止されないように努めたのであろう。もちろん，単に小野の要請で，文部省が新たに「洋算と珠算と同様に教授する」という一条を追加したわけではなかろうが，1873（明治6）年の段階では，文部省が珠算の効用を認識し直したことは確実であるように思われる。文部省は，その際，珠算が西洋数学体系と結合する形で生き延びる可能性をもっていることを悟り始めたのかもしれ

ない。このように，小学校の数学教育で珠算は復活をしたが，その前提は「洋法ヲ主トス」るものであった。伝統的な珠算，即ち和算の知識体系に依存している珠算ではこのような要求には満足できなかったから，珠算は洋算との連携のもとに新たな生命を注ぎ込まれるに至った。

1875（明治 8）年 8 月，時に東京師範学校の教師であった遠藤利貞は，学校からの命令を受けて『算顆術授業法』を編集した。だが，この本は旧来の珠算書とは違って，西洋における数学教授法の順序に従った，多人数の教室に授業するための新しい方法で編集された。本書は，西洋算術の教授法と連携した初めての珠算教授書と特徴づけられるであろう。

1877（明治 10）年 8 月，東京師範学校は，新しい小学校教則として「下等小学課程」と「上等小学課程」を公表した。「下等小学課程」の第八級，七級，六級では「筆算」のみを扱うことになっているが，第五級から第一級まで，それから「上等小学課程」では，筆算と珠算を並列して教えるように指示された。以後，筆算と珠算の地位はしばしば変化したが，珠算はずっと小学校教育の中に生き続けた。

1900（明治 33）年の「小学校令施行規則」には「計算ハ暗算，筆算，珠算ヲ用フヘシ」として規定されたが，この方針は基本的に今日まで続いているものである。

このように，所謂小学校算術教育における珠算の復活は，伝統への単純な守旧的復帰なのではなく，新たな意味での復興であった。近代日本における珠算は，西洋算術教育体系と結合されて復活をみたものであった。

この章のまとめ

1872（明治 5）年に学制が頒布され，初等教育，中等教育の課程が定められたが，この課程による教育はほとんど実施されなかったというのが実状であり，1879（明治 12）年に学制が廃止され，教育令が発布された。

学制が廃止された原因をまとめてみると，以下のようなものである。

まず，学制公布時期の日本国民の大部分は農村の貧しい人々であり，教育費を賄えず，子供たちの多くは大人の手伝いに従事していた。次に，1877（明治

10) 年の2月から9月の下旬までの西南の役も学制の順調な実施を妨げていた。第三に，学制の強制主義，画一主義は次第に人民へ圧力を加えることとなって，文部省内でもこのことに対する批判が強くなってきた。第四は，当時高揚していた自由民権運動も学制の実施に影響を与えた。

しかしながら学制は，明治初期の日本国民の教育に対して大きな影響を与えた。学制を通して，日本が西洋の教育を積極的に吸収しようとしたことは，同時代の清末中国では経験しなかったことである。

学制は廃止されたが，学制期に文部省が設立された。また，明治期の教育制度の最初のものであった学制に失敗した経験，及び学制以降の学校制度と教育改革の決定を参考として，日本における新式教育制度の道が開かれたことは評価すべきことである。

第6章　日本数学界の変遷

　専門的に数学を研究する学問の担い手の数という点から見ると，幕末・明治初期には西洋数学を専門とする者に比べて，伝統的和算家が圧倒的多数を占めていた。だが，1872（明治5）年の学制において「和算廃止，洋算専用」の原則が採用され，また高等数学教育の機関として1877（明治10）年東京大学が設立されると，和算（珠算以外）は日本社会に存在する価値を次第に失い，数学史の研究対象になった。

　明治初期，西洋的近代化へ向けて踏み出した日本では，学問全体も一新される機運にあった。その中心的事件は，前述した学制の公布と日本の近代的高等教育の本格的始まりを告げる東京大学の開学であった。このような状況の中で，日本の数学界も自らの進むべき道を捜し求めていた。

　幕末・明治初期の日本では，民間人の私塾と軍人を育てるための教育施設で西洋数学の教育が行なわれていたものの，公的な場で専門家の議論を保証する学会は存在しなかった。そこに，東京数学会社という学会制度が導入された。東京数学会社の創設は，そうした努力を体現する里程標であり，この学会はその時代に行なわれていた日本数学界の様々な活動を濃縮した組織であった。

　初期会員の117名は，和算家，洋学者，軍人，技術者など様々な分野の数学に関心がある人物が存在していた。なかでも西洋数学を理解する会員よりも多数を占めていたのは伝統数学に素養のある会員と，西洋の軍事技術を学ぶために西洋数学を学んだ会員であった。純粋な西洋数学の教育者や研究者はほとんどいなかった。初期会員のなかで，西洋で数学を系統的に学んだ唯一の会員は菊池大麓であった。

　東京数学会社の創設，その事業の進展とその転換を研究することにより，明治期の日本数学界の全体的な動きを把握することを試みたい。

第 1 節　東京数学会社

1.　創設の経緯

　東京数学会社（以下，数学会社，会社と適宜略す）は，先述した「本会沿革」
の「明治 10 年ノ始メ在京ノ数学家諸氏相会シテ会社ヲ設立シ数理ノ開進ヲ計
ランコトヲ議シ」という文面から読みとれるように，1877（明治 10）年の初め
から東京に在住する数学者たちによって準備され，日本数学の発展を促進させ
るという目的で創設された。

　「明治 10 年ノ始メ」からの準備期間を経て，実際に東京数学会社が創設され
たのは，その年の秋のことであった。その主唱者として先頭に立ったのは神田
孝平と柳楢悦の 2 人であった。

　1877（明治 10）年 8 月に記した柳の著書『算法蕉葉集』の「序文」には，東
京数学会社を創設する際の準備活動について述べられている[258]。

　同年 9 月に，湯島の昌平館において，数学に関心を寄せる 100 名以上の学者
が集まって，日本最初の数学会，東京数学会社の創設が宣言された。

　柳は『算法蕉葉集』を書いた翌年，即ち 1878（明治 11）年，その姉妹篇とし
てもう 1 冊の本を書いた。それは『算法橙實集』という書物である。この本の
序言の中で，柳は再び東京数学会社を創設した趣旨などについて論じている。
「去年余神田子ト計リ東京数学会社ヲ設立ス江湖ノ算家之ニ応スルモノ一百余
人具開講義モ又漸次欧州数学会社ノ体裁為スヘシ」[259] と，東京数学会社の創
会は日本数学界を発展させるための一大事業であると考え，その体裁をヨー
ロッパ先進諸国の数学会と似せて発展させることを考えていた。

　東京数学会社の創設について，日本で最初の和算史家というべき遠藤利貞は，
『増修日本数学史』（1918）の中で次のように書いている。

　　　既ニ西洋数学大ニ行ハレ，邦内古有ノ数学ヲ棄テ之ニ依ル者多シ。故ニ
　　従来諸派ノ学術相秘スルノ弊忽チ破レタリ。是ヨリ日本数学西洋数学ヲ問
　　ハズ，諸流互ニ気脈ヲ通ゼントス。〔中略〕此時会スルモノ殆ンド百人，
　　呼噫前代未ダ嘗テ聞カザル所ニ快事トイフベシ[260]。

　遠藤によれば，東京数学会社は，流派ごとに発見した数学の知識を秘密にしておくような和算時代に見られた悪風を排して，日本数学と西洋数学を学ぶものが相互に交流することによって，数学全体の発展を目指したのだという。東京数学会社の創立は，日本の数学が大いなる過渡期に入ったことを象徴する出来事であった。

　創設大会に集まった学者たちの意見によって，数学会の名前は東京数学会社と決められた。明治初期，西洋の 'society' に対する訳語は学者たちの間で不統一であって，「協会」，「会社」，「社会」，「学会」，「社中」というような用語が随意に使われていた[261]。創立の主唱者である柳楢悦は，後に東京数学会社について回顧した時にも，「数学協会」や「数学会社」といった表現をさほど区別することなく使っている[262]。他の学者，例えば長岡半太郎の回顧によると，1877（明治 10）年ごろの学界では，「会社」は学者の団体に使われていた言葉であり，「学会」や「協会」などの名前より穏当に思われたので，'Mathematical Society' を「数学会社」としたものであるという[263]。

　東京数学会社の最初の社長になったのは，主唱者の 2 人，神田と柳であった[264]。創設初期，2 人の社長と協力して，組織の仕事を助けたのは，川北朝鄰，福田理軒，塚本明毅，岡本則録，菊池大麓など，和算家，洋学者の代表，及び帰国直後の大学派の数学者であった。

　東京数学会社が創設された後，各事業について議論するため，毎月第一土曜日の午後 1 時から，湯島昌平館において会議を開催すること，及び機関誌『東京数学会社雑誌』を毎月第一土曜日に発行することも決められた。1877（明治 10）年 10 月の会議から 1 ヶ月後の 11 月には，『東京数学会社雑誌』が発行され始めた。その第 1 号には総代（社長）の 2 人の名前と，最初の会員の名前が掲載された。この名簿には，当時の数学者のほとんどが含まれており，東京数学会社の創立以後，日本の数学界がこの学会を中心にして動いていたことが分かる。

　神田孝平と柳楢悦は，明治 10 年代の数学者の中で，社会的影響が大きく，名望も高い，学問的にも優れた典型的な代表であり，また，日本数学界の全容だけでなく西洋の数学界の状況をも部分的に知っていた開明的な学者であった。

　神田は東京数学会社の 1877（明治 10）年 11 月発行された『雑誌』第 1 号に，

「東京数学会社題言」（以下，「題言」と略記する）を載せた。

　神田は「題言」の中で，東京数学会社の目的は，数学を発展させ，「実理」を世の中に普及させるためであると述べた。「題言」の中でもう一つの重要な文章は，「数ハ理ノ証ナリ。証，明ナラザレハ理顕レス。苟理ノ顕レンコトヲ求メバ数ソレ講明セザル可ケンヤ」である。ここで神田は，「数」の探求は，事物の「理」の究明にとってきわめて重要であり，「証」となるものであると指摘し，数学の理論性を強調した。「題言」のなかにはまた，「東西ノ美ヲ併セ，大ニ斯学ノ面目ヲ一新セリト云」と書かれ，和算と西洋数学の両者を公平に扱い，双方の美点を継承することを謳っていた。

　引き続き，日本には昔から数学の研究者は多いし，「近世」になっても「傑出」した数学者が出ているので，その伝統を生かして数学を全体として発展させることを目的とすると述べた。また日本の歴史を振り返り，昔，「武」で「世」を「治」めた時には，皆「体力」を重視し，「智力」を軽視した，と総括している。神田は，旧時代の「空理」を弄ぶ学問について，「方今其風漸ク除ケリト雖モ余習未ダ尽ク去ラズ」とし，明治初期にそのような学問思想は徐々に捨てられつつあったが，未だ残存している状況を述べた。

　「公衆一般数学ノ開進ヲ以テ目的トス」という言葉により，神田は，公衆一般に向けた数学教育の普及を目指すという開明的な思想を表明している。神田と柳，及び最初の会員の殆どは，このような開明的思想を胸に宿し，東京数学会社の創設を契機に，和算の閉鎖的知識伝承の習慣を乗り越え，数学教育の普及を主張した。東京数学会社の社則には民間人の参加に対する規程があって，それは，機関誌に会員ではない民間人の投稿を掲載し，好きな仕方で自由に数学を討論するように激励し，世間への数学の普及を図ることを謳っていた[265]。

　神田はまた，数学を普及させるため，「内外古今数学関係ノ書籍ヲ蒐輯スル」として，数学の書籍収集を勧めた[266]。「題言」ではさらに，「諸名義訳例等ヲ一定可キナリ」とし，数学の術語を整理統一する必要性が訴えられている。ここに神田の訳語統一についての遠大な知見を窺うことができる[267]。

　「数学会社」のもう1人の社長である柳楢悦は会社発足準備の会合から積極的に活動し，その創設，発展に力を尽くした。柳は，最初はこの学会の仕事を精力的にこなし，『雑誌』への投稿も多かったが，後になると，公務多忙で，

各種事業にはそれほど参加することができなくなり，1882（明治15）年7月，社長の職を最終的に辞め，学会そのものからも退会した。柳が『雑誌』に和算と西洋数学の両方についての問題を投稿していたことは，彼が和算と洋算をともに理解できる数学の能力を有していたことを証明している。とくに，柳が『雑誌』に掲載した和算の問題を西洋数学の方法で証明しながら，和算と西洋数学のそれぞれに優位性があるという記事を載せて，和算を発展させる一方，西洋数学を適宜に受容し，両方のなかから有用なものを取り，不要なものを捨てるという折衷的な姿勢を示していた。

　柳は，学会創立時に，神田の「題言」のような文章こそ書かなかったが，その後の学会の目的，趣旨について論じた文章がいつくか残されている[268]。それらの文章により，柳の数学観を概観してみよう。

　柳は，数学という学問の用途はきわめて広く，小さいところでは「分子」の微小さを明らかにし，大きいところでは「宇宙」の広さを測りとることを指摘している。また「和漢洋ヲ論セス，去来今ニ拘ハラス皆以テ」と述べて，数学は，日本，中国，西洋の全体，及び過去，現在，将来における世の中のすべての事業の基礎であると論じている。こうした応用を重視した数学に対する柳の考えは，彼の測量術などの実用的学問との関わりの経験から生まれた観点であろう。柳が公務多忙の一生の中で，数学の研究を続けたのも，このような数学観の現れであったと考えられる。

　そして，彼は「泰西」（西洋）諸国が数学会を創設し，資金を集め数学を発展させるため協力していることに感銘を受け，日本の同志とともに同じ目的で同様の数学会を結成したと書いた。更に，欧米各国に視察に出た際，それらの国の数学の現状に感心したようである。

　柳は，『雑誌』がその第36号を発行するまでの状況をまとめて，東京数学会社が創設されてから，日本の数学が進歩した実績を肯定的に捉えていた。また，日本数学界の状況は西洋と比べればまだまだ遅れていることを認識し，数学の進歩を望み，「化工」の「奥秘」を開くために会員の皆にもっと奮闘しようと呼びかけてもいる。ここで，「化工」とは，造物者の仕業，即ち自然の作用のことである。柳が，数学は他の自然諸科学へ基礎的な知識を提供するという認識をもっていたことが分かる。

　柳は，当時の西洋における数学界の状況を垣間見，また数学の学問的重要性
を十分に認識していたため，数学を抜本的に発展させる道の一つは西洋のよう
に学会を結成することであるという認識に思いいたったに違いない。ただし，
海軍軍人としての経歴をもち，測量術に優れた柳は，西洋数学の実用性は認め
ていたものの，自分自身で西洋数学の発展に大きく貢献するまでには至らな
かった。

　東京数学会社について，神田と柳の 2 人の貢献を分析してみると，明治初期
の名士であった神田は初期に社長になったことにより，創立当時の学会の社会
的影響を広めることに大きな役割を果たしたが，その後には，名義的としての
社長でしかなかったことが分かる。神田と対照的に，柳は東京数学会社におけ
る各種活動の中心人物として活躍した。東京数学会社を通じて，日本数学界の
発展を図った柳の貢献は高く評価できるものである。

2.　会員の構成

　東京数学会社が創設された 1877（明治 10）年頃の日本の数学界では，伝統的
数学を研究していた和算家と，西洋の測量術，航海術などを身に着けるために
西洋数学を勉強していた洋学者とが中心となって活躍していた。いまだに和算
が完全に歴史の舞台から退出したわけではなく，また西洋数学が十分には制度
化されていなかった状態で，両者が「併存」していた時期であった。和洋数学
が混交し，非常に渾沌とした状態であり，そもそも一人一人の数学者について
も，和算家であるか洋学者であるかを，はっきりと分類できる者ばかりではな
かった。しかし，筆者は，この頃の数学者の状況を個別に調査し，それらの
人々がこの時期に研究していた数学の特徴によって，和算家，和算から洋学に
転じた者，洋学者，軍人関係者などのグループに分け，この時期の日本の数学
がどのような状況にあったのかを探りたい。この調査は，幕末・明治初期に，
急速な転換期を迎えた日本数学の興味深い様相をかいま見させてくれるものと
思われる。

　1877（明治 10）年頃の日本の数学界において，和算家から西洋数学に転じた
者の何人かは，深い和算の素養をもっていて，和算の知識の上にそれと比較し

ながら容易に西洋の数学を学び取ることができた。洋学者ないし軍人として西洋数学を身に着けた専門家は，和算の深い素養をもたず，洋算を普及させるため，翻訳者として，また通俗的な西洋数学書の筆者として数学の発展に貢献した。

　筆者は，最初の 117 名の会員について，それぞれの生没年，出身地，数学の研究分野，「数学会社」との関係などの情報を調査した。調べたところ，生涯の経歴が全く不明であった会員も多く，会員になったもののほとんど数学の研究をしなかった人も少なくなかった。以下，東京数学会社初期会員の名前，生没年，研究分野，出身，著作，『東京数学会社雑誌』への投稿経験の有無を包括的に表によって示す。

表 4　東京数学会社初期会員調査表（東京数学会社雑誌第 1 号掲載の順）

人　　名	生没年	研究分野	出身	著作や雑誌に提出した問題	投稿
岩田好算	1812–1878	和算	東京	両斜挟楕円容四円（1 号）	有
山本信実	1851–1936	洋算	幕・蕃・開	代数・幾何学	無
上野継光	不明	洋算	大・開・塾	幾何精要	有
石川彝	不明	洋算	幕・開・福山	西洋算法・代数術	無
塚本明毅	1833–1885	洋算	幕・長・軍	筆算訓蒙	有
鈴木秀実	不明	和・洋	大・開・塾	—	無
原田保孝	不明	—		—	無
伊藤慎（蔵）	1825–1880	和・洋	大野藩	筆算提要	無
小野友五郎	1817–1898	和・洋	幕・長・軍	珠算の効用	無
岡本則録	1847–1931	和・洋	東京	査氏微分積分学	有
永峰秀樹	1848–1927	洋算	静・沼	—	無
中川将行	1848–1897	洋算	静・沼	幾何問題及解式	有
荒川重平	1851–1933	洋算	静・沼	幾何問題及解式	有
真野肇	?–1918	洋算	静・沼	ウィルソン平面幾何学	有
松平宗次郎	不明	洋算	—	曲線問題解義（21 号）	有
馬場新八	不明	—		—	無

荒川重豊	不明	洋算	—	—	無
内藤定静	不明	—	—	—	無
中村六三郎	1841-1907	洋算	幕・蕃・開	小学幾何学（訳）	無
大坪正慎	不明	和・洋	塾・加賀藩	—	無
大脇弼教	不明	—	—	—	無
福田理軒	1815-1889	和・洋	塾・大阪	算法玉手箱	有
菊池大麓	1855-1917	洋算	東・蕃・開	初等幾何学教科書	有
市郷弘義	不明	和・洋	神奈川	—	無
高柳致知	不明	—	—	—	無
小宮山昌寿	不明	洋・地図	大・陸	—	無
長田清蔵	不明	洋算	幕・長・軍	—	無
山本淑儀	不明	洋算	幕・長・軍	—	無
榎本長裕	不明	洋算	幕・蕃・開	幾何全書（訳）	無
荒井郁之助	1836-1907	洋算	幕・長・軍	微積分術・海上測量術	無
小林一知	不明	—	—	—	無
三浦清俊	不明	—	—	—	無
海津三雄	不明	—	—	—	無
堀江當三	不明	洋算	—	—	有
古家政茂	不明	洋算	—	楕円問題設問（21号）	有
伊藤直温	不明	洋算	静・沼・海	問題提出と解義（22号）	有
川北朝鄴	1841-1919	和・洋	大・幕臣	円錐截断曲線法	有
岩田幸通	不明	和算	三河赤坂	—	無
花井静	1821-?	和算	東京	筆算通書	無
鏡光照	1837-1915	和算	出羽	—	無
沢太郎左衛門	1834-1898	洋算	幕・長・軍	—	無
永井重英	不明	—	—	—	無
白藤道恕	不明	—	—	—	無
伊藤雋吉	1840-1921	和・洋	幕・長・軍	尖円豁通解稿	有
伴鉄太郎	不明	洋算	幕・長・軍	—	無

中村雄飛	不明	—	—	—	無
相浦紀道	不明	—	—	—	無
大伴兼行	不明	洋算	薩摩藩	代微積分雑問（5号）	有
磯野健	1852-1897	和・洋	加賀藩	三角術百問之内	有
金木十一郎	不明	—	—	—	無
荒尾岬	不明	洋算	加賀藩	代数幾何問題（14号）	有
中牟田倉之助	1837-1916	洋算	長・海・佐賀	—	無
赤松則良	1841-1920	洋算	幕・長・軍	人命保険ニ係ル問題（21号）	有
渡辺義通	不明	—	—	—	無
村田三友	不明	—	—	—	無
古川凹	不明	和算	幕	—	無
鈴木円	不明	和算	静岡	容術新題・異形同術解義	有
日置孝忠	不明	—	—	—	無
加藤義促	不明	—	—	—	無
神保長致	1842-1910	洋算	横・沼・陸	数学教程（訳）・代数術	無
村岡範為馳	1853-1929	洋・物理	幕・蕃・開	帰納幾何一斑（58号）	有
中西信定	不明	—	—	—	無
浅田世良	不明	—	—	—	無
富永茂徳	不明	—	—	—	無
富永鎧次郎	不明	—	—	—	無
寺尾寿	1855-1923	洋・天文	大・開	中等教育算術教科書	無
辻範長	不明	—	—	—	無
玖島琢一郎	不明	—	—	—	無
山本道昌	不明	—	—	—	無
伊部廣容	不明	—	—	—	無
松本正之	不明	—	—	—	無
向井喜一郎	不明	洋算	—	軸式円錐曲線法例題解式	無
関口開	1842-1884	洋算	開・塾・加賀	代数学・新撰数学	無
馬淵近之尉	不明	—	—	—	無

中山孝教	不明	—	—	—	無
丸山胤孝	不明	洋算	—	代微積分雑問（4号）	有
嶋忠邦	不明	—	—	—	無
小関茂義	不明	—	—	—	無
玖島琢一郎	不明	—	—	—	無
田中矢徳	不明	和・洋	東京	幾何教科書	有
石崎安蔵	不明	—	—	—	無
安西謠朗	不明	洋・物理	—	静力学問題（5号）	有
大沼親光	不明	—	—	—	無
川井常孝	不明	—	—	—	無
古谷弥太郎	不明	和算	駿河	—	無
内藤勉一	不明	—	—	—	無
石坂清長	不明	—	—	—	無
宮川保全	不明	洋算	静・沼	幾何新論・代数新論	無
細井政二郎	不明	和算	京都	—	無
遠藤利貞	1843?-1915	和算	桑名藩	—	無
岩間正備	不明	—	—	—	無
中山時三郎	不明	—	—	—	無
矢田堀鴻	1829-1887	洋算	幕・長・海	海上測量術	無
土取忠良	不明	—	—	—	無
中島這棄	不明	—	—	—	無
中野林磨	不明	—	—	—	無
樋口藤太郎	不明	—	—	—	有
堤福三郎	不明	—	—	—	無
岡敬孝	不明	洋算	静・沼	—	無
海野葭太郎	不明	—	—	—	無
山川健次郎	1854-1931	洋・物理	大・開・東	—	無
上野清	1854-1924	洋算	塾・東京	軸式円錐曲線法	有
駒野政和	不明	和・洋	大・開	新撰珠算精法・算数学軌範	有

鳥山盛行	不明	—	—	—	無
関景雄	不明	—	—	—	無
吉田健吉	不明	—	—	—	無
中條澄清	1849–1897	洋算	大・数理社	比例新法・算術教授書	有
尾崎久蔵	不明	—	—	—	無
海野奉影	不明	—	—	—	無
有沢菊太郎	不明	—	—	—	無
益子忠信	不明	—	—	—	無
池添祥隣	不明	—	—	—	無
柳楢悦	1832–1891	和・洋	長・海・津藩	量地括要・算題類選	有
大村一秀	1824–1891	和・洋	東京	垂線起源	有
ドクトル・シェンデル	不明	洋算	ドイツ	簡明代数学	有

和―和算関係者　　　　　　　　　　　洋―西洋数学の素養ある人々
幕―幕臣　　　　　　　　　　　　　　塾―私塾を開いた人々
崎―長崎海軍伝習所関係者　　　　　　軍―軍艦操練所関係者
開―開成所関係者　　　　　　　　　　蕃―蕃書調所
陸―陸軍関係者　　　　　　　　　　　海―海軍関係者
静―静岡学問所関係者　　　　　　　　沼―沼津兵学校関係者
大―大学南校関係者　　　　　　　　　東―東京大学関係者
横―横浜仏語伝習所関係者

　表4では，「和」とは和算関係者を指している。初期会員のなかで，筆者の調査により明確に判明された和算家は23名であり，そのなかでは，13名は和算と西洋数学の両方を習得した人々である。代表的な人物は岩田好算，鈴木円，大村一秀，福田理軒，遠藤利貞，川北朝鄰らである。彼らは積極的に「数学会社」の機関誌に投稿していた。

　「洋」とは西洋数学の関係者である。この調査で判明された西洋数学の素養ある会員は40名である。そのなかの多くは軍関係者であった。代表的な人物は中牟田倉之助，赤松則良，柳楢悦，中川将行，荒川重平などである。前述したように初代社長の柳楢悦は和算と西洋数学の両方を理解する人物である。

　ほかにも，上野清，長沢亀之助らのような民間の私立，公立学校で数学の教

員になって，西洋数学の教科書を編纂した人物もいた。

　初期会員のなかで，蕃書調所，開成所の出身者として神田孝平，山本信実，菊池大麓らがいて，後述するが，菊池大麓が西洋に留学し学んだ唯一の人物である。

　外国人会員はドイツ人の学者レオポルド・シェンデル（Dr. Leopold Schendel）の 1 人である。

　本図表を作るために，筆者は幕末・明治時代の人名事典や明治時代の雑誌などを調査したが，初期の会員のなかでは 52 名の会員の研究分野と出身などを特定することができなかった。数学会社の初期会員のなかで，7 割が和算関係者であるという記録が残されているので[269]，この 52 名の会員の多くは，和算を習得した人物であると推測することができる。和算が西洋数学に取り入れられるにつれて，和算家の多くは歴史に忘れられて，今日は彼らの業績を考察する資料さえ残っていなかった。

　数学会社が発展するにつれて，数学と深い関係をもたない会員の多くは退社し，逆に，数学研究に興味を持ち出した人で途中から入社した者も多かった。

　『雑誌』の第 2 号から第 67 号までの記録から入社と退社について行った調査結果は次のとおりである。

表 5　会員の入退社情況表

第 2 号	1878 年 1 月	（入社）内田五観　中村義方　古谷（名前は不明）
第 3 号	1878 年 2 月	（入社）早川義三
第 4 号	1878 年 2 月	（入社）岩永義晴　樽俊之助　長嶺譲　関令三郎　市川芳徹　小林桂　白藤道怒
第 5 号	1878 年 5 月	（入社）土谷温斉　中條澄清　杉浦岩次郎　尾崎久蔵　吉田建吾
第 11 号	1878 年 11 月	（入社）阿川周斉
第 26 号	1880 年 7 月	（入社）小澤兼蔵　近藤真琴
第 27 号	1880 年 8 月	（入社）平岡道生　能勢秀直　土屋正信
第 29 号	1880 年 10 月	（入社）長沢亀之助　鏡光照　真山良　（退社）丸山胤孝

第 30 号	1880 年 11 月	（入社）浜田晴高
第 31 号	1880 年 12 月	（入社）田中矢徳
第 32 号	1881 年 1 月	（入社）岩永義晴　澤田吾一 （退社）中村義方　岩間正備
第 36 号	1881 年 5 月	（入社）澤鑑之助　山田正一
第 37 号	1881 年 6 月	（退社）大坪正慎
第 38 号	1881 年 7 月	（入社）小出寿之太 （退社）真山良
第 41 号	1881 年 11 月	（入社）杉田勇次郎
第 42 号	1881 年 12 月	（退社）浜田晴高
第 43 号	1882 年 1 月	（入社）谷田部梅吉　古市公威　関谷清景　三輪桓一郎 中久木信順　大森俊次
第 44 号	1882 年 2 月	（入社）菊池鍬吉郎
第 49 号	1882 年 7 月	（入社）山川健次郎　堅澤孝寛 （退社）柳楢悦
第 50 号	1882 年 8 月	（退社）小澤兼蔵
第 54 号	1882 年 12 月	（入社，常員）藤沢利喜太郎　田中正平　北条時敏　福田半 （入社，別員）萩原太郎　杉浦忠昌　脇山百松　安井章八 本木常次郎　塚原邦太郎 （退社）元良勇次郎　金木十一郎　福田理軒
第 60 号	1883 年 10 月	（入社，常員）高橋豊夫 （入社，別員）埜間小三郎　高関八百千郎 （退社）小宮山冒寿　澤鑑之丞
第 62 号	1884 年 1 月	（入社）熊澤鏡之介 （退社，常員）鏡光照　堀江当三　古屋政茂　同別員 林田雷次郎
第 63 号	1884 年 2 月	（退社，常員）肝付兼行　藤沢利喜太郎
第 65 号	1884 年 4 月	（入社，別員）梅村貫太郎 （退社　常員）尾崎久蔵
第 66 号	1884 年 5 月	（入社，別員）森田専一 （退社，別員）木本常次郎
第 67 号	1884 年 6 月	（入社，常員）北尾次郎　隈本有尚　難波正

　以上のことから分かるように，数学会社では入退会がかなり頻繁に行われていたことがわかる。

　本書で後述する長沢亀之助は 1880（明治 13）年に入会し，第 4 部で言及する澤田吾一は 1881（明治 14）年に入会している。注目すべきことは，1882（明治 15）年に古市公威，三輪桓一郎，藤沢利喜太郎，山川健次郎，田中正平，北条時敏のような東京大学関係者が入会しているのに対し，創設者の柳楢悦と和算家の福田理軒が退社したことである。1881，1882（明治 14，15）年ごろから西洋数学の教育を受けた人々は入会することが頻繁になり，一方，軍関係者と伝統数学関係者の人々の退会が進んでいった。

　藤沢利喜太郎が 1884（明治 17）年に退会したのは，西洋への留学のためであるが，彼と同年に退会した肝付兼行は柳楢悦の弟子であり，鏡光照も和算家である。

　数学会社の入退会者の推移から分かるように，この時期にまさに，明治期の数学界における新旧交代が行われており，海外で西洋の数学を修学した人物も現れたことが読み取れる。

　本書の第 2 部で，すでに小野友五郎，川北朝鄰，柳楢悦，神田孝平については紹介した。ここでは，数学会社の創設から各事業に携わったほかの重要なメンバーの略歴，業績，及び数学会社との関係について紹介しよう。このことによって，会員がいかなる特徴をもった数学を身に着けていたのかの概要を見ることとしたい。

　1）大村一秀は幕末から明治維新にかけて活躍した数学者である。彼は 1824（文政 7）年に生まれ，1891（明治 24）年に 68 歳で歿した。はじめ細井寧雄に師事し，後に秋田義一の門人となり，和算家長谷川派の後継者として名を残した[270]。明治維新後，工部省や海軍水路部に勤務した。彼の著書は稿本の形で残されたものが多い。1841（天保 12）年に刊行した著書『算法点竄手引二編』は点竄の教科書として広く使われた。

　彼の最も有名な研究成果は，1867（慶応 3）年に著した『垂線起源』の中に記されている懸垂線問題の解法である。それは，和算研究者萩原禎助の著書『算法方円鑑』（1862）の中にある「垂糸の術」を深く研究した成果であった[271]。彼はまた，西洋数学にも興味を持ち，『代微積拾級』によって『訓訳代微積拾級』

というタイトルの写本を残し[272]，数学会社の発展に最初から大きな役割を果たした。彼の名前は『雑誌』第 1 号（1877 年 11 月）から第 42 号（1881 年 12 月）までの編集者，印刷責任者として記録されている。彼は，和算だけではなく，洋算の問題をも投稿した。彼の投稿は第 47 号（1882 年 5 月）まで続いている。彼は，訳語会の委員として，多くの数学術語を定めることにも大きな役割を果した。

2）幕末・明治初期の著名な和算研究者である福田理軒も数学会社の会員として，活躍した。

福田理軒は，1814（文化 11）年に生まれ，その先祖は美濃の稲葉氏から出たと言われる。名は和泉，通称は理八郎，または主計介。号は理軒，順天堂。最初，武田真元，小出修喜の門に学び，天象暦数を修めた[273]。学業を終えた後，大阪の南本町四丁目に順天堂塾を開いて弟子を教授した。彼は，弟子に和算だけではなく，天文暦学や測量学まで教授した。1871（明治 4）年，東京に出て，順天求合社を創設した。これは，今日の「順天学園」の前身にあたる。1873（明治 6）年，順天求合社の職を息子に譲り，陸軍省に出仕した。晩年は大阪に帰り，八軒家に住んで，明治 13 年まで著作を続けた。1889（明治 22）年 75 歳で歿した。

福田は幕末から明治維新にかけて，多くの和算書を執筆した。日本人による最初の洋算書として著名，1857（安政 4）年刊行の『西算速知』はその一冊である。

その他，『測量集成』（1856），漢訳西洋科学書『談天』の訓点版（1861），『筆算通書』（1875），和算史の記述も含めた『算法玉手箱』（1879）などの著作を世に問うた。

福田は数学会社の設立にも尽力した。『雑誌』には福田理軒の名前が至る所に見られる。1879（明治 12）年 11 月に，会社の委員が選挙の投票によって決定されているが，無論，理軒は上位であり，第 3 番目の 25 票を獲得したことから数学会社においてその人気は大変なものであり，その実力の程度は十分知られていたことが分かる。翌年，草案者の 1 人として数学書展覧会の運営を依頼され，1881（明治 14）年には学務委員に選出されている。彼は『雑誌』第 1 号目から多くの問題を提出した。例えば，第 5 号の第 3 套に，幾何学に関する 7 問を提出している。

　福田の息子は福田半（または福田治軒，1849-1888）である。半が数学会社に入会したのはかなり遅いが，数学会社が創設された早期から有志として時々『雑誌』に投稿していた。そのため，福田半の名前も『雑誌』にしばしば見られる。『雑誌』の第 14 号（1879 年 4 月）第 11 套「問題解義」の中で，彼は他の号の『雑誌』に掲載された 8 個の問題に，明確な図を付け，分かりやすい解答をした。

　3）和算家の内田五観（1805-1882）は 1878（明治 11）年 1 月に数学会社に入社し『雑誌』第 2 号にそのことが報告されている。

　彼の略歴を紹介すると次のとおりである。内田五観，通称は彌太郎，初めは恭といい，後に観または五観といった。内田の字は思敬，東瞳で，号は観斎，または宇宙堂である。1805（文化 2）年江戸に生まれ，四谷忍原横町に住んでいた。1882（明治 15）年 3 月 29 日，78 歳で歿した。内田は小さいときから賢くて，早熟の秀才型の人物であった。11 歳で日下誠（1764-1839）の門に入り，1822（文政 5）年，18 歳で関流宗統の伝を授けられた。

　内田は，和算に満足せず，注目すべきことに，蘭学を高野長英（1804-1850）に学び，家塾を瑪得瑪弟加塾[274]と称し，また詳証館とも呼んだ。著書『詳証学入式題言』（1856）では，詳証学（wiskunde）を純粋数学と応用数学に分け，前者をさらに算数，幾何，三角法，代数に分類している。内田はターレス，プラトン，アリストテレスなどの名を挙げて，数学の重要性を説いている。これによると，内田は蘭学者高野長英の影響で西洋数学の論証性に認識があり，伝統数学―和算と違って，数学とは論証する学問として見ていたと考えられる[275]。1827（文政 10）年 4 月 18 日円理術を和田寧から授けられた。内田の学は頗る広く，数学，天文，地理，航海，測量に及んだ。

　明治維新後，内田は新政府の暦局に入り，編暦の事に従い，明治 6 年の太陽暦採用に当たっては主役をつとめた。1879（明治 12）年 3 月 1 日東京学士院会員となった。彼の門弟は非常に多く，全国に広がっていた。著書を挙げれば，『弧積術解』（写本，1820），『古今算鑑』2 巻（刊本，1832），『変源手引草』（写本，1839）などである[276]。『雑誌』第 4 号（1878 年 2 月）には，内田の紹介した和算の問題が掲載されている。主に，和算家の会田安明について紹介し，多くの和算書の内容を論じている。また第 1 号から第 3 号に提出されている和算の問題を解答している。第 4 号以降の雑誌でも，内田五観の名前が散見される。

　4）赤松則良（1841-1920）は日本海軍の創建者の1人であり，明治，大正時代における軍人として歴史に名前を残し，海軍中将，男爵になった人物である。彼は海軍において航海術，測量術を習得するため，西洋数学を学んだ幕末における数学者の1人であった。彼は長崎海軍伝習所で学んだ代表的幕臣で，1860（万延元）年には咸臨丸で米国に渡航し，習得した測量術を使って，小野友五郎を手伝った。

　彼は1862（文久2）年から1868（明治元）年までの6年間オランダに留学した。そこで数学，測量術，航海術，砲術，造船術などを学んだ。帰国後，東京から静岡県に移り，沼津兵学校創設に参加して，西周のもとで一等教授取締として活躍した。そこにいた教授の中で，洋算の知識については赤松が突出した存在であった。教授していたのはほとんどが兵学のための実用数学であったが，学生の使っていた数学の教科書は赤松の著述であったらしい[277]。

　赤松は数学会社創設時からの会員で，名前変更後の「東京数学物理学会」（以下，数物学会と適宜略す）にも会員として参加した。彼は，明治10年から20年代まで，男爵・海軍中将となり，貴族院議員と，国防会議議員も務めて，多忙であったはずだが，数学への関心をずっと持ち続けていた。毎月の例会には参加しなかったが，会員の間で尊敬され，社長の選挙で柳に次ぐ票を得ただけでなく，岡本則録と一緒に『雑誌』の代微積部門の問題を解答する事務委員に選ばれた。その数学の能力も会員たちに高く評価され，第22号の『雑誌』に，生命保険料に関する文章を書き，和算風の「問題の提出と解答」だけを掲載していた当時の『雑誌』の内容に新しい風を吹き込んだ。

　5）中川将行（1848-1897）は幕臣の子として生を享け，1869（明治2）年沼津兵学校に入学した。1871（明治4）年海軍兵学寮出仕となり，つづいて1876（明治9）年以来海軍兵学校教官となり，1880（明治13）年ごろ，その教授になった。中川は荒川重平と協同して，日本における最初の左起横書の数学書を著わした。彼が関係した書物には，海軍学校同僚の荒川や真野肇と共訳あるいは共編したものが多い。例えば，荒川との共訳『幾何問題』（1874, R. Potts, *Euclid* の訳），真野との共編『筆算全書』（1875, H. W. Jeans, *Plane and Spherical Trigonometry*, Part I の訳）などがある。そのほか，単著としては，海軍兵学校数学教科書として出版した『平面三角術教授書』（1883），『弧三角術教授書』（1884）などがある。

また単独で,『羅針儀自差論』(1887),『ロック初等平面三角術』(1889) などを
訳した。特に,彼の訳した『数学史要』(Ball. *Short Account of the History of Mathematics*, 1888 の完訳) は,当時の数少ない数学史の良書である。中川は西
洋の文芸作品にも興味を持っていたため『泰西世説』(Chambers, *Short Stories*) な
どの文芸物をも翻訳した[278]。

　中川は数学会社の中で最も活躍した会員の 1 人であった。『雑誌』に数多く
寄稿したほかに,数学用語の統一を主張し,「訳語会」の事業に熱心に参加し,
草案者として数学用語を決めることに大きな役割を果たした。特に,中川は
『雑誌』に「読数理叢談」(第 31 号),「再駁上野論者之説」(第 35 号, 第 37 号連載),
「数学効用論」(第 51 号),「数学会社ノ目的」(第 52 号) などの文章を載せたこ
とでも知られる。

　6) 長沢亀之助 (1860-1927) は,明治・大正期に活躍した民間人数学者で最
も著名な 1 人であった。長沢は 1860 (万延元) 年,久留米藩士の子として生まれ,
当時九州で唯一の官立校であった長崎海軍学校に学んだ。初め京都で塾を開い
たが,後に東京に出て川北朝鄰に師事した。東京数理学院に入って師を助け,
欧米数学書の訳述や教授も行った。長沢は,数学,漢学,史学全般に秀でてい
て,『雑誌』に掲載した問題は学問的な幅が広く,和算,中算,洋算について
の内容のすべてを含んでいた。彼は,明治 10 年代に見られた多才多能の数学
者の典型的な 1 人であった。彼が『雑誌』に投稿した問題にもこの時代の数学
の特徴が現れており,筆者が本書で行うことになる『雑誌』の内容分析におい
て,彼の問題からいくつかを選んで,議論することにする。

　長沢は 1881 (明治 14) 年 9 月に数学会社に入会し,その後,最も活躍した会
員の 1 人になり,第 29 号 (1880 年 10 月) から,『雑誌』に掲載された問題を解
答した外に,和算問題,中国伝統数学の問題,漢訳西洋数学書の問題,古代ギ
リシャ数学の内容,近代西洋数学の問題などについて数多くの文章を載せ,『雑
誌』の内容を非常に豊かで多彩なものにするのに貢献した。明治 14 年には,
トドハンターの積分学の著書を翻訳し,川北の数理書院から出版した。これは
日本における最初の微積分についてのまとまった訳本であり,一般の数学研究
者の利益に供したものである。さらに,長沢は,日本に伝来した西洋数学書を
多数翻訳し,自著をも世に問うた。

　長沢は若い時から非常に精力的な勉強家であった。1883（明治16）年，陸軍御用掛となり，教育と教科書作製に従事したが数年で辞職した。その後，東洋英和学校や同女学校で教鞭をとり，校長を勤めた。1892（明治25）年に辞職し，1907（明治40）年から1918（大正7）年のあいだは専修大学の講師であったが，もっぱら著述に力を注いだ。1906（明治39）年に，雑誌『えっくす・わい』を創刊し，亡くなるまで24年間主幹であった。著訳書は150冊ほどに達し，その中には全国の学校で広く使われた教科書も少なくない[279]。20世紀初頭，日本に留学した中国人学生により，彼の教科書は中国へ伝えられ，中国で数学教科書として使われたものも多かった。特に，長沢が著わした何種類かの数学の辞典は広く受け入れられ，中国で翻訳されたものもあった。魯迅が使用した数学辞典も長沢編であった。また，20世紀初頭，中国から日本へ見学に来た学者との数学の交流もあり，一緒に西洋数学の問題を研究していたので，日中数学交流に対する貢献も大きかった[280]。晩年は和算の研究に熱心であった。

　7）菊池大麓は1855（安政2）年江戸に生まれ，最初は箕作大六といった。祖父の箕作阮甫は津山藩の蘭医であり，蕃書調所の教授であった。父は箕作秋坪であり，元の姓は菊池なので，長じてから菊池大麓と名前を改めた。菊池は6歳で蕃書調所に入り英語や数学を学んだ。学んだ数学は算数と代数の初歩で，教えたのは神田孝平であった。

　1866（慶応2）年，菊池はロンドンに留学したが，幕府瓦解とともに帰国し，開成所に入学し，フランス語を学んだ。1870（明治3）年，米英独仏に派遣された留学生たちと一緒に再度訪欧し，1873（明治6）年からロンドン大学のユニバーシティ・カレッジに入学したが，同年，ケンブリッジ大学のセント・ジョンズ・カレッジへ転学し，ケイリーやトドハンターらの数学者に師事した。ケンブリッジでは，力学，流体力学，天文学，惑星論，光学などを含む「混合数学」を学んだ[281]。数学以外に，ラテン語，ギリシャ語，化学，物理学，建築学，歴史学などをも学んだ。1877（明治10）年，数学のトライポス（tripos）（ケンブリッジ大学における卒業試験）で好成績を上げ，B. A. の学位を得た（同大学からM. A. を得たのは1881年6月のことである）。

　菊池は1877（明治10）年帰国した。帰国後，数学会社の創設に参加し，様々な場面で活躍した。『雑誌』の中に見られる彼の紹介した西洋数学の内容は多

彩である。そのほか，後述するが，菊池は数学会社の各組織の構成，及び，数
学会社の転換にも重要な役割を果たしている。

　菊池は，近代日本における数学教育の基礎を築くとともに，教育制度にも強
い関心を持ち，その努力は生涯にわたって続いた。菊池の最初の著書は 1879
（明治 12）年刊行した 129 ページの『修辞及華文』であった。W. Chambers and R.
Chambers, *Information for the People* の中の Rhetoric and Belleslettres の訳であり，
数学とあまり関係がないものだった。1886（明治 19）年刊の『数理釈義』は，
英国の優れた数学者 W. K. Clifford, *The Common Sense of the Exact Sciences*
(1885) の訳書であり，全部で 5 編からなり，一般読者を対象とした数学のか
なり高度な啓蒙書であった。その後，『初等幾何学教科書（平面幾何学）』(1888)，
『初等幾何学教科書（立体幾何学）』(1889) などを書き，これらの教科書は刊行
された後，20 世紀の初頭まで，日本の各尋常中学校や尋常師範学校の主な教
科書として使われて，明治日本の数学教育の近代化に大きな影響を与えた。菊
池は特に，数学の教科書の整頓に力を注いだ。

　菊池の書いた『初等幾何学教科書（平面幾何学）』は左起横書の本で，その後
の教科書の体裁の模範となった。菊池の幾何学の教科書の多くは 20 世紀の初
頭，中国人留学生の翻訳により中国に伝えられ，1920 年代まで北京や上海な
どの大都市の中学校の幾何学教科書として使われ，中国における幾何学教育に
大きな影響を与えた。1883（明治 16）年 7 月 7 日，菊池は「数学会社」の例会
で「演算記号」についての講演を試み，その記録を『雑誌』第 59 号（1883 年 9
月），第 63 号（1887 年 2 月）に連載した。彼の教育思想は，『菊池前文相演説九
十九集』(1903)，『新日本』(1910) などから伺い知ることができる。また，
1895（明治 28）年から 1899（明治 32）年の間，関孝和（?-1708）たちの和算の
仕事を西洋数学の立場から英文で解説した五つの論文を書いた。菊池は，生涯
をかけて，日本の数学の水準を，1 日も早く欧米先進国の水準に近づけようと
する願望を実現するために努力した[282]。

　8) 幕末・明治維新初期，西洋から数多くの学者が日本に招請され，数学，
医学，工学などの科学技術に関する知識を教えていた。彼ら「お雇い外国人教
師」が演じた重要な役割についてはよく知られている。彼らは当時の日本に対
し，西洋の科学技術を紹介する一つの重要な手段となっていたのであった。

　数学会社が創設された当時の日本には，欧米からの教師が多く存在していた。その影響は数学会社にも反映している。数学会社に入会した最初の会員の中には，唯一の外国人会員の名前が見られる。その名はドイツからきたシェンデルであった。

　シェンデルは 1875（明治 8）年 1 月から 1882（明治 15）年 6 月まで日本に滞在して，東京医学校・東京大学医学部で数学と物理学の教官になった人である。シェンデルの授業については，『東京大学医学部第四年報』（1878 年 9 月）の「外国教授申報抄訳」中の「数学及物理学教授ドクトルシエンデル氏ノ申報」に記述されている。シェンデルは数学者として『クレレ誌』の 80 号（1875），82 号（1877），84 号（1878）に論文を掲載した。『クレレ誌』とは，1826 年，ドイツ人数学者クレレ（A. L. Crelle）の創刊した雑誌『純粋および応用数学雑誌』（Journal für die reine und angewandte Mathematik）である[283]。

　シェンデルにはまた，ベルヌーイ関数やグラスマン代数に関する著書があった[284]。彼は日本滞在中，講義の内容に基づいて代数学の本を出版した。すなわち，Leopold Schendel, *Algebra, zum Gebrauche am Tokio Daigaku Igakubu* (Yokohama, 1879) であり，この本は 1889（明治 22）年に，第四高等中学校教諭飯盛挺造校閲，菅浪慎一訳述の『簡明代数学』というタイトルで翻訳され，出版されている[285]。

　シェンデルは 1877（明治 10）年 11 月，数学会社の最初の例会で講演をしたことは分かっているが，講演の内容に関する情報は不明である。シェンデルの提出した問題は『雑誌』の第 2 号（明治 11 年 1 月）第 5 套「代微積雑問」の中に載せられている。その後，彼の名前は『雑誌』には見いだされない。

　以上のように，東京数学会社で活躍した数学者は，和算家，洋学者を問わず，さらには，大学人，民間教育者，軍人を問わず，実に多様であったことが判明する。表 4 に付した会員の調査表によって明らかなように，どちらかと言えば洋学者出身の数学者の方が多いが，彼らのなかには和算の教育を受けた人物もいた。またこの時代の和算家のなかにも，西洋数学を積極的に学んだ人々も現れた，さらに外国人会員までもが認められていたことは際立った事例と言わればならない。

　次項では，このような経緯で船出した数学会社がいかなる航路を辿るのか，

見てみることにしよう。

3. 組織の変遷

　東京数学会社は，その会員の構成をみると，社会の各領域の人々からなる集団であり，その活動から明治初期数学界の様々な性格を伺うことができる。会員の中には，熱心な投稿者がある一方，名前だけを登録して，事業にほとんど参加しない者も少なくなかった。このような会員の多くはほどなく退社し，1879（明治 12）年 10 月になると，最初に 117 名いた会員は 66 名に減少した[286]。人事の変更としては，社長（ないし総代）の交代が何回かあったほかに，会員の退会と入会も続いた[287]。

　東京数学会社は 1877（明治 10）年の発足から，1884（明治 17）年 5 月に組織が改編され，名称が変更されるまで，およそ 7 年間存続した。この約 7 年間に行なわれた仕事は，主として，例会を開いて制度的な事柄について討議し，機関誌の編集や発行に関して論議し，さらに訳語会を創設し，西洋数学の用語を日本語に訳す際の訳語を規定する等の仕事を成就すること等であった。

　東京数学会社の事業について，『東京数学物理学会記事』（以下，『数物学会記事』と適宜略す）では東京数学会社の歴史を五つの段階に分けて論じている。

　以下は順を追って，各段階でなされた事業と，その特徴を概説してみることにしよう。

　第 1 段階は，1877（明治 10）年 9 月から 1880（明治 13）年 5 月までであり，数学会社の基礎が据えられた時期とも言えよう。この期間の『雑誌』の記載と関連資料によれば，前述のとおり，1877（明治 10）年 9 月に昌平館で数学会社の創設大会が開催され，数学会社の仕事は本格的に出発することとなった。その直後の 12 月に開かれた例会において，数学会社の仕事を円滑に進めてゆくための最初の社則の 6 条が定められた。その社則は非常に簡単な 6 条から出来ており，たんに会員を常員と臨時員と分類すること，社費などについて規定するものであった。また，毎月の第一土曜日午後 1 時から昌平館において集会（例会ともいう）を開いて，数学会社のことに関する討論を行うように決めた。1879（明治 12）年 11 月の例会では，数学会社の事業，及び『雑誌』の問題に

ついて社内と社外から質問があった場合，責任を持って答えるための学務委員を選挙した。その時選出された学務委員は，岡本則録，大村一秀，福田理軒，柳楢悦，菊池大麓，磯野健，山本信実，肝付兼行，中川将行，荒川重平，赤松則良，川北朝鄰の 12 名であった。この時期の別の重要な仕事は，機関誌の刊行であった。数学会社が創設された翌月の 11 月から 1880（明治 13）年の 5 月まで，『雑誌』は第 1 号から第 24 号までが発行された。

　この期間，数学会社の組織の内部に人事上の変動が頻繁に起こり，神田，柳，岡本 3 者の間で社長の交替が行われた。すなわち，1878（明治 11）年 1 月，柳は洋行のために社長を辞め，4 月から岡本が神田と一緒に社長に就任，さらに 1880（明治 13）年 3 月 6 日例会にて神田孝平が社長を辞任したのに伴い，同 20 日に菊池が第 1 回の社長廃止論を提出するに至り，参加した 23 名の会員が投票し，1 票差で可決された。それで，4 月 3 日，岡本は社長を辞し，事務委員 2 名が選挙された。選出されたのは岡本則録と川北朝鄰であった。まもなくこの 2 人によって，同 25 日に再び社長の選挙が呼びかけられ，5 月 1 日には再度社長を置くことが決まり，柳が社長職に就任することになった。柳は就任してから数学会社創設以来 2 度目の社則 23 条を定めた。この 2 度目の社則は最初の社則に比べて，新しい内容を盛り込み，より成熟したものであった。その新しい内容とは，会員を常員（常に例会に参加し，数学会社の事業を討議する会員），通信員（東京以外の遠方にいて，社則に従う会員），客員（数理の研究で名望の高い者）と三つに分けるようになり，入社金についても詳しい規定を設けた。また公，私の中小学校の試験問題を提案すること，『雑誌』に問題を答える学務委員の責任を定め，さらに蔵書目録，雑誌出納調製表，数学会社の会計表を提出することなどについても詳細に規定している。この時期，柳の指導の下，数学会社は本格的な発展の軌道に乗ったと言えるであろう。

　第 2 段階は，1880（明治 13）年 7 月から翌年 5 月までである。この時期，『雑誌』は第 25 号から第 37 号が発行された。

　『雑誌』の記録や他の関連資料によれば，この段階でなされた重要な仕事は，数学における日本語術語を決定する訳語会の設立や数学書籍展覧会の開催を議論したこと等であった。1880（明治 13）年 6 月 5 日，共存同衆館において例会が開催され，第 1 期に決められた 2 度目の社則が参加者に配布され，社長柳楢

悦と学務委員 12 人の名前が正式に発表され，そうして学務委員申合概則 7 条
が定められた。その中には，『雑誌』における問題及び社内と社外の質問につ
いて責任をもって答える会員の規則が含まれていた。すなわち，算術・代数学
の問題には山本信実，川北朝鄰が，幾何・三角法の問題には中川将行，荒川重
平，伊藤直温が，球面三角法・星学・航海学の問題には磯野健，肝付兼行が，
代数学の問題には岡本則録，赤松則良が，三軸法，重学（力学）の問題には菊
池大麓が，本朝数理（和算）の問題には大村一秀，福田理軒，川北朝鄰が答え
ると決められた。また，「東京数学会社蔵書貸與概則」15 条が配付され，「和
漢洋」古今数理書を収集し，書籍の展覧会を開くことをも決議した。7 月 10 日，
数学用語を統一するための訳語会を設立する議論が提議された。このことにつ
いて「本会沿革」は，「7 月 3 日例会出席十六名〔中略〕同月十日柳屋ニ於テ
委員会ヲ開キ訳語会設立ノ議ヲ起ス」と書いている。翌 8 月 7 日には，共存同
衆館に 7 名の委員が参加して委員会を開き，訳語会会則通側 11 条を議定した。
その第 1 条は「数学訳語会ハ本年九月ヨリ始メ当分毎月第一土曜日午後二時ヨ
リ共存同衆館ニ於テ開席ス」と決めている。

　1880（明治 13）年 9 月，第 1 期に定めた 2 度目の社則の第 4 条「委員協議に
参加する会員に会員券を交附する」により，例会に参加する会員に「会員券」
を配る時，社長及び事務委員について順番を定めることにした。59 名の会員
に番号が付されることとなったが，先頭の 10 名を例として上げると「一号神
田孝平　二号柳楢悦　三号岡本則録　四号福田理軒　五号赤松則良　六号菊池
大麓　七号伊藤儁吉　八号大村一秀　九号磯野健　十号中牟田倉之助〔後略〕」
である。その後の例会では，会員の名前を書かないで，この番号が使われるよ
うになった。1881（明治 14）年 3 月 26 日，川北は『雑誌』の件について社長
に報告し，『雑誌』の変化について論じた。5 月 28 日には，数学書展覧会開催
の案の作成を岡本，福田，川北に依頼した。

　第 3 段階は，1881（明治 14）年 6 月から翌年 5 月までである。この期間，『雑
誌』の第 38 号から第 48 号までが発行された。

　この段階では，数学会社の趣旨と方針が具体的に討論され，例会の場所を東
京大学に移転し，数学書の展覧会を開くことが決められた。1881（明治 14）年
6 月 4 日には，再び学務委員を投票で選挙した。票数の順に名前を挙げると，

中川将行，菊池大麓，肝付兼行，荒川重平，磯野健，岡本則録，大村一秀，伊藤直温，福田理軒，川北朝鄰，真野肇，上野清の 12 名である。同日，共存同衆館において，25 名の会員が参加して記念会が開かれた。柳は祝詞を述べ，数学の重要性から始め，数学会社創設の趣旨及び今後の方針などについて論じた。

1881（明治 14）年 8 月，数理温故会の設立が決まり，会則 16 条が発布された。その会則の第 1 条は，「本邦古今ノ数理書暦書等（明治紀元以後ニテ洋本ノ翻訳ニ係ル者ハ姑ク之ヲ除ク）並ニ支那古今ノ数学書暦書等ヲ蒐集陳列シテ廣ク展覧ニ供ヘ名ケテ数理温故会」と定義している。古今日中の数学書籍を収集し，展示することを目的とすると述べているのである。他の規則は，数学会社の会員たちと社外の人々に本の収集に協力するように呼びかけ，10 月の 3 日間展覧会を開くこと，及び展覧会の規則等について書いている。

同年 8 月 30 日，菊池，岡本は，今後の例会などに東京大学を使うために，東京大学総理加藤弘之（1836-1916）に宛てて，会社之名，結社之目的，講学之旨趣，社長及び会員の姓名を明示して，申請書を提出している。そして，9 月 17 日には例会を東京大学で開き，それからの例会，訳語会は東京大学で開催されるようになった。

1882（明治 15）年 5 月 6 日には例会が開催され，第 18 回訳語会がもたれ，10 の訳語を決めた後，菊池大麓が第 2 回目の社長廃止論を提出し，次回の例会で討議に付すとして閉会した。

第 4 段階は，同年 6 月から翌 1883（明治 16）年 5 月までであり，この時期には『雑誌』の第 49 号から第 58 号までが発行された。

この期間に最初になされたのは，第 3 期から引き継がれた菊池の社長廃止論の討議であった。すなわち，1882（明治 15）年 6 月 3 日，数学会社の例会が開かれ，菊池は社長を廃止すべきとする理由を述べ，参加した会員は各自の意見を自由に発言した。最後に賛成者は起立する形をとり，一期の間，社長を置かないことを可決した。より具体的には，「第四期間ハ社長ヲ廃スルコト　学務委員ハ是迄ノ通十二名ヲ選挙スルコト　事務委員モ同シク二名ヲ選挙スルコト」の 3 つの件であった。同会議では，先に発布された第 2 回目の社則 23 条の不足な部分を討論し，新たに社則を出すように決めた。翌 7 月 1 日の例会で

は，改めて，学務委員 12 名を選んだ。その当選者は，中川将行，荒川重平，菊池大麓，岡本則録，磯野健，伊藤直温，長沢亀之助，山本信実，村岡範為馳，平岡道生，向井嘉一郎，白井正信である。また，事務委員として川北朝鄰，長沢亀之助の 2 名が選ばれた。そして，9 月の例会では新社則 24 条を規定した。これは数学会社の第 3 回目の社則である。前の第 2 回目と比べると，規則の順番は変わったが，内容的にはあまり変更がなされなかった。大きな違いは三つある。その第一は，第 2 回目の第 1 条が「本社ハ数学測量天文ノ学術ヲ研究錬磨シ数理ノ開進ヲ以テ事務トス」であったのに対して，第 3 回目の規則では「本社ハ数学及ヒ之ニ関スル一般ノ学術ヲ研究錬磨シ併セテ斯学ノ普及ト開進トスルヲ以テ其目的トス」を定めて，数学の普及という内容を加えている。その第二は，第 2 回目の第 2 条「本社会員ヲ分ッテ常員通信員客員ノ三種トス」の代わりに，第 3 回目の規則の第 2 条は「本社会員ヲ分ッテ常員別員ノ二種トス」となっている。その第三として，第 2 回目の社則の第 16 条での「社長一名　学務委員十二名　事務委員二名　書記一名ヲ置ク」という規程は，第 3 回目の第 10 条の「学務委員十二名　事務委員二名　書記一名ヲ置ク」と変わっている。社長の記述がなくなっていることが印象的である。

　第 5 段階は，1883（明治 16）年 6 月から翌年 5 月までである。発行された『雑誌』は第 59 号から第 67 号までである。

　この期間に，「数学会社」は「東京数学物理学会」への転換を完成した。1883（明治 16）年 6 月 2 日，訳語会は訳語 20 を決めて，力学に係わるものを物理学者と連携して議論するようにした。学務委員も新たに選挙し直され，菊池大麓，岡本則録，山本信実，長沢亀之助，岸俊雄，田中矢徳などが選ばれた。事務委員は川北朝鄰と長沢亀之助が続けて務めることになった。1884（明治 17）年 4 月 28 日，菊池大麓は二つの「動議」を含めた建議案を会員に配付したが，その建議案の後ろには理由説明が付けられていた[288]。菊池が提出した動議の一つは社名を「東京数学物理学会」と改め，数学及び物理学（星学を含む）を講究し拡張することを目的とするというものであった。もうひとつの動議は，社則を改正するための草案委員 3 名を選んで，改名後の社則を練り上げるというものであった。翌年 5 月 3 日の例会では，草案委員を菊池大麓，川北朝鄰，村岡範為馳に決定した。5 月 24 日臨時会において，会則決議，会則 25 条，副

則16条が可決された。さらに翌6月より，新しい規則が実行されることに決められた。この新規則の内容は，数学会社転換後の東京数学物理学会の最初の規則として使用されることになる。

　第1段階から第5段階まで，めまぐるしく数学会社の形式と事業内容が変容していることが分かる。結局，力をつけてきたのは，数学が自然諸科学と密接な連関をもっていることを深く認識していた菊池大麓ら東京大学に拠点を置く学者たちであった。

　東京数学会社初期の会員は和算家を中心としていたため，『雑誌』の当初の形式は和算式の「問題の集成」の形をとり，「理論体系」を提示するものではなかった。この状況は長く続いた。だが，第36号から『雑誌』の体裁が変わり，和算家と洋学者が共同で編集するようになり，形式と内容に変化がもたらされた。それ以降，『雑誌』の体裁は徐々に現代的になって，西洋式数学が次第に圧倒するようになった。ここではまた，和算と洋算の紹介に加えて，中国伝統数学や西洋数学書の漢訳書が幕末・明治初期には大きな役割を演じていたことを注記しておきたい。

第2節　東京数学会社の機関誌

1. 『東京数学会社雑誌』

　数学会社は創設後まもなく機関誌『東京数学会社雑誌』を刊行することになり，第1号は1877年11月に出され，その後毎月第一土曜日に1号が発行されることとなった。だが，『雑誌』は予定通りに発行されるとは限らなかった。例えば，第24号は1880（明治13）年5月1日に出されているが，第25号は同年6月5日に出された。また，第40号は1881（明治14）年9月28日に出されたが，次の第41号は同年11月16日に出されている。『雑誌』の出版は必ずしも定期的ではなかった。

　数学会社時代に発行された『雑誌』は総数で67号ある，『雑誌』の形態は2種に分類される。第1号から第36号までは第1段階であり，第36号から第67号までは第2段階と区分できる。『雑誌』の第1号は17ページ，第2〜6号

は 14 ページであり，第 7 号から
の『雑誌』は 21, 22 ページになっ
た。第 9 号の『雑誌』から，木版
から活版印刷になり，雑誌の文字
は前より鮮明になった。第 1 号か
ら第 35 号までは，江戸時代の数
学書と同じ形で和紙を使っており，
その大きさは，縦は 17.5 cm，横
は 11.7 cm であった。

第 2 段階と呼ぶ時期に刊行され
た第 36 号から第 67 号までの『雑
誌』は，形態が変わって洋紙を
使った活版印刷になった。『雑誌』
の大きさは今日の B5 版の大きさ
（縦 25.6 cm，横 18.2 cm）になり，
ページ数は 14 ページになった。
『雑誌』の版型が大きくなったの
は『雑誌』に載せる問題を増やす
ためであろう[289]。

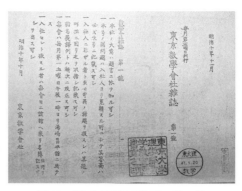

図 26　『東京数学会社雑誌』第 1 号

図 27　東京数学会社題言

和算家と洋学者が『雑誌』を共
同編集することになり，その形式と内容に変化がもたらされ始め，次第に西洋
数学の優越性が認識されるに従って『雑誌』は変わっていった。第 51 号（1882
年 10 月 20 日）から，西洋数学と西洋数学史の内容がその前の号の雑誌より量
的に大幅に増えたことが特徴的であった。

『雑誌』の第 31 号（1880 年 12 月）の最後には「数学会社雑誌出納調製表」と
いう興味深い表が掲載されている。それは，1880（明治 13）年 11 月に実行さ
れた，『雑誌』の発行に関する調査表にほかならない。その調査表は，第 1 号
から第 31 号までの『雑誌』が印刷された部数（「出納調製表」では「原数」という），
配達された数，売られた数，社内に保存された数，書店に委託した数などをま
とめてある。その統計によると，第 1 号から 30 号までは，総計 10,888 冊が印

刷され，そのうち，配達された数は 567 冊，売られた数は 385 冊，社内に保存された数は 5,797 冊，書店に預けられた数は 4,139 冊であった。この『雑誌』の発行された統計数から見ると，『雑誌』の発行部数はほかの雑誌と比べるとかなり多く，それが明治 10 年代の日本において数学の普及に果した影響はかなり大きかったことが分かる。

　『雑誌』に掲載されている原稿は主に会員の投稿であり，時に会員ではない人から提出された問題もあった。会員たちは『雑誌』に，和算と洋算とを問わず，多くの問題を提出し，互いに解き合った。和算家と洋学者の双方が会員となっていたため，和算の問題を洋算で解答したり，洋算の問題を和算で説明したりした。西洋数学の問題で漢訳西洋数学書から採用されたものもあり，また直接，西洋の数学者と西洋数学の問題が紹介されることもあった。

　そのうち，第 1 号から第 67 号まで，引用された文献を統計で示せば，西洋の書物の引用は 58 点（21 点は第 1 号～第 50 号のうち），和算書の引用は 10 点（8 点は第 1 号～第 50 号のうち），中国の数学書からの引用は 8 点（4 点は第 1 号～第 50 号のうち）である。

表 6　東京数学会社の機関誌に引用された文献の統計

引用書　　雑誌号	和算書	中国数学書	西洋数学書
1 号～50 号	8 点	4 点	21 点
51 号～67 号	2 点	4 点	37 点

　図表を見ると，『雑誌』の第 50 号頃から，その内容の構成に変化が出て来ているのが分かる。第 50 号は，1882（明治 15）年 8 月に刊行されている。その前月の 7 月に社長であった柳楢悦が社長を辞めたばかりではなく，退会さえしている。柳の社長辞任と退会は，和算家出身の会員の多くが退社し，数学会社が学問的に新旧交代の末期に入ったことの象徴的出来事であったと言えるであろう。

　『雑誌』に掲載された数学の問題は，「和漢洋」の 3 種類であった。ここでの「和」とは，和算に関する問題を言い，具体的に和算家と和算書の紹介，和算

の技法に関する説明，和算問題を西洋数学の方法で解くなどのことを指している。「漢」は中国に関する数学の問題を言い，中国の伝統数学（中算）の内容，及び近代においてなされた漢訳西洋数学の問題などを指している。「洋」は西洋数学（洋算）のことであり，『雑誌』に載せられた古代から近代までの数多くの西洋数学と西洋数学史の事柄を指している。

　続いて，『雑誌』に掲載されている各問題について，それぞれ和算，中算，洋算に関する典型的な例をあげて説明を試みて，数学会社時代における数学界の状況を概観してみることにしよう。

2.　機関誌における和算

　数学会社が設立されてからかなりの間，和算家はその中で重要な役を演じていた。1887（明治10）年頃の日本の数学界では，西洋数学を学んだ人々と比べると，伝統的な数学——和算の研究者が比較的多数であった。数学会社が創設された直後の最初の2，3年間，多くの問題を提出したのは和算家であった。和算技法の用語が多く使用され，それらを西洋数学に書き換えるのは非常に難しいことであった。当時の数学会社会員の中で，和算と洋算の両方に通じる人も少なくなかったので，彼らは，ある時は和算の問題を洋算の方法で解き，和算と洋算の優劣を比較しようと努めた。

　数学会社の創設時，会員として名前を挙げられる和算家としては，遠藤利貞，花井静，鈴木円，岩田好算，大村一秀，福田理軒，内田五観，川北朝鄰等の大家がいた。遠藤利貞，花井静は会員として名前を登録したが，『雑誌』に投稿したことはなく，また数学会社の活動に参加した記録も見あたらない[290]。鈴木円と岩田好算は，数学会社に入社し，『雑誌』第1号に和算の問題を掲載した。大村一秀，福田理軒，内田五観，川北朝鄰の4人の略歴と主な業績，及び数学会社との関係についてはすでに紹介した。そのほか，初代社長の柳楢悦のように和算の造詣が深いだけではなく，西洋数学に通じる者もいた。また，多くの西洋数学教科書の翻訳に尽力した長沢亀之助のような学者は和算を理解し，『雑誌』誌上で和算の問題を西洋数学の方法で解いていた。

　続いて，東京数学会社の創設から東京数学物理学会に転換するまでの約7年

間，『雑誌』に載せられていた和算家，和算書，和算の問題を紹介し，さらに
和算の問題を洋算で解答した例を分析しながら，この時代の日本数学界におけ
る和算の変化を見ることにしよう。

　『雑誌』の第1号～67号の中には，多くの和算家の名前と和算の書籍，及び
和算問題が紹介されている。その中には，和算家として名前だけが言及された
ものもあるし，伝記の形で非常に詳しく書かれたものもある。和算書について
は，簡単な内容のみが紹介された本もあるし，頻繁に引用された本もある。和
算に関する問題は，初期の『雑誌』に集中している。その中から重要な事例を
紹介してみよう。

　『雑誌』の中で最初に現れた和算問題は，第1号に鈴木円が提出した「円内
交画四斜容五円」という問題である。すなわち，一つの大きな円の中に五つの
小さな円が内接している。五つの円の中に，東，西，南，北という四つの円が
四つの線に外接しているが，その四つの円の中，三つの円の直径を知って，残
りの円の直径を求めるという問題である。鈴木円は，大村一秀，高久守静とと
もに明治初期の円理問題に関する著名な三家の一人であった。鈴木の主な著作
は『容術新題』(1879)，『異形同術解義』(出版年不明) などである。鈴木は第1
号に提出した問題の解答を『雑誌』第22号（1880年3月）に載せ，和算の伝統
的な容円問題として解答している。彼は『雑誌』第11号にも類似の容術問題
を提出している。

　鈴木の外に和算問題を提出したのは，大村一秀，岩田好算，福田理軒である。
大村の提出した問題は，一つの尖円に内接している円の直径を求める問題であ
り，福田の提出したのは，外接している楕円と円の周長の関係を求める問題で
ある。大村と福田が掲載した問題よりも，人々に注目されたのは岩田の提出し
た問題であった。

　岩田好算，通称は専平と言われ，馬場正統（1801-1860）の門弟であった。著
書として知られているものはない。彼が有名になったのは，第1号に提出した
問題によってである。彼は数学会社創設の翌年に亡くなっている。

　岩田は第1号からいくつかの号に和算問題を提出している。特に，彼が『雑
誌』第1号の第9套「本朝数学」の中に提出したものは，当時としては非常に
難しい問題であった（本書中では，岩田の提出したこの問題を「岩田問題」と略称す

る）。その問題は次のようなものであった。

　今有如図以両斜挟楕円，容元亨利貞四円只云，元円径若干，亨円径若干，利円径若干。問得貞円径術如何。答曰，如左術。術曰，置亨円径，乗利円径，以元円径除之，得貞円径，合問。解，紙数五十二枚，此解ヲ縦覧セントスルモノハ本社ニ来ル可シ。于時慶応二年丙寅夏五月十六日　岩田専平好算考（行年五十五歳）[291]

　この問題を現代的に解釈すると，「一つの楕円とその二接線に接する四つの円の半径は比例する」という問題である。岩田が『雑誌』に載せている図を分かりやすく説明すると次のようになる。「楕円に二つの相交わる接線l，l'を引く。そして楕円と外接する二つの円を元と貞とする。また，楕円と内接する二つの円を亨と利する，四つの円はl，l'と接点がある。四つの円の直径を$d_{元}$，$d_{貞}$，$d_{亨}$，$d_{利}$とする。$d_{元}$，$d_{亨}$，$d_{利}$の値が与えられた時，$d_{貞}$の値を求めよ。その答えは，$d_{貞} = d_{亨} \times d_{利} \div d_{元}$」である。

　続く岩田の記述によれば，この問題を解決する方法を探求し，彼は1864（元治元）年8月から1866（慶応2）年5月まで2年近くの時間をかけて，その解答を探し，答えを52ページ費やして書き上げたという。

　『雑誌』の中で最初に紹介された和算家は中根元圭（1662-1733）である。中根元圭は近江浅井郡の人で，初め京都の田中由真に数学を学んだが，後に建部賢弘の弟子になった。中根の名前が言及されたことには，前述の「岩田問題」と関係がある。

　第1号には，岩田の問題に続けて，

　悦曰元禄ノ頃，中根元珪七乗冪演段二巻ヲ作ル。其書タルヤ一題ヲ演段スルコト上下二巻シテ漸ク通術ヲ得ヘシ，六十五乗法ニ開キテ答商ヲ挙ク，凡算題ニ無量ノ力ヲ竭スコト古今ナキ処ナリ，然レトモ其題作物ニシテ必

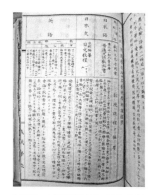

図28 成城学校での清末留学生が受けた教育

　　　ス答商ヲ得ルノ目途アリ。今好算翁ノ此題ヲ作ル原ヨリ其答商ノ何タルヲ
　　　知ラス千括万解ノ変化ヲ尽シ五十五件ノ空数ヲ経テ遂精識ヲ得ル其功元珪
　　　ノ右ニ出ツ翁精錬老熟ニアラザレハ何ゾ其結局ヲ得ルニ至ラン…²⁹²⁾

　文中,「悦」というのは柳楢悦のことであろう。また『七乗冪演段』というの
のは,中根が1691（元禄4）年著した和算書『七乗冪演式』のことであろう。

　上記の文章を解説すれば,「中根元圭は『七乗冪演式』の一つの問題を解答
するため上,下2巻を書いて,計算する通術を得た。それは,六十六次の式を
開いて,商を得るものである。そして,（中根）は9個の問題の答えを求める
ために非常に苦労したという。現在は岩田翁が和算について博識で,そのよう
な難しい問題を解答でき,中根を越える業績を得た」となろう。柳楢悦はその
ように岩田のことを高く評価しているのである。

　「岩田問題」は『雑誌』第4号で,内田五観によってさらに展開され,三つ
の図を描くことによって考究されているが,その解答については述べられてい
ない。柳や内田の「岩田問題」に対する関心を見ると,当時の和算研究者の間
では,難問の解答を求めるために努力する和算の遺風が残存していたことが判
明する。

　岩田が上記問題を解答でき,非常に誇りに思ったことであろうことは,数学
会社が創設された第1回の集会に参加する時,この問題を持参したことからも
分かる。

　岩田が和算の方法で2年近くの時間をかけて「紙数五十二枚」で書き上げ,
非常に苦労して解いたという問題は,後に西洋数学の流儀で挑戦された。すな
わち,1884（明治17）年7月の例会で,フランスから留学して帰国した寺尾寿は,
近代解析幾何学の方法で解くだけではなく,さらに本来の問題よりもはるかに
拡張した形式に書き換えた²⁹³⁾。「岩田問題」が解答された以上のエピソードは,
和算が洋算へと転換してゆく過程を物語るものであると言えるであろう。

　「岩田問題」については,別の興味深いエピソードもある。菊池大麓は,幼
少時から英国に留学し,専門的な西洋数学の教育を受けたことで著名であるが,
実は,彼が,伝統数学―和算の魅力を感じたのは「岩田問題」と出会うことに
よってであった。数学会社の創設大会で「岩田問題」のことを知り,和算に魅

力を持った時の感想を菊池は次のように書いている。

　　之を見て，私は実に驚いたのであります。之は大変なものです。斯の如
　き学問が，日本にあるものかと思って，初めて和算と云ふものは，之はな
　かなか豪いものであると云ふことを感じて，密に之はどう云ふものが，機
　があったらどうぞ，知りたいものだと云ふ考を起こした〔中略〕此和算の
　中の円理のこと，円周率などに関することを，英語に訳して，数学物理学
　会の記事に出しました。〔中略〕其後，藤沢教授は巴里の大博覧会の節，
　巴里に開かれた所の，萬国数学会に出席されまして，本朝数学の，歴史の
　概略を書いた所の一論文を提出されまして，之は外人間に頗る好評であっ
　て，数学史の中の一紀元であると迄，或る人は評したのであります[294]。

　菊池は「岩田問題」によって和算に対する興味を持ち始め，和算の数学的面
白さと難解さに感心し，滅びつつあった伝統数学——和算の中の円理のことを
知ったのである。彼は19世紀末，日本人としての誇りをもって，和算につい
て英語で紹介文を書き，和算書を蒐集するという方針を定めて，日本独自の文
化遺産としての和算を後の世代に伝えることに力を尽くし始めた。そのきっか
けのひとつが「岩田問題」であったのである。菊池の後を継いで，和算のこと
に関心を寄せたのは藤沢利喜太郎（1861-1933）であった。彼は，1900（明治33）
年パリの国際数学者会議に参加した際，講演したのは，近代西洋の数学につい
てではなく，和算についてであった。東北大学数学教室を創設した林鶴一
（1873-1935），藤原松三郎（1881-1946）らも菊池や藤沢の弟子として西洋的数学
の教育を受けたのであったが，和算史研究に精力を注いだ。
　江戸時代から明治初期まで，最大の影響を持った和算の流派は「関流」で
あった。16世紀末，朝鮮から伝わった中国数学の書物の影響で，江戸時代の
初期に，中算を越える独自の数学的伝統を創設したのは，後に「算聖」と称さ
れた「関流」の開祖関孝和[295]であった。
　『雑誌』において，関の業績を紹介したのは柳楢悦である。柳はその著作『新
巧算題三章』の最後のページに自分のことを「関流八伝」と書いている。柳は
『雑誌』第1号に「極大極小ヲ求ムル捷法西式」という問題を掲載した時，関

孝和の「適尽諸級法」と斎藤宜義（1816-1889）の『算法円理鑑』（1834）などに言及している。斎藤宜義は，和田寧（1787-1840）に円理を教わった斎藤宜長（1784-1844）の子息である。柳の提出した問題は次節で詳しく説明しよう。柳は外にもまた多くの和算家及びその著作を紹介している。例えば，『雑誌』（1878年2月）第3号には，和算家橋本昌方の『点竄初学抄』（1833）の解法を使えば，「岩田問題」に解答できると書いている[296]。

　『雑誌』に高等な和算問題として最も多く掲載されたのは，安島直円（1732-1798）の遺作『不朽算法』（1799）の中から引かれた問題であろう[297]。『不朽算法』上・下巻から選ばれた37個の問題は，『雑誌』の第36号（1881年5月）から第42号（1881年12月）まで連載されている。多くの問題は図付きであった。

　和算史上，「関流」と熱心に論争した流派は会田安明が始めた「最上流」であった[298]。この会田と「最上流」については，内田五観が『雑誌』第4号の中で簡単に紹介している。内田はそこで，藤田貞資の『神壁算法』（1789），御粥安本（1794-1862）の『算法浅問抄』（1840），岩井重遠（1828-1865）の『算法雑俎』（1830）等の本からのひとつずつ問題を引き，図付きで紹介している。すべては容術問題であり，単なる紹介のレベルにとどまっている。

　『明治前日本数学史』が，江戸時代の和算家の社会的地位は「公の保護を受けることはなく，私に帷を垂れて子弟を教授するか，あるいは自己の嗜好によって，餘業として数学の研鑽に従事したのである」[299]と記述しているように，和算家は，農家，商人，下級武士等が出身階層の大部分であり，その多くの地位は高くなかった。特にこの傾向は幕末に強まる。だが，江戸時代初期から中葉にかけては，この傾向はそれほど顕著ではない。時には「自己の嗜好によって」和算を学んでいた地位の高い人もいた。例えば，有馬頼徸（1714-1783）と牛島盛庸（1756-1840）は和算家のなかで地位が比較的高い例外的な人物であった。有馬頼徸は九州久留米藩主であり，約40種の著書を残した和算家である。『雑誌』第37号（1881年6月）の中には，有馬が明和元年（1764）に著した『招差三要』から選んだ問題が掲載されている[300]。有馬のこの本の中でも等差級数の問題が議論されている。

　有馬は自分の著書の中から主だった問題を選び，豊田文景なる筆名で1769（明和6）年，『拾璣算法』という本を刊行している。『拾璣算法』は当時の最高

水準にあった 150 問を選び答術を付けて刊行したもので，和算の中の重要な内容はほとんど綱羅されていると言われる。『拾璣算法』については柳楢悦が『雑誌』第 1 号に紹介している（『雑誌』には「璣」の字を機と誤って書いている）。

　『雑誌』の中で和算家の伝記を詳しく記録した記事は少ない。多くの和算家については，その著書の問題を紹介する際に名前に言及しただけにとどまった。わずかな例外は，『雑誌』第 46 号（1882 年 4 月）が和算家牛島盛庸（1756-1840）の伝記を詳細に紹介した記事である。以下はそのなかからの引用である。

　　　牛島盛庸小傳　君姓牛島名盛庸，俗称宇平太鶴溪ト号ス。牛島伊三太盛貞ノ二男ナリ。幼ニシテ巧思非凡頗ル物理ヲ好ミ。〔中略〕又甲斐福一ニ従ヒ数学ヲ学ヒ，数歳ノ間神ヲ凝シ螢雪ノ功ヲ累ネ反覆諦観奇案妙想往々人意ノ表ニ出ルコトアリ。安永八年，藩月俸ヲ給ヒ挙ゲテ箅学師トナシ，国子ヲ誘導セシメ遂ニ一家ヲ興スニ至ル。爾後一層研学数十年間終始一ノ如シ，故ニ古今ノ箅書一トシテ窺ハサルコトナク暦法測量ニ至ル迄審ニ其源委ヲ究メサルハナシ。寛政六年，算学小筌ヲ著シ，文政六年，又其続編ヲ著ハス，共ニ世ニ行ハル。君嘗テ陰陽消長ノ理ヲ窮メ，天圓地方ハ陽中ノ陰，陰中ノ陽ニシテ，陽ハ陰ニ根シ陰ハ陽ニ起ル。是則曲直一致，天地自然ノ妙，数ナリト眞ニ能ク方圓変化ノ理ヲ盡シ，幾何ノ妙旨ニ貫通シ…[301]

　解釈してみると，牛島盛庸という人は，1756（宝暦 6）年，肥後（熊本県）に生まれ，俗称は宇平太鶴溪という，幼い頃から物事の道理を探究することを好み，国学と数学を学び，1779（安永 8）年，算学を教える職に就き，1794（寛政 6）年『算学小筌』（点竄術，容術の問題を収めている）を著し，1823（文政 6）年その続篇を著したと紹介している。続いて記事は，牛島が陰陽盛衰の学を深く研究し，天地自然の奥妙は数学にあると主張したことを論じ，彼は幾何学にも造詣があると述べている。

　和算から洋算へ転換しようとする明治 10 年代，伝統数学——和算を研究する人は世の中で，ますます少なくなっていた。牛島の事績に関する記事の筆者に，和算衰退の危機感があったことは確かであろう。和算が洋算に取って代わ

られつつあった時代背景があったことは間違いないだろう。

3. 機関誌における西洋数学

　数学会社の創設された初期,『雑誌』には,問題の「提出と解答」の形で西洋数学の内容が紹介されたが,それらはほとんどが初等的な内容であった。そして,このような状況は長い間続いた。だが,数学会社の会員たちが多様な方法で西洋数学を習得し,知識を拡大してゆくにつれて,『雑誌』には,西洋数学のより高等な洗練された内容も紹介されるようになり,ますます高度で難解なものとなっていった。こういった会員たちの努力が数学会社の成長を促し,日本の数学の発展を加速させたことは言うまでもない。『雑誌』を調査してみると,『雑誌』に掲載された西洋数学と数学史の内容の時代の幅が実に広く,それは古代ギリシャから 19 世紀後半までの内容を含んでいる。この長い時代にわたる西洋数学の内容は,東京数学会社が創設される前から,間接的なルートと直接的なルートの二つを通じて紹介されていた。そのひとつのルートは,19 世紀後半に中国から輸入された漢訳数学書の引用あるいは参照であった。もうひとつは西洋からの直接の輸入だった。すなわち,それは西洋に留学した人々が紹介した数学と,直接輸入した西洋の数学書と雑誌からの内容を掲載したものであった。

　明治初期の日本人学者は西洋数学を導入するにあたって,漢訳西洋数学書を参照する一方,直接的に西洋の数学を受容する方法も採用していた。後者は,後に日本人学者が西洋数学に対する時の主要な方法となったことは言うまでもない。日本での西洋数学の普及が進むにつれて,中国経由の輸入は少なくなり,西洋からの直接的な輸入が増えていった。東京数学会社の時代は,ちょうどその過渡期にあたり,年を経るごとに直接的な輸入の比率が高まっていた。

　このような西洋からの直接的な影響が日本数学の近代化を速めた様子は,『雑誌』にも十分に反映されている。数学会社創設時から転換期まで『雑誌』に掲載されている西洋数学と西洋数学史に関する記事を紹介してみよう。

3. 1. 『雑誌』に紹介された西洋数学の問題

　数学会社時代の初期，西洋数学からの直接的な影響としては，西洋諸国の中でもイギリスからのものが最も大きかったように思われる。例えば，『雑誌』の第 1 号から第 17 号までは，英国大学校の数学試験問題が連載された。その内容は，高等代数学，微積分学，解析幾何学の問題だった。「数学会社」の末期になると，ドイツやフランスに留学した人々の帰国により，イギリス以外の数学の情報も『雑誌』に紹介されるようになった。

　明治維新後，日本において西洋数学を直接輸入する重要な手段のひとつは，西洋の数学雑誌と数学書の購入であった。『雑誌』の中に現れた西洋数学の問題は主に，それらを参照して得られたものである。

　『雑誌』に現れた西洋の数学雑誌の情報は以下のとおりである。

　『雑誌』の中には，西洋数学雑誌を注文して購入したという記録が数多く出ている。一番多いのは，イギリスの数学雑誌だった。例えば，第 8 号（1878 年7 月）には，「英国数学雑誌三種ヲ注文スベシ」という記録が見える。また第31 号（1880 年 12 月）には，「英国数学雑誌十四本買入」と記されている。『雑誌』第 44 号の「級数ノ総計」で，「ミスセンゼルオフマセマチックス」という雑誌名を書いている。この「ミスセンゼルオフマセマチックス」（*Messenger of Mathematics*）は 1872 年から刊行された雑誌であり，出版社はロンドンのMacmillan 社であった。これが恐らく日本の雑誌で言及された外国数学雑誌の最初のものであろう[302]。また『雑誌』53 号には，長沢亀之助が「円錐曲線ノ性質」という見出しで，雑誌 *Messenger of Mathematics* からの翻訳で，円錐曲線の性質をのべた記事を載せている。

　『雑誌』第 60 号には，岡本則録が「ロンドン数学会」（London Mathematical Society）の機関誌から「八面体ノ質心ヲ求ム」という問題を翻訳している。それは 1865 年から発行された *Proceedings of the London Mathematical Society* であり，筆者はクリフォード（W. K. Clifford, 1845–1879）である。

　数学の問題の出典となっている雑誌で他の国から購入されたものは，中国やドイツやアメリカのものだった。第 44 号には，極大値を求める問題を「明治十年上海出版ノ」中国の雑誌『格致彙編』から引用したという記録がある[303]。第 67 号（1884 年 6 月）では，田中矢徳の「直線ノ方程式ノ間ノ消去法」が，円

錐曲線の消去法を紹介して，この消去法を「読者ハ若シ更ニ充分ニ知ラント欲セバ〔中略〕クレル氏の雑誌の学芸雑誌ニ載スル所ノ録事ヲ読ムベシ」と書いている。この「クレルの雑誌」とは，1826 年，ドイツ人数学者クレレ（A. L. Crelle）の創刊になる雑誌『純粋および応用数学雑誌』（*Journal für die reine und angewandte Mathematik*）のことである。アメリカの雑誌でよく引用されたのは，「アメリカンジョルナルオフマセマチッグス」である。すなわち，1878 年から刊行された *American Journal of Mathematics* である[304]。引用された問題は，岡本則録が『雑誌』第 56 号（1883 年 2 月）に掲載した「双曲線八線」だった。アメリカの雑誌ではもうひとつ *Educational Notes and Queries* が言及され，菊池大麓は算数級数（Arithmetical Progression）と幾何級数（Geometrical Progression）の概念を紹介した際，この雑誌から引用している。

　以上の記録から，数学会社の会員は，『雑誌』に西洋数学問題を紹介する時，西洋で出版された数学の専門雑誌を多く利用していた事実が分かる。

　数学会社が発展するにつれて，『雑誌』に掲載される西洋数学の問題もますます難しく，専門的になっていった。特に，第 50 号（1882 年 8 月）から，単なる難問ばかりではなく，学問的に価値のある論文や書物からの問題の紹介がなされるようになった。次に，それらの中から重要なものを紹介していこう。

　まず，第 50 号には，「微係数ヲ有セサル聯続函数ノ説」という見出しの文章が掲載された。この文章を『雑誌』に紹介し，また解説したのは菊池大麓だった。その内容は，連続関数の定義を今日の数学と同様の「$\varepsilon - \delta$」の用語で説明し，またその定義を使って，具体的な関数の例の存在を証明したものである。微積分学の厳密化は，19 世紀後半，ドイツのカール・ワイエル・シュトラス（K. Weirestraus, 1815-1897）の算術化の試みによって完成されたが，菊池によるこの記事は，近代西洋数学の新成果が早くから日本に伝わっていたことを証明している。

　この記事には，「左ニ掲クル者ハ会員古市公威巴里ニ在リシトキ其師ヨリ得タル者ニシテ本年第一月ノ数学会ニ於テ之ヲ演セラレタリ今余カ当日ノ記ヲ略シテ以テ廣ク同好ノ諸君ニ示ス」という付記があった。すなわち，記事はフランスから帰国したばかりの古市公威（1854-1934）の講演で紹介された問題であるという。古市公威は，フランスのエコル・サントラルで学んだ人で，帰国後，

内務省御用掛で理学部兼務となった。後年，東京大学工学部教授，帝国学士院院長，日仏会館理事長を歴任した。

『雑誌』第 52 号（1882 年 10 月）には，菊池が「フェルマー問題」の紹介を載せた。それは次のようなものである。

　　二箇ノ三乗数ノ和或ハ差ニ等キ三乗数有リヤフェルマー曰ク此式ニ適スベキ数ハ得ベカラズトバーローハ之ヲ証明シタリ而シテ此証明ニ誤謬アリ此問題ハ屢数理学者ノ研究シテ未其有無詳ニセサル所ナリ本朝ニ於テ之ヲ究メタル者アルヤ否[305]

この文章はフェルマーの問題（最終定理）を日本で最初に紹介したものであろう。ここで菊池は，フェルマー（P. de Fermat, 1601-1665）が「$x^3 + y^3 = z^3$ に適応する x, y, z の解を求める」問題を提出した事実を述べ，またバロウ（I. Barrow, 1630-1677）はそれを解こうと試みたが，その解答には誤りがあることを説明した。

また，『雑誌』第 58 号（1883 年 5 月）には，当時ドイツ領内にあったシュトラスブルク大学に学び，1881（明治 14）年に帰朝した村岡範為馳によって，「帰納幾何一班」という見出しでライエ（Reye）の射影幾何学の内容が紹介された。全部で 9 章からなり，第 1 章においては，ユークリッド幾何学，画法幾何学，解析幾何学の概念を紹介して，帰納幾何学との区別，関係が述べられている。第 2 章から第 8 章までは，帰納幾何学の定義と具体的な例題の解を展開している。第 9 章では二次曲線の図を書いて，帰納幾何学の説明を与えている。

古市公威と村岡範為馳のような西洋に留学し近代数学教育を受けた人々の名前は，後期の『雑誌』の中によく現れるようになり，数学会社が和算の影響から抜け出してゆく重要な象徴とみることができる。

『雑誌』の第 65 号（1884 年 4 月）には，沢田吾一（1861-1931）がマックスウェル（James Clerk Maxwell, 1831-1879）の『電気及び磁気学』の中の関数論の初歩の部分を抄訳した。見出しは「相属函数ノ説」であり，「$\alpha + \sqrt{-1}\beta$ 若シ $x + \sqrt{-1}y$ ノ函数ナルトキハ α 及ヒ β ヲ x 及ヒ y ノ相属函数ト称ス」と書かれている。すなわち，$\alpha + i\beta$ が $x + iy$ の関数である時 α, β は x, y の相属関数で

ある，と定義している。この記事は，『雑誌』の中の関数論の初出だった。その次には，同じ書物から「単位及ヒ原行之説」という見出しで，西洋で広く用いられている長さの単位「メートル」について紹介した。

　以上は，『雑誌』に掲載された，西洋の数学雑誌や数学書から直接抄訳してなった記事の中から一部分を紹介したものである。これらの紹介により，数学会社時代における日本数学界に伝えられた西洋数学がかなりの高水準であったことが理解できるであろう。

3. 2. 『雑誌』に紹介された西洋数学史

　『雑誌』の西洋の数学者と数学史の解説の多くはごく簡単なものであったが，一部には詳しく紹介したものもあった。

　西洋古典数学史の紹介はごく簡単なものだけだった。古代ギリシャ数学についての記事の例としては，『雑誌』第 16 号に「亜奇氏（アルチメーズ）螺線半匣（其象桃果ノ如シ）アリ中軸径（凹突ヨリ頂点ニ至ル）a ヲ以テ皮面積ヲ求ムルトキハ左ノ如シ起原如何」という記述がある。アルキメデスの螺線について紹介したものである。アルキメデスは亜奇氏またはアルチメーズと書かれた。ギリシャ数学における螺線に関しては，第 39 号（1881 年 8 月）に長沢亀之助の紹介もある。

　『雑誌』は，近代西洋の数学者の紹介を多数掲載したが，詳しいのは，第 49 号（1882 年 7 月）第 5 套の「伽離略伝」だった。

　「伽離略」とは，イタリアの科学者ガリレオ（Galileo Galilei, 1564–1642）のことであり，記事は彼の略歴と業績を紹介したものである。関連する情報として，古代ギリシャの哲学者アリストテレス（384–322 B. C.）の宇宙論，コペルニクス（N. Copernicus, 1473–1543）の地動説，ケプラー（J. Kepler, 1571–1630）の著書，ホイヘンス（C. Huygens, 1629–1695）の振り子時計のことなども紹介された。ガリレオの業績として，望遠鏡を製作し，それを天体観測に利用して月面の凹凸，木星の衛星，太陽の黒点などを発見したこと，及び地動説を支持したことが述べられている。また，落体法則に関する業績と，宗教裁判にかけられたこと，そして失明した悲惨な晩年などについて説明されている。

　望遠鏡の発明に関しては，ガリレオ以前にもそれを作った者がいたが，その

器具は後世に伝わらなかったこと，ガリレオの観測によって，望遠鏡が天文学の重要な機器として定着していったことから，今日の望遠鏡の事実上の祖はガリレオにあるという科学史の考察をしている。最後にガリレオの観察が，宇宙に関する旧説を覆したとする評価を下した。1,400 字ほどの文章でガリレオの伝記と業績，相関する人物を含めて紹介している点に特徴がある。

　『雑誌』は，歴史上有名な数学問題の研究史についても紹介した。例えば，「サイクロイド」についての記事は何箇所かに現れた。最初は，第 5 号（1878年 4 月）で大伴兼行によって掲載された記事だった。また，第 11 号（1878 年 11月）には「エピシクロイドノコト」という短文があり，「サイクロイド」を「シクロイド」と呼んで，その定義をした。またギリシャ語の「エピシクロイド」（epicycloid）が，中国人によって「擺線」と訳されたという記録もある。この「エピシクロイドノコト」という短文の筆者は不明である[306]。

　「サイクロイド」について，特に詳しく紹介したのは，第 50 号（1883 年 2 月）の「サイクロイドノ歴史」である。この記事では，極めて具体的に「サイクロイド」の問題を図を付して説明している。その内容は次のようものである。

　　サイクロイドノ歴史　此曲線ハガリレオノ発明ニ係ルト言フ然レトモウォリスハ其ライブニッツニ送リタル書中ニ曰ク「カルヂナル」高僧ド・キコザハ一千五百十年ニ出版シタル書中ニ之ヲ載セタリ又一千四百五十四年比ノ写本ニモ見ヘタリト。ロベルパルハ其全面積ハ母圓ノ積ノ三倍ナル D ヲ証明シタリ。此発見ハ数多ノ数学家之ヲ為シタルノ栄ヲ争ヘリ，デーカルトハ之ヲ切線ヲ引ク法ヲ示シ。一点 P ニ於テノ切線ハ母圓ノ弦 BQ ニ直角ニシテ即 CQ ニ平行ナルヲ証明シタリ，又之ニ由リテ QR＝PQ＝弧 BQ ナルコト明ナリ，レンハ始テ其弧ノ長サヲ発見シタリ，即チ頂点ヨリ P 点迄弧ノ長サハ P 点ニ於テノ切線ニ平行シタル　母圓ノ弦ノニ倍ナリ故ニ曲線ノ全長ハ母圓ノ経ノ四倍ナリ。パスカル曲線ノ或ル「セグメント」ノ面積及重心ヲ知ルノ法ヲ発見シ又「セグメント」ヲ曲線ノ軸或「セグメント」ノ底線ヲ軸トシ迴轉セシメテ得ル所ノ立体ノ面積及体積ヲ度ルコトヲ発見シタリ，是ニ於テ当時ノ数学者中之ヲ解スル者有ラハ四十「ピストル」金銭ノ名及二十「ピストル」ノ報賞ヲ與フ可シト公言シタリ，ウォリ

ス（佛人）之ニ應スト雖此賞與ハ終ニ受ケザリシト云，ハイゲンスハ「サ
イクロイド」ノ「エボリュート」ハ等シキ「サイクロイド」ニシテ其位置
轉倒セル者ナルコト及「レーデヤス，オブ，クルバチュル」ハ切線ニ直角
ナル母圓ノ弦ノ長サノ二倍ナルコトヲ発見シタリ同氏ハ又此曲線ノ同時質
ノ発見者ナリ則此曲線ヲ轉倒シ軸ヲ垂直ニ置クトキハ曲線ヲ滑テ落ル分子
ニ何点ヨリ発スルモ同時ニ頂点へ達スルコトヲ発見シタリ，ジョン・ベル
ノウイーハ其最短ナルコトヲ発見シタリ，即チ一分子重力ニ由リテ一点ヨ
リ一点ニ達スルニ「サイクロイド」ヲ滑リ落ル時ハ其時間最モ短シト此他
此線ニ付キ記ス可キコト甚タ多シト雖右ニ掲ケタルハ其重大ナル者ナ
リ[307]。

　引用文中のサイクロイドに関わった西洋の科学者は，ガリレオ，ウォレス
（英国人，John Wallis, 1616-1703），ライプニッツ（独逸人，G. W. Leibniz, 1646-1714），
ロベルヴァル（仏国人，Gilles Persone de Roberval, 1602-1675），デカルト（仏国人，
René Descartes, 1596-1650），レン（英国人，Christopher Wren, 原文ではレンの生没年
を 1585-1667 と間違って記載しているが，正しくは，1632-1723 である），パスカル（仏
国人，Blaise Pascal, 1623-1662），ホイヘンス（「ホイゲンス」，オランダ人，Christiaan
Huygens, 1629-1695），ヨハン・ベルヌイ（「ジョン・ベルノウィー」，スイス人，
Johann Bernoulli, 1667-1748）などである。そこで彼らの出身国や生没年が記録さ
れている。

　記事によれば，「サイクロイド」という曲線はガリレオの発明であると言わ
れたことがあるが，ウォレスは，ライプニッツに送った本の中で高僧ド・キッ
ザが 1510 年に出版した書中に「サイクロイド」について記述したものがある
という。また，1454 年の別の写本にも「サイクロイド」に関する記録は見ら
れているとして，「サイクロイド」問題の起源にも注意を向けている[308]。ロベ
ルヴァルが「サイクロイド」の全面積は母円の面積の 3 倍になることを証明し，
この発見は数多くの数学者に興味をもたせたことも書かれている。

　次いで，デカルトによる定義が紹介されている。すなわち，「サイクロイド」
上の一点 P で引かれた接線は母円の弦 BQ に直角になる弦 CQ に平行であるこ
とを証明し，またそれによって，QR ＝ PQ ＝ 弧 BQ なることを説明した。続

いて，レンが $\overset{\frown}{PC} = 2\overset{\frown}{CQ}$，$\overset{\frown}{AD} = 4\overset{\frown}{BC}$ を証明したこと，パスカルが「サイク
ロイド」曲線の或る「セグメント」（segment, 部分）の面積及重心を知る方法を
発見し，またこの部分を曲線の軸，あるいは底線を軸として，回転して得る立
体の面積及体積を発見したことが記されている。ホイヘンスが「サイクロイ
ド」の等時性を発見したことも紹介されている。最後に，ヨハン・ベルヌイが
「一分子重カ二由リテ一点ヨリ一点二達スル二サイクロイドヲ滑リ落ル時ハ其
時間最短シ」，すなわち，鉛直面上の与えられた一点から落下した質点が，他
の与えられた一点に最も早く到達するための経路は「サイクロイド」の弧であ
ると発見したことも重要な問題であるとした[309]。これは最速降下曲線のこと
であり，変分法の起源のひとつとなった重要問題である。

　以上は『雑誌』に掲載された西洋数学史についての記事の紹介である。数学
会社の会員たちは『雑誌』に数学の問題を載せるだけではなく，適宜，西洋数
学史の知識を紹介して，明治初期の人々に西洋数学に関心をもたせる重要な役
割を果たしていたのである。

第 3 節　和洋折衷の学問的理念

　東京数学会社が創設された 1877（明治 10）年頃の日本の数学界では，和算は
完全に歴史の舞台から退場したわけではなく，また西洋数学が十分には制度化
されていなかった状態で，両者が併存していた時期であった。和算家の中から
西洋数学に転じた者の多くは，和算の素養をもっていて，和算と比較しながら
西洋の数学を学びとっていた。洋学者ないし軍人として西洋数学を身に着けた
人々は，洋算を普及させるため，翻訳者として，そして通俗的な西洋数学書の
筆者として数学の発展に貢献した。

　数学会社の実際の数学者の状況を調査してみると，和算の出身者の中にも西
洋数学に興味をもち，それを学習した人が多く，また洋算を学んだと言われる
人々にも和算を理解していた者が少なくなかった。

　明治初期，和算と洋算の両方を理解できる人が，和算の問題を西洋数学の技
法で解答した事例は多い。他方，西洋数学の内容を和算で書き換えるような事
例は少ないが，確かに存在した。

　先に紹介した福田理軒は，明治初期の和洋折衷の代表的な人物の1人である。彼は自分の塾—順天求合社で和算と洋算の両方を教えていたが，1871（明治4）年の課程のなかには算術から微積分まで書かれていた。彼の和洋折衷の考えを証明する以下のような資料がある。

　　　　童子問テ曰ク，皇算洋算何レカ優リ何レカ劣レルヤ。曰ク，算ハコレ自
　　　然ニ生ズ。物アレバ必ズ象アリ。象アレバ必ズ数アリ。数ハ必ズ理ニ原キ
　　　テ其術ヲ生ズ。故ニ其理万邦ミナ同ク，何ゾ優劣アラン。畢竟優劣ヲ云フ
　　　者ハ其学ノ生熟ヨリシテ論ヲ成スノミ」「又問テ曰ク，其学ハ何レカ捷敏
　　　ナル，又何カ学ビ何ナルヤ。曰ク，捷敏ハ学者ノ任ニ在テ，ソノ巧不巧ニ
　　　ヨルベシ。何ゾ術ニ関カランヤ。又其学ニ於ルヤ，何ゾ可不可アラン。
　　　〔中略〕然レドモ其器技ノ得失ヲ論ゼバ異ナルベシ。皇邦ノ学ニ在テハ，
　　　珠算必ズ捷敏ナラン。又洋書ヲ読ミ其学ヲ修スルノ人ニ在テハ，筆算ニ如
　　　クハナシ。…[310]

　すなわち，福田はこの問答形式の文の中で，日本の伝統数学と西洋の数学には優劣の差がない，ただし，両者の間の得意，不得意は自らあると認めている。
　ほかの例をあげてみると，1876（明治9）年，外山利一という人物は『点竄問題集解義』を書き，洋算の代数書にある問題を全部和算で解いている。また，1886（明治19）年，柳井貞蔵という人は『筆算通術解』という写本の中で洋算問題を和算で解いている[311]。
　これらは，和算と洋算の競合時代に和算と洋算の「通約」性を求めようとした試みであろう。
　和算の問題を西洋数学の方法で解こうとか，西洋数学の問題を和算の技法で解釈しようとした努力は，『雑誌』の中にも見いだすことができる。
　『雑誌』には，和算問題を西洋数学の方法で解答した例題が多く掲載された。それらの中から典型的な例を二つ紹介しよう。
　『雑誌』で最初に和算と西洋数学の方法を比較したのは柳楢悦であった。第1号の第10套の「極大極小ヲ求ムル捷法」において，彼は伝統的な和算の問題を西洋式の導関数を用いた方法で解いて，洋式の優位性を説いた。柳のこの

記事に注目した，ある民間学者が，『雑誌』に投稿し，和算と洋算の関連に対する意見を述べている．以下では，この問題を紹介する．

柳楢悦が提出して解答した問題は次のようである（句点は筆者が付けた）．

第十套　極大極小ヲ求ムル捷法西式　柳楢悦稿
凡算題ハ辞ニ極数アリ．其極ヲ過クルトキハ開方式ヲ得ルモ解商虚偽ヲ得ル．其極限ヲ求ムル法，我国ニ於テハ関孝和適尽諸級数ヲ考明シ，以テ多少極ヲ定ム．其術確乎トシテ泰西多少極ノ術ニ比スレバ，簡易ニシテ而モ微分商ヲ求ムルノ労ナシ．然レトモ弧背ニ関係スルトキハ迂遠困難，其括法洪ニ煩シ．故ニ先哲弧背ニ関係スル極題ヲ作ルモ皆邪術ニシテ，其真ヲ得ス．

五明算法，拾機（璣）算法等之術皆非也[312]．天保ノ際，斎藤宜義円理鑑ヲ作リ，正術ヲ発シ，

以テ前人ノ邪術ヲ明ニス．予宜義ノ法ヲ視スト雖モ，予カ考究スル処ト全ク等シク，関氏ノ適尽法ニ原キ，円理ノ畳法ヲ用ウナルベシ．其起原甚ダ迂遠ニシテ，一題二，三葉ノ解義ヲツクラザレハ其全結ヲ得ス．今西式ノ微分法ヲ施トキ，簡易便捷ニ多少極ヲ得ル．此レ未ダ本朝算家ノ知ラザル処ナリ，因テ今此術ヲ略解シ．好算家ノ一助ニ備フ[313]．

柳によれば，極限を求める方法は和算の中に存在していると言う．関孝和は「適尽諸級数法」を発明したが，その方法により「多少極」を定めることができる．関の方法は西洋の「多少極」を求める方法と比べれば，微分商を求めることがないので，西洋の術よりも簡単である．だが，弧背[314]に関係する問題を解決する時は，その方法は難しくなり，計算も煩雑である．それゆえ，和算家の先人が作った，極限を求める「弧背」に関する問題には間違いが多かった．『五明算法』，『拾機算法』の中の解答も全部間違っている．天保の頃，斎藤宜義が『算法円理鑑』を著し，正しい方法を発明し，先人の間違いを正した．私（柳自身）が斎藤の方法を検討したところ，私の方法と一致しており，関の「適

尽法」に基づいて，円理の疊法（積分法のこと）を使うべきであった。そのように解答するとひとつの問題に 2，3 枚の紙を用いて解義を作らなければ，その全部の解は得られない。ところが，このような問題に西洋の微分法を施したら，非常に簡単に「多少極」を解くことができる。この方法は未だにわが国の数学者にはよく知られていないので，ここで，この西洋の技法を解説して，数学愛好者に提供しよう，というのである。

　続いて，柳は図を描き，接線を引いて，その線の正接（tan）が微分商であり，tan が空（零）の時，多少極に至ると書いた。さらに，この方法は弧背に限らずすべての問題に適応できると述べている。和算家は，柳が述べているとおり，煩雑な方法で $f'(x)$ まで計算したが，$f''(x)$ まで考案した人は存在しなかった。

　さらに柳は二つの問題を紹介し，先の技法で，現代式の解答を提供した。その一番目は「直円錐が与えられた時，その中の最大容量の円柱の高さはいくらか」という問題で，問題を表す代数式は三次多項式になる。柳はこれを微分して dy/dx を求め，さらに $f(x)$ を求めている。

　柳は江戸時代の和算家のように $f''(x)$ を考えていないように見える。それは，先の引用文の中の「本朝算家ノ知ラザル処ナリ」という言葉が示唆している。すなわち，和算家の多くは，2 回微分の計算をしていなかったのである。

　第二番目の問題は『算法円理鑑』（1834）の中の問題であり[315]，ここで解説は省略するが，柳は，その問題について，「円理ノ極数術ヲ施スモノハ其解容易ナラズ泰西数学ノ便捷ナルコト上ノ如シ」と書いている。和算と洋算の両方が理解できた柳は，この一文によって洋算の便利さが証明できるという考えを表明している。

　次に『雑誌』から，和算の問題を洋算で簡単に解いた一例を紹介しておこう。これも柳と関係のある問題である。というのは，1878（明治 11）年，和算に造詣の深い群馬県の萩原禎助は『円理算要』という本を書いたが，その書物には柳の序文が付されているからである。柳は萩原に序文を求められ，それに応じたのである。柳は序文の中で，次のように書いた。

　　　　ソレ数学ノ要ハ，代数，微分，積分ノ三術ニアリ。〔中略〕積分術ハ即
　　　チ昔ヨリ称スル所ノ円理術ナリ。文政天保ノ間ニ至ッテ，此術愈精微ヲ究

ム。〔中略〕輓近ニ及ビ西洋算法大ニ行ハレ，〔中略〕深ク本朝数学ヲ修ム
ルモノ漸ク稀ナリ。蓋シ彼ノ積分術ハ，我ガ円理術ト真理全ク一ニ帰ス。
然モ其解法大ニ異ル。我法ヲ以テ西式ニ比スレバ，畳法捷便，我レ其右ニ
出ヅト云フト雖モ，豈謾言ナランヤ。然モ深ク之ヲ修ムル者漸ク衰ヘ，マ
タ文政天保ノ盛ヲ今日ニ見ズ。予憾ムナキ能ハザルナリ…[316]

　この序文は，柳が1878（明治11）年，欧州諸国の観象台（天文台）を巡視し
て帰った後の10月に書かれたものである。

　ここで，柳は，数学で最も重要なのは，代数，微分，積分であり，積分は和
算のなかの円理術に相当すると書き，また，1877（明治10）年頃，和算を学ぶ
者が少なくなり，西洋の数学を習得する者が多くなっている状況を指摘した。
柳によれば，和算を軽視するのは間違いだという。というのも，洋算の積分法
に当たる和算の「畳法」は捷便であり，西洋数学の方法に必ずしも劣るわけで
はないからである。続いて，柳は和算研究の衰退に遺憾の意を表している。そ
して，萩原の数学の問題はその簡明な解答のゆえに西洋の数学書には類例を見
ないと称賛し，彼は和算を振起させる人であると評価したのである。ここで，
柳は伝統数学—和算が西洋数学より必ずしも劣るわけではないという意見を表
明し，和算研究者が少なくなり，和算が衰退の方向へ向かっている現状に憂慮
の念を示しているわけである。

　柳は，1879（明治12）年2月発行の『雑誌』第19号においても，「近時上州
人萩原禎助著ス所ノ円理算要ハ，我算書ノ冠タルモノニシテ，難題最モ多ク答
術頗ル簡ナリ。恐ラクハ欧米ノ算儒ト云フトモ，容易ニ之ヲ通解シ能ハザルモ
ノト云フベシ。今其ノ問題ニ洋式ヲ施シ，西国積分ノ術ハ我円理豁法ノ右ニ出
ルノ証ヲ挙ゲンコトヲ乞フ」と書いた。ここで，柳は萩原の本の問題を西洋の
方法で解いて挑戦することを勧め，西洋数学が「円理豁法」より優れているか
どうか示して欲しいと促したのである。

　以上の二つの引用により，柳の和算と西洋数学に対する両義的な気持ちがうか
かがわれる。数学会社が創設された1877（明治10）年頃，日本の数学界では和
算と西洋数学が並存しており，和算と洋算の優劣の比較が時の大きな問題と
なっていた。ところが，社会が西洋近代化し，また西洋数学を専門的に学ぶ人

が多くなるにつれて，西洋数学の優位性に気づく者が多くなっていた。そういった時勢に和算が西洋数学によって圧倒されるのは時間の問題になっていた。柳は数学会社初期の指導者として，西洋数学の優れている一面を確かに認めた。だが，和算を習得した経歴があったため，伝統数学の魅力をも棄てきることができず，和算の衰退しつつある運命に悲観的感情を覚えていたのである。柳にはそのようなアンビヴァレントな感情が読みとれるのである。

それから3年後の1882（明治15）年2月に発行された『雑誌』第44号には，柳が第19号に掲載した『円理算要』の問題への積分の方法による簡単な解法が掲載されている。筆者は長沢亀之助であった。それは，穿面笠形，すなわち，笠の形の体積を求める問題であった。「穿面笠形」とは曲線 $y = \dfrac{R}{2} cos\left(\dfrac{2x}{R}\right)$ を，y軸の周りに一回転して得られる回転面であり，その体積は積分法で簡単に求められる。長沢が西洋数学の方法で簡単に解いた最後の結果は，『円理算要』の結果と一致する。最後に長沢はこう書いている。

　　往日萩原禎助氏上京ノ際，余ニ謂テ曰ク，「本題ノ如キハ浅近ノ題ナリト雖モ，之ヲ円理ニテ解スレバ，畳法〔積分法のこと――引用者〕ヲ施ス前ニ〔中略〕級数ニ解キ〔展開すること〕，之ヲ畳ミテ，マタ，之ヲ括ラザレバ〔級数の和を求めなければ〕術文ノ如クナラズ。蓋シ洋式ニテ解セバ如何ナラン」ト。余由テ直ニ之ヲ解シテ同氏ニ示シ，且ツ曰ク，「洋式ニテ解ケバ，級数ニナシテ積分スルニ及バズ，大ニ簡便ナル所アリ。今一歩ヲ進メテ，其然ル所以ヲ述ベン。元来，円理ナルモノハ，代数式ノ積分ノミニシテ，弧背八線〔逆三角函数のこと〕等ニ関係スル，凡テ超越式函数ヲ積分スルノ法ナシ。コレ其解中，級数ヲ用ヒテ冗長ヲ致ス所以ナリ[317]

萩原の自分の問題に西洋式の答えを求むという問いに応えて，長沢は簡明な答えを提供できたわけである。当時，萩原は54歳で，長沢は22歳である。西洋数学を独学で学んだ若い長沢は，何十年も和算で研鑽を積んできた萩原の提出した問題を西洋の方法で簡単に解いて見せたのであった。

『雑誌』には，このように先の号に掲載された和算の問題を後の号に西洋式の方法で解いてみせる事例が多く載せられている。和算家と西洋数学を学んだ人々で構成された数学会社においては，和算問題と洋算問題がそれぞれ独立に掲載された外，それぞれの問題を他流の方式で解いてみせるという「通約」的な仕事も続けられた。しかし，以上の二つの事例は，会社内外で，西洋数学の優位の認識が一般的なものとなっていった時代の流れを如実に示しているのである。このようにして，時代が進むにつれて，『雑誌』に掲載され，討論される和算問題はますます少なくなり，洋算の優位性は徐々に認められるようになっていった。筆者が確認したところでは，『雑誌』第 42 号以降に，和算問題の現れたのは第 47 号に 2 問，第 60 号に 1 問，第 62 号に 1 問だけであった。第 63〜67 号には，もはや和算問題が載せられることはなかった。日本の伝統数学たる和算が西洋の数学にその地位を譲り渡すのはもはや当然な歩みであるかの如く思われる趨勢となったのである。

第 4 節　数学用語の整備と訳語会

　明治初期の日本における数学用語の整備は東京数学会社と密接な関連がある。東京数学会社の設立前にも，西洋の数学著書を翻訳するにあたって，数学用語の対照表が作られた例があるが，本格的に数学用語が整備されたのは，1880（明治 13）年 7 月に，東京数学会社による訳語会が設置されて以降である。訳語会により，数学用語の統一が企図され，その会合によって多くの新しい数学用語が決められることになった。

　訳語会の設置は，東京数学会社設立後の一つの事業であるが，訳語会が明治時代の数学用語の決定に果たした役割，および西洋数学書を日本語訳する作業を順調に進めたことや，西洋の数学文化の受容に与えた影響により，ここでは，明治時代の数学用語の変遷の過程を訳語会に視点を置きながら，検討することにしよう。

1. 訳語会の設立背景

　明治初期の日本数学界において，既に様々に訳されていた西洋の数学用語を統一することは緊急に解決すべき課題であった。数学会社の初代社長の1人である神田孝平は『東京数学会社雑誌』第1号「題言」の中で，数学会社が今後するべきことのひとつとして，「諸名義訳例等ヲ一定ス可キナリ」と指摘し，日本数学の将来を見通した見解のもとに，近代日本における数学用語の統一の重要性を強調していた。すなわち，神田は数学会社初期の指導者の1人として，数学会社の主要な任務として訳語統一を提案したのである。

　後期の数学会社の発展に重要な役割を演じることになった菊池大麓は，西洋の数学用語，及び科学技術の用語を日本語に訳することに非常に関心を寄せていた。菊池の「学術上ノ訳語ヲ一定スル論」と題する論文から，彼の訳語に対する見方を考察すると共に，明治初期の学術用語の翻訳における時代背景を窺うことにしよう。

　菊池は同論文において，まず，「学術研究ニ最モ必要ナル事ノ一ハ，其名辞ノ確当ナルコト是レナリ」[318]　と書き出す。英国に留学していた菊池には19世紀後半の西洋諸国の学術状況が分かっていた。その上で「西洋各国ニ於テモ，学術上ノ名辞ハ未タ完全ナラスト雖トモ，略々確定シタル」[319]　と指摘し，西洋諸国の学術用語の確定状況に触れた後，西欧の学術用語が日本の訳者によって様々に翻訳されているが，それは読者の側からすると大変不便なものである，と明治初期の訳語不統一にともなう混乱状態を指弾したのである。また，一つの学術用語には一つの訳語を当てるべきであるという原則を主張し，学術的な訳語の決定を重視していた。

　さらに菊池は，直接西洋諸国の原語を使うことはあまり好ましくないとしたが，諸外国に門戸を開いたばかりの日本の時代背景を鑑みて，訳語を付けることが非常に難しい場合に限り，西洋の原語を用いることもやむを得ない，と容認したのである。そして，この論文の最後において菊池は，訳語を決定するにあたっては，中国で梵語の翻訳を政府の力でやったような方法ではなく，各学問分野の学会，あるいは研究者の集まりでおこなうべきだということを主張した。そして，文部省はその仕事に賛同し，それを補助すべきであり，そのよう

な仕方によってこそ正確な訳語が決定でき，訳語の統一を実際に最もスムーズに実現できると主張した。

また，菊池は訳語会に関連して，数学用語だけでなく他の学問分野でも訳語の統一に取り組むべきことを提唱していた。1881（明治 14）年，東京大学理学部長に就任していた菊池の考えは，数学・物理学などの分野では実行されていた。数学界では，民間数学者のなかに一部，訳語の統一に反対するものもいたが，菊池が主張した訳語統一の理由と方法はともに支持されたのである。

訳語会の設置に反対の立場を取った数学者に上野清がいた。彼は雑誌『諸学普及数理叢談』の第 44 号に，数学の用語は時代の流れに任せて，また多数の人が使っている用語を用いるべきであるとする持論を展開した。この論点に対し，中川将行は『雑誌』の第 31 号（1880 年 12 月）〜第 37 号（1881 年 6 月）（第 36 号を除く）に論文を発表し，上野の批判に反駁した。

本章の後段に示すように，訳語会の仕事に非常に熱心に参加したのは，中川将行であった。中川は訳語会を設置する必要性と重要性に対する深い見識をもっていたのである。彼の上野清に対する反論をみよう。

まず，上野の「訳語会ノ事業ハ牽制スヘキ権力ナキ者カ漸ヲ以テ成リタルモノヲ改正スルノ業ナリ」[320]とする観点に対しては，中川は「牽制スヘキ権力トハ，君主専制国ノ君主カ其臣民ヲ統治スルノ権力ノ如キモノナルヘシ，仮令ヒ牽制スヘキ権力アルモノナリトモ，漸ヲ以テ成リタルモノヲ遽ニ改メンコトハ為スヘカラサルノ業ナリ，余輩豈ニ漸ヲ以テ成リタル訳語ヲ改革スルカ如キ従ラナル業ヲ執ランヤ，其未タ成ラサル訳語ヲ定メント欲スルナリ」[321]と切り返している。時間をかけて作られてきた訳語を変えようとするものだとする上野の批判に対して，中川は，そうではなくて未確定の訳語をさだめようとしているのだと反論した。このあたり，既に翻訳をして多くの訳語を定着させてきたと自負する上野と，西洋数学の全般的な導入を意図しているがまだそれは始まったばかりだと考えていた中川の認識の違いが現れている。

また，当時の日本の数学用語が，和算用語，支那伝来語，西洋語の三つに分かれていると論じた上野に対して，中川もそのひとつひとつを分析し，反論を加えた。例えば，上野が西洋数学の用語のほとんどは和算用語に帰着できるとする勢力がいると論じると，中川はそうしたことができるのは，長方形や円な

どの用語だけであろうと論じた。

　更に上野の中国語訳が勢力を強めているとした見解に対しては，中川が，中国語訳はまだ西洋数学の用語の一部，それも初等的なものに限られているとした。

　また，新たに訳語を作るとやがて訳語から原義が分からなくなってしまうとした上野の指摘に対し，中川は，西洋数学の用語の意味を無視して定められた数学用語を用いるべきではなく，訳語会で意味を考えた訳語を作るべきだと論じたのである。

　そして，上野が日本の数学は混乱を極めた状況にあるので，訳語の統一は成功するはずがないと結論したのに対して，中川は知識人の間で訳語統一への期待が高く，訳語会を設立し，訳語を一定することに意義があると主張したのである。

　以上のように，訳語会設立にあたって，中川は数学会社の会員と協力する姿勢を示し，上野に代表される反対論者と議論を交わして，数学用語の整備化される重要性を主張したのである。

2.　学術用語と漢語の役割

　江戸時代から明治維新まで日本で展開していた数学——和算での数学用語は，中国から伝来した数学用語と和算家自身の創作用語で占められていた。中国から伝えられた用語としては，中国の古典数学書の中に使われていた用語があった。例えば，「方程」，「勾股」，「三角」，「円」などである。もうひとつの系統は，16世紀末以降，イエズス会宣教師と中国人学者が共訳した数学書の中で用いられた翻訳漢語，あるいはその影響で書かれた『暦算全書』（梅文鼎遺著，1723）などで用いられた数学用語があった。例えば，「幾何」，「面積」，「体積」，「正弦」，「余弦」，「対数」などである。和算家の独創による用語には，「円理」，「豁術」，「容術」，「弧背術」，「点竄」，「傍書」などがあった。

　先述した長崎海軍伝習所では，国防の必要性により，科学技術教育の一環として，西洋数学の教育が行われた。そこでの教育はオランダ語で行われ，通訳を担当したのは，オランダ通詞たちであった。だが，通訳のオランダ語の能力

は十分でなく[322]，西洋の数学用語に対応する適切な日本語を見いだすことも困難であったため，この時の西洋数学の教授は，円滑なものではなかったと思われる[323]。日本人学生へのオランダ語による授業で使われた数学用語は，当時の授業科目から窺えば，点竄，算術，対数，幾何，三角法などであったことが分かる[324]。ここには，和算用語と中国語訳された西洋数学の用語の両方が見られる。

　清末の中国では，アヘン戦争を契機に英学が盛んになり，特に，宣教師たちの手により多くの西洋の学術書が中国語に翻訳されるようになった。明治初期の日本人が西洋の学術書を学ぶにあたって，中国語訳の洋書に訓点を施し西洋学術の理解に努めるというやり方をとった。漢学者だけに限らず，幕末・明治期の蘭学者や洋学者も漢語読解能力が高かったため，彼らは漢語訳書籍を参考にしながら，西洋の事情に精通することが可能であった。加えて，漢字の持つ多義性は，彼らが西洋の新奇な学術用語に遭遇した際の新たな造語を可能にした。言い換えれば，西洋の学術書を翻訳する場面にあって，彼らは漢字文化の教養を遺憾なく発揮し，漢語の造語力を駆使したのである。その結果として明治初期以降，日本語に多くの新しい漢字用語が増えることになったのである。

　漢字用語の増殖の様子について，英語学者のヘボン（J. C. Hepburn, 1815–1911）は『和英語林集成』3 版の序文で次のように述べている。「あらゆる分野における日本語の驚異的，かつ急速的変化のために，辞書の語彙はこれに合わせて増補することは困難であった」。しかも，「これらの新語の大部分は漢語である[325]」。また，日本人が本格的に英語に取り組もうとした時にも，彼らは英語–中国語辞書の中国語訳に訓点を施して用語の吸収に励んだ。例えば，中国ですでに刊行されていた『英華辞典』を参照して日本人は英語を学んだのである[326]。特に，漢訳西洋科学書は明治初期の日本人が西洋科学技術の知識を身につける上での一つの重要なルートになったのである。

3.　訳語会成立以前の数学用語

　1862（文久 2）年，中国へ視察に行った日本人によって漢訳西洋数学書が輸入されたが，それらの漢籍で使われていた数学用語が，幕末・明治初期の日本

における数学用語の起源のひとつになった。ここでは，数学用語に対する中国からの影響を論じる。

　長崎海軍伝習所に次いで，蕃書調所，沼津兵学校などのいくつかの公的教育機関や，それ以外の私塾においても西洋数学の教育が行われた。それら機関での数学教育に使用された数学用語は，不統一の状態にあった。こうした経緯を踏まえると，長崎海軍伝習所が創設されてから数学会社において訳語会が創設されるまでの四半世紀の間，日本の数学界が使用していた数学用語には，おおよそ次の三つの起源があったと考えられる。

　その第一は，先述の漢訳西洋数学書に使われていた用語である。19世紀後半，宣教師と中国人数学者たちは多くの数学用語を翻訳した。その中で，特に，ワイリーと李善蘭の貢献が大きかった。1859年に刊行された『代微積拾級』には，330個の英文の数学用語とその翻訳語との対照表が付されており，日本人が西洋数学の原典を翻訳する際にも参考にされたものと思われる。『代数学』の中には翻訳語の対照表こそなかったものの，これらの漢訳西洋数学書に使われていた用語は，日本でも十分使えるものであった。『代微積拾級』の漢・英主要数学用語の対照表の中から，訳語の例を挙げてみよう。参考のために，括弧（　）内には，現在通用している用語を示しておいた。

> Function―函数，Algebra―代数学，Arithmetic―数学（算術），Axiom―公論（公理），Differential―微分，Equation―方程式，Maximum―極大（極大値），Integral―積分，Root―根，Theorem―術（定理）[327]

　上記の例から分かるように，ワイリーと李の制定した用語の多くは，今日の目から見ても非常に適切であったと言える。もっとも，今日とは異なる用語も一部存在している。例えば，Arithmetic，Axiom，Theoremなどの訳語がそうである。今日では，Arithmeticは「算術」，Axiomは「公理」，Theoremは「定理」が用いられているのだが，これらの用語は，後で述べるように数学会社の訳語会で提案され，最終的に採用された訳語である。それが日本からの影響によって中国でも現在の用語が使用されるようになったと思われる[328]。Functionは今日の中国ではワイリーと李が訳した用語である「函数」を使っているが，現

在の日本では「関数」と表記している。

　第二には，和算書などで使われていた既成の用語である。江戸時代 250 年の永きに渡って継承され，発展してきた和算では，少なからぬ数学用語が定着していた。西洋数学の教授が始まった当初，西洋数学の用語に対応する適切な訳語として，和算用語を代用することもひとつの選択肢であった。西洋数学の用語の翻訳に際して，和算の用語が使用された典型的な事例を挙げるとすれば「点竄」があろう。幕末・明治初期において西洋数学を教授した教育機関では，「点竄」が Algebra の訳語として登場することになるのである。

　このように，和算の用語をもって西洋数学の用語に代替することもひとつの方法であった。だが，この時代の日本の数学界において，西洋数学を直接に学んだ者たちが，和算の深遠な用語を究めることは難しい状況にあったであろうし，西洋数学の用語を適切な和算用語に置き換えることも容易ではなかったと思われる。

　こうした実情を鑑みた上で，新時代の数学者たちは，自分の理解した西洋数学の原意に基づいて，新たな数学用語の創造を試みたのである。これが第三番目の起源であり，明治初期の日本数学界に，数多の新しい数学用語が登場する契機となるのである。また，この時期には，西洋数学書の翻訳運動が盛んに行われ，いわゆる「翻訳全盛時代」が出現していた。この時期の数学者は翻訳西洋数学書を刊行するにあたって，意識的に数学用語を訳本の巻頭に付け，翻訳書中で使用する用語の一覧を前もって示すようにしていた。

　例を挙げておこう。本書の第 2 部で紹介したクラーク述（山本正至，川北朝鄰訳）『幾何学原礎』の最初の 7 ページには，「訳語」として 71 語が掲載された。言うまでもなく原本は初等幾何学書であるから，71 個の術語は全て幾何学の用語に関わるものだった。例えば，Rectangle ― 矩形，Right angled ― 直角，Straight line ― 直線，Theorem ― 定理，Parallel ― 平行，Axiom ― 公論などである。翻訳書の巻頭に，原語の意味とその日本語訳を表記する形式にした背景には，原書が用いる用語の日本語訳を予め決めておき，これに倣いながら翻訳書中で使用する用語（訳語）を全体的に統一するための配慮があったと思われる。

　また明治初期には，日本人数学者が編集した数学の用語集や数学辞書類も現れた。1871（明治 4）年，橋爪貫一は『英算独学』を上梓したが，その書中に「算

術ニ就テ有用ナル英語」と題してアルファベット順に算術と三角法に関する
109 個の原語とその訳語を載せた。これは，われわれが知る限りの日本最初の
数学用語集である[329]。『英算独学』で使われた数学用語を例示すれば，Algebra
―代 数，Geometry ―測 量 学，Mathematics ―数 学，Function ―函 数，Fraction
―分数，Circle ―圓体，Root ―平方，Radius ―半径，Proportion ―比例などが
あった。ついで明治 5 年に，橋爪は『童蒙必携洋算訳語略解』を刊行したが，
本書は簡単な和英数学辞書と呼べるもので，主として，数学と天文学（当時は
星学と呼称した）の用語を扱った。その最初の頁には「索引」を付け，いろは
順に訳語とそれに対応する西洋の数学用語がカタカナルビをふり，適宜，挿絵
で解説を補った。例えば，「鋭角」，「圓錐形」，「圓筒」等の名詞のそばに簡単
な絵が付いている。「算盤 ― Abacus」の項目では，西洋で使われていたそろば
んを日本のそれと比べて紹介している。また，Arithmetic は「算術」と訳出さ
れるが，Algebra には「点竄術」と「代数学」の二通りの訳語が与えられた。
そして最後に「数字ハローマ体トイタリア体」の二つに分けると書いており，
今日の「インド ― アラビア数字」を「イタリア数字」と誤って紹介している。
その他に，Algebra ―代数学，点竄術，Geometry ―測度術，Mathematic ―数学，
Arithmetic ―算 術，Fraction ―分 数，Circle ―圓 体，Trigonometry ―三 角 術，
Unit ―単位，Factors ―因数，Divisor ―法，Dividend ―実，などが目を惹く訳
語である[330]。

　以上 2 冊に現れた数学用語を比較すると，それらの間の日本語訳はほとんど
一致しており，この事実をもって推測すれば，橋爪は 1871（明治 4）年の『英
算独学』に基づいて，翌年に『童蒙必携洋算訳語略解』を完成させたと考えら
れる。なお，それら訳語のなかで注目すべきは，橋爪が『英算独学』の中で
Algebra を「代数」と訳出したのに対して，翌年には「代数学」と「点竄術」
の二つの訳語を与えていることである。実は，Algebra を漢訳西洋数学書に基
づいて「代数学」と訳すか，和算伝統の「点竄術」と訳するかは，後々まで論
争が続く重要案件になったのである。また Mathematics を「数学」，Function を
「函数」，Unit を「単位」と訳したことは今日と同じである。また，Geometry
を「測度術」と翻訳しているが，これはギリシャ語の原義に近い訳語と言える。

　1878（明治 11）年，山田昌邦は『英和数学辞書』を著したが，本書は数学用

語に関する日本最初の体系的辞書と考えられている。筆者の山田がその序論で述べたように，この辞書は主に，デーヴィスとペックの *Mathematical Dictionary and Cyclopedia of Mathematical Science*（1855）から数学用語を拾い出して訳語を添えたものだった。訳語の編集にあたっては，まず原語がアルファベットの順番で並べられ，これに日本語訳が付けられた。

　例えば，Axiom—公論，Theorem—定義，Analysis—式解，Definition—定解，Postulate—定則，Prime number—不可除数，Proof—試験，Lemma—助言，Square—正方形，Circle—圓，Rational quantity—根号を有せざる式，Incommensurable—等数を得べからざる，Irrational—開き尽くすべからざる，Coordinate—縦横軸，Similar figures—同形，Sector—圓分，Root—根，Cube root—立方根，Infinity—無窮，Limit—界限，などである。

　これら山田の与えた訳語の中には，今日のものと異なるものも少なくない。だが注目すべきは，山田が Algebra には「代数学」，Arithmetic には「算術」のみを訳語として採用したことである。この Arithmetic に関しても訳語決定までには，Algebra と同様しばらくの時間を要することになった。また，本辞書には数学の訳語に続けて，「数学記号」の日本語による説明と「英佛貨幣度量衡表」が付けられたことも特徴の一つに挙げられよう[331]。

　数学会社が創設された明治 10 年代に入ると，多くの翻訳西洋数学書が出版されるようになった。だが，数学用語の訳語は不統一の状態にあった。ひとつの数学用語に対して多数の日本語訳が使われ，また逆のケースとして，同じ日本語訳に対応する西洋の原語が異なることなどがごく一般的に見られたのである。例えば，今日の公理に対応する Axiom の訳語には，公論，公理，格言，公則など，また今日，直角三角形と訳されている right-angled triangle または right triangle に対して，正三角形，直三角形，直三形，直角三角形，勾股形などの複数の訳語が存在していた。

　このように数学用語が何ら定義されることもなく，不統一のままに使用される学問状況から生じた日本語の数学用語統一問題は，当時の数学界において緊急に解決されるべき課題であった。この焦眉の急たる課題を学会の使命として成し遂げたのは，数学会社であった。

4. 数学用語の翻訳

4.1. 訳語会の設置

　数学会社が設置した訳語会の活動は，数学会社の発展期にあたる第 2 期に行われた事業である。1880（明治 13）年の 7 月 10 日，訳語会を設置することが討論された。その 1 ヶ月後の 8 月 7 日，共存同衆館において 7 名の委員が参加した委員会が開かれ，「訳語会会則」が決定された。そして 8 月 20 日に発行された『雑誌』第 27 号には，「訳語会会則」と訳語の草案が掲載された。「訳語会会則」第 1 章の「通則」では，まず，「第一条　数学訳語会ハ本年九月ヨリ始メ当分毎月第一土曜日午後二時ヨリ共存同衆館ニ於テ開席ス」[332] と定めて，訳語会の開催日時と会場等のほか，議長，定議員，学務委員の責任者などを決め，また決定した訳語を『雑誌』に載せることなどを規定した。第 2 章の「会場規則」では，「第一条　議事中ハ他ノ論談ヲ禁ス，第二条　発言セント欲スル者ハ先ニ起立シ議長ノ許スヲ竢テ其意ヲ演フベシ…」[333] などと定め，訳語会の運営や具体的な討論方法などを詳しく規定した。訳語会に出席した委員の発言内容は，書記員が記録することも定めた。また，7 月 10 日の委員会で訳語草案作成者に任命された中川は，『雑誌』第 27 号に 27 個の数学用語と四則運算の訳語案を投稿した。中川の訳語案からいくつかの訳語を拾い出して下記に紹介しておこう。

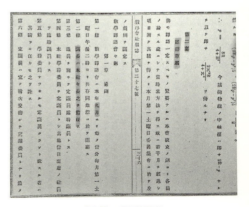

図 29　訳語草案

Quantity―数（凡ソ増減シ得ベキモノ又其大小軽重ヲ測リ得ベキモノ），Number―数（一，二，三，等ノ如シ），Root―根，Mathematics―数学，Arithmetic―算数学[334]

　9 月 4 日には，出席者 18 名で数学会社の例会を開催し，『雑誌』第 28 号を発行した。そ

して同日の午後3時から5時まで，先に定めた会則に従って第1回の訳語会が持たれた。この会合では，8月7日に議定した「訳語会会則」の内容を再び討論し，その一部を改訂した。例えば，「通則」第2条に「副議長ハ定議員中ヨリ選挙ス」という人事条項を追加した。また，訳語についての討論会では，出席した会員の抽選によって会の席順を決めるようにした。さらに数学会社の学務委員が常任委員となり，これに訳語会へ参加した会員を加え，総称して「定議員」と呼ぶことを定めた。訳語会の事務委員として，真野肇，駒野政和，古家政茂，平岡道生，鏡光照，真山良の6名も選定した。そして，毎月第一土曜日の例会の後，訳語会の会合を持つこと，会合に先立って候補となるべき訳語を提示しておくこと，その上で自由に討論し，最後に多数決で訳語を決定すること，書記員は決定された訳語を記録することなど，訳語決定作業に係わる重要な基本方針も決めた。

数学会社時代に，数学用語，数学の各分野の名称を決めるために訳語会は計21回開催された。また，1883（明治16）年10月からは，日本工業協会の依頼を受けて，工学に関する数学用語を決めるための訳語会も6回開かれた。数学用語の中で，算術に関する用語を決定した訳語会の開催日と決定用語数を一覧にすれば右の表のようになる。

算術に関する訳語の草案は全て中川将行が作成し，決定用語数は171個であった。その最後の会合となった第15回では，Arithmetic―算数学の訳語について討論した後，代数学に関する用語13個が決められた。

代数学に関する用語を決定した訳語会は表8のようになる。訳語草案

表7　算術「訳語会」開催日と決定した訳語の数

開催回	「訳語会」開催日	決定訳語数
第1回	1880.9.4	5
第2回	1880.10.2	26
第3回	1880.11.6	16
第4回	1881.1.22	10
第5回	1881.2.4	13
第6回	1881.2.26	17
第7回	1881.3.5	20
第8回	1881.4.2	5
第9回	1881.4.23	15
第10回	1881.5.7	10
第11回	1881.7.2	11
第12回	1881.9.17	20
第14回	1882.1.7	2
第15回	1882.2.4	1（算数），13（代数学）

の作成者は平岡道生であった。これらの会合では第 15 回の決定用語と合わせて 84 個の用語が決まった。

1883（明治 16）年 4 月 7 日の例会において，岡本則録が「数学大科目」（すなわち，数学の研究領域の名称）の訳語を一定にすることを建議すると，参加者全員がこれに賛同し，岡本が訳語の草案を作成することになった。そして，同年 6 月 2 日の例会において，菊池大麓を議長にして，岡本の作成した草案に基づき数学の研究領域を表す用語 21 語を決めた。例えば，Trigonometry―三角法，Calculus of variations―変分法，などの用語である。またこの日の例会で，山川健次郎の提議により，「重学ニ係ル分ハ物理学会ト聯合シテ議スルコトニ決ス」と定め，物理学に関する用語については，数学会社が東京数学物理学会に改組された後に討議することになった。

数学会社は 1883（明治 16）年 9 月 1 日に例会を開いた。この日，2 月 3 日の工学協会からの依頼に基づいて，工学に関する数学用語を討議することにした。会場は，東京大学を使うことになった。工業数学訳語確定のための会議は全部で 6 回開催されている。

第 1 回の会議は 1883（明治 16）年 10 月 6 日にもたれた。工学協会の要請に基づいて訳語を決めるための草案作成をした人物名は，はっきりと残されていない。ただ，翌年 3 月 1 日に開かれた会合の記録によれば，「議長ハ公選ニ依リ中川将行君，草按者ハ平岡道生君タリ，而シテ左ノ十九語ヲ議決ス」とあるから，代数学用語の草案作成に携わった平岡道生が関与していたことが分かる。このあたりの様子は同年 5 月 3 日に発行された『雑誌』第 66 号の記事から窺える。なお，工学協会の依頼で開かれた訳語会の開催日と決定した工業数学訳語数は表 9 のとおりである。

工学協会の要請に従って定めた用語の中には，幾何学用語も多く含まれてい

表8 代数学「訳語会」開催日と決定した訳語の数

開催回	「訳語会」開催日	決定した訳語数
第 13 回	1881. 12. 3	12
第 16 回	1882. 3. 4	10
第 17 回	1882. 4. 1	8
第 18 回	1882. 5. 6	10
第 19 回	1882. 10. 7	5
第 20 回	1882. 11. 4	5
第 21 回	1884. 3. 1	21

た。例えば，Analytical geometry—
解析幾何学，Conic section—円錐曲
線，Helix—螺線，Parabola—抛物線，
などがあった[335]。この時，それま
でカタカナで「サイクロイド」と書
かれていた Cycloid は「擺線」とす
ることが決められた。今日では，
Cycloid は「擺線」よりもカタカナ
書きの「サイクロイド」と記すこと
が一般的であろう。

表9　工業数学用語決定の「訳語会」
開催日と決定した訳語の数

開催回	「訳語会」開催日	決定訳語数
第1回	1883. 10. 6	32
第2回	1883. 11. 1 （第1回の続き）	23
第3回	1883. 1. 10 （第1回の続き）	19
第4回	1884. 1. 12	18
第5回	1884. 2. 2	22
第6回	1884. 3. 1	19

　工学協会の要請に基づく訳語会開
催の中心に居たのは，菊池大麓を初
めとする大学派の会員たちであった。毎回の会議には工学協会からも2, 3名
の人が参加し，彼らと共同討論によって133個の訳語が決まった。この時に決
定された訳語のなかで，解析幾何学，漸近線，指数，三角法，函数，等差級数，
等比級数[336]などの用語は，今日も使われている。

　数学会社の例会を開催する会場の移行にともなって，訳語会が開かれる場所
も変わっていった。最初の訳語会は共存同衆館で開催されたが，第12回から
は東京大学でもたれるようになった。

　また，訳語草案作成者に選ばれたのは中川，平岡，岡本の3人であり，訳語
会の事業に対して，彼らは非常に熱心に拘わっていた。中川，平岡，岡本ら3
人の草案作成者の他に，訳語会の訳語作業に熱心に関与していた会員は，荒川
重平，川北朝鄰，菊池大麓，磯野健，真野肇などであった。

4.2.　訳語の決定過程

　訳語会の会合順に従って，その討議内容と訳語が『雑誌』では紹介された。
だが，『雑誌』における紹介記事が会合の順番通りでないこともあった。例えば，
第19回の訳語会の内容は『雑誌』第66号に掲載されたが，第20回訳語会の
内容はそれよりも早い『雑誌』第54号に紹介されたこともあった。そして，
『雑誌』第44号と第45号には，第15回までの訳語会の詳しい議事録が附録と

して載せられている。この議事録に表れた訳語会参加者の討論から，当時の主要な数学者の数学思想の一端を窺うことができる。この項では，それらのなかでも Algebra と Arithmetic の訳語をめぐる討論を事例として取り上げてみたい。

まず，訳語会において用語「代数学」を決定した経緯から見てみることにしよう。訳語会の代数学に関する会議は 1881 (明治 14) 年 12 月 3 日から始まった。

訳語会の討議内容は『雑誌』第 43 号 (1882 年 1 月) に掲載されたが，記事に従って討論の様子を再現してみると，大凡次のようになろう。同会議では，議長の柳楢悦が欠席したため岡本則録が仮議長となり，訳語草案作成者を平岡道生とし，他に 19 人の会員の出席をもって始まった。最初の発言者は川北朝鄰であった。川北は，Algebra の訳語に「代数学」を使っているのは漢訳西洋数学書の影響と言えるが，和算の中に「代数学」より適切な用語「点竄」がある。よって，この訳語会では Algebra の訳語を「点竄」と決めるよう，提案した。続いて，これに「不同意」を表明した真野肇が，「点竄」の字義を解説するよう川北に求めた。これに対する川北の説明は，

　　　　点竄トハ隠レタルヲ顕ハスノ意ニテ付ケタル由，我邦ニ於テハ往時内藤
　　　公カ点竄ノ字ヲ可トシテ，其称ヲ付ケラレタリ，而シテ此アルゼブラニ最
　　　適切ナリ，此アルゼブラトハ文字ヲ以テ数字ニ代用スルト云フ意ノミニア
　　　ラサルナリ[337]。

というものであった。すなわち川北は，「点竄」の元々の字義は隠れていたものを明らかにすることであり，そして西洋の Algebra も未知数を求め，これに隠れていたものを顕在化させる方法であると理解できることから，Algebra を「点竄」と翻訳することが適切である，と主張したのであった。こうした川北の考えは，明治初期の一部の数学者，特に和算出身の数学者が抱いていたAlgebra に対するイメージと言えるであろう。

真野肇は川北の説明に納得できず，次のように反駁を加えた。すなわち，Algebra とは「数ヲ文字ニ代ヘテ演算スルモノユヘ，代数学ナル訳語最モ当レリト考フ」と糾し，記号へ置き換えることが Algebra の本質である，とする自説を展開した。続いて，菊池は「アルゼブラノ訳ハ文部省ニテモ代数学ト定メ，

且ツ多ク用ユル処ナレハ代数学ヲ可トスヘシ」と述べた。続いて，草案者の平岡は「アルゼブラノ文字ハ，トドホントル氏代数学ニ数ヲ顕ハス為メニ文字ノ助ケヲ以テスルモノトアリ，又ロビンソンニハ数ヲ文字ニ顕ハスモノト記セリ，故ニアルゼブラノ字ハ代数学ト訳シテ適当ナラントオモハル」として，訳語を提案することになった根拠を説明した。要するに平岡は，当時の日本数学界でよく読まれていた「トドホントル氏」（トドハンター，Isaac Todhunter, 1820–1884）の『代数学』（1858）やロビンソンの数学書の解説に依拠して Algebra は「代数学」とすることが適切である，と主張したのである。こうした真野や平岡の発言から，明治初期の数学者の中に，Algebra が現在の「数の代わりに文字を記号として用い，数の性質や関係を研究する数学」と定義することと同等に捉え，しかも漢訳西洋数学書に頼ることなく西洋数学書から直接的に代数学の意味を理解していた者がいたことが分かる。最後に，中川が「点竄」の文字を書くことはかなり面倒であり，また，今日の数学界では「代数学」という用語が一般的に使われているので，Algebra は「代数学」と記すことが適切である，と発言した。こうして参加者の多数が賛成し，Algebra の訳語は「代数学」に決まった。

　訳語会で最も長い時間をかけて論争したもう一つの訳語に Arithmetic がある。Arithmetic の訳語草案は『雑誌』第 27 号において既に提案されていたことから，訳語会としてその重要性を十分に認識していたことが分かる。その草案作成者の中川は，Arithmetic の訳語として「算数学」を『雑誌』に提案していた。Arithmetic は第 2 回の会議において討論されたが，「未決」の扱いとなった。そして，第 15 回の会議で再び重点問題として討論された。この会議に参加した会員は，議長の柳楢悦，草案作成者の中川将行のほか，菊池大麓，荒川重平，肝付兼行，川北朝鄰，平岡道生，磯野健，駒野政和，鏡光照，田中矢徳，村岡範為馳，中久木信順，杉田勇次郎，菊池鍬吉郎ら 15 名であった。討論の結果，「算数学」の支持者は 3 名，「算数術」の支持者は 2 名，「算術」を支持した者が 9 名となった。最終的に Arithmetic を「算術」と訳すべきことが決められた。

　Arithmetic に対する論争が長く続いた背景には，Arithmetic を「学」と「術」のいずれに理解するのかという問題があった。『雑誌』第 44 号の附録から窺えるように，Arithmetic を「算術」として決断する最終場面においては，菊池と柳の意見が決定的に作用したようである。討論中，菊池は「アリスメチックハ

数理ヲ論スル高等ノモノニアラズ，数ヲ算スルマデノモノナリ，英国ナトハ然リトス，尤モ仏国ニテハ広ク用ユレド，多クハ代数学ニ於テ広ク理ヲ論セリ，又，数学ノ書ニサイエンス或ハアートト種々ニ用ユルガ，アルゼブラハサイエンスニテアルベシ，故ニ算術ヲ可トス」と言う見解を表明した。イギリスで近代的数学教育を受けた菊池は，英国やフランスの数学思想に基づいて，Arithmetic は「代数学」のように高等な「サイエンス」ではなく，計算のための「アート」であることを強調したのである。また，詩学に造詣が深い議長の柳は「衆説各尤モナリ，術ト学ト別シテ〔中略〕学ノ字ヲ用ヒレハ，音調雅訓ナラズ」とする意見を提出した。こうして，Arithmetic は「算術」とすることで決着した。

1882（明治15）年1月7日，第14回訳語会が開かれた。この訳語会では，Unit と Mathematics の2語だけが検討されており，訳語会の中では，討議された用語数の一番少ない会議となった。

Unit の討論では，肝付が「程元」と決めるように主張した。その次に，中川は漢訳西洋数学書を引用し，「率」と訳することが適切であると提案したが，山本は「率」の文字だけでは Unit の意味を完全に表すことはできないから「度率」にするよう主張とした。これらの議論に対して，岡本も漢訳西洋数学書を援用して説明し，『級数通考』の中で使われている訳語の「単位」が「率」より適当であろう，と提案した。岡本の意見に，菊池を始め，磯野，川北，駒野など多くの会員が賛成し，Unit は「単位」となった。

同日の会議では，Mathematics の訳語をめぐっても議論が戦わされた。Mathematics に対応する用語の草案として，前もって提示されていたのが「数学」であった。ここで訳語会の討論を紹介する前に，日本において「数学」という言葉が使われた背景をみておこう。

1823（文政6）年，ドイツ人フォン・シーボルト（1796-1866）が来日し，まもなく長崎郊外に鳴滝塾を開き，日本人に対して直接，医学や自然科学（数学を含む）の教育を行った。高野長英の著した書物中に，「初物ノ形状・度分・距離ヲ測ルノ学ナリ。算学・度学・ホーケテレキュンデ・星学此ニ属ス。概シテ之ヲ訳シテ，数学トイフ」とする一行がある。ここに計量に関わる学の総称としての「数学」という用語が現れているのである[338]。また，高野はその他の

著作物にも「数学」という語彙をごく自然に使っていたのである。

　実は，幕末の知識人たちは「数学」という言葉を頻用していたと思われる。その一例を挙げるならば，西周（1829-1897）は，1862（文久2）年，オランダのライデン大学に留学していた時の書簡の中で，「…学問も物理学 natuurkunde，数学 wiskunde，化学 scheikunde，植物学 botanie〔中略〕を読んだり，理解する状態になる…」[339] と書いた。明治 10 年代になると，「数学」という用語はますます頻繁に使われるようになった。例えば，数学会社は創設当時，その名称を東京数学会社としていたし，また，『雑誌』第 1 号に掲載された神田の「題言」にも用語「数学」は都合 9 回使われており，さらには柳の発言の中にも「数学」と言う用語はしばしば現れている。前者の神田は「題言」の中で，「数ハ理ノ証ナリ，〔中略〕我邦数学ヲ講ジル者古来其人ニ乏シカラズ，〔中略〕本会既ニ公衆一般ノ数学開改進ヲ，以テ目的トス…」と述べていた。『数学教授本』での用語「数学」は清朝末の中国人数学者たちが使っていた「算術」と言う程度の意味であるが，「題言」に現れる「数学」は，まさしく今日の Mathematics そのものの意味で使われていたのである。すなわち，神田が「題言」で言う「我邦数学ヲ講スル者…」や「…本会既ニ公衆一般数学ノ開進ヲ以テ目的トス…」などの文言に見える「数学」は「算術」だけでなく，数学全般の科目を含んでいた，と見なさなければならない。また，柳についても 1880（明治 13）年に出された 2 度目の社則の緒言の中で「…数学協会ナルモノハ，泰西各国ニ於イテ皆疾クニ開設シ…」と触れるに至っている。神田と柳らが使った論証的な学問としての「数学」の意味は，1877（明治 10）年頃の日本人数学者たちに定着し始めていた。『数学啓蒙』（1853）が伝わった時の「数の学」（Arithmetic すなわち，算術）という意味をはるかに凌駕しつつあったと断言してよいであろう。

　Mathematics の訳語決定問題に立ち返ろう。1882（明治 15）年 1 月 7 日の第 14 回会議の冒頭で，岡本と肝付は「原按ヲ賛成ス」と主張したが，それに続いて，菊池は「数理学トスヘシ」と提案して，「数理学ト云フ訳ヲ主トスル所以ヲ述シ，凡物ノ理ヲ論ズル学ユヘ物理学ト云フ如ク，教ノ理ヲ論スル学ユヘ数理学トスヘシ」と述べて，提案理由も説明した。すなわち，「物理学」と対応させるなら「数学」より「数理学」が相応しいし，論証ないし理論の重要性を強調するにも「数理学」が適当である，と言う主張であった。イギリスに留

学した経験をもつ菊池には Mathematics の訳語として，和算の中に欠けている論証の思想を強調するために訳語「数理学」を使うべきであると考えたのであろう。続いて，岡本が漢訳西洋数学書の中の「算学」を提案したが，中川が「算学」と「数学」は意味が同じであり，また，数学会社の名前としてすでに「数学」を使用しているのであるから，「数学」を使おうと提案した。この意見に他の会員の多くが賛成し，ついに Mathematics は「数学」と訳することが決定した。

5. 訳語会の意義とその変遷

　数学会社による訳語会の最終回は，1884（明治17）年3月1日に開かれた。この日の訳語会の記事は『雑誌』第66号（1884年5月）に掲載された。

　その直後の6月の例会では数学会社の名称変更が正式に決まり，数学会社の時代が終焉するに至って訳語会の活動も一旦休止されることとなった。

　訳語会の休止後は，個人個人の数学者が数学用語を確定することになった。しかし，その後の数学者にとっても，訳語会の仕事が基礎となり，また，西洋数学書を翻訳するに際して大いに恩恵を享受したことは間違いなかろう。例えば，藤沢利喜太郎が1889（明治22）年2月に刊行した『数学ニ用イル辞ノ英和対訳字書』の緒言を読めば明らかである。ここにおいて藤沢は，

　　　東京数学物理学会ニ於テ数学ニ用イル辞ノ訳語ヲ選定センガ為メ，数学
　　　訳語会ナルモノヲ設ケラレシハ，今ヲ距ル数年ノ前ニアリ，余ガ知ルトコ
　　　ロニ拠レハ，訳語会員中ニハ当世屈指ノ大家豪傑アリテ，訳語ヲ選ブ極メ
　　　テ鄭重顣ル念ヲ入レラルルコトナレハ，訳語会ノ完了ヲ告クル今ヨリ数年
　　　ノ後ニアルベシ。

と触れて，数学会社時代の訳語会に熱心に参加していた会員たちの仕事を正当に評価した。

　東京数学物理学会が設立した後の1884（明治17）年7月の常会で，講演以外に次のようなの提案がなされた。これは学会活動についての重要な提案である

ので，以後の経過も含めて，詳しく紹介する。

　その提案とは，寺尾寿によりなされた数学訳語会を再開することであった。これについては，「寺尾氏本会ニ於テ数学訳語会ヲ開クノ議ヲ発ス衆議之レヲ可決ス」と記録されている[340]。

　この提案に沿って，10月4日の常会で「数学訳語会規則草案」を議論し，規則が定められた。

　数学会社時代の「訳語会規則」と異なる部分は，「数学訳語会ハ毎月第二，第四月曜日午後三時半ヨリ東京大学理学部ニ於テ開クモノトス」，「数学物理学会ノ常員中ヲ以テ訳語会定議員トス」，「数学物理学会議員ヨリ二名ヲ選挙シ交々議長ノ任ニ当ラシム但シ任期ハ六ヶ月トス」，「立案委員ハ毎科英，佛，独ノ学ニ通スル者各一名ツツヲ置クモノトス」などの規則である。訳語会を開く機会は毎月2回と数学会社時代より多くなり，また数物学会の常会とは別の日に定められたことは，数学会社時代の訳語会よりもっと重視されたための規定だと解釈することができる。訳語会を担当する「定議員」と「議長」を選挙で選出すると規定していることからは，数学会社時代の訳語会に比べて，より整った組織となったような印象を受ける。さらに，「英，佛，独ノ学ニ通スル者」を委員に入れると規定したことも，数学会社と数物学会の訳語会が区別される大きな相違点である。数物学会の訳語会は，西洋の各国の数学や物理学の用語を適切に翻訳するために，西洋の各国に留学した経験のある学者の長所を生かそうとした。既に多くの留学生が帰国し，学者となっていた数物学会の時代だからこそ，可能となったことであろう。フランス語の訳語「立案委員」には三輪桓一郎，ドイツ語の訳語「立案委員」には村岡範為馳が選出された。

　こうして再開された訳語会の成果は，数物学会の『数物学会記事』巻3 (1886)の190ページから208ページまでに掲載された，「SUGAKU YAKUGO」（数学訳語）として数学会社時代に定められた訳語を含めた約500の訳語から伺うことができる。その訳語の例を挙げると，次のようになる。

　「数学諸科」中の項目としては，

　　Mathematics, Mathématique, Mathematik…数学
　　Arithmetic, Arithmétique, Arithmetik…算術

Algebra, Algèbre, Algebra…代数学

Analytical Geometry, Géométrie analytique, Analytische Geometrie

…解析幾何学

Quaternion, Quaternion, Quaternione…四元法

などの 24 語が掲載された。

「算術上套言」中の項目としては,

Quantity, Quantité, Quantität…数量

Unit, Unité, Einheit…単位

Number, Nombre, Zahl…数

などの 162 語が掲載された。

「東京数学会社及工学協会聯合訳語会議決」には,

Arithmetical Progression, Progression arithmétique, Arithmetische Progression

…等差級数

Geometrical Progression, Progression géométrique, Geomtrische Progression

…等比級数

Asymptote, Asymptote, Asymptote…漸近線

などの 99 語が掲載された。

「代数上套言」の中には,

Known Number, Nombre connu, Bekannte Zahl…既知数

Known Quantity, Quantité connue, Bekannte Grösse…既知量

Unknown number, Nombre inconnu, Unbekannte Zahl…未知数

などの 109 語が掲載された。

　「幾何学上套言」の中には，

　　Geometrie（Geometry），Géométrie，Geometrie…幾何学
　　Point，Point，Punkt…点
　　Position，Position，Lage…位置

などの 123 語が掲載された。

　例として挙げた数学用語の多くは，東京数学会社の訳語会ですでに決められていた用語であるが，一部は数物学会の訳語会で決めたものもあった。例えば，「数学諸科」で例挙した用語の中の，「数学」，「算術」，「代数」は東京数学会社の訳語会で既に決められた用語であり，「解析幾何学」は工学協会の依頼を受けた時に，決定された用語だった。「四元法」は数物学会時代に隈本有尚の論文の中で使われ，ここで初めて数学用語として登録されたものである。これは数学会社時代の用語にはなかったのである。

　このように，『数物学会記事』巻 3 には，数物学会の訳語会で決まった数学用語が，数学会社時代に決定された数学用語と一緒にまとめて掲載された。それらの用語が掲載される際，日本語の訳語の前には，英語，フランス語，ドイツ語の順番でそれぞれの原語が記載された。『数物学会記事』に掲載された約 500 個の訳語が，当時の学者たちによる西洋数学や物理学の修得に大きな役割を果たしたことに疑問の余地はない。また，原語を対照する際に，英語だけではなく，フランス語，ドイツ語なども付されていたので，学者たちがそれらの言語で書かれた西洋数学書を読解する時や翻訳する際に大きな便宜を与えたであろう。1889（明治 22）年，藤沢利喜太郎が数物学会の協力を得て『数学用語英和対訳字書』を編纂した時にも，数物学会の訳語会において採択され整理された用語の多くが援用されたと思われる。数学会社と数物学会の訳語会によって決められた用語は，当時の数学者の著した数学用語辞書に登録され，数学用語の模範となり，その多くは今日まで使われている。数物学会時代の訳語会の事業は，数学会社時代の訳語会の事業を引き継いだものであり，日本における

数学用語を再度整頓したものであった。数物学会時代に再建された訳語会の活動は，日本数学界における西洋数学の定着に大きな役割を果たしたと言うことができるであろう。

　訳語会が決めた数学用語は，20 世紀初頭に入ると，来日した中国人留学生による紹介や日本語から中国語に翻訳された数学教科書を通じて，中国の数学界にも影響を与えることになった。

第 5 節　長沢亀之助と漢訳西洋数学書

　明治初期の日本人学者による漢訳西洋数学書の受容のしかたは前述したとおり，自筆写本を作ることや，訓点版を作ることにあったが，1880, 1881（明治 13, 14）年にもなると，日本人学者たちは西洋から直接西洋数学を受容することが中心になったため，漢訳西洋数学書に対する姿勢に変化が現れた。

　事例として，明治時代の数学者・数学教育者である長沢亀之助が漢訳西洋数学書をどのように紹介し，研究したのかをたどり，この時代の数学者による漢訳西洋数学書の受け入れのようすを考察しよう。

1. 資料としての漢訳西洋数学書

1.1. 華蘅芳『微積溯源』

　明治初期に漢訳西洋数学書の内容を紹介し，参考資料にした学者のなかで特に注目されるのは長沢亀之助であり，その仕事は時代を代表するといってよいものであった。

　長沢亀之助による漢訳西洋数学書を紹介したものとして，李善蘭の『代数学』，『代微積拾級』，華蘅芳の『代数術』，『微積溯源』などの書物があった。

　以下，『東京数学会社雑誌』において，華蘅芳の漢訳西洋数学書『微積溯源』から引用した問題を例として取り上げる。

　まず，華蘅芳の訳書の内容は次のようなものだった。

　漢訳西洋数学書『微積溯源』全体は 2 部に分かれており，前半の 4 巻は微分法を紹介し，その応用問題を載せていた。後半の 4 巻は積分法と微分方程式に

ついて論じている。

『微積溯源』の巻1から巻8の内容は以下のとおりである。

巻1は「論変数与函数之変比例」であり，各種の函数の微分を求める方法を論じている。第19款に「越函数為指数函数与対数函数之総名，茲款先論指数函数求微分之専法，〔中略〕代数術第一百七三款及此書中以後所証」と書いている。即ち，「超越函数とは指数関数と対数函数の総称であり，この款に指数函数の微分を求める専門的な方法を紹介する。〔中略〕代数術の第一百七三款及びこの書の後に証明する」として，『代数術』の内容との関連に度々言及しながら論じていた。

巻2は「畳求微係数」であり，その中心は，ある関数の微分を求めるとまた一つの新しい関数が得られる，この新関数の微分を続けて求めることができるというものである。巻2ではさらにイギリスの数学者ブルック・テイラー（B. Taylor, 1685-1731, 載労）の定理を紹介し，またマクローリン（C. Maclaurin, 1698-1746, 馬格老臨）の研究をも論じている。

巻3は「求函数極大極小之数」であり，主に楕円，双曲線などの接線の公式を求める方法を論じて，どんな曲線でも接線を求めることのできる公式があることを論じた。

巻4は「論曲線相切」引き続き曲線の接線を求める方法を論じ，円とほかの曲線が接する時の状況を分析した。特に82款の，古代ギリシャ数学者Appolonius（約BC260-約BC170, 亜不羅尼斯）の円錐曲線の研究を紹介している箇所は，数学史的にも興味深い。

巻5は「論反流数」であり，その第99款に「反流数者即積分学也，此法専以任何函数之微分，求其原函数之式」と「反流数とは積分学のことであり，この方法はもっぱらいかなる函数の微分になっているのか，その原函数の式を求める」と原始関数の定義を書いて，その基本的

図30　『微積溯源』巻2の中の一枚

な公式を与えている。

　巻 6 は「求虚函数微分式之積分」であり，その第 123 款に「凡微分式内之虚函数若能変之為實函数者，則可依前巻之各法求其積分」と実関数に変えられる虚函数は巻 5 の方法でその積分を求めることができると書き，全体的に虚函数をどのように実関数に帰着させ，その積分を求めるのかを論じた。

　巻 7 は「求曲線之面積」であり，積分法により特殊曲線の面積を求めることを論じた。例えば，その第 156 款には，「一題　設曲線為抛物線，已為通径，欲求其面積　　二題　設線為平圓線，欲求其面積　　三題　設曲線為楕円，欲求其面積　　四題　設有双曲線，欲求其形外面積　　五題　設有双曲線，欲求其形内面積　　六題　設有正双曲線，欲求其漸近線与曲線間之任一段面積」という題目があり，曲線図形の面積を求める方法や公式を具体的に論じている。

　巻 8 は「求双変数微分之積分」で，変数が二つである時の微分によりその積分を求める方法を論じた。例えばその第 175 款に「求乗数之事，尤拉已考至甚深，其所著之書中，曽有各題，設其積分為已知，而反求其任何微分式，辨別其函数為何種性情則能求積分」と書き，数学者オイラーの研究を紹介し，具体的な問題をあげてその積分を求める方法を論じた。

　全体を通してみると華蘅芳の『微積溯源』は，李善蘭の『代微積拾級』に比べて内容的に豊富で，水準もかなり高かった。また，『微積溯源』の微積分は，ニュートン式流率法の色彩をもっていた。例えば，導関数を「流数」（日本語では「流率」）と呼んで，積分学を「反流数」と書いたのはその証拠である[341]。

　『微積溯源』は豊かな西洋の微分積分学の知識を中国に伝えただけではなく，明治初期の日本にも影響を与えていたことが東京数学会社雑誌に度々紹介されたことにより分かる。『東京数学会社雑誌』第 14 号（1879 年 4 月）第 7 套「微分積分法雑問」には，第 2 問と第 4 問として『微積溯源』のなかから選んだ二つの問題が掲載されている。この問題を掲載したのは和算家である大村一秀である。

　次に，長沢によるこの問題に対する解答を分析していく。

　その第 2 問を引用してみよう。

　　二　高 a 尺ノ燈下ニ一物ヲ視ル，其光力最明ナラント欲ス，燈ノ基礎ヲ距

ルコト幾何ナルヤ[342]

この問題は華蘅芳訳『微積溯源』巻 3 の第 8 問と同一である。

華氏の著書では，

八題　設置于燈下視一細物。已知物距燈底之数。求燈火高若干度則光最明[343]

と書かれていた。この問題は長い間，研究者たちに注目されずにいたが，『東京数学会

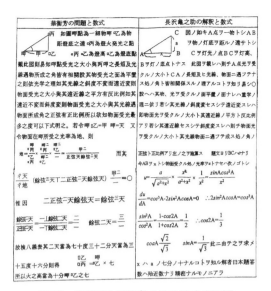

図 31　華蘅芳と長沢亀之助の数式の比較

社雑誌』掲載の 3 年後の 1882（明治 15）年 1 月に刊行された第 43 号の第 1 套「問題解義」の中で，長沢によって解答された。華氏の訳本におけるこの問題の数式の記号はすべて当時の中国で使われていた複雑なものであり，普通の読者はその内容を簡単には理解できなかったものと思われる。それに対して，長沢は常に漢訳西洋数学書の問題を西洋式に書き直して解釈していた。

長沢は『微積溯源』に解答があることを紹介した上で，解釈を加えた。「重学」（普通は力学のことを言うがここでは光学を指している）によれば，「光率」（光の強さ）は光源からの距離と光を受ける面の角度の二つによって決まることから，三角関数を含む数式によって光率は表現される。この後は，それを微分することで光率が最大となる a の値を求めている。問題の最後に長沢は翻訳し，原文にはない結論を付け加えている。

以下長沢が華の数式を現代式に書き直したものを検討する。

① 分数の書き方であるが，華の原文では中国式の書き方にしたがって分子と分母の位置が西洋のものと比べて転倒している。長沢はそれを現代式に直している。

② 　華の数式では文字で表されている未知数と既知数を，長沢は全部現代式
のアルファベットで表している。例えば，甲を x，地を u，正弦天を sinA
などと表している。

③ 　華の数学記号を現代式に書き直している。例えば，四則演算記号「⊥」，
「丁」は，「＋」，「－」に，微分記号「彳天」，「彳地」は，「dA」，「du」の
ように書き改められている。

長沢は華の数式を補充して提示している。例えば，華では「餘弦二天＝$\frac{二}{三}$，
故検八線表」というように，省略されていたものを長沢は三角関数の関係式を
使って $\cos 2A = \frac{1}{3}$ から $\cos A = \frac{\sqrt{2}}{\sqrt{3}}$，$\sin A = \frac{1}{\sqrt{3}}$ を求めている。このことに
よって，長沢が現代式の数学記号や $\cos 2A = 2\cos^2 A - 1$，$\sin^2 A + \cos^2 A = 1$
等の三角関数の関係式を使用することにかなり馴染んでいたことが分かる。

1.2.　西洋数学書の翻訳

1880，1881（明治 13，14）年の時点では，日本人数学者は直接西洋人数学者
の著書を翻訳するようになった。例えば，前述した長沢の翻訳による『微分学』
と『積分学』はこの時代の産物である。

この時代，日本人学者が漢訳西洋数学書を数学雑誌に紹介することはあった
が，神保のように訓点版を作る必要はなくなった。

しかし，この時点でも，西洋の数学書を翻訳する時に，漢訳西洋数学書は一
つの参考文献として利用され，そのなかの漢字に翻訳された数学用語なども使
用されていた。

例えば，長沢訳『微分学』の「緒言」には，

　　　譯高等之書。方今一大急務矣。〔中略〕余謂微分之学。其理深遠。況突
　　氏〔トドハンター，Todhunter〕者。英国算家中之巨擘。其書周密高尚。〔中
　　略〕然今学者。憾無高等之書。嘆文明之缺典。〔中略〕且如算語之譯字。
　　世有先例者鮮矣。故僅據支那譯之代微積拾級微積溯源等二三書。或參考代
　　威斯氏〔デーヴィス，Davies，1789–1876〕数学字典。…[344]

と書かれている。

　すなわち，長沢は『微分学』と『積分学』を翻訳する際，日本人学者の書いた高等数学書がなかったため，漢訳西洋数学書である『代微積拾級』，『微積溯源』を参考にしていたということがわかる。

　もう一つ，明治時代の数学者が西洋の数学著書を翻訳する時，漢訳西洋数学書を参考にした事例となる史料を紹介しよう。

　それは，『代数教科書』(1882) という書物のなかの記録で，第 1 部第 2 章第 2 節のなかで紹介した，東京数学会社の会員の 1 人であった田中矢徳によって編集されたものだった。

　田中矢徳は 1880 (明治 13) 年 12 月に東京数学会社に入社した。初めは和算を学んでいたが，近藤真琴の攻玉塾で西洋数学を学んで，1876 (明治 9) 年から 1885 (明治 18) 年の間は高等師範学校の教諭を務めていた。1886 (明治 19) 年からは攻玉塾の数学専攻科主幹になった人物である。

　田中矢徳は，1882 (明治 15) 年からロビンソン，トドハンター等の教科書を翻訳した。その中で『代数学教科書』は，ロビンソンの New University Algebra の訳だった。これはロビンソンの本を訳していた時代から，トドハンターの翻訳を中心とする時代に移り行く時期に翻訳された書物である。『代数学教科書』のなかでは所々トドハンターの本の内容を参考にしたと田中は緒言のなかに書いている。

　この本の緒言にはまた，「…訳語ハ宋楊輝算法，算学啓蒙，数学啓蒙，代数術，数学会社雑誌，及ヒ皇朝算学諸書ヲ参考シテ之ヲ定ムト雖モ訳例ナキモノハ私意ヲ以テ之ヲ命ス…」と書かれている[345]。

　『代数教科書』は，アメリカのロビンソンの代数学の著書やイギリスのトドハンターの代数学の著書に基づいて，田中矢徳が編集した代数学の教科書である。そこでは中国と日本の伝統数学書，漢訳西洋数学書，東京数学会社雑誌などを参考にして，訳語を決めていた。

　田中の本が出版された翌年，長沢はトドハンター著の『平面三角法』(1883 年 6 月，東京数理書院)，『球面三角法』(1883 年 8 月，東京数理書院) の 2 冊の訳本を出した。この 2 冊の本を訳した時，長沢はすでに『代数術』，『微積溯源』などの漢訳西洋数学書を熟読していたと考えるべきであろう。

　このように，長沢は漢訳西洋数学書の問題を解決することを通して，平面三角法や球面三角法に習熟し，西洋数学の著書を直接翻訳する仕事の基礎を定めたと考えられる。

　以上の事例等から，長沢と田中など明治初期の日本人数学者が，清末の漢訳西洋数学書を参考にして西洋数学を学び，また，その解答の方法を身に付けようとしていた努力がどのようなものであったのかを知ることができる。

2.　西洋数学書と漢訳西洋数学書の比較研究

　1881，1882（明治14，15）年以降になると，日本人学者は自分で直接に訳した，あるいは訳そうとした西洋数学書の内容と漢訳西洋数学書の内容を比較し研究していた。

　この点についても，長沢が『東京数学会社雑誌』に載せた問題を挙げてみることにする。

　長沢は『東京数学会社雑誌』の第41号（1881年11月），第42号（1881年12月），第43号（1882年1月）に，自分が翻訳した「曲線説」の原稿を連載した。これは「問題や解答」の形のものではなく，今日の総合報告のような文章であったことにも注目すべきである。

　第41号の「曲線説」の書き出しは次のようなものである。

　　　曲線ノ数多矣而シテ直線ヲ以テ限トナス其他円ナル者楕ナル者弯曲屈撓未タ考フベカラスト雖トモ現ニ其式ヲ知リ以テ其性情ヲ詳察シ以テ之ヲ実用ノ活線トナス者蓋シ少カラス余今代威斯氏数学字典其他英米諸書ヨリ従ヒ曲線ノ説ヲ訳出シ間マ亦私見ヲ加ヘ号ヲ逐テ続出セントス[346]

　まず長沢は曲線の種類が円，楕円のほかにも多くあることを述べている。次に，曲線の方程式及びその性質を詳しく調べたとしている。さらに，デーヴィス氏（Davies）の数学字典などほかの英米諸国の数学辞書を参考にしたうえで，自分の見方を加えて，『東京数学会社雑誌』に連載したという経緯を漏らしている。

[原文]AB ヲシテ既知任何円ノ径ナラシメ P'Q' 及ヒ P'Q ヲシテ其径ノ両端及ヒ B ヨリ等距離取リタル任何ニ縦線ナラシム若シ A 及ヒ Q 或イハ Q'ノ一ヲ通過スル直線ヲ画キ之ヲシテ其他ノ縦線或ハ縦線ノ延長部ヲ分截セシムルトキハ其交点ノ各位置ハ一曲面ヲ摸跡スヘシ此レ之ヲ蔓葉線トイフ

原図

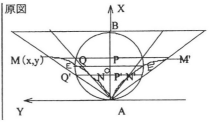

図 32　長沢亀之助の蔓葉線

　これに続いて，長沢は「懸鏈線」について，その訳名，その曲線を求める方法などについて紹介した。長沢の書いた「懸鏈線」の訳名についての文章を現代語に変えて紹介すれば，次のようになろう。

　「懸鏈線は英語で catenary という，ラテン語で catenerius というが catena を鏈する〔鎖でつなぐ——引者注〕という意味である。また，中国人は『代微積拾級』の中で両端懸線と訳し，『微積溯源』では頓腰線と訳している，国人が鎖線と訳しているが，適切ではないので，懸鏈線と命名する」。

　「懸鏈線」は『代微積拾級』では巻 9 の第 2 問であり，『微積溯源』では巻 8 の最後の問題であり，「求頓腰形之性情」という見出しで登場している。

　第 42 号で，長沢は「曲線説第二稿」を掲載した。彼はそこで「双紐線」(Lemniscate)，「蔓葉線」(Cissoid)，「心臓曲線」(Cardioid)，「箸形線」(Tractory) などの曲線の英語名を書き，また漢訳西洋数学書の中にあるかどうかについて言及し，これらの曲線の方程式を求める方法を図付きで説明した。

　その中の「蔓葉線（シッソイド）」に対する解説を見てみよう。原文は次のような記述である。

　　　訳者曰ク蔓葉線ハ英語ニ之ヲ CISSOID ト云ヒ始メテ丟格而斯ナル者著名ノ二問題ヲ一平面角ヲ三等分スルト既知二直線ノ間ニ二ノ幾何均数ヲ作ルトニ使用シタル処ノ曲線ナルヲ以テ又其名ヲ冠シテ　格而斯蔓葉線ト云フ代微積拾級ニ訳シテ薜茘葉線ト言フ〔中略〕代数術ニ曰ク蔓葉線…[347]

　冒頭の部分では，「蔓葉線」の研究の歴史が概括されている。文中の「丟格

而斯」とは古代ギリシャ数学者ディオクレス（Diocles，約紀元前 2 世紀のギリシャ
数学者）を指している[348]。長沢はギリシャの「二問題」に言及しているが，そ
のひとつはギリシャ数学の三大問題の「角の三等分問題」であり，もうひとつ
は「二つの線分の間に二つの幾何平均を作る」という問題である。長沢の解説
で，広い視野で西洋と中国の数学史の問題を捉えようとしたことは注目に値す
る。

　長沢は，李善蘭の『代微積拾級』に見られた「薜荔葉線」と華蘅芳の『代数
術』に見られた「蔓葉線」を比較し，「蔓葉線」のほうが「穏当」と判断し，
この曲線を「蔓葉線」と呼んだ。今日，日本では「疾走線」という名称が採用
されているが，中国では華蘅芳と長沢に倣って「蔓葉線」が現在でも使われて
いる。この後，長沢は次のような図とともに，「蔓葉線」の定義とその方程式
を与えている。

　図により長沢の計算方法を解釈して見よう。O を円の中心とすると，AB，
EE′ は円の直径である。PQ と P′Q′ は円の直径の両側にある相等な線分である。
線 AQ と AQ′ が円と交わる交点を Q，Q′ とする。また AQ ∩ P′Q′ ＝ N，AQ′
∩ PQ ＝ M，そうすると点 A，N，E，M を繋ぐ曲線が蔓葉線になる。PQ ＝ P′Q′，
BP ＝ AP′，AB ＝ a（直径），M は AQ′ の延長線上の一点である。もし A を直
角座標の原点とし，AB を X 軸，Y 軸は A 点を通るとすると，M 点の座標は（x，
y）である。AP：AP′ ＝ PM：P′Q′，$x:(a-x)=y:\sqrt{x(a-x)}$ によって $y=$
$\dfrac{x\sqrt{x(a-x)}}{a-x}$ である。

　長沢の「蔓葉線」に対するこの解説は詳細を極め，彼の定義と方程式は，今
日のものとほぼ一致している。また長沢の記述と神保長致の訓点版『代数術』
の巻 23 の内容は一致している。

　『代数術』の巻 23 は「論方程式之界線」，即ち「方程式の界線を論ず」とい
う見出しをもっており，その第 204 款から第 240 款までは，円錐曲線の方程式
について議論したものだった。長沢はこの部分の内容をよく理解して引用した
のであろう。長沢の「曲線説」を『代数術』の「曲線説」と比較してみると，
曲線に関する理解ははるかに広くて深いものになっている。

第6節　東京数学会社の組織転換

　ここでは，東京数学会社において柳楢悦を代表とする軍関係者や和算系の会員に代わって，菊池大麓を代表とする西洋近代数学や物理学を専門として研究した学者が主導権を握っていく経緯を考察し，柳派から菊池派への主導権の移動が，最終的に東京数学会社を東京数学物理学会へと組織転換させ，西洋数学と物理学の研究を中心とする学会へと変貌させたことを論じる。

　東京数学会社では，数学の研究は比較的自由な雰囲気で遂行され，学者たちは自分の研究成果を『雑誌』に掲載し，一般に公開発表できるようになった。このことは日本の数学の発展に大きな進歩をもたらした。しかし，『雑誌』に掲載された西洋数学の問題の扱いは，この段階では，紹介にとどまり，独創的と言えるほどの論文は未だ現れなかった。単なる問題の提出と解答という和算式の形式と総合報告という形態での西洋数学問題の紹介と分析では，日本の数学のさらなる発展に対応できなかったことは想像するに難くない。東京数学会社がこのような形式に束縛されていたために，新たな発展を望む学者たちによって，まったく新規の形態の学会が必要になった。それこそが，東京数学物理学会であった。

1.　菊池大麓による社長廃止論

　東京数学会社の転換は，和算系ないし和洋混用派の学者に代わって，洋算家が会社の主導権を握ってゆく過程でもあったと捉えることができる。この転換は，東京数学会社の数学知識を普及するという当初の目的が縮小され，会社内部の会員構成が変化したことに伴うものであった。これは和洋の数学者が混在していた東京数学会社が，急速な西洋的近代化とともに登場しつつあった近代数学・物理学の専門的担い手の科学者集団組織に変容を遂げる過程と並行していた。

　この変容過程で注目すべきことは，菊池によって提出された2回の「社長ヲ廃スル説」，即ち「社長廃止論」であった。ここでは，東京数学会社の事業に起きた変化，及びこの変化をうけて表明されることになった菊池の「社長廃止

論」とそれに対する議論の経緯を分析して，東京数学会社に転換をもたらした背景を見ておきたい。

　会社の主導権が柳派から菊池派に移っていく経過は，二つの段階に分けて見ることができるように思われる。

　第1段階は，会社の発展における第1，2，3期に対応する。そこで和算派と洋算派の間で起きた出来事は以下のようなものであった。

　1880（明治13）年3月6日，例会において神田孝平が社長を辞任した。その直後の3月20日，菊池は第1回の「社長廃止論」を提出し，参加者23名の会員の投票によって，賛成が1票上回って可決された。当日の会合の記録は次のように記している。「本月二十日〔中略〕相会スル者二十三名席上ニ於テ菊池大麓氏社長ヲ廃スル説ヲ起ス衆員交々議ヲ起シ討論数刻岡本則録氏ヲ假議長トシ議決ヲ取ルニ終ニ廃シ論ニ賛成スルモノ一名ヲ増ス依テ社長ヲ置カザルニ決ス猶本社ノ事務上ニ付委員二名ヲ置キ本社一切ノ事務ヲ委托スルコトヲ決ス」[349]。要するに，社長を置かないことが決まったのだが，この第1回の「社長廃止論」の内容，及び社長を廃止する理由などははっきり記録されていない。

　菊池は蕃書調所時代の師にあたる神田の辞職に際して，会社の形式と内容をもっと専門的なものへと変えようと意図したのかもしれない。また，柳社長のリードのもとでは，会社が近代的な数学研究の道へ進むことは不可能であると思ったに相違ない[350]。菊池の第1回の「社長ヲ廃スル説」が提出された後の4月3日の例会において，柳は社長を辞め，会社に関わる仕事を調整する事務委員2名を選挙し，岡本則録と川北朝鄰が選出された。だが，まもなくこの2人は連携して，同月25日に再び社長の選挙を呼びかけたため，5月1日に再度社長が決まり，柳が再び社長を担当するようになった。

　このような経緯で，第1回目の「社長廃止論」は40日間ほどの短命で終わってしまった。それは，この時点では，会社が設立されてから3年しか経っておらず，未だ和算系の人々が会社において重要な位置を占めていたためだと考えられる。

　会社の第2，3期には，組織の人事構成に大きな変化はなく，会社は表面的には平穏を保っていたように見えるが，柳と菊池の二つ学派の衝突はいくつかの場面で見られたようである。会社の発展の第3期には，例会は東京大学で開

かれるようになった。1881（明治 14）年 8 月 30 日，菊池と岡本が当時の東京大学総長加藤弘之に申請書を提出し，それから例会や「訳語会」を東京大学で開くことができるようになった。これは，会社の中心が東京大学へと移ってゆく一つの前兆と見ることができる。

　菊池の第 2 回目の「社長廃止論」は，会社が転換期を迎えたことを象徴する出来事となった。それは，会社の第 4 期に起こった。1882（明治 15）年 6 月 3 日，会社は東京大学において出席者 22 名で例会を開いた。会議の最初に，事務委員川北朝鄰が前年度における会社の事業や会計を報告した。その後，菊池大麓により，社則の第 16 条「社長一名　学務委員十二名　事務委員二名　書記一名ヲ置ク」という規程を改正する建議案が提出された。その日は社長柳が欠席したため，岡本が代わりに議長となって議論が行なわれた。社則の第 16 条を改正することの意図は，要するに，社長を置かないということであった。即ち，菊池の建議案は，第 2 回目の「社長廃止論」となった[351]。

　第 2 回目の「社長廃止論」の中で菊池は，前回の「社長廃止論」を振り返って，もともと決められた社則は不完全なものであることを指摘した。菊池は，第 16 条を改正して，会社に必ず社長を置くという慣行を改めて，一般に社長を廃止することを提案した。菊池は，社長なる者は会社の事業のために力を尽くす必要があるが，公務多忙のため，会社の仕事に対して責任を負えず，訳語会などの大切な仕事が円滑に行なわれないことがあるという不満を表明した。そして，会社の事業が順調に進まないのは，社長が置かれているためであると強調した。第 1 回目に提出された「社長廃止論」は一応可決されたものの，当時の社内事情によって社長廃止が実現しなかったが，今回こそは断固として社長を廃止すべきであるとの決意が表われていた。菊池はまた，元の規則によって，事務委員 2 名，学務委員 2 名を置き，会社の事務を委任することと，訳語会の臨時議長を選ぶことを主張した。

　以上のような東京数学会社の組織改変と相応するように，1882（明治 15）年に入ってから，会社の機関誌に掲載される問題の和算問題と洋算問題の比率に変化が生じた。会社が転換期を迎えた最初の象徴的な出来事と言えば，この菊池の提出した第 2 回目の「社長廃止論」であり，その結末は会社の創設者の 1 人である柳が 1882（明治 15）年 8 月に会社から退社したことであった。

2. 東京数学物理学会の設立

　東京大学の数学科と物理学科は1881（明治14）年9月に星学科とともに独立したが，当時の数学科学生の数は，はなはだ少なかった。1884（明治17）年，数学科は第1回の卒業生高橋豊夫を世に出し，翌年に北条時敬，熊沢鏡之助の2人が卒業することになった[352]。

　東京大学数学科が卒業生を世に出したこの年こそが，ちょうど東京数学会社が東京数学物理学会に転換をなした年であった。東京大学の卒業生は，新興の東京大学において，外国人教師や菊池のような西洋で近代数学を習得した専門家の下で，完全に西洋式の数学・物理学の知識を教育された最初の専門職業化した数学者や物理学者であった。東京数学物理学会の初期会員の中で，高橋豊夫，熊沢鏡之助のほかに，隈本有尚，沢田吾一，三輪桓一郎，田中正平なども，このような経歴をもった人々であった。そのほかに大学で数学を学んだが，教育行政家になった北条時敬のような人物もいた。

　以上のような経歴をもつ会員たちが中心となった東京数学物理学会は，その内実においても東京数学会社時代と比べて非常に大きな変化をとげている。東京数学会社時代，数学を専門としていたのは和算家であった。洋学者と言われる人々は，和算から転じた学者であり，幕末の海軍伝習所で西洋の航海術や測量術などを学ぶために西洋数学を身に付けた人々であった。そのほかにも，長沢亀之助のような民間数学者がおり，東京数学会社の初期から西洋数学の専門的な教育を受けた学者として活躍していたのは，菊池1人しかいないと言っても過言ではない状況であった。村岡範為馳と寺尾寿は東京数学会社の初期の会員であったが，会社創設直後，西洋へ留学して，帰国後再び入会した。彼らが実際に活躍したのは，会社が東京数学物理学会に転換した後のことであった。

　1884（明治17）年4月5日に開催された例会の参加者はわずか5名であり，訳語会も開けなかった。にもかかわらず，『雑誌』第65号は発行された。菊池は，その直後の4月28日に東京数学会社の終焉を伝える手紙を会員に向けて配布し，5月に社名を東京数学物理学会と改める件と社則を改正するための草案委員3名を選挙する件などの建議案を提出した。彼はそこで東京数学会社を東京数学物理学会と改める理由を説明している。その内容は以下のとおりで

あった。

　動議第一　本社社名ヲ改メ東京数学物理学会ト改メ数学及ヒ物理学（星学ヲ
　　含有ス）ヲ講究拡張スルヲ以テ目的トス可シ
　動議第二　本社ノ社則ヲ改正スル為メ草案委員三名ヲ選挙シ改正社則ヲ草セ
　　シム可シ但シ十日間ヲ限リ稿ヲ脱スルコトヽス
　　理由説明　〔中略〕本社創立以来此ニ六年其間社運ノ変遷少カラスト雖ト
　　　モ未タ曾テ満足ス可キ有様ニ至リタルコトナシ実ニ嘆セサルヲ得ス。抑
　　　モ本邦ニ於テ学術ノ勢未タ振ハス之ヲ攻ムル者甚少シ是レ学術ノ本邦ニ
　　　入込ミタル日尚ホ浅キニ由ル者ニシテ現ニ学術ヲ考究スル者ハ最モ之ヲ
　　　拡張スルコトヲ勉ムルノ責アルベシ。〔中略〕夫レ数学ト物理学トハ甚
　　　親密ナル学科ニシテ物理ヲ攻メントスルトキハ必ス高等数学ヲ修メサル
　　　可カラス数学ヲ攻ムル者ハ其応用ヲ物理学ニ求ム〔中略〕欧米諸国ニ於
　　　テモ学会又ハ雑誌等此両学科ヲ兼タル例甚多シ〔中略〕本社会員中ニモ
　　　物理学ヲ専攻スル者少トセス而シテ其本会会員タルハ既ニ学科ノ関係甚
　　　親密ナルヲ以テナリ若シ本社ノ区域ヲ広メテ物理学ヲ加フルトキハ此等
　　　ノ諸君ノ勉強尚一層ナランコトハ勿論ナリ〔中略〕斯ク親密ナル二学科
　　　ヲ併セテ攻究スルハ其性質ニ於テ差支ナクシテ大ニ社ノ勢力ヲ増加ス可
　　　シ[353]。

　菊池は社名を改める理由として，東京数学会社が創設されて以来，事業とし
て満足できる結果をもたらしていないと，旧来の会社運営に対する不満を表明
した。続いて，明治日本における学術を振興させるために，学者こそがその任
務を背負っていると述べた。そして，菊池は引き続き，数学と物理学の親密な
関係を論じて，欧米諸国の学会や雑誌にも二つの学科にまたがっている例が多
いことを紹介し，後期の東京数学会社に入会している会員の中には物理学を専
攻していた学者が多かったので，会社の研究領域を拡大して，会社の発展を目
指そうという希望も記した。
　このようにして東京数学会社は，1884（明治17）年5月3日，東京大学で例
会を開催し，菊池の建議案が議論された。その時の出席者は24名で，ほぼ全

員が菊池の提案に賛成するところとなった。会則草案委員には菊池，川北，村岡が選ばれ，同月の12日には草案が作られた。24日に東京大学において臨時会が開かれ，山川健次郎が議長となり草案を逐条審議し，新しい会則を定めた。会社の名前を改める件や主旨については，「各員異議ナシ」で可決された。

図33　東京数学会社雑誌最後の一枚

そして，翌6月の記念会で，東京数学会社は正式に東京数学物理学会となり，新しい会則を公布することになった。その時の出席者は14名で，議長は菊池だった。

　新会則の審議過程は詳しく記録されている。各種委員の選挙も行なわれ，とくに事務委員長の選挙では，開票の結果，菊池が第1位であったが，近く海外出張があるという理由で辞退した。そこで第2位の村岡範為馳が東京数学物理学会の初代委員長となった。

　同月，臨時委員会が開かれ，委員の事務分担，学会誌の体裁，内容が決定された。会計担当には，東京数学会社時代から雑誌編集，会計事務を務め，各種規則の草案を執筆するなどの活動を通して，会のため貢献してきた川北朝鄰が就任した。東京数学物理学会で村岡の後継者として委員長になったのは，山川健次郎（1885年），菊池大麓（1886年）であった。いずれも大学関係者である。

この章のまとめ

　菊池大麓らの努力により，ついに1884（明治17）年5月，東京数学会社は東京数学物理学会への組織転換を完成させ，学会の主流は大学関係者で占められることになった。その機関誌の内容は質的に向上し，国際的な交流も密になった。例えば，1885（明治18）年には，ストックホルム大学教授で『アクタ・マテマティカ』（*Acta Mathematica*）編集長のミッタグ・レフラーから菊池宛の手紙

が *SWEDEN KOTEI KENSHO MONDAI* というタイトルで『東京数学物理学会記事』に掲載されているが，その内容はスウェーデン国王による数学の懸賞問題であった[354]。また，1892（明治25）年には，ロバチェフスキーの論文のテキサス大学教授 G・B・ハルステッドによる英訳が載せられ，それには菊池の注記も付けられていた。このような数学における国際交流を可能にしたことも，学会の変化があずかっていたと思われる。

なお，菊池は『東京数学物理学会記事』に寄せた論考に，ケンブリッジ留学時代に身に着けたギリシャ語，ラテン語の素養を生かした。例えば，1889（明治22）年5月の『数物学会記事』に，菊池はガウスの無限級数についての論文をラテン語から英語に翻訳している。

東京数学会社が発足した当時，神田孝平は「題言」の中で「本会既ニ公衆一般数学ノ開進ヲ以テ目的トス」[355] と述べ，会社の主要な任務の一つが，数学の一般社会への普及であると謳っていた。しかしながら，転換後に決定された規則の第2条に「本会ノ主旨ハ同志相会シテ数学及ヒ物理学（星学ヲ含有ス）ヲ考究シ其進歩ヲ図ルニ在リ」[356] と明言されているように，東京数学物理学会はもはや数学や物理学の一般民衆への普及を主たる目的とすることはなく，研究の発展を主たる目的として掲げている。

東京数学物理学会の活動が軌道に乗るにつれて，和算や軍関係の人々の多くは退会するようになり，転換後の会員の多くは西洋数学を身に付けた数学者や物理学者となった。そして，このような会員らの入会によって，機関誌に掲載される問題は西洋数学や物理学の内容となり，西洋との学術交流も自由に行なわれるようになった。このように，東京数学物理学会は日本の学者が日本にいながら西洋の数学や物理学の発展の傾向を把握できる場所となったのである。

第7章 西洋化する日本の数学界

第1節 西洋数学教育の普及

1. 明治10年代以降の教育制度

1877（明治10）年頃から1897（明治30）年頃の日本の中学校における数学教育の状況は，数学教育全体にかかわる問題を含んでいると同時に，その後の日本の数学の発展にとって重要な意味を持つものであった。ここで，当時の数学教育の状況についてまとめて論じることにする。

前述したとおり，1872（明治5）年に学制が公布され，初等教育，中等教育の課程が定められたが，この課程による教育はほとんど実施されなかったというのが実状であった。大部分の児童は下等小学の低学年級に在籍し，課程編制は府県によって違っていた。中学校も，それは小学校より程度が高いとみなされる学校の総称にすぎず，その程度も内容も雑多であった。このような状況の中，1879（明治12）年に学制が廃止され，それに変わるものとして，教育令が公布された。しかし，これも翌年には改定され，この改正教育令に基づいて，1881（明治14）年に小学校教則綱領，中学校教則大綱，師範学校教則大綱が定められた。

これによって小学校は初等3年，中等3年，高等2年という制度となり，中等科までの6年を終えて中学校に接続することになった[357]。教科内容も改められ，特に算術では始めから珠算と筆算とが平行して教えられた。

中学校教則大綱では，中学校を初等中学科4年，高等中学科2年とし，内容に不備のある中学校は各種学校として取扱われるようになった。その結果，中学校が整理され，その数は一時大幅に減少した。

師範学校教則大綱によれば，師範学校の課程を初等師範学科（1年），中等師範学科（2生半），高等師範学科（4年）の3種とし，入学資格者はいずれも年齢17歳以上（地方によっては15歳以上）で，小学校中等科卒業以上の学力のある者とした。この3種の課程は並列的に設けられ，その卒業生は，それぞれ小

学校の初等科，中等科，高等科の教員免許状を授与されたのであった。師範学校には，年齢制限があり，一般の学校系統とは別系統のものであった。

　当時は，中学校や小学校の課程や年限が，日本全国で同じではなかった。15歳くらいで小学校中等科を卒業する者が多かった。その中で大坂中学校だけが全国で唯一の官立中学校（1881-1885）で，教育内容は最も優れたものであった。これは関西にも大学をつくるという意向が，政府にも関西の人々にもあったからで，東京大学予備門に匹敵するものが目指されていた[358]。

　この時，日本の各学校で使われた教科書は，ほとんどが西洋のものから直接に翻訳したものであった。

　1885（明治18）年に森有礼（1847-1889）が文部大臣となり，翌1886年に帝国大学令，小学校令，中学校令，師範学校令，教科書検定条例などが公布制定された。森は普通教育の普及と，高等教育や学術研究の推進とを両立させようとし，中学校を尋常中学校（5年）とそれに続く高等中学校（3年乃至4年）の二つに分けた。そして，1886年とその翌年に，つぎの7つの高等中学校が設立された[359]。

　第一高等中学校（東京），第二高等中学校（仙台），第三高等中学校（大坂），第四高等中学校（金沢），第五高等中学校（熊本），山口高等中学校（山口），高等中学造士館（鹿児島）

　1894（明治27）年，井上毅が文部大臣になり，高等学校令が公布され，高等中学校は高等学校と改称された[360]。これにともなって，1899（明治32）年の中学校令で，尋常中学校は単に中学校とよばれることになった。中学校の学科課程については，1902（明治35）年にはじめて中学校教授要目が制定され，それは1911（明治44）年に改正された。

　小学校令は1891（明治24）年と1900（明治33）年にも改正されたが，1907（明治40）年になって，かねて準備されていた義務教育年限の延長が実現された。すなわち，尋常小学校の修業年限は6年で，これが義務教育の期間となった。同時に，高等小学校の修業年限は2年となった。

　尋常中学校の入学資格は，はじめ高等小学校第2学年の課程を修了した者となっていたが，尋常小学校の修業年限が6年となってからは，尋常小学校を卒業した者となった。また，制度上は，尋常中学校卒業者は高等中学校（本科）

への入学資格をもつとされていたが，尋常中学校が未発達であったため，多くの場合，予科・予科補充科などを設けて予備教育をする必要があった。

このように，明治後期は，日本が近代国家への成長の歩みを早めた重要な時期であった。日本の産業の振興，国力の増大の結果，教育も次第に普及した。学齢児童の就学率は 1890（明治 23）年には約 49％であったのが，1902（明治 35）年には 90％を突破し，1908（明治 41）年には 98％に達した。中学校の制度も次第に整った[361]。

大学への進学志望者も増加した結果，第二の帝国大学の設置が要望され，1897（明治 30）年になって，京都帝国大学が開設された。その理工科大学に数学科が置かれたのは，翌年であり，初期の教授陣は河合十太郎，三輪桓一郎，吉川実夫の 3 人で，いずれも東京大学の出身であった。1906（明治 39）年には，この 3 人に和田健雄が助教授として加わったが，和田は京都帝国大学の卒業生であった。

開設当時 2 講座で出発した東京大学の数学科は，1902（明治 35）年には 4 講座となった（大正時代になってから 5 講座になる）。卒業後ドイツに留学して帰国した高木貞治，吉江琢児，中川銓吉の 3 人に，物理学科出身の坂井英太郎が加わり，藤沢利喜太郎とともにこれらの講座を担当した。

明治後期は東京・京都の両大学が中心となって，日本における本格的な数学の研究がその緒につきはじめた時代である。研究成果を発表する雑誌としては，『東京数学物理学会記事』と両大学の『紀要』があった。

このように明治時代の終わりの 20 世紀初頭に，日本の数学界は，先進国の水準に到達すべく努力を続けていた。

2. 明治 10 年代以降の数学教育

明治 10 年代以降の日本の尋常中学校における数学の教育を考察してみると，その内容や程度はつぎのようであった[362]。

　算　術：比例および利息算，諸則の理由
　代　数：釈義，整数四則，分数，一次方程式，開平開立，指数，根数，二

次方程式，準二次方程式，比例，級数，順列，組合，二項法，対
数

幾　　何：定義，公理，直線形，円，面積，平面，立体角，角錐，角壔，球，
円錐，円壔

三角法：角度，三角比，対数表，三角形・距離などの測量，球面三角法

　尋常中学校（初等中学科）で使われた数学の教科書としては，1881 年頃までは，
翻訳書に適当なものが少なく，トドハンターの代数や三角法，またウィルソン
やライトの幾何などの原書が教科書として使われた。

　尋常師範学校の数学教科書としては，文部省で指示したものがあり，その大
部分は尋常中学校で広く使われた書目と一致していた。ただ，師範学校では珠
算が含まれており，

　遠藤利貞編『算顆術授業書』（1875）

　福田理軒述『明治小学塵劫記』（1878）

　駒野政和著『新選珠算精法』（1879）

などが使われた。珠算は，1881（明治 14）年の「学校令」以来重視されてきて
いたものであった。

　先にのべた師範学校令によって，師範学校も尋常と高等の 2 種に分けられ，
1886（明治 19）年，東京師範学校は高等師範学校となり，もっぱら中学校の教
員の養成機関となった。この時期（1872-1889）に在籍した数学教諭には，田中
矢徳（1876-1885），桜井房記（1879-1890），野口保興（1882-1889），千本福隆
（1888-1914）たちがいた。

3. 日本語に訳された西洋数学教科書

　前述した学制の項でみたように，初期の頃の教科書としては，文部省や師範
学校で編集されたものや，すでに市販されていた数学書のなかで文部省が指定
したものが用いられた。そのほかにも各府県，各学校で自由に選択して使用す
ることができた。しかし，やがて文部省の統制がはじまった。1880（明治 13）
年に，文部省は当時使用されていた数科書のなかから，使用を禁止する教科書

名を公示した。当時は，反動期であって，当時力を加えつつあった自由民権運動に対処するため，たとえば福沢諭吉の民権に関する著書のように，思想的に好ましからずとされたものは禁止されたのであった。

その後，制度は 1881（明治 14）年の開申制[363]，1883（明治 16）年の認可制[364]と変ったが，1886（明治 19）年になって検定制が小中学校の教科書に対し実施されることになった。

小学校の教科書については，採択に関し起った疑獄事件がもとで，1903（明治 36）年国定化が実施され，算術の国定教科書は 1905（明治 38）年から使用された[365]。

日本における西洋数学の教科書の直接翻訳は，明治 10 年代からすでに盛んになってきていた。はじめはアメリカのロビンソンの本が多く紹介されたが，菊池大麓などの影響で，次第にトドハンターなどのイギリスの本へと移っていった。

1877（明治 10）年以降の日本における西洋数学の直接な受容の一例として，東京大学と東京数学会社が発足した以降日本語に訳された西洋の数学書を紹介しよう[366]。

神津道太郎『続筆算摘要代数学』（1877）は，ロビソソンの *New University Algebra*（1862）の訳である。全 8 冊縦書き和綴じ本で木版刷である。はじめにアルファベットの読みを解説したあと本文がつづき，一次，二次方程式，二項定理，級数（等差級数，等比級数）などが含まれている。行列式には触れていない。「等差級数は逓次相等しき差を以て増減する所の列数なり」という調子で書かれており，量には「クウヲンティテキー」，字母に「アルファベット」というように術語にルビがつけられているのも興味深い。同じロビンソンの本は石川彝によっても訳され，やはりこの年に刊行された。

上野継光『幾何精要』（1877）は，フランスのラクロワによる *Elements de geometrie* の訳である[367]。全 7 冊で，直線と曲線，多辺形と円の面積，面の接合と位置，旋転体の 4 巻からなる構成だった。「直線ハ此点ヨリ彼点二至ル最近距離ニシテ〔中略〕直線ニアラズ又直線ヨリ集合シタルニアラズ自カラ圏曲スル線ヲ曲線ト名ヅク」などとあるように，厳密な本とは言えないものであった。

　山田昌邦纂訳『英和数学辞書』（1878）は主として，デーヴィスとペックの *Mathematical Dictionary and Cyclopedia of Mathematical Science*（1855）から用語を拾い訳語を添えたもので，「absolute 已知ノ」，「abstract 不名ノ」，「axiom 公論」，「theorem 定義」などは今日とは異なる訳だった。

　福田半『筆算微積入門』（前集・後集，1880）は微分積分に関する最初の日本人の手によって書かれた著書であった。前集が微分法，後集が積分法で，微分法では，曲率半径や漸近線などにまで触れているが，厳密なものではなく，$\varepsilon - \delta$ の論法も紹介されてはいなかった。

　岩永義晴訳，川北朝鄰訳校『円錐截断曲線法』（第 1 巻，1880）はドリューの *A Geometric Treatise on Conic Sections with Numerous Examples*（1875）の訳で，解析幾何も射影幾何も使わず，綜合幾何の方法で述べた円錐曲線論だった。第 1 巻は放物線を扱っている。第 2 巻以下第 4 巻まで楕円，双曲線，一般円錐曲線がそれぞれあてられる予定であったが，刊行されなかった。

　上野清訳『軸式円錐曲線法』（東京数理書院，1881）はトドハンターの *Conic Sections* 第 5 版の訳である。解析幾何を使った円錐曲線論で，射影的方法も最後に使われた。原著に忠実な訳だった。

　山本信実『代微積全書代数幾何学』（上・下，文部省編輯局，1882）の書名の代数幾何学とは，解析幾何学のことだった。上は平面解析幾何で，下はそのつづきと立体解析幾何学である。コンコイド曲線や螺線など 13 種の曲線が紹介された。

　独来（ドリュー）著，長沢亀之助訳『幾何円錐曲線法』（1882）は上の「円錐截断曲線法」と同じ原著の訳だったが，こちらは全訳である。川北朝鄰が校閲した。

　岡本則録増訳『微分積分学』（上冊，文部省編輯局，1883）はチャーチの *Elements of the Differential and Integral Calculus*（1874）の訳だった。当時としては程度が多少高く，微分方程式，漸伸線，曲率半径などを含んでいた。

　トドハンター著，長沢亀之助訳『宥克立』（東京数理書院，1884）にはユークリッドの「原論」の最初の 6 巻と 11，12 巻の一部を書き直して著わした。「点トハ何ソ，長短広狭厚薄ナキ者ナリ，大小ナキ者ナリ」などの諸定義が並べられ，「任一点ヨリ他ノ任一点ニ一直線ヲ作ルノ法」などの諸公準がつづき，「多

度アリ皆同度ニ等シキトキハ其多度互ニ相等」などの公理が述べられている。
長沢はこの本の問題の回答集「宥克立例題解式」も出した。

　長沢亀之助訳『論理方程式』（1884）はトドハンターの *An Elementary Treatise on the Theory of Equations with a　Collection of Examples* の訳で，表題は代数方程式のことである。

　ケムペース著，山田昌邦訳『代数学問題』（上下，誠之堂，1884）は一元一次方程式を用いて，解くことができる文章題を集めたものだった。例えば「今爰に父子あり父の歳四十二にして子の歳十二なり若し子の歳父の歳の四分之一に当る時は各幾歳にてありしや」のたぐいのものである。

　長沢亀之助訳『微分方程式』（1885）はブールの *A Treatise on Differential Equations*（1859）をトドハンターが改訂して出した第 2 版（1865）の訳で，常微分方程式論と偏微分方程式論の初歩であるが，日本で出た微分方程式論としては初めてのものだった。756 ページに及ぶ大冊で，川北朝鄰が校閲した。

　菊池大麓『数理釈義』（博聞社，1886）はクリフォードの *The Common Sense of the Exact Science*（1885）の訳である。クリフォードは若くして結核で亡くなった人だった。原著はその死後，菊池のケンブリッジ時代の友人である R・ローやカール・ピアソンが遺稿に手を入れて刊行したものだった。内容は，いわばイギリス流の数学序説で，数，スペース，量，位置，運動の 5 編からなっていた。第 1 編第 1 節の‘物ノ数ハ之ヲ算フルノ順序ニ係ラス’では，例としてハクブックワンという単語をあげ，文字をどの順序で数えても最後は 7 番目になるといい，「故ニ一群ノ物ノ数ハ何ノ順序ニテ之ヲ算フルモ必ス同一ナリ」と述べた。このように証明というより説明調だったが，当時の日本には欠落していた全体的な数学像を伝える上で意味のある本であったといえよう。

　陸軍士官学校編『公算学』（1888）は確率論の日本語訳として最初のものだった。古典的確率論の初歩を解説した本であるが，当時としては，大変難解な書物であったであろう。

　明治 15，16 年以降の日本の数学教育は菊池大麓と藤沢利喜太郎の主導のもとにあり，菊池の幾何学の教科書，藤沢の算術・代数の教科書は長い間標準的な教科書として，日本における数学教育の方向を決定した。そのほかに寺尾寿，長沢亀之助，樺正董，三守守，沢田吾一らの教科書が使われていた。

　例として挙げてみると，

・菊池大麓『平面幾何学教授条目』(博聞社，1887)

・菊池大麓編纂『初等平面幾何学教科書』(文部省編輯局，1888)

・菊池大麓編纂『初等幾何学教科書（立体幾何学）』(文部省編輯局，1889)

・菊池大麓編纂『幾何学小教科書』(大日本図書，1899)

・寺尾寿編纂『中等教育算術教科書』(上下)(敬業社，1888)

・長沢亀之助『中等幾何学初歩教科書』(数書閣，1894)

・長沢亀之助『中等教育代数学教科書』(1899)

・長沢亀之助『小学算術教科書』(三木書店，1900)

・長沢亀之助『中等教育算術教科書』(開成館，1902)

・長沢亀之助『初等微分積分学』(上下)(数書閣，1902)

・藤沢利喜太郎『算術条目及教授法』(大日本図書，1895)

・藤沢利喜太郎『算術教科書』(上下)(大日本図書，1896)

・藤沢利喜太郎『初等代数学教科書』(大日本図書，1898)

・藤沢利喜太郎『数学教授法講義』(大日本図書，1899)

・三守守『初等平面三角法』(山海堂，1905)

・三守守『初等幾何学』(平面，立体)(山海堂，1902，1903)

・樺正董『改定算術教科書』(三省堂，1903)

・樺正董『代数学教科書』(三省堂，1903)

・樺正董『平面幾何学教科書』(三省堂，1905)

・樺正董『平面三角法教科書』(三省堂，1905)

・沢田吾一『代数学教科書』(冨山房，1907)

・沢田吾一『算術教科書』(冨山房，1907)

・菊池・沢田吾一編纂『初等平面三角法教科書』(大日本図書，1905)

などの教科書が使われていた。

　そのほかに上野清，林鶴一らが編纂した教科書も使われていた。

　この時期には日本人学者が自ら教科書を編纂することが中心となっていたが，西洋の教科書を翻訳して，授業中に使うこともあった。

　例えば，長沢亀之助・宮田耀之助共訳『初等代数学』(チャールス・スミス著)(数書閣，1893)，藤沢利喜太郎・飯島正之助共訳『数学教授法講義』(チャールス・

スミス著）（大日本図書，1889–1891）などである。

　1897（明治 30）年以降，日本の数学教科書は検定制となり，その種類も多かった。実際にどの教科書がよく用いられていたかについて，1900（明治 33）年に永広繁松による 46 の中学校と 32 の師範学校について調査した結果がある[368]。それによれば，使われていた教科書の著者ごとに集計した結果は，

　　算術教科書：藤沢利喜太郎 40，三輪桓一郎 8，樺正董 7，長沢亀之助 6，
　　　　　　　　沢田吾一 6，松岡文太郎 3

　　幾何学教科書：菊池大麓 67，長沢亀之助 5，その他 6

となっている。このように菊池，藤沢の教科書が多く用いられていたのである。中学校の教科書については，1902（明治 35）年に尋常中学校教科書細目調査委員会の報告があり，それに準拠して文部省から中学校教授要目[369]が公布された。その詳細についてはここでは省略するが，その内容は，すでに述べた菊池や藤沢の本に近いものであった。この教授要目はさらに 1911（明治 44）年に改定され，その後の改定もあったが，昭和の初期までは大筋において変化はなかった。

　この時代の中学校には三角法の授業もあった。三角法に関する教科書も多く出版されていたが，その中の典型的なものとしては，上述した菊池大麓・沢田吾一編纂『初等平面三角法教科書』があった。

　本書の第 4 部で論じるが，上述した数学教科書の多くは，清末に日本に留学した留学生の授業でも使われていた。そして，それらの多くは中国語に翻訳され，20 世紀初頭の中国の数学教育の発展に大きな影響を与えたのである。

第 2 節　国際数学界への進出

1. 海外への留学

　明治初期には，官庁においても学校においても，主要な職務を多くの外国人の手に委ねなければならなかった。しかし，早急に傭い入れたこれらの外国人のすべてが優秀な人であったわけではなく，またその給料は著しく高かった。能力ある日本人の人材育成が急がれたわけであるが，そのため，政府は多くの留学生を海外に送った。もともと，留学は，幕末から始まっている。先進国の

事情を目のあたりにして，必要な知識を持ち帰った人々は，日本の文明開化に大きな貢献をした。以下，その中で，数学と関係ある人々について述べよう。

正式に日本から最初に派遣された留学生である赤松則良は，1862（文久2）年から1868（明治元）年まで，オランダに5年間留学し，造船学，航海術を学んだ[370]。

また，新島襄（1843-1920）は，1864（元治元）年に，数学，理学研究の目的で，函館からアメリカへ密出国したといわれる[371]。新島は数学を専門とした人ではなかったが，1859（安政6）年には杉田玄瑞に蘭学を学び，翌年には軍艦操練所に入学，さらにその翌年，同所の世話役となっている。ピラールの「航海書」や英学とともに，小野友五郎，赤松則良，塚本明毅たちから数学も学んだ[372]。アメリカでは，1865年アンドーバーのフィリップス・アカデミーに入学，さらにアマスト大学で数学を学んだ。しかし，やがて神学に転じ，1874（明治7）年に帰国した。1871，72（明治4，5）年には，木戸孝允，田中不二麿をたすけ，通訳として欧米を回った[373]。

1866（慶応2）年には，菊池大麓が11歳でイギリスへ留学し，翌年に帰国したが，これについては既に言及した。

明治前期（1868-1889）に留学した人で，今日までにわかっている数学関係の人はつぎのような人々である[374]。

表 10　明治前期の数学関係の留学者と留学年次，留学先[375]

氏名	留学年次	国名（留学先）
菊池大麓	1870-1877	イギリス（ケンブリッジ）
北尾次郎	1870-1883	ドイツ（ベルリン，ゲッティングン）
古市公威	1875-1880	フランス（エコル・サントラル，ソルボンヌ）
野口保興	1877-1883	フランス（パリ）
村岡範為馳	1878-1881	ドイツ（シュトラスブルク）
寺尾　寿	1879-1883	フランス（パリ）
藤沢利喜太郎	1883-1887	イギリス，ドイツ（ベルリン，シュトラスブルク）
千本福隆	1885-1888	フランス（パリ，サンクルー）

　藤沢利喜太郎が留学から帰ったのは，1887（明治 20）年であったが，その意義は大きかった。藤沢は，数学の研究とはどういうものであるかを会得して帰った最初の人であったといえるからである。藤沢の留学の意義について，高木貞治はつぎのように述べている。

　　藤沢先生よりも前に，西洋数学は勿論輸入されていた。蘭学式の洋算は姑らく置くとして，それはイギリス流，フランス流，ドイツ流等々，悪口を言へば語学式数学であった。実質的には高々微分積分法の概念に過ぎない。そのような当時の日本へ，クリストッフェルの函数論，ライエの射影幾何学，それからクロネッケルの代数学，その他多くを土産に持って新人藤沢が帰って来られて，その御蔭を以て，当時に於て時代錯誤的ならざる，偏狭ならざる，世界的の〈全数学〉が日本に移植されたのである。日本の数学に取ってこれは重大で，将来編まるべき新日本数学史上の一つの契点であらねばならない[376]。

　以上，高木貞治による回顧談である。これによると，藤沢利喜太郎が留学する前に，西洋数学はすでに日本に輸入されていた。藤沢が留学する前に，日本に輸入された西洋の数学は蘭学式の洋算，イギリス流，フランス流，ドイツ流などの様々な国の数学であったが，それは主に語学式数学であった。藤沢が留学する前に輸入された西洋の数学のなかでは難しいと言っても，微積分の概念程度である。そのような当時の日本へ，クリストッフェルの函数論，ライエの射影幾何学，それからクロネッケルの代数学，そのほか多くの西洋の新しい数学の内容を日本に伝えたのは留学から帰って来た藤沢利喜太郎である。そのおかげで，当時の西洋の全般的な数学が日本に移植されたのである。これは，日本の数学界に取って重大なことであり，将来編集すべき新日本数学史上の一つの契点である。

　このように，高木貞治は藤沢利喜太郎の留学の成果を高く評価している。

　明治後期に留学した人々の中から，一部数学関係者の留学した期間と主な留学先を図表で示すと以下のとおりである[377]。

表 11　明治後期の数学関係の留学者と留学年次，留学先

氏名	留学期間	留学国	留学した主な大学
木村駿吉	1893–1896	アメリカ	ハーヴァード，イェール
高木貞治	1898–1901	ドイツ	ベルリン，ゲッティンゲン
吉江琢児	1899–1902	ドイツ	ゲッティンゲン
河合十太郎	1901–1903	ドイツ	ベルリン
中川銓吉	1901–1905	ドイツ	ベルリン
三輪桓一郎	1903–1905	ドイツ，フランス	ゲッティンゲン，パリ
藤原松三郎	1907–1911	ドイツ，フランス	ゲッティンゲン，パリ
樺　正董	1908–1909	アメリカ	ペンシルヴァニア
吉川実夫	1909–1911	イギリス，ドイツ	ゲッティンゲン

　その頃の留学がどういうものであったかを知るために，高木貞治によって書かれた以下の文章をみよう。

　　留学生あのころは珍重されたようで，帝大関係の留学生が出発するときには，総長が新橋駅まで見送られるならわしであったらしい。僕らの出発は，明治 31 年 8 月のたしか末日であったが，その日，菊池総長は土佐丸の進水式に招かれているので，見送りができないという伝言があって，恐縮した。しかし，藤沢利喜太郎先生と長岡半太郎先生とは，横浜の船まで，見送って下さった[378]。

　これは，明治 30 年代の時点においても，西洋に留学する学生たちが帝国大学から重視されていたことを示す文章である。

　当時の日本では国民教育において，西洋数学の普及は実現していたが，数学研究の方面では，まだ西洋のレベルに達していなかった。菊池大麓，藤沢利喜太郎らが数学の教科書を編纂し，大学でも数学の講座を開設し，高等数学のゼミを開いていたが，数学の専門的な研究者はまだ少なかった。彼らは，さらに多くの若い世代の学者が直接西洋に留学し，西洋の本場の数学の知識を身につ

けて，数学の研究で更なる成果を出すことを期待していたと思う。常に西洋の数学界の状況を理解し，西洋の数学界のネットワークに入ることが求められていた。

　同時代の中国は，この時，まだ科挙制度が存在し，国民間に西洋数学は普及していなかった。だが，後述するとおり，ちょうどこの時期に日本をモデルとした教育制度を創ろうとする動きが知識人や開明派の官僚たちから出始めていた。

　明治期の日本は西洋数学の研究者を育てるために西洋へ若い学者を送り出していた。その頃の清末中国では教育制度を変えて，西洋数学の教育を普及させるために，日本から教員を招聘するとともに，日本に留学生を送るようになっていた。

2. 国際会議への参加

　1897（明治30）年，チューリッヒで第1回の国際数学者会議（International Congress of Mathematicians（ICM））が開かれた。日本が数学者をこの会議に派遣したのは，1900年の第2回ICMからである。以下は1897（明治30）年から1912（大正元）年の間に開かれたこの会議の開催地，出席者の概数，参加国，および，日本からの出席者である[379]。

表 12　ICM と明治期の数学者の出席状況

回数	開催時期	開催地	出席者	参加国	日本の出席者
第1回	1897.8	チューリッヒ	約240	16	無し
第2回	1900.8	パリ	約260	22	藤沢利喜太郎
第3回	1904.8	ハイデルベルク	約400	19	三輪桓一郎，中川銓吉
第4回	1908.4	ローマ	約700	13	藤原松三郎
第5回	1912.8	ケンブリッジ	約710	18	藤沢利喜太郎，窪田忠彦，内藤丈吉

　第1回の会議ではその後3年ごとに開くことが計画され，実際第2回は3年

後にパリ万博の機会に開かれたが，その後は 4 年に 1 回となった。1912 年の後は，戦争のため中断され，その次は 1920 年で，フランス領となったストラスブールで開かれることとなった。

　この時期は，世界の数学界では，ポアンカレ，ヒルベルト，カルタンなどがはなばなしく活躍した時期で，20 世紀の数学がまさに花開こうとしていた。それらと比較すれば，日本の当時の数学研究はまだまだ遅れたもので，最先端の研究をするには，常にヨーロッパから学ぶ必要があった。ヨーロッパへの渡航に大変な時間と費用のかかった時代であるにもかかわらず，第 2 回以降の国際数学者会議に必ず出席者を派遣していたのも，当時の日本数学界がヨーロッパから学び，そしてさらに研究することへの強い意欲を持っていたことを表している。

　学術上の国際交流は，必ずしも海外に旅行するとか，外国の学者に直接接するとかしないでも，書籍や論文を学ぶことによっても行われうるのだが，そのためには，数学の図書，論文を読むための「技術」が指導されなければならない。先に述べた数学者たちの留学は，まさにそのような環境へ飛び込むことで，最先端の数学を理解し，研究を深めていくのに役立ったのである。

3.　専門的な研究

　1889（明治 22）年頃より 1911（明治 44）年頃までの間に，日本人によって書かれた欧文の論文や西洋数学に関する論文を紹介しよう。この時代には，オリジナリティを持つと認められる論文はきわめて少ない。論文の発表媒体は，『東京数学物理学会記事』，『東京帝国大学理科大学紀要』，『京都帝国大学理工科大学紀要』のほかに外国の数学雑誌もあった[380]。

　ここでは，主に『東京数学物理学会記事』に掲載された論文を紹介し，西洋化された日本の数学界の状況を考察しよう。

　『数物学会記事』の巻 2 は，1886（明治 18）年の常会の後に刊行された。

　これに掲載された論文はいずれも，常会で行われた講演をまとめたものであった。その主な内容は次のとおりである。

　最初の二つの論文は寺尾寿が講演したもので，楔形平截面についてのものと，

曲面の曲率半径を求める方法についてのものとが掲
載された。次に，隈本有尚による四元法積分につい
ての報告が，「四元法積分小引」という標題の論文
となっている。それは 1884 年 4 月刊行された
「メッセンヂャル，オフ，マセマチックス」
(*Messenger of Mathematics*) に掲載されたマックスウェ
ル (James Clerk Maxwell) の四元法積分に関する論文
を紹介したものであった。寺尾や隈本の論文は，い
ずれも常会での数学講演が論文の形にまとめられた
ものである。

図34 『東京数学物理学
会記事』巻2

　数物学会の『数物学会記事』は，巻 3 以降も版の大きさは巻 1，2 と同じだっ
たが，他の形式面では大きな相違点が現れた。すなわち，この巻 3 から，記事
がローマ字で書かれるようになったのである。また，論文と報告書は日本文だ
が，左から右への横書きの体裁を取るようになった。これは，『数物学会記事』
が近代西洋的な雑誌の形式を模範にしたものとなり，数学会社時代の『雑誌』
のスタイルを乗り越えようという意図の現れたものと解釈することができるで
あろう。形態的にも近代的になったことは，『数物学会記事』が国際的に認め
られることを目指した専門の数学雑誌になったことの象徴でもあった。

　『数物学会記事』の記録がローマ字書きになったとはいえ，巻 3 の中の多く
の文章は，ただ日本語の読みを欧文アルファベットに書き直しただけであり，
日本語を英訳したものではなかった。『数物学会記事』をローマ字書きするよ
うに提唱したのは隈本有尚だった。1885 (明治 18) 年 7 月の常会で，隈本は『数
物学会記事』をローマ字書きすべきだと提案した。議論の後，記事録は必ず
ローマ字の文とし，論文，雑誌報告などは日本文でよいが，左から右への横書
とすることになった。『数物学会記事』巻 3 からローマ字が採用されたが，同
年 7 月の常会で，巻 3 第 1 分冊はすべてローマ字文としたところ，内務省より
出版人・編集人の名は日本字とすべきであるという指示があり，雑誌の配布が
遅れたという報告がなされている。『数物学会記事』のローマ字書きに反対し
た人も存在した。それは藤沢利喜太郎であった。

　さて，同誌巻 3 と巻 4 に掲載された数学や物理学の研究論文の内容を概観す

ると，以下のようになる。

　巻 3 には，隈本有尚のマトリックス（Matrix, 行列）についての論文が，"MATRICES NO THEORY NI TSUITE SHIRUSU" という標題で掲載された[381]。日本語の文章をローマ字で書いたものであり，隈本自身の『数物学会記事』の文章はローマ字で書くべきであるとの方針に従っている。隈本の論文は 1885（明治 18）年に書かれたもので，シルウェスターのマトリックスに関する理論を紹介したものであった。それは，「一，四元数 $a + bi + cj + dk$ は二次のマトリックスと同一視できること。二，ハミルトン–ケーリーの定理。三，ハミルトン–ケーリーの定理のシルウェスターによる四元数への応用」などについて述べたものだった。

　巻 3 にはまた，三輪桓一郎による日本語で書かれた微分方程式の変数変換に関する論文「微分方程式中変数ノ変更法」が掲載された[382]。日本語の標題の下に "On change of the independant variable in Differential Equations" という英文標題もが付けられている。

　巻 3 には，藤沢利喜太郎と鶴田賢次が英文で書いた研究論文も掲載された。このことによって，『数物学会記事』の巻 3 が，日本で最初の欧文による数学論文を載せた雑誌になったことは注目に値する事実であろう。英文で書かれた論文で，1889（明治 22）年までに出版されたのは，藤沢利喜太郎のものが 4 篇，鶴田賢次のものが 1 篇であったが，いずれも簡単な小篇だった。藤沢のものは，射影に関する短文（"A NOTE ON PROJECTION"）[383]，二次曲線についてのもの "SEMINAR ESSAY EXTRACT"[384]，積分因子を用いるある種の偏微分方程式の解についてのもの（"ON THE SOLUTION OF A CERTAIN CLASS OF PARTIAL DIFFERENTIAL EQUATIONS BY THE SO–CALLED METHOD OF INTEGRATING FACTORS"）[385]，球関数の新しい公式についてのもの（"NOTE ON A FORMULA IN SPHERICAL HARMONICS"）[386] であり，初めの 2 篇は留学先のシュトラスブルクからの寄稿だった。鶴田のものは，パップス（「パッポス」のこと）の問題の拡張についての論文（"ON AN EXTENSION OF A PROBLEM OF PAPPUS'S"）である[387]。いずれも今日から見れば，内容は簡単であるが，日本の雑誌に出た最初の欧文による研究論文としての意義は小さくない。

　巻 4 には，沢田吾一の「アシムプトチック曲線」と曲面上の直線との関係に

ついての論文「アシムプトチック曲線ノ性質及ビ曲面上直線トノ関係等」が掲載された[388]。そのほか，巻 4 に載せられた記事で注目すべきものは，藤沢の投稿した「本邦死亡生残表」である。藤沢は本文の中に「死亡表は特に生命保険に必要なるのみならず一国の統計事実中甚重要なるものなれは〔中略〕」と述べた[389]。この文章により，藤沢は生命保険に関心が深かったことを知ることができる。藤沢の「本邦死亡生残表」は，「日本帝国統計年鑑」，「日本帝国民戸籍表」，「大日本帝国内務省第一回統計報告」，「統計集誌第八十貳号」，「独逸東亜細亜協会報告」，「マエット氏著日本人口の統計」，「学士ラートゲン氏著日本人口統計調査ノ結果」などの当時得られた資料のすべてを調べて作ったもので，後に保険会社で実際に利用されたという。藤沢の名前は今日，日本における保険数学の鼻祖として記憶されている。

　以上のほか，ディリクレやアーベル，ガウス，クンマーの原論文を，藤沢，三輪，菊池大麓，長岡半太郎が英訳し紹介したものが，巻 3，4 に掲載された。それらはいずれも級数に関してのものであって，藤沢らの関心の所在をうかがわせる。なお，これらの論文は後年にまとめられ，*Memoirs on Infinite Series* (1891) として刊行された。この時期について振り返ってみると，日本における西洋数学の水準は，数学会社時代の 10 年前と比較すれば，着実に向上していたことが分かる。

　東京数学物理学会の『数物学会記事』に掲載されたのは，西洋数学の研究に関する内容であり，その形式も現代の学術論文のように改められた。数学会社時代の，「問題の提出と解答」のようなものはただひとつしか掲載されなかった。それは，萩原禎助が提出した記事であった。すなわち，数学会社時代の『雑誌』第 30 号に掲載された岩永義晴の解答に対して，『雑誌』第 36 号に大村一秀が反駁と別の解答を掲載したものについて，萩原がさらに議論を加えたものであった。それは，もともとは『雑誌』第 8 号第 8 套の 3 に大村が提出した，「凹円環縦截ノ半体ヲ釣リ其釣系截面ト平行セシメントス今凹円ノ縦径 4a ト及ヒ環ノ半径 R トヲ以テ其離形即チ釣系截面距 X ヲ求ムル術如何」という問題であった。萩原は岩永と大村の解答を分析し，大村の解答に間違いがあることを指摘しながら，同問題に対する微分積分学を使った自分の解答を展開して，最後の答えは岩永のものと同じとなったと書いている。

　容易に想像できるように，『数物学会記事』に和算問題が掲載されることは非常に少なくなった。数学会社が東京数学物理学会に転換した後，日本の数学の水準は飛躍的な発展を遂げて，和算は研究対象としては完全に歴史の舞台から退場し，日本数学界が全般的に西洋化された時代がやって来たと考えられる。だが，日本における伝統文化の遺産としては，後期の『数物学会記事』にも数篇の和算に関する文章が掲載されたことを無視することはできない。例えば，1895（明治 28）年に刊行された『数物学会記事』巻 7 には英語で書かれた菊池の論文 5 篇と，遠藤が日本語で書いた論文 2 篇が掲載された。

　菊池は 1908（明治 41）年に「関孝和先生 200 年記念」行事の際に行なった講演で，以下のように述べた。

　　　和算の中の円理の事，円周率等に関する事を，英語に訳して，数学物理学会の記事に出しました。之は級数のくくり方が，如何にも面白いのでありますから，斯の如き全く独立の研究をしたことが，日本にもあると云ふことを，外国人に紹介したい考で，あったのであります[390]。

　講演中で言及された研究とは，菊池が和算の中の円理，円周率等に関する成果を近代西洋式に翻訳したものを指している。

　菊池の論文とともに，『東京数学物理学会記事』巻 7 に掲載されたのは，遠藤利貞の「擺線（Cycloid）の長さを求める和算の方法」と「球積を求むる和算の法」という 2 篇の文章であった。

　第 2 期の『数物学会記事』は 1901（明治 34）年から 1918（大正 7）年の間に刊行され（その間に誌名が変わったこともあった），欧文論文は約 80 篇あるが，その中の 18 篇は和算史に関するものだった[391]。それらは三上義夫らが書いたものであり，その内容は和算を歴史研究の立場から日本の伝統的な文化のひとつとして紹介したものであった。

　欧文論文の執筆者はつぎのような人々であった。

図 35　菊池大麓が数物学会記事に掲載した和算関係の問題

（　）内にそれぞれの論文数を示す（執筆順）。

藤沢利喜太郎（1）　三輪桓一郎（1）　数藤斧三郎（1）　樺正董（4）　林鶴一（15）　高木貞治（5）　吉江琢児（4）　国枝元治（1）　中川銓吉（7）　藤原松三郎（2）　刈屋次郎（3）　内藤丈吉（1）　沢田吾一（1）　沢山勇三郎（2）　小倉金之助（9）　窪田忠彦（3）　福沢三八（1）　貝原良介（2）

　これらの多くはいずれもまだ小篇であるが，本格的な西洋数学の研究論文はこの後もますます増えていったのである。

この章のまとめ

　以上，第 3 部では明治初期の教育制度の移り変わりと，東京数学会社の変遷により数学界が西洋化された過程を考察した。

　1872（明治 5）年に発布された学制はまもなく廃止されたが，そのなかの「洋算専用」という規定により，西洋の科学の基礎である西洋数学を確実に修得させようとしたことこそが，日本を伝統数学から脱皮させ，西洋化への道を推し進め，短い時間で西洋数学を定着させるという結果を導いたのである。

　東京大学と同じく 1877（明治 10）年に創設された東京数学会社の会員の構成は，最初は和算家，洋学者，軍人（海軍関係者，陸軍関係者の両者に分類される），官立学校関係者など，社会の多方面の人々からなっていた。伝統数学や西洋数学のいずれかに興味ある者の多くは数学会社の活動に関わっていたので，数学会社の発展や転換を考察することにより，明治初期の日本数学界の様々な特徴を窺うことができた。機関誌の分析によってわかったことは，当時の日本で日本の伝統数学，中国から伝わった中国の伝統数学と漢訳西洋数学，西洋から伝わった西洋数学などが混在していたことであった。創設当初の会員の投稿した問題も様々であったが，数学の研究論文とすべきものは現れていなかった。

　数学会社が東京数学物理学会に転換した後に和算が排除され西洋数学に統合された結果から，当時の和算家と西洋数学者との間の分裂を強調することばかりに眼を奪われるのは誤りであろう。本論で記述したように，1877（明治 10）年頃の数学の関係者を，純粋な和算家と純粋な西洋数学者とに明解に二分することは不可能である。

　数学会社に入社した会員の中には，「和漢洋」の三つのタイプの数学の内容をすべて理解できる者が多数存在したため，和算の問題を洋算で解答するというような問題が『雑誌』には掲載され，一方，西洋数学の問題を掲載する時には，関連する和算や中算の内容を説明することもあった。また，和算書，漢訳数学書，西洋数学書，これら三つのタイプの数学書の内容を理解できる会員は，その能力を発揮して，三つのタイプの数学書の内容を比較しつつ日本における数学の発展を図った。このことは，数学会社時代の多くの数学者に共通して見られる特徴であった。

　だが，数学会社の後期になると，当時の日本社会の西洋化により，数学界の新興勢力になった知識人の多くは，西洋の科学技術の優位性を認めて，数学と物理学との密接な関係を強調するようになった。一方，西洋数学教育の普及により，数学会社という場を借りて，数学を民衆のなかに普及する必要性はなくなり，その替わりに数学者による数学の研究が強調されるようになって，伝統数学である和算の体系は日本の数学界の発展のニーズに適応できないことが明らかになったのである。

　こうして，ついに数学会社は数学物理学会に転換し，会員の多くは西洋数学の教育を受けた人々に取り替えられることになった。

　第3部では，1877（明治10）年以降の日本人学者による漢訳西洋数学書の紹介したことについても議論したが，幕末・明治初期の状況と違い，学校教育では，欧文の数学の教科書や漢訳西洋数学書を使うことは少なくなった。西洋から直接翻訳した数学の教科書に加えて，菊池，藤沢らの日本人数学者の著書が数学の教科書として使われるようになった。この時代には学者による漢訳西洋数学書を学んだ写本や訓点版を作ることはなくなり，ただそのなかの術語や一部の内容を利用するだけであった。

　更に，1877（明治10）年以降になると，日本人学者による，西洋数学書の直接な翻訳は頻繁になり，学校教育で使われた教科書は量だけではなく，質的に良くなってきた。さらに，外国への留学生派遣事業や国際会議への参加により，西洋の数学者と直接的な交流を行い，西洋各国での数学研究の新情報を直ちに知ることができ，国際数学のネットワークに仲間入りすることが実現したのである。

　帝国大学の数学科では，日本人教師による数学の講座も設けられ，日本国内での数学の専門的な研究も軌道に乗り，日本人として西洋数学の研究者を生み出し，日本の数学界は西洋の数学界に対しても学術研究を発信するようになっていく。

　そして，19 世紀の末から 20 世紀の初頭にかけて，日本における教育制度は中国へ影響を与えることになる。続く第 4 部では，清末における日本型教育制度の確立や日本に留学生を派遣した経緯を考察する。

第4部
清末における教育制度改革

概　要

　幕末・明治初期に，中国において西洋各国の状況を視察しようとした日本人により，漢訳西洋数学書が日本に伝わり，これらは，日本の学者が西洋の高等的な数学の知識を学ぶための重要な資料となった。書物の一部は，明治初期の学校（例えば，沼津兵学校）でも教科書として指定されていた。こうした事実から見ると，中国のほうが西洋数学の受容については日本より早かったように見える。

　1894–1895 年の日清戦争での敗戦により，中国の官民の一部の人々は，隣国日本より文明の進展において遅れていることに気づき始め，日本の状況を視察するようになった。これにより，日本への留学ブームが起こり，日本で西洋の知識を学ぶことが人気を博すようになった。この時期に日本から多くの数学書が清国へ輸入された。

　また，30 余年間の中国と日本における教育制度の違いは，両国における西洋数学の受容にも影響した。

　以下の各章では，主に，清末中国の日本をモデルとした教育改革の経緯と時代背景，清末の知識人の日本視察，留学生派遣事業に対する日本人による教育の果たした役割，留学生が日本で受けた西洋数学の教育の実態などを考察し，清末の中国における日本を媒介とした西洋数学の受容を明らかにすることに努める。

第8章　日本をモデルとした教育改革

　日清戦争で日本に敗れたことで，清末の一部洋務派官僚によって進められてきた近代化政策は失敗に終わった。彼らの政策は，西洋の近代軍事・工業技術を導入し，新式の学堂を通じて富国強兵の実現を目指そうというものであった。日清戦争後，それに代わって，単なる機械技術の導入にとどまらず，政治，経済，社会，文化など，国家制度を抜本的に改革することが不可欠だとする「変法自強運動」が，科挙を通じて官吏を目指していた知識人の間で盛んに展開されることになった。

　本書の第1部で論じた，江南製造局の訳書館から出版された西洋の科学技術の書物を購入し，習得した人物であった康有為，譚嗣同，梁啓超らは，この変法自強運動のもっとも強力な指導者たちである。

　以下，この章の各節では，日清戦争における敗北がひきおこした，清末の知識人の科挙に関する考え方の変化，特に戊戌変法を指導した人々による日本の明治維新を模範とする国の強化政策を考察し，彼らが西洋の科学技術・数学を広めようとした活動を紹介する。

第1節　科挙制度の弊害

　科挙の試験を通じて政府に出仕する中国独自の官吏選択方式である教育制度は，支配のための人材を養成することが一貫してその目的としてあった。中国の長い王朝体制を支えてきた科挙制度は，清朝にあっては，異民族王朝でありながら，ますます整備された。科挙は，現実から離脱した『四書』『五経』を主要な知識とし，ひたすら暗記することで，帖括[392]の類を試験するのみであり，後には時文[393]も課されたが，それも八股文で文字の遊戯に過ぎず，国を治め，事務を処理する能力とは直接関係はなかった。一般の庶民出身の知識人が出仕する唯一の道は科挙を通して官僚になることであったため，清末になった後でも，多くの知識人の青春は，科挙に合格するための受験勉強に塗り潰されていた。

　洋務運動期に新式学堂が次々設立されたが，これを卒業した人材が重用され
たことは少なかった。新式学堂に入学しても，通常は，将来的には希望が無い
ものと理解されていた。

　中国の近代思想家・啓蒙主義の作家である魯迅は，『吶喊自序』のなかで次
のように書いている。

　　　私が N へ行って K 学堂[394]にはいるつもりになったのも，たぶん人とち
　　がった道をえらび，ちがった場所でちがった人と交りたかったせいであろ
　　う。母はしょうことなしに八円の旅費を工面してくれて，すきなようにせ
　　よと言った。しかし母は泣いた。これは無理なかった。なぜなら，そのこ
　　ろは古典の勉強をして国家試験をうけるのが，正当なコースであり，洋学
　　などやるのは，世間の眼からすると，行き場所のなくなった人間がついに
　　魂を毛唐に売り渡したものと見られて，それだけよけいにはずかしめられ，
　　いやしめられるからであり，〔中略〕私はそんなことに構っていられずに，
　　とうとう N へ行って K 学堂に入学した。この学校で私ははじめて，世に
　　物理や，数学や，地理や，歴史や，図画や，体操などの学問があることを
　　知った[395]。

　魯迅が新式学堂に入ったのは 1898 年のことであり，ここで学んだのは 19 世
紀の最後の日々であるが，中国では依然として，新式学堂を卒業した後の進路
はさだかではなかった。このため，民衆の新式学堂に対する態度は冷淡且つ消
極的であった。

　このような時代背景のもとで，数学など自然科学に興味を持ち，これを研究
しようと志した人物は，科挙受験者と比べると，ごく僅かであった。

　19 世紀後半の日本は，近代的な教育制度の発足により，西洋数学の教育の
普及を実現したが，同時代の中国は科挙制度を維持していたため，それができ
なかった。

　科挙の弊害が清末中国の各階級の人々に認識され始めるのは，日清戦争にお
ける敗北やそのあとの変法運動の挫折を経てのことである。

　特に注目すべきことは，この時代になると科挙により学識が認められ，高官

たちに重用された儒学者も，その弊害を認識し，科挙教育に関する学問を批判するようになったことである。

　例えば，洋務運動期の曽国藩，李鴻章らに重用されていた，桐城学派[396] の有名な儒学者である呉汝綸は，1901 年の 9 月 30 日に「駁議両湖張制軍変法三疏」を書き，科挙の柱の一つである経学に対して批判を行っていた。張之洞と劉坤一が連署した「変法三疏」の第一疏は，科挙制度の改革案として試験の内容を，「一，中国政治・歴史」，「二，各国の政治・地理・武備・農工・算法など」，「三，四書・五経の経義」，と分けていた[397]。呉汝綸は特に三つ目の経義を痛烈に批判して以下のように述べた。

　　　　経義は八股の起源である。体にして久しく変ずれば本を失う。今，本に
　　　返り始に復せんと欲して八股を経義に改める。〔中略〕八股を既に廃して
　　　用いず，而して経義を用いるは，子孫を廃して尚其祖宗を奉じることであ
　　　る。これはまたどうしたことか[398]。

　彼は，経義は学ぶには及ばないものであると断言しているのである。一方，学校の教学内容については，

　　　　学堂では西学を重視すべし。西学を重んずれば，中学の奥深い所を探究
　　　する必要はない。ただ文理の流暢を求めることで十分である，〔中略〕中
　　　学はただ旧を守るのみにして，開化には効無きものなり[399]

と述べ，中国の伝統的な儒学を否定している。

　呉汝綸はまた一人息子の呉啓孫に対して，科挙受験を断念することを勧め，1901 年には息子を日本留学に送った。呉は息子への手紙のなかで以下のように書いている。

　　〔原　文〕
　　　　汝為科挙欲帰，〔中略〕吾料科挙終当廃，汝若久在日本学一専門之学，
　　　由学堂卒業為挙人進士，当較科挙為可喜[400]。

〔訳 文〕

　君は科挙のために帰るという。〔中略〕私は科挙が必ず廃止されると思う。君はもし日本に長く留学し，専門科目を勉強し，〔日本の〕学堂を卒業し挙人や進士になれば，科挙に参加するよりも喜ぶべきことである。

　呉汝綸は日本を調査する際，町で放課後の男女学生たちが往来するのをみて，日本が維新改革をしてから，僅か 30 余年のうちに，「学校林の如く生徒街に満ち，此境殊に至り易からず」[401] という状態になったことを感嘆し，「鎖国的な人間は僅か三十年間に如何に如此頭脳を洗ひ得たるか，国民の気象は如何にして斯く感化せしか，之等を調査せば調査する程五里霧中に迷ふの感あり」[402] と述べて，日本視察の間その原因を探していた。

　呉汝綸の疑問に対して，日本の各界や当時の新聞は様々な答えを与えた。もっとも多く指摘されたのは，「九州日日新聞」に代表される以下のような見解である。

　　清国が千年以来の因習の絆に縛られ，文弱の弊に陥った理由は，清国学問の最短所が実用的学問の乏しいことにあるからだ。〔中略〕故に，呉汝綸の教育視察は，大学を見るより小学校を見，文学，美術の学校を見るよりは商業，工芸の学校を見，哲学，宗教の方面よりは理学，化学の方面を視察し，重点を実業教育に置くべきである[403]。

「実用的な学問の乏しい」，「千年以来の因習」と言われているのは，清末に実施されていた科挙を通して出仕する教育制度であろう。

　こうして，官僚たち，儒学者たち，民間人の間に伝統的な科挙制度を廃止し，清国にふさわしい新しい教育制度を設立する気運が高まり，1905 年 9 月 2 日，光緒皇帝の詔勅により，隋朝の 606（大業 2）年に始まって以来，中国で 1,300 年間実施されてきた科挙制度に終止符が打たれた。

　新教育制度を設立するにあたっては，近隣日本を模倣するという方針が採用された。日本をモデルとした教育制度を創設しようと提唱したのは，清末の維新を担った「変法維新人物」[404] たちである。以下の箇所では，これらの人々

の教育思想を考察しよう。

第 2 節　変法維新人物の登場

1. 維新人物の教育思想

1.1. 康有為

　日清戦争の敗北は康有為を歴史の前面に押しだすことになった。1895 年 5 月，康有為が，科挙試験に参加するために北京に在留していた各省の挙人[405] 1,300 人を集めて政府への「建白書」を提出し，講和条約を拒否し，都を南へ移し，抗戦を継続するよう建議した。また，清末中国の制度を抜本的に改革させるために変法自強運動を実行すべきだと要求した。中国近代史上，「公車上書」と呼ばれる事件である[406]。

　康有為，字は広厦，号は長素，広東省南海の人である。彼は若い時，郷里の著名な学者朱九江（1807–1881）のもとに学び，やがて公羊学[407]に転じた。早くから江南製造局や京師同文館，キリスト教宣教師などの翻訳になる西洋書を通して海外事情を学び，日本の明治維新に注目していた。1888 年，清仏戦争の敗北を機に，抜本的な政治改革を求めて上書したが失敗。郷里に帰り万本草堂で梁啓超ら弟子の指導にあたるかたわら，『大同書』などの著述を書き始め，変法理論の研究にあたった。

　康有為らの強調した教育改革では，現実的な生活から遊離し，国の振興に役に立たない科挙制度や旧教育を改革することを求めた。それとともに，特に，強く主張されたのは西洋各国や日本をモデルにすることで，日本の明治維新を模範にして皇帝に権力を集中させながら，政治改革を行い，全国に近代的学校を設置し，各地に学会，図書館，新聞館を設け，外国の図書を翻訳して西洋の近代的な学問技術を深く研究すべきこと，また近代的な実学を身に付けた人材を早急に養成するために，海外，特に日本に留学生を派遣することだった。

　日清戦争以降，康有為は皇帝に上書し，各種の改革案を提出した。また，『新学偽経考』，『孔子改制考』（1898）等を著述し，現在の経典は後世の偽作であり，これをもって「聖人の道」を明らかにすることはできないこと，また孔子は「古

代に仮託してその当時の制度の改革をはかった」ことを主張し，新しい孔子観を打ち出して自説の論拠にしたのである。

　さらに康有為は，五つの国の歴史（『俄羅斯（ロシア）大彼得（ピョートル）変政考』，『突厥（トルコ）削弱考』，『波蘭（ポーランド）分滅記』，『法国（フランス）革命記』，『日本明治変政考』）を著し，光緒皇帝に進呈した。

　『日本明治変政考』の序文には，

　　　　近い国では，ロシアは元来小国だったが，ピョートル大帝の時代になってから発奮して変法し，北半球を制覇するに至った。ドイツは特別に大きな国というわけではないが，小国プロシアから始まってオーストリア，ロシア，フランスに勝利して強大な国になった。ウイルヘルム 1 世がよくビスマルクを登用して国を治め，今では全ヨーロッパを制覇している。〔中略〕日本の領域は，わが四川 1 省ほどしかなく，人民もわが国の 10 分の 1 にすぎない。しかるに猛然と変法し，ついにわが大国の軍隊を撃滅して，台湾を割き，2 億両の賠償金を奪った[408]。

とロシア，ドイツ，日本が変法を通じて強くなったことや日清戦争で敗北したことを述べ，ロシアのピョートル大帝や明治天皇にならい，光緒帝のもとで清朝を立憲君主国家へ改変しようとした。

　康有為は『日本明治変改考』巻 5 の中で，東京の大学，中学校，小学校，公立学校と私立学校，女子学校の概況，および各学校の教育科目・費用などについて，極めて詳細に記述し，さらに明治日本の曾ての教育改革の経験を当時の中国の現実と対照しながら，同書の「按語」の中で次のような教育改革の主張を提起した。

　　　　日本がにわかに強くなったのは，盛んに学校を興したためである。〔中略〕その完備した学制は皆欧米を模倣したものであり，僅か三つの島からなる国の学校数は，わが国の十一倍にもなる。しかも大学堂は京城に限らず，七区にわたる。若し我国の国土で論じれば，則ち大学堂を七十区も設けうるはずである。〔中略〕日本の官，公立学校の必要経費は一千万にも

達し，政府はさらに補助を与える。小学校は亦た五十万校もあり，〔中略〕男女は皆学校に通い，人材として一人も浪費すること無く，また自らも才能を捨てず，人々は皆教育を受け，国のために用いられる[409]。

　中国も日本の学制を模して，少なくとも北京・上海・広州のような重要都市には大学堂を一か所ずつ設立すべきだと提言している。康有為は明治期における日本の教育制度の沿革と変遷を十分に理解していたとは言えないが，明治維新によって日本の教育が普及し，人材が輩出し，政治改革に重要な役割を果たしたことに対して，強い関心を持っていたのである。

　光緒皇帝は康有為の政治改革の意見を受け入れ，1898年6月11日に国是を定める勅諭を下した。こうして日本をモデルとする維新変革－戊戌変法が始まったのである。これにより，近代学校のモデルとして京師大学堂を創設すること，中・小学堂を全国的に設立，普及すること，外国，ことに日本に留学生を派遣すること，訳書局・新開館を設立することなどの改革が行われた。

　変法自強運動は全国的規模の政治運動へと大きく発展するが，この運動はまた，欧米諸国の富強の理由は，たんに機械や兵器がすぐれているからではなく，その根底にはさかんな学問研究や教育の普及があるとして，「変法」と並行して「興学」の必要性を強調する教育改革運動でもあり，特に日本の明治維新に倣った国家体制の改変が求められた。

1.2. 梁啓超

　梁啓超，字は卓如，号は任公，広東省新会の人。15歳の時に広東の著名な書院であった学海堂で学び，載震・段玉裁などの訓詁・名物・制度についての考証学を修めた。梁啓超は，17歳で広東郷試に合格し挙人となった。18歳の時に康有為が広東省南海に追放されると，面会を求めて大いに共鳴し，康有為にすすめて万木草堂という学校を開かせた。数ヶ月，万木草堂で『公羊伝』『資治通鑑』などを学んだが，一種の共産的理想社会の建設を説く康有為の大同思想の教えを聞かされ驚喜し，学海堂にもどって宣伝し長老や仲間との論戦に明け暮れた。梁啓超は康有為と出会って以後，その片腕として活動していくことになる。しばしば北京に遊学する間に譚嗣同と知り合い，大同思想や王夫之の

学問について意見を交換した。

　1895 年に科挙の会試を受験するために北京を訪れていた梁啓超は，日清戦争の敗北による下関条約の内容を知り，康有為と共に広東省と湖南省の挙人を中心に講和拒否への運動の参加を呼びかけ，康有為を代表とする上書を 3 度行っている。

　梁啓超は『論科挙』のなかで以下のように述べている。

　　　今は国内に同文館，方言館があり，外国に〔清国からの〕留学生がいて数十年たっているのに，国家に仕える人材がないのには理由がある。昔はロシアのピョートル大帝が列国を遊歴し，国から俊秀な子弟を選び，ポルトガル・フランスの首都に修業させ，帰国後重用したのでロシアが強くなった。日本は維新の始めに，優秀な学生を選び欧州に学ばせ，学業を終えて帰国した後，才能によって職を委ねた。今の伊藤〔博文〕，榎本〔武揚〕らは，皆昔の留学生である。〔中略〕故に学校を興して，人才を養い，中国を強くするには，科挙を変えるのが主要なことだと思われる。大きく変えれば大きな効果があり，小さく変えれば小さな効果がある。〔中略〕今前代の制度から取ることを奏して請う。明経の一科を設立し，〔中略〕今日の新政で古代の経を証する者を合格者とする。明算の一科には，中国と外国の数学を通じて，その道理を理解し，応用できる者を合格とする。明字の一科は，中国と外国の言語を通じて，相互に翻訳する者を合格者とする[410]。

　梁啓超は，清末の中国には，同文館，方言館などの西洋の言語や西洋の科学技術・数学を学ぶための学堂が存在していたが，優秀な人材が現れないのは，西洋の事情をよく分からないのが一因であるので，西洋へ留学生を派遣すべきであると主張している。さらに，日本の明治維新期の状況を参考にすることを呼びかけた。

　彼は，また軍隊の強化や鉱山の開発，通商に重点を置く洋務に代わるものとして，「大成を為すには，官制を変ずるにある」[411] と「変法」を重用視した。また，「変法の本は人材の育成にあり，人材の育成は学校の開設にあり，学校

の設立は科挙を変ずるにある[412]」と人材の育成を重視した。ところが，富強を図ろうとした清末には各国の言語や人文知識に精通した人材が少なかったので[413]，日本の学問を取り入れることを主張したのである。

梁啓超は，「欧米で学びたいと欲するが，旅費が苦しい者は，日本で学べば充分なのである」[414]，「日本は三つの島の広さの土地で，千里ぐらいの国であるが，最近泰西に習い，政治を維新し，大体悉く西洋の書籍を翻訳し，広く学問・官僚を集めている」[415]，「わが中国では英語を重んじるようになって既に数十年経ち，それに通じる人も数千人にのぼるだろうが，厳復を除いて誰一人，その学術思想を中国に輸入する人がいない。〔中略〕もし日本の学問を修めるなら，漢語に深く通じていれば，1年間でほとんどその書物を読み尽くすことができ，何らの隔てもない」[416] として，日本では西洋の書籍が翻訳され，維新が行なわれたことで，西洋と肩を並べられるようになったと認識していた。そして，漢語によく通じていれば1年間で日本の書籍を読むことができるので，学問に即効性があり，有効であると考えていたのである[417]。

しかし，前述したように，まもなく，変法派は鎮圧され，梁啓超は日本に亡命し横浜に居住した。横浜で梁啓超は，『清議報』(1898)，『新民叢報』(1902)，『新小説』(1902) などの諸雑誌を創刊し，清末の政治制度や教育制度を改革するための宣伝活動に従事する。1898 年に後述する東京大同学校（清華学校）の校長を務めて，日本に留学した学生たちの教育に専念した。東京大同学校での数学教育の状況については後述する。

以上は，清末の光緒帝に支持された維新運動の主幹メンバーであった康有為と梁啓超の，日本をモデルとして教育制度を改革しようとした思想の概観である。

以下では，彼らの数学教育の普及に関する活動を見てみよう。

2.　維新人物の数学教育

2.1.　梁啓超

本書の第1部では，梁啓超の西洋数学に関する言論や『数学啓蒙』に対する評価に言及し，さらに彼による，『格致彙編』が西洋を理解するためのもっと

も重要な書目であるという評価についても紹介した。

　梁啓超は，清末の西洋数学書を学んだだけではなく，西洋数学の教育の普及にも感心があった。

　1896年，梁啓超は黄遵憲に招かれて上海で旬刊誌『時務報』の主筆として活動をはじめ，『変法通議』を著して科挙の廃止と学校を興すことを説いた。

　翌年の秋には譚嗣同・黄遵憲・熊希齢らが長沙に設立した時務学堂[418]の主講となり，毎日4時間教え，学生の劄記（日記，論文）を批評し，「民権論」を広めた。

　1898年になると変法派の勢力が急速に増大し，特に湖南省で変法運動が盛んになった。湖南省の巡撫陳宝箴（1831-1900）が変法を支持していたので，梁啓超は，譚嗣同らと協力して「南学会」を組織し，旬刊誌『湘学報』を創刊し，変法を推進した。

　時務学堂では，梁啓超は数学を教えていなかったが，彼が主任教員として編集した『時務学堂学約』の規定によると，学堂での学生に対する教育では，西洋数学の教育を重視していたことがわかる。

　『時務学堂学約』のなかにあった規定には，すべての学生が二つの種類の課程を習得すべきだと書かれている。即ち以下の通りである。

　　［原 文］
　　　一曰溥通学，二曰専門学。溥通学之条目有四：一曰経学，二曰諸子学，三曰公理学，四曰中外史〔中略〕凡出入学堂六个月以前，皆治溥通学；至六个月以後，乃各認専門；既認専門之後，其溥通学仍一律並習[419]。

　　［訳 文］
　　　一に曰く溥通学[420]，二に曰く専門学。溥通学の条目に四つの科目がある：一に曰く経学，二に曰く諸子学，三に曰く公理学，四に曰く中外歴史である。〔中略〕凡そ一年間に渡る学習期間中，前の六ヶ月に溥通学を皆修めるべきで，六ヶ月以後は，各々専門科目を選び，専門科目を決めた後，また溥通学を引き続き学習する。

というのである。

　実際，「第七月至第十二月」に学ぶ「専門学」には数学が含まれている。

　時務学堂での数学の授業で使われた教科書には，以下のような書物が挙げられる[421]。『学算筆談』(1882)，『筆算数学』(1892) の 2 冊の本は第 7 月に勉強する教科書であり，『幾何原本』(1857)，『形学備旨』(1884)，『代数術』(1873)，『代数備旨』(1891) などの数学書は第 8 月，第 9 月，第 10 月の 3 ヶ月の間に学生に教える教科書であり，第 11 月に引き続き，『幾何原本』，『形学備旨』，『代数術』を勉強させ，また『代数難題』(1883) の内容を追加するようにしていた。第 12 月に『幾何原本』，『代数難題』の後半の部分と『代数微積拾級』(1859)，『微積溯源』(1874) などの微分積分学の内容の数学書を学ばせるようになっていた。

　数学の教育プログラムは算術から代数学，幾何学へ，そして，代数学，幾何学の難しい内容を学んだ後，さらに高等な微分積分学を教育するようになっていた。

　教科書の目録から分かるように，時務学堂での数学の授業中に使われた教科書は漢訳西洋数学書であり，伝統的な数学書ではなかった。

　以上の事実から，梁啓超の西洋数学教育を普及させるための努力をうかがうことができる。

　やがて，時務学堂での梁啓超らによる清朝への指弾は，戊戌政変前に湖南省全体に知れ渡り，保守派の激しい反発を買い，戊戌政変の引金の一つともなった。そして，変法維新の失敗により，時務学堂も閉鎖された。

　だが，時務学堂で西洋数学や西洋の科学技術の新式教育を受けた学生の多くは，日本に亡命した梁啓超の後をおって日本に留学し，日本で新思想，新文化に出会い，清王朝の支配を覆した革命派の主要メンバーになった。代表的な人物には蔡鍔，藍天蔚などがいた。

2.2.　譚嗣同

2.2.1.　経歴

　清末「変法維新運動」の主導者のなかで，もっとも数学的な素養がある人物は譚嗣同である。

　譚嗣同，字は復生，号は壮飛。湖南省瀏陽の人。父は湖北巡府という地方の大官にまで上りつめた譚継洵である。10歳の時より同郷の内閣中書欧陽中鵠[422]に就いて，科挙向けの受験勉強を開始した。ただ通常の高級官僚の子弟と異なるのは，譚嗣同がこの科挙受験のための学問を嫌悪し，当時非正統的と分類されていた学問を好んだ点である。たとえば魏源（1794-1856）や龔自珍（1792-1841）といった今文経学家の著作を特に好んで読書していた。

　譚嗣同は16歳の時に，同郷の涂大囲という人に就いて算学を修め，自然科学についても興味を示している。19歳の時には『墨子』や『荘子』を初めて手に取り感銘を受けている。1877（光緒3）年，父親の譚継洵が甘粛省や湖北省の官僚として赴任すると，譚嗣同は北京と甘粛・湖北の間を行き来するようになるが，時に寄り道をして中国各地を放浪した。譚嗣同はこの放浪により清末の中国が置かれている過酷な現状を認識し，そこから政治変革への志向が芽生えていったのである。

　譚嗣同の短い人生のうち，最も大きな転機となったのが日清戦争敗戦である。この時譚嗣同は30歳となっていたが，清朝の敗北に衝撃を受け，科挙のためにする学問や経典の字句の考証に血道をあげる考証学[423]といった現実から遊離した学問と決別し，改革のための学，すなわち経世致用[424]の学を志すようになる。

　経世致用の学の手始めとして，譚嗣同がまず着手したのは，「瀏陽算学社」を建てることであった。このほか，鉱山の開坑やマッチ工場設立を計画している。譚嗣同の経世致用の学と実践とは，西欧の知識に基づいた科学教育や産業振興といった洋務運動的なものを意味していたのである[425]。

　譚嗣同は，30歳までに6度省試[426]を受験したが，全て落第している。そのため1896（光緒22）年に父親が捐官[427]で江蘇知府候補という身分を入手した。赴任地の南京へ行く途上，中国各地に立ち寄っている。この旅行は譚嗣同にとって非常に有意義だった。中国への認識を深めるとともに，譚嗣同の思想と行動に深い影響を与える人物との出会いがいくつもあったためである。

　譚嗣同は上海では清末の西洋数学書の主な翻訳者であるフライヤー（傅蘭雅）を訪ね，キリスト教や西欧自然科学の知識を得ている。最も大きなフライヤーからの影響は，ヘンリー・ウッド著 *Ideal Suggestion Through Mental Photography,*

1893 を漢語訳した『治心免病法』を入手したことであろう。譚嗣同の代表作『仁学』は，『治心免病法』の内容を参考にしている。次に南京では楊文会 (1837-1911)[428] に出会い，仏教にのめり込んでいる。そして楊文会のもとで仏教を学びながら，先述の『仁学』を書き上げたのである[429]。

　譚嗣同は，故郷での湖南時務学堂や南学会の運営に尽力し，のちの湖南自治運動や五四運動で活躍する人材を育てている。1898 年から，康有為に推薦されて光緒帝により四品卿銜軍機章京という位を与えられ，戊戌維新に参加する。西太后の反動が起こったとき袁世凱と交渉したが裏切られて逮捕され，5 人の同志と共に「大逆無道」の罪で処刑された。「各国の変法は流血によらずして成功したものはない。中国では，変法のために血を流したもののあることを聞かぬ。請う，嗣同より始めん」との言葉を残し，従容として死についた。

　以下では，譚嗣同が創設した「瀏陽算学館」について紹介し，維新派の西洋の科学技術の基礎である西洋数学の受容に関する業績を考察しよう。

2.2.2.　瀏陽算学館の創設

　譚嗣同は清末の中国における最初の民間数学会を創設することに努めている。彼は西洋の数学会の状況を知らなかったので，創設した学会は私塾のようなものであった。だが，科挙制度を中心としていた時代では，西洋数学教育を普及するために数学に興味ある人々を集め，数学者の団体を創設するという彼の発想は清末の中国では珍しいものであった。

　譚嗣同の数学教育に関する主張は次の通りである。

　　　変法の急務は能力ある人材を育てることであり，人材を育てる基本は数
　　学を興すことである。なぜなら，数学は用途が非常に広い学問である。数
　　学を身に付けると，ほかの自然科学を理解し，さらに多くの科学の理論を
　　分かり，西洋の学問を熟知し，旧来の学問を放棄することができる[430]

　このような発想から，彼は数学者の団体を作ることに努めたのである。

　譚嗣同の数学の団体を作るという考えは，当時の保守的な勢力からは反対された。譚嗣同に反対した最初の人物は彼の父親である。父親の譚継洵は，譚嗣

同に，当時正当な出世の道と考えられた科挙の試験の準備をせず，官僚になるためには何の役にも立たないことをやろうとしているとして反対した。

　地方での大官僚であった父親に反対された譚嗣同が，ほかの官僚たちの支持を得ることは難しかった。そのため，彼は，自分の師匠である大学者欧陽中鵠に手紙を書き，西洋の数学の重要性を指摘し，数学者の団体である「算学社」を創ることを応援するよう願った。

　欧陽中鵠は譚の手紙を読み，非常に感動し，全力で支持することを表明した。欧陽は譚の手紙を修正し，前書きを添付した後，パンフレットとして刊行し，世に配布した。これが，譚の後世に残したもののなかでも名文とされる，「上欧陽瓣疆師論興算学書」[431]（以下は「興算学書」と略する）である。

　譚嗣同の「興算学書」での議論は次のようなものである。

　譚嗣同は，

　　　天を測り〔地球の〕経度緯度を弁別することを知らずに，航海することができるか？　地を測り方向を定めることを知らずに，距離を計算できるか？　機械〔の機能〕を解明しないでどのように船を動かすのか？　数学に精通しないでどのように大砲を発砲するのか？

と議論を展開し，航海術，軍事技術に対する数学の重要性を指摘した。

　また譚は，1894 年に，湖南省で変法の論議をし，一つの県で試みに当時の時勢，および国を救う道について講演し，（西洋）数学と科学技術館を設立したうえで，聡明な子供たちをそこで勉強させようと論じたことも紹介している。

　譚嗣同はさらに以下のように述べる。

　　　数学は中国に昔からあるもので，中国の人々は特に虚妄を好んで，数学と言ったら，即ち河図洛書[432]が加減乗除の基本であるとしたものをいっている。実は任意の二つの数は，皆加減や乗除することができるので，河洛と言う必要はない。そもそも河洛というのは何物であるか知られておらず，天の数学の図表であるとされているが，八卦占いや星占いと同じく，うそ偽りのものである。西洋人のようにこれらのものをうそ偽りのものと

してすっかり払いのけると，普通の状況になる。

このように，当時の中国における一部知識人の，「数学」と言えばすぐに中国古来の学問をもちだそうとする傲慢な態度を批判し，根拠が明確ではない「河図洛書」は「うそ偽りのものである」として，西洋人のように数学を普通の学問としてみるべきと主張した。

この文章はさらに以下のように続く。

　　数学を談論する者は又，黄鐘[433]は万事の本であると言う，これは大いに笑うべきである。〔中略〕昔から今までの九州十八省[434]で，度量衡が一致していなくて，その作り方が不完全であるので，虞舜[435]でさえ一致させることは不可能である。惟西洋の人は地面を分けて，その一分を度にして，立方や容積の単位を量として，重さの単位を権衡とし，度量衡をはっきり決めたので，間違いがあった時にも，すぐに決めてある度量衡の単位でその間違いを直すことができる。各国で共通であるために，都市と田舎にも差はない。中国の測量家も西洋の計算器具を多く使うようになり，沿海の民間の交易は，西洋人の度量衡を使うようになっている。なぜなら彼らの規準は正確であり，我が国の規準は一定していなかったからである。

中国と西洋の数学については以下のように述べている。

　　昔の数学には九章の説がある[436]。それにしたがって粟布，方田，商功，均輪などの諸名目[437]に分類するのは，実に不自然である。〔中略〕宋の秦九韶[438]は九章の内容を充分信じていなかったので，別の九章という数学の著書[439]を書いたが，それにも道理は無い。西洋人が用いる〔数学の〕すべての内容を含む点，線，面，立体の説[440]に及ばない。

以上の内容は，譚嗣同が中国の古代数学の内容を理解するだけではなく，西洋の幾何学の内容をも理解していたことを示している。

譚嗣同は，数学教育施設である「算学館」のために厳密なカリキュラムを設

定し，授業を実施することを確実にさせ，毎日一つの課目を学ぶよう決めていた。毎日の授業の内容を充実させ，時間を無駄にさせないことを目指した。また，西洋の学校のように 7 日間に 1 日休日をもうけ，勉強の疲れを癒させることとしていた。

学校の名前については次のように説明している。

> 偉大な事業のために功績と徳行を備えるため，館の名前を算学格致とするのは，何のためか？　算学格致〔数学と自然科学〕は厚い信仰を持って，専念しなければ成功しないからである。…[441]

以上の文章より，譚嗣同が算学館を創設した目的は，清末の政治制度を変革させようとした彼の意図にあったことがわかる。

これは，政治家としての譚嗣同が他の数学者と異なる点である。数学教育を普及することで伝統的な教育制度を変革し，さらに政治制度を変えるとした「変法維新」の思想をここに見ることが出来る。

師匠の欧陽は保守派の強い圧力を受けて，譚嗣同を支持することに消極的になっていった。しかし，「興算学議」を読んだ湖南省の巡府の陳宝箴と「学政」[442] である江標（1860-1899）[443] らが譚嗣同の才能を賞賛し，陳宝箴が「興算学議」をさらに 1,000 冊ほど追加印刷し，各書院に配布するように命じた。

譚嗣同は 1895 年の 8 月に瀏陽に行き，唐才常と連絡し，「迗請改南台書院為格致館」（「南台書院を格致館に改名することを請う」）と申し出ると，「学政」である江標はすぐに「準将南台書院改為格致館」（「南台書院を格致館に改名することを許可する」）と指示した[444]。

こうして算学社が創設される場所が決まった。陳宝箴や江標らの開明派の官僚の応援により，算学社は南台書院に使われていた毎年 60 万銭の経費を利用できるようになった。譚嗣同と唐才常らは，さらに自分の資金から，算学社のために当時出版された西洋の数学や科学技術の著書を買っていた。算学社においては，『開創章程』，『経常章程』，『原定章程』，『増訂章程』などの規定が定められた。

不幸なことに，その年，瀏陽は大旱魃にあい，譚と唐が算学社のために集め

た資金を罹災者の救済のために使ったので，算学社の創設は一時棚上げされた。だが，譚嗣同の「興算学議」の影響で，西洋数学を勉強する人は増加し，瀏陽の学者の間では，西洋数学を学ぶ団体が設立された。

　当時のことを記す資料には，以下のような記述がある。

　　　〔社会の〕風習は開明に向かい，人々は努力することになった，〔中略〕人々は同志を募り，自ら数学団体を設立し，精力をかけて数学を研究し，翌年に〔数学〕館に入るように努力した，〔中略〕地方ですでに三つの〔数学の〕団体が設立され，ほかの地方の人々も見習うことになった[445]。

　一方，瀏陽の奎文閣[446]では，数学の教師として晏孝儒（生没年不詳）を招いて 16 人の学生を募り，西洋数学を教えることにした。こうして「瀏陽算学館」が誕生した。

　16 人の学生の年齢は 30 歳以下で，3 年間「瀏陽算学館」で西洋数学を勉強することにした。

　『瀏陽算学館増訂章程』には，「本館の設立は，人材を育てることを目指して，遠大な目標に達することを志としている。生活を維持するための勉強ではない。数学は自然科学の基礎であり，必ず精微にすることを期し，終身そのために努力する」と書かれている。

　こうして瀏陽算学館では数学の授業を開き，学生のために西洋の各種社会科学と自然科学の著書や当時発行されていた『申報』，『漢報』，『万国公報』などの新聞を購買した。

　算学館では，学期毎に試験を行った。教員が学生に問題用紙を配り，問題用紙を密封して番号を付け，昼間に試験をし，夜に回収するようにしていた。西洋の学校の試験の状況を明確に知らなかった譚嗣同は，このような科挙のような試験の方法を実施していたのである。また，学期毎の試験のほか，毎月 8 日に，学生の勉強した内容についてテストを行なっていた。そして，上位 10 名の学生を奨励していた。

　算学館では，学生に毎月，日記を 1 冊書くようにさせ，そこに教師の講じた授業内容，個人の演習や勉強，および，互いに議論した問題，数学以外の知識

などを記録させるようにしていた。学生に勉強ノートを書かせるというのは旧来の科挙制度の教育ではなかった新式の勉強方法である。

　教育においては，実践的な方法を使うように規定していた。例えば，「経常章程」に，

　　　〔算学館を〕始めた 1 年後，学生の勉強した数学の知識を試すために県内の前後膛の各種の槍砲を借りて，某種の槍砲の速率，放物線を計算させることにし，計算した数字に基づいて図表を描いて，後日応用するようにした。また行軍草図の方法を演習させるようにする。

と決めていた。

　譚嗣同は，算学館を拡大し，新式学校にするよう努力した。また，算学館の学生の道徳教育については，『経常章程五条』に「恭敬師長，敬業楽群」と記している。「恭敬師長」とは「師匠を尊重し，常に先生の気持ちを考える」こと，「敬業楽群」とは，「数学以外の学問にも興味を持って，同級生の間で互いに敬意を持ち，磨きあい研究し合う」ということである。

　瀏陽算学館の規模はあまり大きくなく，存続した期間も長くはない。しかし，湖南省に西洋の科学技術や数学の知識を伝播し，変法維新に貢献した。唐才常が「湖南省は中国の芽生えであり，瀏陽は湖南省の芽生えであり，数学は又芽生えの芽生えである」と書いたことにより，全国各地の多くの書院は瀏陽算学館を真似て西洋数学の授業を開講することにした。

　今日の視点からみると，譚嗣同が創設したのは西洋数学を学ぶための一種の私立学校である。「瀏陽算学館」設立の意義として重要なのは，数学の団体を創設し，積極的に西洋の数学を伝播しようとしたことである。瀏陽算学館は，西洋の科学技術の基礎である西洋数学を学び，中国数学を近代化することを目指した清末の民間知識人の希望の表現であったということができる。

第 3 節　張之洞『勧学篇』

　清末の変法派の代表者は上述した康有為，譚嗣同，梁啓超らのような民間の

知識人であり，彼らは主に光緒帝に政治の実権を戻すことを主張し，科挙制度を改革しようとしていた[447]。

　洋務派の代表者であった張之洞らは西太后の支持者であって，科挙制度を維持しながら，一部特殊な学校（西洋の軍事技術，航海術などを学ぶための学校）では西洋式の教育を行なうことを提唱していた。

　変法自強運動の初期には，変法派の勢力が小さかったことに加えて，清末の洋務派官僚たちと同様に，国の振興を目指して，改革をしようとする点で一致していたので，この両者は明確な対立をしていなかった。

　しかも，日清戦争の直後には，張之洞は譚嗣同と梁啓超らの創刊した『湘学報』を援助していた。だが，この雑誌に康有為，譚嗣同，梁啓超らの変法派の論説が公然と載るようになり，当時の清政府の各制度の変革を求めた文章が多くなると，これに対抗して，張之洞は『勧学篇』の連載を始めた。これは，ちょうど光緒皇帝が康有為の一連の奏上した建議を採用し，変法を決意した時期だった。

　清末の政府による留学生政策と教育制度の改革は，主に，洋務派の官僚である張之洞の主導のもとで行われた。張之洞の清末の教育について，もっとも影響力があった著述は彼の『勧学篇』である。変法派を批判した『勧学篇』は，百日維新[448]の時，皇帝の詔により，各地の官僚たちに配布された。

　西太后の支持者であった張之洞の書いた『勧学篇』が「戊戌の政変」の時期に光緒帝に公認されたのは不思議なことであるが，複雑な政治勢力の対抗関係のなかで，「外篇」の西洋の学問を採用するとした内容が変法派と同じだったので，小異を残して大同に就くという考えで，変法を決意した光緒帝にとっても容認できるものと積極的に評価されたことや，西太后の腹臣である張之洞を変法運動に取り込むという思惑があったと考えられる。

　以下では，張之洞の『勧学篇』の内容を分析し，彼の留学生派遣や清末の教育制度の改革に関する考えを考察する。

1. 留学生派遣政策

　1898 年 4 月，張之洞は『勧学篇』を著し，1898 年 6 月 11 日，光緒帝は「明

定国是」の上論を発布し，約100日間にわたり国政の徹底的改革が行なわれることとなった。

張之洞の『勧学篇』に対して，百日維新の最中の7月25日に，40冊を各省の巡撫・学政に配布し，広く刊行するという論示も下り，『勧学篇』の内容が政府に承認されることになった。

『勧学篇』は「内篇」，「外篇」からなるが，「内篇が本を務め以て人心を正し，外篇は通を務め以て風気を開く」として，変法派ばかりではなく保守派に対しても批判を行っている。そして，「中学を内学とし，西学を外学となす。中学は身心を治め，西学は世事を応ず」，「西学を以て吾が闕を補ふべきものを擇びてこれを用ふ」として，中国の伝統的な道徳や政治制度などをそのままにして，足りないところを西洋から取り入れようというのである。

張之洞は日本との提携を決意して，『勧学篇』外篇の「遊学」に次のように書いている。

まず「出洋一年は四書を読むこと五年に勝る」，「外国学堂に一年入るは中国学堂三年に勝る」と述べ，「日本小国にして，何ぞ興るの暴なるか。伊藤・山縣・榎本・陸奥の諸人は皆二十年前の出洋の学生なり。其の国西洋に脅かされるを憤り，分かれて徳（独）・法・英の諸国に詣で，或いは政治・工商を学び，或いは水陸の兵法を学び，学成りて帰り」，彼らが軍人や政治家となって「政事一変して東方に雄視す」と日本の発展が留学生によって担われたことを強調し，さらにロシアのピョートル大帝やタイのラーマ6世と皇太子の例をあげて留学が富強に役立つと論じている。

ここで，注目すべきなのは，張之洞の『勧学篇』のなかで言及したロシアのピョートル大帝や明治維新期の人物に関する事例が，梁啓超の『論科挙』と一致していることである。梁のものは張より2年前の1896年に書かれたので，張は梁ら維新派の論述を読んでいたと考えられる。

張之洞は『勧学篇』のなかで，今後の方策として「遊学の国に至りては西洋は東洋〔日本〕に如かず。一，路近くして費を省き，多く遣わすべし。一，華を去ること近くして考察し易し。一，東文〔日文〕は中文に近くして通暁し易し。一，西学甚だ繁，凡そ西学の切要ならざる者は東人〔日本人〕すでに刪節して之を酌改す。中〔中国〕・東〔日本〕の勢力・風俗相近く，仿行し易し。

事半にして功倍すること，此に過ぐるなし」，つまり全面的に日本へ留学生を派遣すべきだと主張しているのである。

変法派もほぼ同じような認識を持っており，8 月 2 日の論旨[449]は「游学の国に至っては，西洋は東洋に如かず。誠に路近くして費省け，文字相近きを以て通暁し易し」と明らかに『勧学篇』の文章を引用しており，張之洞の提案が中央政府の政策に採用されたことは明白である。

1898 年 9 月 21 日，清朝の実権をにぎる西太后により，百日維新期の政策が全面的に否定された。康有為・梁啓超らの維新派が提唱した科挙制度を改革し，日本のように西洋式教育を普及させることや日本へ留学生を派遣することは停止されるようになった。

しかし，義和団事件[450]後の危機的状況に直面して，西太后の支持者であった張之洞・張百煕・劉坤一・袁世凱らの官僚たちは，政治体制の近代化に取り組むようになった。

これが，いわゆる「光緒新政」[451]であり，この改革では，旧来の教育制度を刷新されることになった。

上述した官僚たちのなかでも，一番積極的に行動していたのは張之洞である。

張之洞は，11 月末，出張で漢口を訪れた上海の総領事代理の小田切万寿之助（1868-1934）に対して，日本政府から日本への留学生派遣を清政府に働きかけてほしいと「内話」し，外務大臣青木周蔵（1844-1914）の意を受けた矢野龍渓（1850-1931）公使が南北大臣と湖広総督へ「訓示」して学生派遣を速やかに実施してほしいと総理衙門に申し入れたところ，ほどなく「約諾」の回答があった[452]。

張之洞の努力により，清末の日本留学生派遣は実行にこぎつけた。初期の派遣の特徴[453]として，まず中国の富強化に必要な，いわゆる洋務に関係する学生が大部分を占めていたことがあげられる。ただ，武備学生[454]が数年間の滞在予定であったのを除けば期間は短い。

張之洞は『勧学篇』「外篇」の「設学」において西学を二つに分類して，学校（学制）・地理・度支（財政）・武備（軍事）・律例（法律）などを西政，算（数学）・鉱（鉱山学）・医（医学）・光（光学）・電（電気学）は西芸とした。「才識遠大」の年長者は西政に適しており，「心思精敏」の年少者は西芸に適しているとし，

西芸は専門に勉強しても 10 年はかかるのに対して，西政はいくつかを兼習でき，3 年でその要領を得られ，時局を救い，国のために謀るには西政が西芸よりもはるかに急務であるとしている。したがって日本に派遣されてきたのは西政に類する事柄を習得しようとするある程度学問の基礎のある年長者であり，留学期間は極めて短く，数カ月から 1 年が一般的だった。

　1900 年は義和団の混乱によって，日本への新規の留学生派遣は見送られたが，翌年湖広総督張之洞が南洋大臣兼両江総督劉坤一と「変法三疏」を合奏し，これが採用されていわゆる西太后新政が始まり，頑固派の勢力が一掃されたため戊戌変法時期の政策の大部分が復活して日本への留学生派遣も前にもまして推進されることになった。張之洞は前述の「設学」において西学を教える近代的な学校，いわゆる学堂を広範かつ系統的に設立することを主張しており，まず湖北で学制改革を実施し，学堂の教員となるべき短期速成の師範学生を大量に日本に派遣するようになった。

　こうして，近代的な学堂教育体制が未完成である以上，官吏になろうとする者は必然的に外国に留学せざるをえなくなり，一番行きやすい日本に，官費生ばかりではなく，私費生も押し寄せる結果となったのである。1905 年，翌 1906 年には約 8,000 名にも及んだ[455]といわれる中国人留学生の急増は，張之洞の存在を抜きにしては考えられないといっても過言ではなかろう。

2. 教育制度改革の構想

　前述したように日本をモデルにして教育改革を行うべきだと最初に提唱したのは，康有為，梁啓超をはじめとする変法派であった。日清戦争の後，変法派は日本の明治維新に倣って中国の政治変革を図ろうとし，「変法」とともに「興学」の必要性を強調した。彼らは国民教育の普及発展こそが，日本の急速な国家発展の基礎であると認識し，人材養成に重点をおく洋務派に対し，「国民皆学」を提唱し，民智の啓発によって，中国の富強をはかろうとした。それには日本の教育体系にならい，中国全体の教育体系を一本化することが必要であったが，その前段階として，科挙と密着した旧教育体制を打破することと，大量の学堂，すなわち近代的な学校を新設することが必要であるとした。

張之洞は，科挙制・学校制についての改革の必要性を主張する点でも，変法派と一致していた。

『勧学篇』の外編の「設学第三」，「学制第四」には，新学制に関する構想が述べられている。これは張之洞の初めての学制に関するまとまった論述である。日清戦争後，彼は西洋の近代教育に関心を持ち始めたが，まだ学校体系の問題には関心を寄せていなかった。張之洞は「学制第四」において，外国の学校が高等教育機関（専門之学）と普通教育機関（公共之学）に分かれていること，教科課程・教科書・修業年限などが規定されていることについて述べている。そして，「設学第三」では，学堂の体系として，大学堂―中学堂―小学堂という形を提示している。ここで注目されることは，「京師・省城には大学堂を設け，道・府には中学堂を設け，州・県には小学堂を設けるべきである」[456] といっているように，大学堂は京師に一校だけではなく，省城にもこれを設置すべきであるといい，その数を大量に増加させようとしている点である。

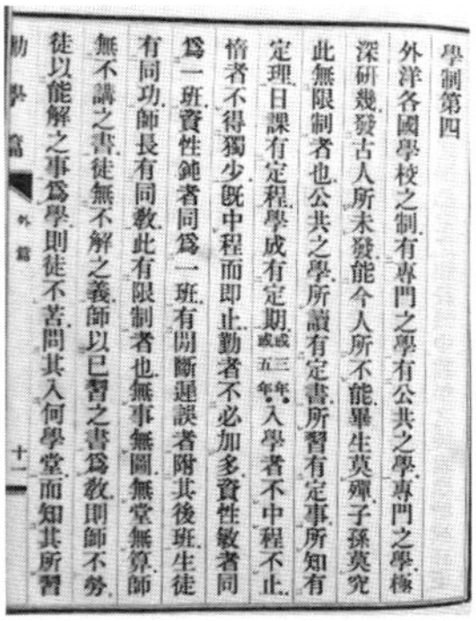
學制第四
外洋各國學校之制有專門之學有公共之學專門之學極
深研幾發古人所未發能今人所不能畢生莫殫子孫莫究
此無限制者也公共之學所讀有定書所習有定事所知有
定理日課有定程學成有定期（或三年或五年）入學者不中程不止
惰者不得獨少既中程而即止勤者不必加多資性敏者同
爲一班資性鈍者同爲一班有間斷遲誤者附其後班生徒
有同功師長有同教此有限制者也無事無圖無堂無算師
無不講之書徒無不解之義師以已習之書爲教則師不勞
徒以能解之事爲學則徒不苦問其入何學堂而知其所習
勸學篇　外篇　十二

図 36　『勧学篇』学制第四

これを変法派の学説案と比較して見よう。例えば康有為が同年五月（1898 年 7 月）に上奏した「請改直省書院為中学堂，郷邑淫祠為小学堂，令小民六歳皆入学，以広教育面成人材摺」には，「省会の大書院を高等学校と改め，州県の書院を中等学校に改め，義学・社学を小学校に改める」[457] とあり，さらに，「人民の子弟を責令して，年六才に至る者は，皆必ず小学に入りて読書せしめ，之に教うるに図算・器芸・語言・文字を以てし，其の学に入らざる者は，其の父母を罪せよ。此の若くすれば，則ち人人学を知り，学堂地に遍からん」[458] と，大学の設置については張之洞とほぼ同じ意見を述べている。ここで特徴的なのは，6 才以上の児童をすべて学校に入れるという国民教育の創設を主張している点である。

これに対して，張之洞は『勧学論』外編の「設学第三」において，「中学堂・小学堂は大学堂進学者を選抜するための準備段階とする。文化水準の高く財力豊かな府・県では，府には大学を，県に中学を設ければ，それにこしたことはない」[459] といい，高等教育に重点を置いた。その学科課程も「小学堂では四

書を習わせ，中国地理・中国歴史の概説，算数・図画・格致の初歩に通じさせる。中学堂の各教科は，小学堂より程度が高く，五経を習い，通鑑を習い，政治学を習い，外国語を習うことがつけ加わる。大学堂では程度がより高く詳しくなる」[460] としている。多賀秋五郎の指摘によれば，小学堂・中学堂を高等教育の予備的存在とし，中体思想の濃厚な人材主義教育に拘泥したものであった[461]。この時期の張之洞の主張は，大学堂に人材を集めるために，小・中学堂を多く設立する方がよいと考え，その目的も「国家は人材を欲する場合には，則ち学堂から採用する。その学堂の卒業証書を調べれば，則ちどんな官職を授ければよいかが明瞭である。こうして官には専門知識を持たない者がなく，士には無用な学問がないことになる」[462] というものであり，洋務派の一般的な考え方であった人材主義教育からまだ抜け出てはいない。彼が国民教育の重要性を認識したのは 20 世紀になってからのことである。

　張之洞と対照的に，康有為は上述した上奏文の中で，朝廷が採った「大学堂を開き，八股を停止し，経済常科を実施する」[463] という一連の「興学育才」の改革措置を賞賛しながらも，「中国には古代に国学以下，郷塾・党庠・術序があったが，泰西各国が尤も重んじるのは郷学である」と指摘し，西洋諸国には「学校が数十万，生徒が数百万もある。全国の男女には，本を読めず，字を知らない者はいない。〔中略〕蓋し一民を有すれば即ち一民の用を得る」[464] と強調した。さらに，「泰西は法を変えて三百年にして強くなり，日本は変法して三十年にして強くなった。我が中国は土地が広く民は多い。だから，若し大いに法を変えれば，三年にして強くなれる。三年にして強くならんと欲せば，必ず全国四億の民をして皆学校に出かけさせなければならぬ」[465] といっているように，康有為をはじめとする変法派が意図した全国的な学校体制は，張之洞が主張したように，大学堂進学を目的とした，州・県レベルに限定した少数の中学堂や小学堂を設置するのではなく，全国 4 億の民を対象とし，地域に遍く小学校を普及するという国民教育を基盤とした多数の小学堂，或いは中学堂によって構成されるものであった。

　しかし，このような大規模な学堂を設置するには，多くの校舎と多額の費用を必要とする。それについて，康有為は上述した上奏文のなかで，「省・府・州・県・郷邑に現存する公私の書院・義学・社学・学塾を改めて，皆中・西学

を兼ねて学習する学校にするにこしたことはない」[466]　と述べただけで，学堂費用については，ただ，上海電報局・招商局及び各省の善後局の溢款・濫費をすべて苦学生の経費に割り当てるべきだと主張している。そのほかに，紳民に寄付をすすめて拡大することを期待した[467]。つまり，康有為が理想とする国民教育の充実，すなわち肝心な普通教育機関の設置については，当初その構想が漠然としていた[468]。

　これに対して，張之洞は『勧学篇』外編の「設学第三」において，より具体的で現実的な提案をしている。彼は学堂の体系を，大学堂・中学堂・小学堂というピラミッド型の配置のもとに，全国的に組織化すべきであると主張し，また中学堂は府に，小学堂は州・県に設置することを原則とするが，中学堂を州・県にも設置できるならば，それにこしたことはないと言っている。このように大規模な学堂設置には，多くの校舎と多額の費用を必要とするが，それには第一に，「書院を改めてこれにあてる」，第二に，「慈善施設の土地と祭りや芝居の経費をこれにあてる」，第三に，「廟堂を祭る費用を転用すればよい」，第四に，「仏教・道教の寺院を転用すればよい」という[469]。

　特に，「仏教・道教の寺院を転用すればよい」については，「今日天下の寺院道観の数は数万以上もある。都市には百余か処，大きな県には数十，小さな県にも十余りあり，みな田畑不動産を持っている。その財物は皆お布施にもとづいているのである。若しこれを改めて学堂を作れば，建物や田畑不動産すべて整う。これも臨機応変で簡便な方法である」[470]　と述べている。張之洞の構想は後に「奏定学堂章程」に基づく近代的学校体系の確立の下，寺廟の転用とそれが有する資産の徴収による学堂経費の確保の政策として実現されていくが，阿部洋の研究で明らかにされたように，僧侶の学堂敵視を生み，農民の学堂に対する不満を激化させ，それが農民による「毀学」暴動の形で爆発する原因ともなった[471]。

　張之洞のこうした現実的な意見に基づき，戊戌新政においては，書院を学堂に改造して新体系のうちに併入するとともに，祠堂や寺観も学堂に利用しようとした。以上の記述からわかるように，近代的学校体系を樹立しようとする点において，張之洞は維新派とほぼ同じ考えをもっていたといえるのである。

第 4 節　日本への教育視察

　中国の知識人による変法自強運動は挫折したものの，国内の戦乱や外国の列強の圧力により，清末の保守派も変革を迫られることになった。彼らの路線は，日本をモデルにした教育の改革を行うという変法自強運動の提案を引き継ぐものだった。

　変法には興学育才が不可欠だとして，前述したように，一部官僚から旧来の教育制度を改革する提案が建議された。具体的な政策として，文武学堂の設置，科挙制度の改革，海外留学の奨励などの政策が建議された。

　当時の中国は英・米・仏などの西洋諸国との間に，学術や教育において大きな落差が存在したため，相対的に浮かび上がったのが日本であった。早急な近代化を模索する張之洞ら開明派官僚にとって，日本は中国の実情と比較した場合，最も距離感の少ない近代化されつつある国の一つであったからにほかならない。

　しかし，20 世紀初頭に，近代学校教育制度の制定を目標に，その準備がなされているとき，模倣の対象が日本になるにあたっては，経済的・文化的な理由のみならず，政治的要因も重要であった。

　以下では，清末における張之洞の教育改革活動を主に明治日本との関連という角度から取り上げ，張之洞の教育施策上，大きな影響を受けたと思える日本への教育視察者の派遣に注目し，清末における日本の教育制度の受容と中国近代学制の立案について考察を進めることにする。

1.　姚錫光の視察と『勧学篇』

　日清戦争以後，張之洞は日本の教育に対する知識を翻訳書を通じて得たほか，多くの教育視察者を日本に派遣し，彼らを日本の教育事情を理解するための主な情報源とした。ここでは，彼が派遣した大勢の視察者の中でも，戊戌変法期の彼の日本の教育に対する認識に大きな影響を与えた姚錫光による日本の教育視察の成果に焦点を当てて，検討してみたい。

　張之洞の戊戌変法時期における外国の教育に対する理解や，学制に関する構

想は，当時すでに翻訳された一部の外国の教育専門書にも依存していたが，最も直接に影響を受けたと考えられるのは，姚錫光が 1898 年 5 月 10 日に提出した日本教育事情調査報告書「査看日本各学校大概情形手摺」であった[472]。

日清戦争以後，張之洞は海外視察派遣の実施を強く主張し，1895 年 7 月 19 日に奏上した「嵩請修備儲材摺」の中で，「洋務が興ってすでに数十年にもなるのに，文武臣工に中外の情勢を洞察し，極力探求するものは稀にしかない。それは理解しようとせず，観察したくないからである。外洋各国の長が分からなければ，遂には外洋の患も知らないことになる。[473]」として，外国へ派遣する必要性を強調した。

姚錫光は，このような経緯によって，日清戦争後，張之洞によってはじめて日本に派遣された教育視察者であった。1898 年 2 月（光緒 24 年正月），張之洞の命を受けて，約 2 か月間日本に滞在し，各種の官公立学校を視察した。彼は帰国後，「査看日本各学校大概情形手摺」という報告書を張之洞に提出し，その報告書は 1898 年 7 月に『日本学校述略』という題名で浙江書局から公刊された。同書に対する評判がよいため，翌 1899 年 3 月に姚錫光は同書に補充・訂正を加えて，『東瀛学校挙概』と改名して，京師刊本として再刊した。その自序によれば，「戊戌の一月，大府（張之洞）は錫光に命じて先ず宇都宮太郎とともに東瀛に渡らせた。日本の学校の段取りと陸軍の規制を見学し，並びに留学生派遣の件を協議した。その国の学校設立の沿革と由来，兵を訓練する方法も考察の内容とした」[474] という。

姚錫光は日本へ赴いた主な目的は，日本の学校体系および陸軍の制度の視察調査であった。彼は東京に 2 ヶ月にわたって滞在し，陸軍省・文部省のほか，各学校・軍隊を 60 ヶ所余りも視察した。姚錫光と一緒に日本を考察したのは黎元洪であり，2 人は 1898（明治 31）年の 6 月 23 日に第一高等学校を参観した。『第一高等学校六十年史』に「明治三十一年六月二十三日　本邦教育制度視察のため清国より姚錫光及び黎元洪両氏，本校を参観せらる」[475] と記録されている。姚錫光一行の見学は，清末の官僚の第一高等学校に対する最初の調査団である。

姚錫光はさらに広範囲にわたって詳細に調査する計画であったが，「たまたま，南皮制府（張之洞）が召に応じて天子に拝謁するに，戎期まさに発せんと

して，日本で事を聞き，ただちに夜を徹して帰国の途についた。湖北の総督署
に着くと，まず日本の学校の規模についてその大要をまとめて，制府に上陳
す」[476] こととなった。つまり，姚錫光が日本教育視察を中断して，至急帰
国したのは，張之洞が皇帝に召される前に，日本での視察内容，とくに教育に
関する部分を張之洞に報告するためであったと推測できる。

　張之洞は国是が定まった 4 月（1898 年 6 月）に『勧学篇』を著している。こ
のことから，『勧学篇』外篇の「設学第三」，「学制第四」の内容は，姚錫光の
日本視察報告書および姚錫光の意見をかなり参照した可能性がある。

　姚錫光の『東瀛学校挙概』は主として「公牘」，「函牘」という二つの部分か
らなっている。「公牘」の内容は「査看日本各学校大概情形手摺　光緒戊戌閏
三月二十日　上南皮知府」であり，これはすなわち 5 月 10 日に張之洞に提出
した報告書である。

　姚錫光の日本教育事情に関する論述の要点を挙げれば，次の通りである。

　第一に，彼は「日本の各学校はおおよそ泰西から法を取り，その教育の方法
は，大きく三つに分けられる。一つは普通各学校であり，二つ目は陸軍各学校
であり，三つ目は専門各学校である」と紹介し，日本の学校のことを普通，専
門および陸軍の三つに大別して，それぞれの学校の組織運営，教育内容などに
ついて系統的に説明した。ここで姚錫光のいう「普通各学校」はその報告書に
よれば，「尋常小学校，高等小学校，尋常中学校，尋常師範学校，高等師範学校」
のことを指す。そして，「専門各学校」は「高等学校，大学，大学院，工業学校，
技手学校」のことを指す。それに照らして，張之洞の『勧学篇』外篇の「学制
第四」を見れば，「外洋各国における学校の制度には専門の学があり，公共の
学がある」と述べ，「専門の学」というのは，古代の人間が研究・発見しえな
かったことを研究し，今日の人間がわからないことを研究して，それらを明ら
かにする。その探求には止まるところがない，と説明している。この内容から
張之洞のいう「専門の学」は高等教育や専門教育のことであることがわかる。
そして「公共の学」は「読むべき定まった書があり，習うべき定まった事があ
り，知るべき定まった理があり，毎日の授業に定まった日程があり，学んで終
えるまでに定まった期間がある」[477] とあり，普通教育のことをいっているこ
とが分かる。

　第二に，姚錫光は日本の学校体系を詳細に紹介した後，こう感想を述べている。日本全国の小，中学校は人材を育成する基礎であり，気風を変える元である。日本の各陸軍学校や，公立・私立専門学校の学生も，一律に小・中学校の卒業生から選んでおり，これは恰も「猟者の山林有り，漁者の淵籔有る」[478]が如きであると評価した。そして，日本と比べて，中国では小・中学校もないのに，盛んに陸軍，専門をいうのは，「山林淵籔無くして漁猟を求む」ことと同様であると指摘した。しかし，結論的には，「今，急なることは，応急処置として，武は則ち陸軍であり，文は則ち専門である。しばらく速成の方法を求めて以て急用に赴くべし。そして，小中学校の方法は，従う道があり，行うこと甚だ容易である。もしもよく変通すれば，十年を待たずして，必ず面目を一新しよう」[479]と述べている。急用の人材を短期間に育てるため，陸軍学校，専門学校を設立することが大切であると同時に，小学校，中学校という学校の系統の重要性をも指摘したのである。

　第三に，姚錫光は普通教育の重要性を指摘したにも拘らず，日本の普通教育に対する彼の認識は，「小中学校は人材を育成する基礎」であり，小中学校がなければ，陸軍軍人や専門的人材を求めるのは，「山林淵籔無くして漁猟を求む」が如きであると解釈し，小中学校を高等教育，専門教育の予備的存在として理解していた。国家の富強と国民教育の普及との直結という明治政府の教育に対する方針に関しては，姚錫光は十分理解していなかったのである。

　張之洞も『勧学篇』外篇の「設学第三」の中で，まず当時の中国の教育事情に関して，「学堂は設立されず，不断に学生を養成していないのに，急に効果を挙げようとするのは，『木を植えずに邸宅を望み，池を作らずに巨魚を望むようなもの』」[480]と述べ，表現をやや変えたとはいえ，姚錫光の「山林淵籔無くして漁猟を求む」と同じ意味での批判をしている。そして，彼は「是非とも天下に広く学堂を設立しなければならない」[481]と強調し，「学制第四」の中で，学堂の系統として，大学堂―中学堂―小学堂という三級学制を提起し，「凡そ東西各国の学校を立てる方法や，人材を採用する方法は大同小異であり，わが国はそれを標準とした様式にすればいい」[482]と，日本・欧米各国を手本に中国で学校体系を設立すべきことを強調した。

　この時期の張之洞の近代学校体系に関する考え方は，まだ初歩的なものであ

り，また，彼の初等教育への関心も，大学堂や専門学校に人材を集めるための
ものであったが，姚錫光の日本教育視察の報告書や，姚錫光の意見をかなり参
考にしていたことは，以上の内容から理解できる。

　張之洞は政治の改革を教育制度の改革という根本問題から考えようとする点
で，戊戌変法期の彼の改革構想と変わりはなかった。彼は1901年7月6日に
両江総督劉坤一と連署で上奏した「会奏変法自強第一流」の中で，改革を論じ
るに当たり，優秀な人材の養成及び選抜を極めて重視した。そして各省から外
国，殊に日本へ留学生を派遣し，主に近代行政に必要な人材養成及び新式学堂
の教員不足を補う手段として利用しようとする点でも戊戌変法期の彼の主張と
同じであった[483]。

　しかし，学校制度に関する論述を見ると，欧米及び日本の学制に対する認識
が戊戌変法期よりさらに深まったことがうかがわれる。張之洞は，英・仏・独・
日の学制を比べた上で，日本の学制の模倣を主張し，「伏して望むらくは，我
が皇上，危を思い患を慮り，飭して日本学校章程を取りて，迅速に詳議し，乾
断にて施行されんことを。人心を収めて以て国基を固め，四海を贍仰するは，
首材此の挙に在り」[484]と述べ，さらに，「蒙養院―小学堂―中学堂―高等学堂
―京師大学堂」という五級学制を提案し，各級の入学年齢，修業年限および学
位に関しても詳細に説明した[485]。

　清末中国の教育の指導理念は，いわゆる「中体西用」[486]である。前述した
『勧学篇』はこの思想に貫かれている。これは，20世紀の初頭，日本の近代的
教育制度を移入しようとした時に，「中学」と「西学」を新たな教育のなかで，
いかに位置付けるかが極めて深刻な，実践的な課題として浮上してきたという
事情を示している[487]。

　「西学」に対する理解と認識が質的に深まるにつれ，「西学」に内在する西洋
の思想が発見され，それは旧体制の「中学」との間に相容れ難い緊張関係を生
み出すに至ったのである。一方，西洋や日本との差を縮めるため，新たな人材
の養成が緊急の課題となり，その結果，教育改革を押し進め，「西学」の輸入
が加速した。

　張之洞が姚錫光らを日本に派遣する時，「学校を考える者，固より其の規制
の存する所を考えるべきといえども，尤も其の精神の寄る所を観るべし。精神

が貫かれなければ，規制も亦徒らに存在するのみ。実学を宗旨とすれば，一切の自由・平権の邪説は禁ぜずして絶える」[488]　と強調していた。

　張之洞が明治教育の思想的基盤の形成の方法に深い関心を示したので，彼の派遣した視察者が明治教育の方針を視察の重点とした。

　新政初期は新学制を立案する時期でもあり，清政府は全国に実施すべき組織的な教育制度を確立する前に，まず各省の督撫に対して各地域の学校体制，或いは各学堂の章程の立案を命じた。各省から上呈された学校章程は後に「欽定学堂章程」及び「奏定学堂章程」の確立に当たって基礎的な役割を果たした。

　張之洞も，新政開始以後，管轄地域である湖北省の教育改革に励み，湖北省全体の教育体制の企画にとりかかった。彼は，学制を立案する過程において海外，とくに日本に視察者を派遣し，各国の教育制度に関する諸資料を収集することと学校の実況調査をすることの重要性を繰り返し強調した。

2. 羅振玉の視察

　1901 年 12 月 14 日，湖北農務局の総理兼農務学堂監督羅振玉が日本の教育制度を調査する目的で張之洞により派遣された。

　この時期，張之洞の日本の教育に対する認識は，羅振玉の影響を強く受けていた。当時の教育界において，羅振玉は日本の教育制度をもっとも熱心に導入した人物である。彼は 1901 年 6 月から 1903 年までの間に，旬刊誌『教育世界』で，日本の各学科規則・学校法令・学校管理法・教授法・教科書などを系統的に翻訳・紹介し，その記事の数は 97 篇にも及んだ。

　ここでは主に，羅振玉が張之洞の依頼で，1901 年 11 月 4 日から 1902 年 1 月 12 日まで，日本の教育を視察した経緯を明らかにするとともに，その視察の成果が張之洞の日本教育観にどんな影響を与えたかを考察し，さらにこれを「奏定学堂章程」制定のための指標設定への過程と関連させて検討していきたい。

　張之洞は 1901 年 11 月 10 日，羅振玉に宛てた電報の中で，教科書の編纂は教育の基礎であり，事は重大であって，最初が肝要であるから，購入された図書だけを模倣するのではなく，みずから日本へ行き，その目で観察しなければならないと強調した。さらに「欲請閣下主持，率四，五人，如陳士可等，即日

東渡[489]」とあるように，羅振玉に4，5人を率いて直ちに日本に渡ることを要請したのである。

ここで羅振玉の随員として，特に陳士可の名をあげているが，陳士可はすなわち湖北自強学堂の漢文教師陳毅であり，1903年張之洞が主導した「奏定学堂章程」制定に参加することとなる人物である。

羅振玉の日本調査報告書『扶桑両月記』によれば，この6人は劉聘之（洪烈），陳士可（毅），胡千之（鈞），田小蓴（呉炤），左立達（全孝），陳次方（問咸）である。そのなかでも，劉聘之が湖北両湖書院の監院であるほかは，陳毅ら5人はすべて湖北自強学堂の漢文教師陳毅であった[490]。

羅振玉一行は日本にいた2ヶ月の間に，張之洞の「見実事，問通人」[491]（事実をよく見，専門家に聞く）という指示に従い，まず各種学校，高等師範学校，女子高等師範学校，東京府立師範学校，高等工業学校，私立女子職業学校などを見学し，さらに，嘉納治五郎，伊沢修二，杉浦重剛などの「通人」を尋ねて，教育上の意見を聞いた。日本の教育専門書や教科書も沢山買い込んだが，その中の重要な書物は，陳毅らが日本にいる間にすでに翻訳し始めていた。また，高等師範学校の校長嘉納治五郎（宏文学院院長）は，羅振玉一行のために「教育大意」というテーマで1週間にわたって講義を開いた[492]。

羅振玉一行が日本の教育視察の旅から得たものは様々な点に及ぶが，もっとも感銘を受けたのは，日本における普通教育の普及である。羅振玉は視察日記の中で，「明治二十三年，日本全国にある就学年齢に達した児童の中で，就学率は地方によって異なるが，もっとも高いのは島根県で，八十五パーセントを占めている。次は福岡県であり，就学児童は八十パーセントを占めている。日本の教育の進歩はまことに驚くべきものである」[493] と賛嘆した。

羅振玉の視察日記である『扶桑両月記』は各学校の視察実況記録であったため，行く先々の学校の教科目，建築，器具，費用，学校生徒の年限，等級，試験，学科順序などに関する内容が多いが，筆録者による論評や所感は非常に少ない。それと対照的に，彼が1902年2月に帰国した後，ただちに，雑誌『教育世界』で，「教育贅言八則」，「日本教育大旨」，「学制私議」という三つの文章を発表したが，これらの文章は彼が日本の教育事情についての直接の見聞と現実理解に基づいて作成したもので，一般の人々に対して日本の教育事情を紹

介するとともに，日本の先行経験を中国に採用し実施すべき方法に関する意見を述べている。

　張之洞が羅振玉一行の教育視察に大きく期待していたことは，彼が 1902 年 3 月 9 日に管学大臣[494]張百熙と往復で交わした手紙からもうかがわれる。張之洞は湖北省で新設された学堂・書院はいずれも「西法」に倣って実施しているが，各学堂の規制が画一化されておらず，教科書もまた編集されていないと述べ，これらは羅振玉一行が日本教育視察から帰るのを待って着手し，省全体の学制体系を斟酌すると伝えている。さらに，全国の統一的な教育制度の制定準備にとりかかっている張百熙に対し，人を海外に派遣して各国の学制を考察することを建議し，とくに「日本の学制がもっとも適切である」[495]と指摘した。

　羅振玉の『貞松老人外集』によれば，一行は 1902 年 2 月に日本から帰国し，湖北に到達してからすぐ張之洞に日本教育視察報告書を提出するとともに，5 回にわたって視察事情の説明と報告を行った。

　羅振玉の報告の具体的な内容は資料の制約で明らかにすることができないが，彼が帰国直後に『教育世界』に発表した数多くの論説及び翻訳をまとめてみると，彼が日本の教育の中でもっとも注目したのは以下の 2 点であったと思われる。

　第一は日本における普通教育の普及である。羅振玉は 1902 年 4 月上旬に発表した「日本教育大旨」の中で，日本の教育方針について，

　　　日本では学校を創立した初期に，まだ義務教育の重要性を完全に理解せず，『学制』にもその旨が明らかにされなかった。後になり知識が増えるにつれて，教育の普及が一大事であることを悟り，義務教育を尋常小学校四年と定めたのである

と指摘し，さらに，

　　　義務教育とは，全国人民にあまねく教育を受けさせ，普通の知識と国民の資格を備えさせることを指す。現在，東西の教育家は，人民と国民を二分し，義務教育を受けたものは国民となり，そうでないものは人民であっ

て，まちがっても国民と呼ばない[496]

と紹介した。彼はさらに『教育世界』に，「各行省設立尋常小学堂議」，「小学堂章程」，「小学堂課程表」など，初等教育を普及するための一連の文章を掲載した。

　羅振玉がもう一つ強調したのは，国の伝統文化の保存と道徳教育の重要性であった。彼は日本滞在中のもっとも重要な出来事を三つあげているが，その中の一つは貴族院議員伊沢修二（1851-1917）が訪ねてきて，とくに近代教育を導入する際に国の伝統文化を保存すべきであることに関して議論した出来事であった[497]。伊沢が「今日は道徳教育を忘れてはならず，将来中国では中学校以上はかならず『孝経』，『論語』，『孟子』を講じ，後に群経に及ぶ」と述べ，それに対して羅振玉は「ごもっともだ」と賛同した[498]。伊沢は明治維新当初，海外留学や海外視察から帰国した人々が，旧を除かなければ，新が成り立たないことを看板に，もっぱら欧米の制度に頼り，東洋の学説を廃棄して制定した現行の日本の教育制度を批判して，東西の国情は異なっており，東洋の道徳を基礎とし，西洋の物質文明を以てその不足を補うべし，と強調した。中国は改革を開始するに当たって，西洋の新しい知識を導入すべきであるが，国粋を必ず保存することこそが，国家の将来の利害に関連する大事であると強調したのである。具体的には，教科書の編成について，道徳教育の重要性を指摘し，中学校以上にはかならず『孝経』・『論語』・『孟子』を講じ，後に論経に及ぶことを建議した[499]。

　羅振玉は儒教主義的修身道徳が保存された日本の教育制度に強く関心をもち，それこそ中国の現実と政体に適応しうるものとの結論を下した。彼のこうした認識は，張之洞にも影響を与え，後に「奏定学堂章程」の中で具体化していったことは，羅振玉の『雪堂自伝』に記録されている。それによれば，「国粋を保存する説に至っては，予が教育雑誌に論文を掲載し，その道理を十分に述べたため，国粋保存の四文字は一時多くの人がいうこととなり，その効果を持ち続けた。文襄（張之洞）が学堂章程を定めた時，課程の中に読経という科目を加えた」[500]　と述べている。

　張之洞は1902年11月（光緒28年10月）に，朝廷に「籌定学堂規模次第興辦

摺」を奏上し，具体的に湖北省の学制体系を提案した。張之洞はこの上奏文の中で，初めて日本の教育宗旨に言及し，次のように述べている。「日本の教育総義を調べるに，徳育，智育，体育を以て三本の支柱となし，誠に体用を兼ね備え，前後に順序があるというべし。失われた礼を野に求めるとすれば，わが国教育の模範として十分に足れり」[501]　と，強く日本の教育に感銘を受けているのである。彼はこの時すでに，日本と中国の国体が近いことや，日本の学校制度が中国の現実に適応するという見地から，日本の教育制度に注目していたのである。

　張之洞は，湖北省の教育体系を確立する際に，羅振玉一行の日本への教育視察の成果を大いに取り入れたのである。この時期から張之洞は国民教育の普及が急務であることを次第に認識するようになり，学校教育の中でも，まず小学校教育の普及を第一とし，そのため，教員の養成を重視した。戊戌変法時期の人材教育主義から国民教育主義へと思想的転換が見られる。しかし，教育の根本方針については，儒教的道徳主義を基本とし，その教科内容においては経学を著しく重視していた。

3. 教育制度の形成

　1903年6月張之洞は朝廷に命じられて「奏定学堂章程」を作成し，翌年1月に中国における正式の近代学校制度が公布された。ここに張之洞の教育改革案は具体的な実施策となった。

　前述したように，1902年8月，京師大学堂の管学大臣張百熙は「欽定学堂章程」を制定公布した。

　しかし，この章程は，その起草者である旧維新派の漢人官僚張百熙に対する満蒙官僚の不満や，学校制度自体の不備などの原因で[502]，実際には殆ど実施されることなく，1年半後の1904年1月に公布された「奏定学堂章程」にとって代わられた。

　「奏定学堂章程」は，「欽定学堂章程」の改訂という形で，名目上張之洞と管学大臣の張百熙，さらに張百熙とならんで管学大臣に就任した刑部尚書の栄慶とが協議して起草したものであるが，実際は張之洞1人の手によってまとめら

れたものである。彼は遠くには日本の学制を採用し，近くには「欽定」を参照し，さらに自分の意見を加えて，数か月を費やし，7度も稿を新たにした。とくにその教育に関する趣旨の部分は完全に彼の思想の表現である[503]。

「奏定学堂章程」の「学務綱要」は学制実施についての全般的な方針を規定したもので，張之洞の教育思想を集中的に反映している。「学務綱要」は 50 類にわたり，教育内容を詳しく規定しているが，その中心となっている事項は下記の通りである。

清末の教育改革には新しい有為な人材の養成と，統治を社会の末端まで浸透させるという二つの役割を負わされていた。「奏定学堂章程」の第一の特徴は，前者のために高等教育の充実をはかり，また後者のために普通教育の普及を求めていることである。

国民教育の普及という方針は「奏定学堂章程」の中で，いっそう明白に示されている。「奏定学堂章程」の立学総義第 1 の第 4 節に，次のような条文がある。

　　　　国民の智愚，賢否は国家の強弱，盛衰に関わる。初等小学堂は全国民を
　　　教戒するところにして，〔中略〕邑に不学の戸なく家に不学の童なからし
　　　めて，初めて国民教育の実義に背くことなし[504]。

これは日本の 1872（明治 5）年の「学制」公布に関する「被仰出書」の一節をそのまま引用したものであり，中国史上初めて国民皆学の方針を打ち出している。後の学制の実施経過を見ると，その重要施策は小学堂教育の普及にそそがれ，初等教育の普及のための教育行政機関の整備に努力が集中し，師範学校も小学校教員の養成の立場から重視された。

張之洞らの官僚にとって，制度の近代化によって国民を形成する一方，従来の支配秩序を維持・強化するために，国民の精神的，倫理的価値観の育成や国民統合の理念を国家規範のもとに推進することも極めて重要な課題であった。この点でも明治中期以後の国家主義的国民教育の方針から大きな影響を受けていた。

日本の国民教育は，天皇制国家のもとで，国家統合に資することを要請された。「教育勅語」発布後の国民教育制度の特色は，いわゆる天皇制国家による

国家統治を実現するための重要な手段として教育を捉らえていたことである。
国民教育の目的について，その主眼は，

> 　国家生存ノ為ニ臣民ヲ国家的ニ養成スルニアリ。然ラバ如何ナル方向ニ
> 於テ之ヲ養成セバ国家的臣民トナリテ我帝国ノ臣民タルニ適合スベキカ，
> 吾人ハ之ニ答ヘテ『無窮ノ皇運ヲ扶翼スル忠良ノ臣民』ヲ作ルニアリト云
> ハントス。何トナレバ此ノ如キ忠良ノ臣民アリテ始メテ国家ノ生存発達ハ
> 望ミ得ベケレバナリ[505]

ということであった。明治日本の国民教育は，臣民としての国家への服従とい
う義務を強調した。これは西欧の市民革命期の教育思想に示された国民主権や
自由を原理とした市民形成の教育とは根本的に異なる点である。
　張之洞などの官僚にとって，列強による中国の分割の危機が深刻化するなか，
清王朝の支配体制を維持・強化することによって，「保国」を図る場合，教育
という手段によって統制を社会の末端まで貫徹させることは極めて重要な課題
であった。しかも，中国では，統治の一環として教育を機能させることについ
ては歴史的な伝統があり，教育の政治的機能がより優先された。清末における
国民教育普及の試みは，明治日本と同様，民衆の自発性と主体性とを持った民
衆教育の形成という方式を取らず，上からの権力によって急速に国民意識の統
合を推進しようとするものであった。
　明治日本の場合は万世一系の天皇に対する忠誠心によって国民意識の統合を
はかったが，当時満州族王朝の支配下にあった中国では，国民意識を統合する
ために，「中体西用」の思想を導入した。この点で，清末の維新人物と張之洞
らの官僚の考え方は一致している。
　張之洞の「中体西用」の思想にある「中体」には，主として二つの意味が含
まれていると思われる。一つは皇権政体であり，もう一つは綱常倫理である。
まず，張之洞の唱える恵愛の対象が清の王朝であることは否定できない。確か
に，張之洞の「忠君は朝廷への隷従的忠誠ではなく，あくまで中央集権的統一
国家のかなめに擬せられたその護持すべきかなめへの忠誠である」[506] かもし
れない。また，「清朝の改良運動を担った漢人官僚は，清朝を欧米列強から守

ろうとしたのではなく，中国の文化・国粋・国体を守ろうとしたのである」[507]
かもしれない。しかし，清朝の高官である張之洞の「保国」論は，つまるところ，「忠君」へ行きつくわけである。彼は「教忠」について，「わが清朝の恩徳の深く厚いことをのべ，天下の臣民がことごとく忠誠の心を抱くようにさせる。国を保とうとするのである」[508] と忠を教えている。また，清の統治に関して，漢唐の時代以来，清朝ほど人民を慈しむ政治は未だかつてなかったと讃え，その仁政として，「薄賦，寛民，救災，恵工，恤商，減員，戒侈，恤軍，行権，慎刑，覆遠，戢兵，重工，修法，勧忠」[509] など 15 項目を列挙し，「中国の二千年にわたる今までの歴史，または五十年前までの歴史，または五十年前までの西洋の永き歴史を見ても，これほど寛厚なる国政はない」[510] と，清朝の政治施策を賛美した。従って「この時世の困難と憂慮に当たりて，凡そ我が礼に報いる士，徳を以て報いる民は，固より各自から忠愛を表し述べ，誰でも国を振興するにして礼を成すべし。凡そ，聖上に反して乱を起こすの一切の邪説，暴行に対して，これを拒んで聞くなかれ」[511] と，国事の艱難を訴え，清王朝に対する忠愛を強調することによって，清朝を頂点とする中央集権体制のもとで，国家的社会的統制を図るという期待を強く押し出している。

　清末教育改革期において，張之洞は指導的役割を演じ，特に学制の制定に大きな力を発揮した。この過程における張の言動の特徴を挙げれば，第一に，彼は，教育視察者の派遣を通じて，各国の教育制度を比較考察し，その「最善」のものを指標とする立場を堅持した。第二に，各国の政体と教育制度との関連を重視し，清王朝の支配体制の維持・強化に合致しうることを優先する視点を持っていた。第三に，「中体西用」という教育の指導理念の枠内という前提条件の下で，柔軟に対応し，儒教倫理に背かない限りにおいて，西洋近代の学問，技術の基礎となる諸教科を学ばせること，それによって「国民」を形成しようとした。

　清末中国が 1904 年に公布した「奏定学堂章程」は日本教育をモデルに作られた中国最初の近代的学制であり，教育の宗旨は明治日本の「教育勅語」を模範し忠君を第一とし，儒教道徳の仁義忠孝を教育の基としていた。張之洞が特に「外国の学堂には宗教の一門があり，中国の経書は即ち中国の宗教である」[512] と協力主張し，中国の学堂で，もし経書を読まなければ，三綱五常が

すべて廃絶され，中国は必ず国をたてることができなくなると常に訴えた。

　張之洞は，列強による中国の分割の危機が深刻化する中で，清王朝の支配体制を維持・強化することによって，「保国」を図る場合，日本の明治中期以後の国家主義的教育方針，国民統合をめざす臣民教育が中国の実情にもっとも即していると見なし，それを模範として取り入れたのであった。

4.「奏定学堂章程」における数学教育

　以下，数学教育についてより詳細に検討する。

　「奏定学堂章程」は，数学教育の制度について以下のように決めている。

　初等小学堂は7歳で入学し，5年で卒業するが，第1年の算術の教育において，記数法，加減の方法を学ぶ。第2年の算術の教育では100以下の数の加減乗除と計数法を学ぶ。第3年の算術の教育では，通常の加減乗除を学び，第4年の算術の教育では通常の加減乗除，小数の書き方，計数法，珠算の加減などを学ぶ。第5年の算術の教育では，引き続き，通常の加減乗除，計数法，珠算の加減などを学び，その上に簡単な小数を学ぶと規定している。

　高等小学堂は，11歳で入学し，4年で卒業する。第1年の算術で加減乗除，度量衡，貨幣，時刻の計算方法，簡単な小数を学び，第2年には分数，比例，百分数，珠算の加減乗除を学ぶ。第3年では，小数，分数，簡単な比例，珠算の加減乗除を学び，第4年では比例，百分算，積を求める方法，日常帳簿の記録，珠算の加減乗除などを学ぶと規定している。以上の規定によると，清末中国の小学堂での算術の教育は明治初期の日本の小学校での算術の教育と同じであることがわかる。

　珠算の教育を行っていたことは，日本と同じで，伝統数学の一部である「珠算」を残していた。中国では，1980年代まで小学校の教育において，珠算教育が続いていた。

　以下は，中学堂，初級師範学堂，優級師範学堂，高等学堂，大学堂における数学の教育内容と具体的な1週間の教育時数である。

　中学堂：15歳に入学し，5年で卒業する

　　第1年　算術（1週4時間）

　　　第 2 年　算術，代数，幾何，帳簿の記録（1 週 4 時間）

　　　第 3 年　代数，幾何（1 週 4 時間）

　　　第 4 年　代数，幾何（1 週 4 時間）

　　　第 5 年　幾何，三角法（1 週 4 時間）

初級師範学堂：5 年で卒業する

　　　第 1 年　算術（1 週 3 時間）

　　　第 2 年　算術，幾何，帳簿の記録（1 週 3 時間）

　　　第 3 年　幾何，代数（1 週 3 時間）

　　　第 4 年　幾何，代数（1 週 3 時間）

　　　第 5 年　代数，数学の順序法則（1 週 3 時間）

優級師範学堂

　　（甲）公共科：1 年で卒業，算術，幾何，代数，三角法（1 週 3 時間）

　　（乙）分類科：（第 3 類，数学，物理，化学）3 年で卒業

　　　第 1 年　代数学，幾何学，三角法，微分積分の初法（1 週 6 時間）

　　　第 2 年　代数学，解析幾何学，微分（1 週 6 時間）

　　　第 3 年　微分，積分（1 週 6 時間）

高等学堂：三つの科目に分かれている

　　（甲）文科，法科の予備科：第 2 年の期間中だけ代数学と解析幾何学を教える（1 週 2 時間）

　　（乙）工科の予備科：第 1 年，代数学，解析幾何学（1 週 5 時間），第 2 年，解析幾何学，三角法（1 週 4 時間），微分，積分（1 週 6 時間）

　　（丙）医科の予備科：第 1 年，代数学，解析幾何学（1 週 4 時間），第 2 年，解析幾何学，微分，積分（1 週 2 時間）

大学堂：六門にわけられている[513]

　　算学門[514]，星学門，物理学門，化学門，動植物門，地質学門

その中から数学科の主な教育内容と週間の授業を図表でまとめて見ると以下

のとおりである。

表 13　「奏定学堂章程」の数学科の主な教育内容と週間の授業数

主要科目	第 1 年週間授業数	第 2 年週間授業数	第 3 年週間授業数
微分積分	6	0	0
幾何学	4	2	2
代数学	2	0	0
数学演習	随時決定	随時決定	随時決定
力学	0	3	3
整数論	0	3	3
微分の一部，方程式論	0	4	0
代数学及び整数論補助課	2	4	4
理論物理学初歩	3	0	0
理論物理学演習	随時決定	0	0
物理学実験	0	随時決定	0
公計	20	16	12

　以下の表は，「奏定大学堂章程」格致科[515]算学門（1903）と東京大学数学科（1902）課程[516]を比較したものである。

　表に示した東京大学の課程は，1902 年改訂後の課程である。

　表からわかるように，「奏定大学堂章程」に定められた格致科の算学門の科目は，教育される科目や週間の教育時数などが明らかに東京大学の教科内容を参考にしている。

　1905 年 3 月，日本の文部省普通学務局長であった澤柳政太郎は，国家学会でおこなった講演「清国ノ新教育制度」の中で，「奏定学堂章程」を評して，「此学堂章程ノ内容ヲ御話スルト云フコトハ，日本ノ現在ノ学制ヲ御話スルト云フコトト少シモ変ラナイ」，「実二大胆ニモ無遠慮ニモ日本ノ制度ヲ其儘ソックリ採ッテ居ル」[517]と語っている。

　こうして，「奏定学堂章程」は主に日本の教育制度を真似ているが，1902（明

表14　「奏定大学堂章程」算学門と東京大学の数学科の比較表

学年	京師大学堂算学門		東京大学数学科	
	科目	週間時数 または回数	科目	週間時数 または回数
第1	微分積分	6時間	微分積分	5時間
	幾何学	4時間	立体幾何学及 平面解析幾何学	4（第1期） 2（第2期）時間
	代数学	2時間	初等数学雑論	2時間
	代数学及整数論補助課	2時間	星学[548]及最小二乗法	3時間
	理論物理初歩	3時間	理論物理学初歩	4時間
	理論物理学演習	未定	理論物理学演習	1回
	算学演習	未定	数学演習	3回（午後）
第2	幾何学	2時間	代数的曲線論	3時間
	函数論	3時間	一般関数論及び 楕円関数論	3時間
	部分微分方程式論	4時間	高等微分方程式論	2時間
	代数学及整数論補助課	4時間	整数論及代数学	4時間
	力学	3時間	力学	3時間
	物理学実験	未定	物理学実験	2回（午後）
	算学演習	未定	数学演習	1時間
第3	幾何学	2時間	高等幾何学	2時間
	函数論	3時間	一般関数論及び 楕円関数論	3時間
	代数学及整数論補助課	4時間	代数学	3時間
	球面函数	随意決定	高等解析雑論	2時間
	高等数学雑論	随意決定	高等微分方程式論	2時間
	力学	3時間	力学	3時間（第1期）
	算学演習	未定	変分法	3時間（第2, 3期）
	数学研究	随意決定	数学講究（随意）	1回

治 35) 年の日本の教育制度と「奏定学堂章程」をよく比較してみると，大きな違いが少なくとも 2ヶ所あることがわかる。

　まず，日本の学制には，女子師範学校・女子高等師範学校・高等女学校など，女子のための教育が整えられているのに対して，清国の「奏定学堂章程」には，女子教育に関する規定がなく，女子のための教育は学制の上で全く無視されていた。

　第二に，日本の学制にはなく，「奏定学堂章程」に特有なものは「進士館」である。これは科挙と新教育とを調和させたもので，科挙のかわりに新しい学校教育体系の導入によって現職官吏を再教育するために設置されたものである。「奏定学堂章程」には，また「学堂奨励章程」が設けられ，学校の程度と本人の成績に応じて進士出身・同進士出身・挙人出身の身分を与え，留学帰国者も試験を受けて，進士・挙人・貢生の科挙の資格を与えることとした。

　このことは，中国において近代的学校教育体制が導入されたにもかかわらず，新式学堂の役割が相変わらず出世の道を準備することにあり，科挙にかわって，学校が依然として天下の士人が官職につくための階梯であることを意味していた。

　1903 年 5 月，北京に召し出された張之洞は，管学大臣張百熙，栄慶とともに教育制度確立のために努力し，「約束遊学学生章程」，「鼓励遊学畢業生章程」等を制定し，留学生に対する監督を強化するとともに，卒業後に進士や挙人などの出身を与えることを決めた。また，「奏定学堂章程」を作成して西洋や日本の制度を取り入れた全国規模の学制を完備させる一方で，「変法三疏」によって実用的ではない科挙の内容を改良し，漸次合格者の数を減らすことを主張した。1905 年にはその改良型の科挙でさえ，張之洞らの上奏によって廃止された。

第 5 節　周達と日本数学会

　19 世紀の末から 20 世紀の初頭において清朝政府は日本の教育制度に対する視察を頻繁に行なったが，民間人の学者にも日本の数学界の状況を考察し，日本人数学者と通じていた者がいた。ここでは，この学者による日本調査や日本人数学者との交流がどのようなものであったのかを検討してみよう。

1.　知新算社

　周達（1878-1949）は字を美権といい，安徽建徳（今の安徽省東至県）の出身である。彼の父親は著名な医学者であり，祖父は両江総督という高官にまで上り詰めた。周氏の家族からは多くの著名人が現れ，歴史に名を残した。周達の息子の周偉良は，世界的に有名な数学者である。なお，周家からは周学熙，周叔迦，周一良のような日中文化交流史上の有名な人物も現れた[518]。

　周達は 1900 年に揚州で知新算社を創設した。これは，中国最初の数学会であり，彼はその委員長として近代数学の普及と近代的数学教育の創出に著しく貢献した。

　周達が著した『知新算社課藝初集』（1903）は，周達訪日の翌年の編輯・出版である[519]。

　20 世紀初頭の中国では，西洋の数学書を翻訳する際，横書きを縦書きにして，数式を中国式に記していた。日本の学者たちは，早くからそれらを西洋化していた。周達は緒言[520]のなかで，

　　　　西洋の文章は横書きであり，〔数学の〕式も皆横に並べている。中国の
　　　文章は縦書きなのに，数学の式を横書きにすると，多くの紙面を占める。
　　　〔中略〕日本は西洋の数学書を翻訳する時，数式を改めない，だが，わが
　　　国では，数式まで改める[521]。〔数式は〕各国で同じにするべきで，一つの
　　　国が〔ほかの国と〕異なるのは最も不便である。

として，西洋数学の受容と普及を妨げる中国式表記法の全面改正を訴えた。しかし，当時は，このような認識を持っている人は少なかった。まして，周達のように日本の状況と比較して論じた学者はほかにはいなかったのである。

　周達は日本を訪問した時，日本の友人たちに「揚州知新算社」（以下は「知新算社」と省略する）のことを紹介し，持って来た知新算社の規則を日本人の学者に贈ったという[522]。

　周達は 1902 年に日本を訪問した後に調査報告を書いただけではなく，揚州の知新算社において改革を進め，日本で見聞した新しい数学の知識を中国に紹

介した。1903 年には，中国で出版された雑誌『科学世界』第 2 号に，「揚州知新算社改良規則」を掲載した。

　日本の各団体や学校とも連絡をとり，日本の数学界に現れた新しい数学の定理など，新発見を相互に報告し，疑問のある時は相互に質問しようとしていた。修正した「揚州知新算社改良規則」の内容を考察してみると，以下のような内容が含まれていることがわかる。

　まず，その主眼は，数学の理論を研究・議論し，数学者同士が連絡を取り合い，数学の発展を目指すことにあった。

　次に，入会者の数学のレベルがまちまちであるため，相互に励まし合うべきであると決めていた。知新算社の会員は，毎月 3 回ほど例会を開き，数学の演説あるいは問題を討論すると決めていた。

　特に，注目すべき点は，知新算社が日本の数学者，学会，学校と連絡をとり，相互に新知識を報告し，難解な問題を相互に質問することを規則のなかに書いていたことである。日本の数学界に数学の新しい理論が報告されると，会議の期間に社長が，その（日本の数学界の）新奇なところの大略を講演する。そして，この新理論を知新算社の会員たちは研究資料として使うという流れである。

　知新算社は特別大会も開催したが，定期的なものではなかった。約 1，2 年に 1 回開催し，5 日間の期間であった。

　知新算社は，数学を普及させるため，入会者からは入会費を取らず，紹介者も必要ではなかった。入会したい人は，姓名，本籍，年齢，宛先を詳細に書いて，数学の原稿を本社に送る。知新算社の会員の名簿に登録されたならば，即時に会員になれると決め，数学に興味ある人々の入会に便宜を図った。

　知新算社の規則によると，研究する数学の分野は以下のような四つの科目に分けられていた。

　　普通研究科：算術，代数，幾何学，三角法
　　高等研究科：近世幾何，高等代数，球面三角学及円関数，円錐曲線，平面
　　　　　　　　及立体解析幾何，微分積分学，微分方程式
　　特別研究科：整 数 論，確 率 論，変 分 法（Calculus of Variations），定 積 法
　　　　　　　　（Determinate），最小二乗法（Least Spuare），有限較数法（Finite

Differneces），動量法（Grassmann）
　応用研究科：測量学，星学，動静力学，物理計算

　知新算社が創設された目的の一つには，数学を普及することもあったので，中学校程度の算術，代数，幾何，三角法の各教科書を編集することが計画されていた。すなわち，

> 　普通数学の教科書は，我が国によい本は一冊も無い。しかしこの事は最も大切であり，且つ最も難しいことである。〔中略〕善を尽くした教科書になることを求めず，ただ学校で〔数学を〕教授する時，及び〔数学を〕独学する者が使う時に便宜を果たすためのものを作る。

と説明がなされている。

　また，当時の中国では，西洋の高等数学の理論として輸入されたものも多かったため，知新算社の機関誌は西洋の著書の高いレベルの数学を編訳，刊行し，中国における数学界の西洋化を目指していた。知新算社は毎月 1 冊の雑誌を刊行し，高等数学の理論を掲載した。数学の有名な定理を絶え間なく掲載することにして，人々の数学に対する関心と能力を高めることを目指していた。

　知新算社は揚州という地方に現れた清末の民間知識人によって創られた小さな学会であったが，中国における最初の数学会である。日本の数学界とも密接に連絡を取っていたことにより，ここでその規則について分析を行なったわけである。

　知新算社の初期の会員数は東京数学会社の初期の会員数の 10 分の 1 程度で，その規模と影響は東京数学会社とは比較にならない。

　揚州知新算社の規則と東京数学会社の会則と比較してみると，数学の普及を目的とした点は同様であった。特に注目すべきことは，会長である周達が例会の機会に日本の数学界の状況を会員に報告するという点である。揚州知新算社は西洋の数学界とは連絡がとれていなかったが，日本の数学界とはネットワークを結んでいたことがわかる。

　一方，周達たちが研究した数学の内容は初期の東京数学会社よりも高いレベ

ルであり，日本の数学物理学会の記事にある内容と一致していたことがわかる。数学だけではなく，物理学の内容も含まれていた。ここで，注目すべき点は，揚州知新算社は清末の中国における最初の数学会であったにもかかわらず，議論した課題に中国の伝統数学がまったく含まれていなかったことである。これは会長である周達が日本の数学者長沢亀之助らとの交流を経て，西洋の数学を完全に受け入れていたことによるらしい。

　揚州知新算社の規則を瀏陽算学館の規則と比べてみると，以下のような相違がある。

　まず，揚州知新算社に入社（入会）した会員のうち，若い世代は数学の研究をしている学者である。次に，数学の研究方法は，教師が数学を講ずる形式から会員たちが定期的に研究交流会を行なう形式となっている。第三に，「算社」の研究内容は近現代西洋数学である。第四は，外国の数学会と積極的に交流を行なった点が，前述した「瀏陽算学館」から変化したところである。

2．日本数学界との交流

　周達は中国の数学の発展に関心を寄せ，当時の中国数学界が立ち遅れていることを遺憾としていた。周達は日本の数学がすでに中国の水準を追い越していることを了解した後，日本に渡って調査することを決意した。周達の書いた『日本調査算学記』の「緒論」によれば，彼は 1902 年の冬，日本に渡って日本数学界の状況を調査するという希望を実現した。

　周達は数学研究と数学教育の活動の一環として来日した際，日本の数学教育や数学書さらには数学界の状況を視察した。周達はこれ以後も来日し，日本の数学者と交流を深め，近代日本の数学の現状を深く理解するとともに，近世日本の数学である和算についても深い造詣を持つに及んだ。

　周達は当時の調査の任務を次のように明言していた。すなわち，

（1）日本の数学教育の状況と数学団体を視察する

（2）日本の数学書や数学雑誌を考察する

（3）日本の数学者と交流を図る

などである。

　周達は，自らの日本での調査過程について詳細な記録を作り，『調査日本算学記』という 1 冊の本を完成し，1903 年に出版した。

　この本は近代の日中間の数学交流を研究する上で重要な資料であるだけではなく，日本数学教育史の研究においても，大きな価値があるものである。

　周達は日本滞在中に，当時の国立大学や私立学校を多数訪問し，数学教育の状況を視察した。彼は帰国する際に，『数学報知』など多数の雑誌を中国に持ち帰った。

　周達は日本人数学者とも交流し，西洋数学に関する共同研究を行なった。周達と日本で知り合い，交流した数学者には本書第 2 部で言及した長沢亀之助と上野清らがいた。周達と彼らの交流は帰国後も続いた。彼と長沢亀之助は相互に数多くの手紙を書いて，数学の問題を討論していた[523]。

　周達は上野清との談話で，本書第 2 部で紹介した華衡芳の『代数術』の内容について議論している。なお，長沢亀之助と古代ギリシアのパッポス（Pappus）の定理を論じ，「巴氏累円奇題」の解法を議論した。周達は帰国後もこの問題を引き続き研究し，重要な成果を得たのである。彼らの数学についての議論は非常に進展し，「終日，数学談議に明け暮れ，少しも倦きることがなかった」という[524]。

　1902 年から 1905 年にわたって周達は 4 回ほど日本を訪ね，日本人数学者と広汎な交流を持った。彼はある著書のなかで「日本の一流学者と面会したことは少なからず。伊藤博文氏と二回ほどお会いして，特に科学界の人々と広範に交流を持った。東京帝国大学にある東京数学物理学会に会員として選ばれたのは私が第一号であろう」[525] と書いている。

　周達のような民間知識人が長沢亀之助，上野清のような日本人数学者と交流し，日本の数学界を視察したことは，20 世紀初頭における中日数学交流の始まりであるという点からみても，近代中日数学史研究上の見るべき価値があるものである。

この章のまとめ

　以上第 8 章では，日清戦争以降の時代背景と清末中国が日本をモデルとした

教育改革の経緯を考察し，この時代における西洋数学の教育状況と新たに出現した数学会の様子を考察した。

日本では明治期の教育制度改革を経て，西洋数学の普及を果たしたが，清末中国では，1905年までに科挙制度を続けていたため，西洋数学の教育だけではなく，科学技術，産業技術の様々な方面で日本より遅れた。

本文で論じたように，清末中国では当初，明治日本の教育制度などを参考にしようとしたスローガンが清末変法維新派の人々から提唱された。彼らの代表的な人物は康有為，譚嗣同，梁啓超らである。彼らは，早くから江南製造局など洋務派の創設した施設から刊行された西洋の科学技術書を通して海外事情を知り，特に日本の明治維新に注目していたことがわかる。本文で議論したように，維新派のなかでも特に梁啓超と譚嗣同の2人は，西洋数学を受容する重要性に深い認識を持っていた。

康有為，梁啓超，譚嗣同らが明治維新をまねて，清国の復興を目指そうとした志が光緒帝に容れられて戊戌の新政となったが，西太后によって阻まれて100日で挫折し，康と梁は日本へ亡命，譚は殉死したのであった[526]。

しかしその後，国内の戦乱や外国列強の圧力により，清朝の保守派もやむを得ず変革を行うことになった。ここで日本をモデルにした教育の改革を行うという康有為らの提案は引き継がれたのである。西太后新政下では，変法には興学育才が不可欠だとして，張之洞ら一部官僚たちが旧来の教育制度を改革する提案を建議し，日本の教育状況を視察するために羅振玉，姚錫光らの官員たちを派遣した。

本文でも検討したように，張之洞の支援のもと，日本を視察した官員らの努力により1904年，日本の教育をモデルとした「奏定学堂章程」が発布されることになった。

新しい教育制度の公布は清末中国人の日本への関心をさらに高めた。実際，日清戦争敗北以降，中国から私費で日本に訪れ，日本の社会と学界の状況を視察した民間知識人が増えてきた。第8章で議論した周達はその一人である。周達は中国における最初の数学会を創り，日本の数学者たちとの交流をつうじて，中国における近代数学教育の普及に力を注いだ。

政府官僚の派遣による視察の次に行われた事業は，日本への大量の留学生の

派遣である。次の第 9 章では，これらの留学生たちが日本留学を通して新思想，新文化に接触し，日本で定着した西洋の近代科学技術や数学の知識を身につけていった経緯を分析する。ついで彼らが日本人数学者の著書を中国語に翻訳し，清末中国における数学教育の近代化に貢献したことを検討しよう。

第9章　中国人留日学生の数学教育

　清末の旧来の教育制度を改革する具体的な政策として，文武学堂の設置，科挙制度の改革，海外留学の奨励などの政策が建議された。海外留学のなかでもっとも重点を置いた政策として実施するように提唱されたのは，日本へ留学生を派遣することであった。

　日本での遊学を勧めている理由は，日本と中国の地理的な距離が近く，交通費があまりかからないので，留学生をたくさん派遣できること，日本語は中国語と近いので覚えやすいこと，日本と中国は文化的にも近いので比較考察が容易であること，日本はすでに西洋の重要な学問を輸入し，消化しているので，中国が日本から西洋の文化を習えば，直接西洋に学ぶのに比べて半分の時間で倍以上の効果をあげることができること，などである[527]。

　このような時代背景のもと，20世紀初頭の清末中国では日本留学が盛んになった。

　以下，この日本留学について総括したうえで，日本に設立され，清末の留学生を受け入れた各種類の教育施設を考察する。成城学校，東京大同学校（清華学校），第一高等学校の三つの学校に研究の焦点を絞り，この三つの学校の留学生に対する数学の教育状況を紹介して，清末の留学生が日本で受けた西洋数学の教育について議論する。

　筆者がこの三つの学校を考察した理由は以下のとおりである。成城学校は軍人志望の学生を受け入れた学校の代表であり，清末からもっとも長い期間にわたって中国からの留学生を受け入れた学校だった。東京大同学校（清華学校）は清末の変法維新派と関連があったので調査した。第一高等学校は東京帝国大学の予備校として，清政府から直接派遣された留学生を受け入れ，両国の政府に重用視されていた学校であった。特に，今までの先行研究で見落とされていた清末の留学生の数学教育に関する状況を，この三つの学校での教育を重点的に検討し，20世紀初頭における日本の数学界の中国への影響を分析するものである。

第 1 節　日本への留学生派遣

　中国人による日本留学の潮流は日清戦争の敗北を契機に，洋務運動から変法運動へと展開する近代化政策とともに高まり，義和団事件以後の清朝支配体制再編成の過程で極盛期を迎えた。前述したようにその数は 1905 年から翌 1906 年にかけて最も多く，実質的に 8,000 人を超えた。彼ら留学生の多くは，清朝政府や洋務派官僚の強い意向により，普通の中高学校の課程を学んだ少数を除いて，教員養成教育，官吏養成教育，警察・軍事教育の三つの分野に集中し，しかもこれらを速成的に学習したのである。当然ながら，こうした状況に対応して，明治日本には早くから中国人留学生のための様々な特設教育機関が設置された。なかには「学店」・「学商」と呼ばれる営利目的のための「教育機関」も存在したが，同文書院，成城学校，東京大同学校（清華学校）などの教育機関では，いずれも中国側の早期養成の期待に応じて，多種多様な教育課程を編成し，独自に人材教育を展開した。

　組織的な日本留学の嚆矢は，1896 年に清朝政府が 13 人の留学生を官費で日本に派遣したことである。この 13 人の教育について，清朝政府は当時文部大臣であった西園寺公望に依頼し，西園寺は高等師範学校長の嘉納治五郎（1860–1938）に対応するよう命じた。嘉納は自宅近くの神田三崎町に民家を借り，高等師範学校教授の本田増次郎を主任とし，教師数名を招いて彼らに日本語と数学，理科，体操などを教授した。最初は学校名さえなかったが，張之洞などから引き続き留学生の教育を依託されたため，受け入れ態勢を整備し，1899（明治 32）年 10 月に「亦楽書院」と学校を命名した。最初の留学生の 13 人のうち，6 人が病気そのほかの理由で中途で退学，帰国したため，同年に嘉納から，日本語を正科とし，数学，物理学，化学などを副科とする 3 ヶ年の学科を修了した旨を記した卒業証書を受けたのは 7 人であった[528]。

　日本への留学の形式は，官費（あるいは地方の費用）による直接派遣の場合と，私費による留学とがあり，時期によって様々であった。

　清末の政府による留学生派遣の目的は，時期によって異なっていたが，基本的に第 8 章の冒頭に述べた変法自強運動の趣旨と同じものであり，日本に定着した西洋の軍事技術，科学技術，政治，法律，教育，文化などを学ばせるため

というものであった。

　当時の日本における清国留学生教育の施設としては宏（弘）文学院，東京同文書院，数学専修義塾，成城学校，京北中学校，大成中学校，正則英語学校，正則予備学校，研数学館，明治大学経緯学堂などがあり，留学生の多くは最初にこれらの学校を修了後，第一高等学校，早稲田大学清国留学生部，東京高等師範学校，東京高等工業学校などの入学を志望した。それらからさらに帝国大学に進学した者もいた。

　日本に来た後に彼らが受けた基礎的な教育は，日本語，英語，数学の三つの科目がほとんどであった。

　各学校へ入学する経路としては，無試験入学と試験による入学の2種類があった。

　宏（弘）文学院，東京大同学校（清華学校），東京同文書院，数学専修義塾，成城学校，京北中学校，大成中学校，正則英語学校，正則予備学校，研数学館，明治大学経緯学堂などの教育機関では無試験入学することが多かったが，第一高等学校，早稲田大学清国留学生部，東京高等師範学校，東京高等工業学校などの学校では試験を経て入学することが普通だった。

　ただし，後述する第一高等学校の留学生のように，例外的に無試験入学した事例もあった。

　清末の留学生が授業中に使っていた教科書の状況を考察してみると，各学校により様々であったが，全般的な傾向としては，当時の日本の小，中学校の学生たちと同様の教科書を使うことが多かった。留学生のために編纂した留学生専用の教科書を使っていた例もあった。

　次の各節では，研究の焦点を留学生たちに対する数学教育にあて，清末の留学生の残したオリジナルのノートや入学試験のために書いた入学願書，履歴書などの資料に基づいて，当時の授業に使われた数学の教科書の具体的な内容を分析し，留学生が日本で受けた算術，代数学，幾何学，三角法の具体的な状況を考察する。

第2節　成城学校

1. 留学生部の開設

　成城学校は 1885（明治 18）年，文武講習館として発足し，翌年成城学校と改称された。この学校はもともと，陸軍士官学校や陸軍戸山学校への予備教育を行うことを目的とするものであった。現在，新宿にある成城高等学校の前身である。

　成城学校に留学生部が開設され，中国人留学生の教育を担当するようになったのは 1898（明治 31）年のことで，当時の校長は参謀本部次長の川上操六（1848-1899）であった[529]。ほかに成城学校の校長になった人物には児玉源太郎（1852-1906），岡本則録（1847-1931）らがいた。彼らは中国人留学生の教育に熱心であった。

　ここで注目したいのは，本書の第 2 部に登場した人物—岡本則録である。岡本は明治，大正，昭和の三つの時代に渡って活躍した数学者，数学教育家である。彼は和算家長谷川弘のもとで和算の修業をして，維新後は西洋の数学を修めた。

　岡本は文部省で数学教育書の翻訳に当たったこともあり，一時は四大学者の 1 人と言われたこともある[530]。岡本は今日の日本数学会，日本物理学会の前身である 1877（明治 10）年創設された東京数学会社の会長になっただけではな

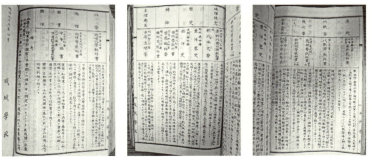

図 37　成城学校での清末留学生が受けた教育

く[531]，色々な事業に力を尽くし，特に 1880（明治 13）年設立された「訳語会」で活躍し，数学用語の統一に努めた。晩年は三上義夫（1875-1950）の代わりに帝国学士院において『和算書目録』の編纂に従事し，和算を後世に伝えることに貢献した。三上は，岡本について，「極端に研究の発表を好まぬ人で，殆どその業績の世に公にされたものはない」と書いている[532]。寡作の人であった。それゆえ，岡本の著作はあまり残っていないが，1874（明治 7）年，不定方程式の解法を主とした『代数整数新法』を刊行したことが分かっている。このほか，微分積分学の本を訳した記録もある。岡本は東京数学会社の様々な仕事にも熱心に取り組み，その機関誌において，和算と西洋数学の双方に関する問題を掲載し，また西洋数学雑誌から高度な数学の問題を翻訳して掲載した時も解答を投稿し，その実力を見せた[533]。

　このような経歴を持っている岡本は，1889（明治 22）年から成城学校の教頭になった。そして，1901-1903（明治 34-36）年及び 1906-1916（明治 39-大正 5）年に成城学校の校長を依嘱され，その後逝去まで成城学校の協議員を務めた[534]。

　成城学校の中国留学生受け入れは，前述したような参謀本部の宇都宮太郎（1861-1922）や福島安正（1852-1919）らの中国側要人へのはたらきかけにより，両江，湖北，湖南，四川，直隷など各省から留学生が派遣されたことがきっかけで始められ，1899（明治 32）年には入学者が 30 名に達した[535]。

　最初の留学生として 1898（明治 31）年 7 月 1 日に入学したのは，浙江省から派遣された呉錫永，陳其采，舒厚徳，許葆英などの 4 名の学生であり，その後湖広総督張之洞の命により譚興沛，徐方謙，段蘭芳，蕭星垣など 24 名の官費留学生が派遣された[536]。翌年 1 月に南洋大臣・両江総督劉坤一（1830-1902）や四川総督直岑春煊（1861-1933），直隷総督の袁世凱（1859-1916）らも次々と陸軍留学生を派遣した。1900（明治 33）年の 7 月には第 1 回の卒業生 45 名をだしたが，彼らは陸軍士官学校に入り，卒業帰国ののちは大将・中将になった人物が多い[537]。1903（明治 36）年までにここを卒業した中国人留学生は 168 名を数え，そのなかには，蔡鍔[538]や蔣方震（1882-1938），藍天蔚（1878-1922）など清末民初の著名な革命家や軍人も含まれている。

　成城学校では留学生は寄宿舎生活を送った。軍関係の学校としては当然だろう。寄宿舎の管理規則は厳しく，留学生にとってはかなり窮屈であったよう で

ある。学費，生活費すべてこみで毎月25円である。中国公使館から学校に毎月1人当たり25円が渡され，学校は「そのうち三円を学生各自に与え，雑費に当てさせ，教育費常用図書食費医薬費（入病院費はこの限りにあらず）制帽服外套靴槐絆袴下等にいたるまで学校が一切処弁をする」というのである。要するに25円あれば留学生活は保障されるわけだが，この25円は例えば，当時の東京の小学校教員初任給が10〜13円であったことに比べると，大変な高額といえる。

　成城学校は発足5年目の1903（明治36）年の7月に，中国人留学生の武備学生の受け入れを一時中止した[539]。前年におこったいわゆる「成城学校事件」が原因であった[540]。

　同年9月，福島安正が学生管理委員長になり，振武学校を創設し，成城学校の未卒業生70余人を引き継ぎ，授業を開始し，成城学校に替わって軍関係留学生を受け入れることになった[541]。

　成城学校は清政府の公使楊樞（1844-1917），および，留学生監督汪大燮（1860-1929）の懇請により，同年10月から文学生班を開設した。

　清末の留学生を受け入れた教育機関にはほかにも日華学堂，宏文学院などあったが，そのなかで成城学校の留学生教育は昭和10年代まで存続し留学生を受け入れた期間がもっとも長かった学校であった。

2.　留学生の数学教育

　筆者の調べた資料のなかには，成城学校の留学生の試験成績を記した書類があり，それによると成城学校の修業年限は1年半で，教育の科目に日本語（文法），日本文，作文（日本語で書く），外国語（英語），地理地文，歴史，算術，代数，幾何，平面三角，生理衛生，博物，物理，化学，図学，画学，体操などの科目がある[542]。

　清末の時期に成城学校へ留学した留学生たちに対する数学の教育科目には，算術，代数，幾何学，平面三角法が含まれている。清末に成城学校へ留学した留学生たちの残した資料によると，授業中に使われていた数学の教科書は以下のとおりである[543]。

　算術の教育は長沢亀之助の『中等教育算術教科
書』，代数学の教育は樺正董の『代数学教科書』，幾
何学の教育は長沢亀之助の『幾何学教科書』と『新
幾何学教科書』を使っていた。三角法の教育の中で
は，主に平面三角法を教授し，菊池・沢田吾一編纂
『初等平面三角法教科書』と三守守の『初等平面三
角法』が使われていた[544]。

　次の各項では，数学の教科書の内容を紹介し，成
城学校で具体的にどのように教えられていたのかを
考察してみよう。

図38　長沢亀之助『中等
教育算術教科書』

2.1. 算術の教育

　算術の教育は数学の教育のなかでも基本であり，欠かせない部分であった。
成城学校で使われていた長沢亀之助の『中等教育算術教科書』の内容を分析し
てみよう。

　長沢亀之助の『中等教育算術教科書』は，文部省検定済みの中学数学科用書
である。1897（明治30）年10月26日に上巻が発行，12月2日に下巻が発行さ
れ，まもなく上・下巻を合本として再発行した。その後，合本は再版や訂正版
が繰り返されていた。

　ここで分析対象とする筆者の蔵書は，1900（明治33）年4月20日に大阪の
三木書店から発行された合本の第16版である。

　1897（明治30）年10月に書かれた「序」で，長沢は「教科書の要は詳密な
らむよりは寧ろ簡明なるにあり，算術に於ては特に然り」と書き，数学の教科
書を編纂する主旨を表明している。そして，本書は自己の教育経験とほかの教
師の意見に基づいて編纂し，当時の算術教授の大綱の大要をかいつまんで述べ，
冗長な説明を省き，問題の程度と数も適当にすることを目指したものであると
述べている。

　長沢亀之助の『中等教育算術教科書』は次の8編からなる。

　第1編　緒論，第2編　整数及び小数，第3編　諸等数，第4編　整数の性
質，第5編　分数，第6編　比及び比例，第7編　歩合算及び利息，第8編

開平開立である。

　成城学校の留学生教育のカリキュラムからは以下のことがわかる。すなわち，同校では，留学生の授業中，主に，『中等教育算術教科書』のなかから数の理論の概要，計算の諸法，数の性質の大要，比および比例，歩合算の大要，開方の法則などを教えていた。

　このカリキュラムと 3.1.1 の教科書の内容を対応させると，第 7 編の利息，第 8 編の開立法の内容が省略されたことがわかる。

　教育の目的は，主に専ら計算に習熟させることであり，数の理論に関する比較的高等な内容については省略していた。ただし，授業中に，代数学の勉強と関連する内容を教えていた。

2.2. 代数学の教育

　成城学校の留学生の代数学の教育では，教科書として樺正董の『代数学教科書』を使っていた。

　樺正董の『代数学教科書』とは，1903（明治 36）年 3 月 28 日文部省検定済，東京三省堂発行『代数学教科書』（上・下 2 巻改訂版）である。

　1902（明治 35）年 11 月の「緒言」によると，樺正董の『代数学教科書』が出版された後，多数売れたので，文部省の検定教科書になり，その後さらに，度々改訂版を出していたという。これにより，彼の教科書は当時の日本の各中学校で広く使われた教科書であることをわかる。1903（明治 36）年版と 1902（同 35）年版を比べて見ると，内容は大体一致しているが，小数や除法の形式が変えられている。すなわち，著者の樺正董は新版を出すたびに内容を調整していたことがわかる。

　樺正董の『代数学教科書』の上巻の「目次」は「緒論　代数学ノ目的　記号　代数式　諸定則　正数及負数　正数及負数ノ計算」からなる。

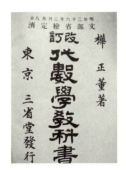

図 39　樺正董『代数学教科書』

　第一編：整数式ノ計算，内容は「第一章　加法　第二章　減法　第三章　乗法　第四章

除法」からなる。

　第二編：一次方程式，内容は「第一章　一元方程式　第二章　一元方程式
　　　　　ノ応用　第三章　聯立方程式　第四章　聯立方程式ノ応用」から
　　　　　なる。

　第三編：倍数と約数，内容は「第一章　因数分解法　第二章　最大公約数
　　　　　及最小公倍数」からなる。

　第四編：分数式，内容は「緒論　第一章　分数化法　第二章　分数式ノ加
　　　　　減法　第三章　分数式ノ乗除法」からなる。

　第五編：一次方程式ノ続キ（分数方程式），内容は「第一章　一元方程式
　　　　　第二章　聯立方程式　第三章　応用問題」からなる。

　最後は「附録　不等式」になる。

下巻の「目次」は，

　第六編：二次方程式，内容は「第一章　一元二次方程式　第二章　一元二
　　　　　次方程式ノ応用　第三章　高次方程式　第四章　聯立二次方程式
　　　　　第五章　聯立二次方程式ノ応用」からなる。

　第七編：自乗法，開方法及一般ノ指数論，内容は「第一章　自乗法　第二
　　　　　章　開方法　第三章　指数論　第四章　不盡根数」からなる。

　第八編：比及比例，内容は「第一章　比　第二章　比例」からなる。

　第九編：級数，内容は「第一章　等差級数（附調和級数）　第二章　等比級
　　　　　数」からなる。

　第十編：順列及組合セ

　第十一編：二項定理

　第十二編：対数及年金算，内容は「第一章　対数　第二章　年金算」から
　　　　　なる。

　最後の附録は「対称式及交代式ノ因数分解法　比例対変法　極大及極小」
　等の内容である。

留学生の授業は主に樺正董の『代数学教科書』のなかの諸論，整式の加減乗

除，一次方程式，因数の分解，最高公因数，最低公倍数[545]，分数の諸法，比
例などより二次方程式の解法及びその性質，連立二次方程式，高次方程式，自
乗法，開方法，指数論などを教授していた。さらに，級数，順列組み合わせ，
対数の理論及び計算法を教えていた[546]。

　1904（明治 37）年の成城学校の教育カリキュラムでは，代数学の授業の目的は，
応用問題を解くことを通じて代数学の理論を十分に理解させ，会得させること
だと述べられている。さらに学生に代数学の法則を熟練させることをも目指し
ていた。

2. 3.　幾何学の教育

　成城学校の幾何学教育では，教科書として長沢亀之助の『幾何学教科書』と
『新幾何学教科書』が使われ，授業では『幾何学教科書』の「平面之部」，『新
幾何学教科書』の「立体之部」が教授されていた。

　『幾何学教科書』の 1896（明治 29）年の 2 月に書かれた編集者の書いた「序」
に書かれている内容によると，『幾何学教科書』の平面の部の前巻は，当時の
日本の尋常中学科第 2 学年の課程に相当し，平面の部の後巻は，同じく第 3 学
年の課程に相当し，立体の部は，第 4 学年の課程に相当する内容である。平面
の部の定理配置の順序は，長沢により変更したり，添削した所もあり，西洋の
ウィルソン，ニクソン，ヘール，スティーヴンス，テイラー，ウェントワース
等の書も参考したとしている。また，立体の部は主としてウィルソンの書に準
拠しながら，前記の諸書の立体の部をも参考したもの
である。

　本書の「目次」は「緒論」と全 6 編からなっている。

図 40　長沢亀之助『新
幾何学教科書』

　第一編：「直線　定義」であり，全 6 章の構成で
　　　　　ある。「第一章　一点ニ於ケル角　第一
　　　　　章ノ問題」，「第二章　三角形　第二章ノ
　　　　　問題」，「第三章　平行線及び平行四邊形
　　　　　第三章ノ問題」，「第四章　作図題」，「第
　　　　　五章　軌跡　第五章ノ問題 I　軌跡ノ交

リ　第五章ノ問題Ⅱ　解析及ビ組立　第五章ノ問題Ⅲ」

第二編：「圓」の内容を全 6 章で紹介している。具体的な内容は「第一章　根本ノ性質」，「第二章　弦」，「第三章　弓形ニ於ケル角」，「第四章　切線　極限論」，「第五章　二圓ノ関係」，「第六章　作図題」である。

第三編：「面積」に関する内容であり，「第一章　定理」，「第二章　作図題」からなる。

第四編：「比及ビ比例」であり，「第一章　比及ビ比例ノ緒論及ビ定義」，「第二章　比及ビ比例ノ定理」からなる。

第五編：「比例ノ応用」であり，「第一章　基本ノ定理」，「第二章　比例線　第二章ノ問題」，「第三章　相似形」，「第四章　面積」，「第五章　作図題」からなる。

第六編：「正多角形及ビ圓ノ測度」であり，「第一章　定理」，「第二章　作図題」からなり，各章の後ろに問題がついている。

最後に「附録練習問題」であり，「Ⅰ．直線ノ部　Ⅱ．圓ノ部　Ⅲ．面積ノ部　Ⅳ．比例ノ応用ノ部　Ⅴ．正多角形及ビ圓ノ測度ノ部」からなる。

引き続き，長沢の『新幾何学教科書』序によると，この本は中学校師範学校，およびそのほかの中等教育程度の数学教育のために編纂したものである。

その「目次」は，

第一編：「直線及ビ平面」は「第一節　空間ニ於ケル直線及ビ平面」，「第二節　作図題」，「第三節　二面角及ビ多面角」からなる。

第二編：「多面体」であり，「第一節　多面体」，「第二節　壔及ビ錐」からなる。

第三編：「球」であり，「第一節　球及ビ球面三角形」，「第二節　面積及ビ体積」からなる。

最後に「補習問題」である。

留学生の授業では，平面幾何学の教育として，主に長沢の『幾何学教科書』

のなかの諸論，直線，円，面積，比例の諸論を教授し，例題を理解した後に，応用問題を解いて，平面幾何学の諸定理に対する理解を深めて，その応用に熟練させることや，学生たちの厳密な推理力を発展させることを目的としている。立体幾何学の教育としては，直線と平面の関係，平面と平面の関係を教えて，学生の空間に関する幾何的思想を身に付けることを目的としている。

2.4.　三角法の教育

　三角法の教育は主に平面三角法の教育であり，主に前述したとおり，菊池大麓・沢田吾一編纂『初等平面三角法教科書』と三守守『初等平面三角法』を使っていた。

　成城学校の教育カリキュラムでは，三守のものを使っていた。そこで以下では，三守『初等平面三角法』を簡単に紹介することにしよう。

　『初等平面三角法』の「緒言」には「本書ノ目的ハ中学校教科用書ニ充ツルニ在リ。故ニ記載事項ハ文部省発布ノ中学校教授要目ニ據リテ敢テ加減セズ。記述ノ順序モ大抵ハ同要目ニ據レリ。本書収ムル所ノ問題ハ其数甚ダ多カラズ，徒ラニ其数ヲ多クシテ忽々ニ之ヲ解キ去ランハ其数少キモ之ヲ解クコト綿密ナルニ如カズト信ズ。問題ニハ数ノ計算ニ関スルモノヲ多ク採レリ。コレ生徒ヲシテ計算ニ熟練セシメント欲スルト同時ニ此等ノ問題ヲ多ク解釈スル間自然ニ計算ヲ厭忌スル悪風ヲ避クルコトヲ得ベシト信ズレバナリ。明治三十七年八月八日」と書かれている。「目次」は「第一編　角ノ計リ方　圓函数　第二編　直角三角形ノ解法　第三編　圓函数ノ続き　第四編　角ノ和ニ対スル公式　第五編　三角形ノ性質　第六編　対数表　第七編　三角表ノ解法　第八編　距離及ビ高サノ測定」から構成されている。

　この教科書には，対数表と円函数表が添付されてい

図41　三守守『初等平面三角法』

図42　菊池大麓・沢田吾一『初等平面三角法教科書』

なかった。その理由について著者は「凡例」のなかに「代数ヲ学ビタル者ハ皆対数表ヲ所有スベク，対数表ニハ圓函数ノ表ノ添ヘルコト普通ナレバナリ」と説明している。「第六編　対数表」は対数表自体ではなく，対数表の種類，例えば「七桁ノ表」，「五桁ノ表」，「四桁ノ表」を紹介している。続いて，対数表の使い方について例を挙げて紹介している。

　留学生の授業中，円関数の緒論，直三角形の解法，同一式の証明，円関数の詳細な理論，角の和に関する諸公式，一般三角形の性質及びその解法などを教え，さらに対数諸表の使い方を教授し，また距離と高さの測定に係わる諸問題の解法を教えていた[547]。授業中に学生に大量の応用問題を解くための計算をさせ，円関数に対する理解を深めて，その法則を適用することのできる問題に達することを目的にしていた。

3.　数学教育の実態と特徴

　清末留学生が成城学校に学んだ数学教育の特徴をまとめてみよう。

　A. 数学の教育は清末の留学生に対する基礎教育（日本語，英語，数学）の一つであったため，成城学校の留学生に対する数学の教育は小学校の算術や中学校の代数学，幾何学，三角法などの教育内容を含めた全面的な内容であった。留学生らが日本で受けた西洋数学の教育は，彼らが引き続き西洋の科学技術を勉強するための基礎になった。

　B. 授業で使われていた教科書は，当時の日本の小，中学校の学生たちが使っていた教科書と同じものであった。

　1899（明治 32）年の高等師範学校数学専修科生永広繁松による中学校 46 校，師範学校 32 校の教科書の調査のうち，算術，代数学，幾何学教科書の使われた上位 5 件のなかに，成城学校の留学生の授業に使われた教科書は全部含まれている[548]。

　例えば，長沢亀之助の『中等教育算術教科書』は中学校 5 校，師範学校 1 校，樺正董の『代数学教科書』は中学校 6 校，師範学校 1 校，長沢の『幾何学教科書』は中学校 5 校で使われていた。

C. 教科書の多くは 20 世紀初頭の中国に伝えられ，中国における数学教育の近代化に大きな影響を与えた。

例えば，長沢の『中等教育算術教科書』は 1905 年の包栄爵訳，樺正董の『代数学教科書』は 1905 年の彭俊訳と 1906 年の趙繚・易応訳，長沢亀之助の『幾何学教科書』は 1906 年の何崇礼訳と周達訳がある。菊池大麓・沢田吾一編纂『初等平面三角法教科書』は 1909 年の王永霊訳がある[549]。

D. 成城学校に来た最初の留学生の多くは，将来軍人になるため，引き続きほかの軍事技術を学べる学校に入学した。1903（明治 36）年以降，成城学校に入学した文科生たちは，日本語と英語などの語学のほか数学の基礎教育も受けた。彼らの多くは，成城学校を卒業した後，第一高等学校，早稲田大学清国留学生部，東京高等師範学校，東京高等工業学校などの学校に入学を志望し，そこからさらに東京帝国大学，京都帝国大学に進学しようとした。

第 3 節　東京大同学校（清華学校）

1．設立経緯

東京大同学校の前身は，1897（明治 30）年に横浜で華僑が設立した横浜大同学校である[550]。この学校はほかの留学生施設とかなり違った経緯をもっている。横浜大同学校は日本にいた孫文の呼びかけで華僑らが募金し，日本での華僑の子弟を教育することを目的として創設された。創設者の 1 人である徐勤は清末維新人物の康有為の弟子であった。その後，横浜大同学校は校名を幾度も変えて，清末の革命派の日本での拠点となった。創設した当時から全日制の学校であり，校長と教員をすべて中国国内から招聘した。その教学カリキュラムの

図 43　東京大同学校（清華学校）での清末留学生資料

内容と男女共学という環境は，当時の海外華僑社会において先駆的・画期的なものであり，海外で創られた最初の近代的華僑学校である[551]。

戊戌政変の結果，康有為，梁啓超が日本に亡命すると，梁を慕って範源廉[552]，蔡鍔らの湖南時務学堂の学生が来日したことから，彼らを収容する学校が必要となったので，梁啓超が横浜の華僑と相談し，牛込東五軒町に「東京大同学校」を創設した後，まもなく横浜大同学校と合併した。校名は康有為によって決められた。

東京大同学校が開設された後，1900（明治33）年に唐才常が漢口でおこした武装蜂起に参画し，処刑された学生が少なくなかったことから，一時学校は経営困難に陥った。そして，犬養毅のはからいで小石川伝通院のそばに移転し，校名も清華学校と改め，校長に犬養毅，監督には柏原文太郎と湖北留学生監督銭恂の2人が就任した。翌年4月，この学校はさらに東京商業学校と改称されている[553]。

学校の運営に犬養毅らが協力し，女生徒の指導のため，下田歌子の紹介で河原操子もしばらく教壇に立っていた。最初の校長には梁啓超自らが就任し，犬養は名誉校長となり，柏原文太郎らも学校経営に協力した。1899（明治32）年，東京大同学校に入学した学生は，最初は18名であったが，多くは亡命者であった[554]。

2. 留学生の数学教育

東京大同学校での数学教育の状況を知ることができる資料がある[555]。これは，東京大同学校が校名を清華学校と変えた後の留学生の資料であり，この留学生が第一高等学校の入学試験に参加するために提出したものである。

それによると，留学生に対する数学教育で，算術，代数学，幾何学の授業を開設し，教科書として藤沢利喜太郎の『算術小教科書』，スミスの『代数学』，菊池大麓の『初等幾何学教科書』が使われていた。

図44　藤沢利喜太郎『算術小教科書』

　以下の箇所でこれらの教科書の具体的な内容を分析し，清末の留学生の受けた数学教育の実態を探求しよう。

2.1.　算術の教育

　以下は藤沢利喜太郎の『算術小教科書』の内容の構成である。この本は上・下巻の2冊からなり，全て11編である。

　上巻は1896（明治29）年5月12日，下巻は同年11月27日に大日本図書株式会社から発行された。

　上巻は，

> 第一編　「緒論」のなかに「数ノ呼ビ方或ハ命数法」，「数ノ書キ方或ハ記数法」，「小数」の3つの内容が含まれている。
> 第二編　「四則」のなかに「寄セ算或ハ加法」，「引キ算或ハ減法」，「掛ケ算或ハ乗法」「割リ算或ハ除法」，「四則雑題」などの内容が含まれている。
> 第三編　「諸等数」のなかに「メートル法度量衡」，「本邦度量衡」，「貨幣」，「諸等通法」，「諸等命法」，「諸等数ノ寄セ算」，「諸等数ノ引キ算」，「諸等数ノ掛ケ算」，「諸等数ノ割リ算」，「外国度量衡」，「外国貨幣」，「弧度，角度」，「経度ト時」，「温度」，「諸等数雑題」などの内容が含まれている。
> 第四編　「整数の性質」に「倍数及約数」，「九或ハ十一ニテ加減乗除ノ験シテ行フ法」，「素数及素因数」，「最大公約数」，「最小公倍数」，「第四編雑題」などの内容が含まれている。
> 第五編　「分数」のなかで「分数ノ諸論」，「約分」，「通分」，「分数ヲ小数ニ直スコト」，「小数ヲ分数ニ直スコト」，「分数ノ寄セ算」，「分数ノ引キ算」，「分数ノ掛ケ算及割リ算」，「分数ニ係ル諸等通法及諸等命法」，「分数ノ複雑ナルモノ」，「循環小数ノ加減乗除」，「分数雑題」からなり，最後に「問題ノ答」である。

　藤沢の「緒言」によると，この本のすべての「問題ノ答」を数藤斧三郎，市川林太郎が別々に算出し，その後，藤沢は坂井英太郎と答えの正しいかを確認するというように，二重に検算したのである。

下巻は，

第六編　「比及比例」は「比」，「比例」，「複比例」，「連鎖法」，「比例分配」，
「混合」，「第六編雑題」
第七編　「歩合算及利息算」は「歩合算」，「内割，外割」，「租税」，「保険」，
「利息算」，「割引」，「為替」，「公債証書及株券」，「支拂期日の平均」，「複
利或ハ重利」，「第七編雑題」
第八編　「開平開立」は「開平」，「開立」，「不盡根数」
第九編　「省略算」は「省略算ノ緒論」，「省略寄セ算及引キ算」，「省略掛
ケ算」，「省略割リ算」，「省略開平及開立」，「第九編雑題」
第十編　「級数」は「等差級数」，「等比級数」，「年金」，「第十編雑題」
第十一編　「求積」「平面形」，「立体」，「第十一編雑題」からなっている。
最後に「問題ノ答」がある。

藤沢利喜太郎は，『算術教科書』緒言のなかで，「明治廿八年ノ春算術條目及
教授法ト題スル一書ヲ公ニシ以テ本邦算術及其教授法ニ関スル余ノ考案ヲ発表
シ識者ノ教ヲ請ヘリ，爾来世ノ其道ノ人達ニシテ直接間接ニ余ニ種々注意ヲ
恵マレシ人ハ中々ニ少ナカラザリシ，余ハ此レ等諸氏ノ意見ニ照ラシ余ノ原案
ヲ修正セリ，而シテ本書ハ此修正條目ニ據リ舊稿ヲ訂正増補シテ成レルモノナ
リ」と書いている。つまり，この教科書は，1896（明治29）年 3 月に書かれた
ものである。

藤沢は 1895（明治28）年の春『算術條目及教授法』という本を書き，日本の
算術，および，その教授法に関する考えを発表した。

『算術條目及教授法』の数学の教授法は「奏定学堂章程」に採用された。

『算術條目及教授法』は刊行された後，藤沢は人々の様々な意見を受け取り，
自分の算術と算術の教授法に関する考えを修正し，また修正条目によりこの
『算術教科書』を書いた。

『算術教科書』が 20 世紀の初頭，清末中国に伝わり，1920 年頃まで小・中
学校の数学の教科書として使われていた。

2.2. 代数学の教育

『代数学』の著者は，イギリスの数学者チャールス・スミス（Charles Smith, 1844-1916）であり，本の原タイトルは *A Treatise on Algebra* である。

チャールス・スミスの『代数学』は 1887（明治 20）年より，多くの数学者による日本語の訳本が出ている。例えば，長沢亀之助，藤沢利喜太郎・飯島正之助，上野清らによる日本語訳があり，また田中矢徳校閲，松岡文太朗の訳した英文版の復刻版もある。

図45 チャールス・スミス『代数学』

筆者の考察により，東京大同学校で使われた代数学の教科書は長沢亀之助・宮田耀之助訳のスミス『代数学』（文部省検定済）であることがわかった[556]。

長沢亀之助・宮田耀之助訳のスミス『代数学』は日本語訳の最初のものである。その内容を考察しよう。

筆者は長沢亀之助・宮田耀之助の共訳した『スミス初等代数学』の増訂第16版を入手することができた。その最初に書かれた長沢の序文には以下のような内容が記載されている。

> 余が本書の第一版を刊行せしときは，未だ「スミス」氏の著書の如何を知りしものあらざりき。然るに追々其良書なること，世上の公論となり，広く各学校の教科に採用せられ，茲に第十六版を発行するに至りしは，実に余の本意とする慮なり。[557]

なお，引き続き書かれた序文によると，「スミス初等代数学」は長沢の翻訳したものを宮田が熟読した後，清書して活版にし，印刷は秀英舎に托したものであり，第2版においては外国度量衡貨幣等を日本の制度に改め，印刷は蔵田活版所に托し，第3版に於て少し訂正を加え，文部省検定となり，第4版以後鉛版にて印刷することにしたという。

長沢は再版するまえに，教科書として同書を使っていた現場の数学の教師の意見を聞いて，内容を調整したことも記録していた。

　例えば「余は本書第八版を印刷する時，某府尋常中学校教員の需めに応じ，対数を補ひしかども，二項式定理の任意の指数の場合と指数式定理なき為めに，唯対数の性質と用法のみを説きたれと，本版には対数の原理をも述べることを得たり，〔中略〕本年四月に某県尋常師範学校教員は，余に書を寄せて，複利の一編を増補せんこと注意を加へらる，仍て余は別摺として其需めに応ぜしが本版に之を挿入したるは，一般に師範学校の教科書として便益なる所あらん」[558] としている。すなわち，教師たちの意見を参考にしながら，師範学校と中学校の状況に基づいて，内容を補っていた。「序文」の次の箇所で長沢は16 版を再刊する時，西洋のほかの数学者の代数学書を参考にし，それらの著書のなかの優れた内容を取り入れたとも書いている。

　長沢のこの第 16 版の序文は 1893（明治 26）年 4 月に書かれたものである。長沢の序文の次にスミスが 1890 年 4 月に書いた，英文原著第 2 版の序文を日本語に訳して掲載している。それによると，スミスも第 2 版を刊行した時，全体の内容を大幅に調整し，練習問題を増加したという[559]。

　第 16 版『スミス初等代数学』は 1895（明治 28）年に刊行されたので，東京大同学校（清華学校）の清末の留学生たちが授業中に使っていたのはこの第 16版以降のものであると考えられる。

　本書の目次は，

　　「第一編　定義，第二編　正量及び負量，第三編　乗法，第四編　除法，
　　第五編　一次方程式，第六編　一次方程式の問題，第七編　一次ノ通同方
　　程式，第八編　一次ノ通同方程式の問題，第九編　因子，第十編　最高公
　　因子，第十一編　最低公倍数，第十二編　分数，第十三編　分数方程式，
　　第十四編　二次方程式，第十五編　三次以上の方程式，第十六編　二次ノ
　　通同方程式，第十七編　二次方程式の問題，第十八編　乗冪及び根，第十
　　九編　分数指数及び負指数，第二十編　根数，第二十一編　比，第二十二
　　編　等差級数，第二十三編　等比級数，第二十四編　調音級数，第二十五
　　編　秩列及び配合，第二十六編　二項式定理，第二十七編　対数，第二十
　　八編　雑定理及び雑例，第二十九編　紀数法」

である。

全 29 編の構成で，毎編に問題集をつけている。

中学校のレベルの数学の教科書であり，第 1 編，第 2 編で正数，負数を紹介し，その次に方程式を教授するようにしている。本の最後に問題の答えと英和対照の数学用語集が添付されている。

スミスの代数学に関する著書は主に日本語訳によって中国に伝えられた。

2.3. 幾何学の教育

東京大同学校（清華学校）の留学生の授業に使った幾何学の教科書は，菊池大麓の著した『初等幾何学教科書』（平面幾何学）である。

本書の第 3 部で言及したように，明治時代における幾何学の教科書は菊池大麓の翻訳したもの，および編纂したものであった。イギリスでは，1871 年に幾何学教授法改良協会（Association for the Improvement of Geometrical Teaching）が設立された。この会は改良運動の第一歩として，1875 年に "Syllabus of Plane Geometry"（corresponding to Euclid, Books I –VI）を刊行した。これは平面幾何学の定義・公理・定理などを並べたもので，証明はついていない。菊池は，この "Syllabus" の第 4 版（1885）を訳し，『平面幾何学教授条目』（博聞社，1887）として刊行した。これには最初に‘幾何学作図之条目’という項目があって，定規とコンパスのみによる，角の 2 等分，線分の 2 等分などの作図が課されている。その後は，ほぼユークリッドの原論の第 1 巻から第 6 巻までが，すべて証明を省いて展開されている（この書物はまだ縦書である）。

これを準備として，翌年に『初等幾何学教科書』（平面幾何学）が，文部省編輯局から刊行された。尋常師範学校および尋常中学校の教科書として出版されたのである。これは前述のイギリスの協会が 1884–1888 年に刊行した幾何学教科書（定理の証明のついたもの）を基礎に，菊池独自の考えを多く採り入れて書かれたものである。作図題を最初におくことはしていない。この本は横書きかつ分ち書という体裁で，その後の教科書は大体この体裁にならっている。

図 46　菊池大麓『初等幾何学教科書』

　菊池のこの教科書は，主としてユークリッドの第 1 巻から第 6 巻までを扱っており，特に量の扱い方は厳密に行われている。まず緒論において，「一ツノ語ノ定義トハ其ノ意義ヲ定ムルナリ。推理ノ基礎トスル所ノ事項ヲ公理ト称ス。公理ハ之ヲ他ニ依リテ証明スル能ハズシテ，吾々ガ吾々ノ経験ニ拠リテ真ナリト認ムルモノナリ。公理ヲ別チテ普通公理及幾何学公理トス」と述べ，その次ぎに量に関する 9 個の普通公理甲から壬を述べている。例えば，

　　公理甲。全量ハ其ノ部分ヨリ大ナリ。

というように，特に「量」と断ってあることが注目すべきである。次いで，

　　若シ甲ガ乙ナレハ，丙ハ丁ナリ。

という定理の対偶，逆，裏を説明し，さらに転換法，同一法を述べている。次いで，「第一編直線，第二編円，第三綱面積，第四編比及比例，第五編比及比例の応用と進む」。

　量の扱いについては，公理の中ではっきりと量と書いてあるだけでなく，長さ，面積，体積の扱いのときもきちんと公理にさかのぼって説明してある。また比，比例の定義は，ユークリッド第 5 巻にある定義がそのまま用いられている。この定義は 19 世紀にデデキントの無理数論で用いられるのと同値なもので，ユークリッド中の難解な理論の一つとされているものである。さらに第 2 版の附録として，量に関してもいくつかの注意がつけ加えられている。例えば，

　　或ル量ヲ計ルトハ，之ト同シ種類ノ一ツノ量ヲ単位ト定メ，計ラントスル
　　所ノ量ヲ之ト比較シ其ノ比ヲ求ムルナリ。

とし，比が有理数で表わされない場合（通約すべき量でないとき）それを有理数で近似する方法を述べている。また「極限ニ付テ」という項では次のように述べている。

　　二ツノ量 A，P 有リ，P ハ或ル定則ニ従テ其ノ大サヲ変シ，常ニ漸々 A ニ
　　等シキコトニ近ツキ，吾々ハ A ト P ノ差ヲ何程ニテモ小クスルヲ得：然
　　ルトキハ終ニ P ハ A ニ等シクナル可シ。斯ノ如キ場合ニ於テ，A ヲ P ノ
　　極限ト称ス。

　さらに「円周ト其ノ直径ノ比ニ付テ」という項では，円の内外接正多角形を
用いて，「半径ガ r ナル円ノ周ハ 2 πr ナリ」とし，ついで円の面積が πr^2 にな
ることを証明している。これらの内容はユークリッドの最初の 6 巻を超えるも
のである。
　菊池は 1889（明治 22）年に，『初等幾何学教科書』（立体幾何学）を著して文
部省から出版した。これは平面幾何学の続きで，第 6 編平面，第 7 編球，第 8
編円壔及円錐よりなっている。
　菊池の幾何学の著書は，明治 20 年代以降の多くの中学校で教科書として使
われていた。例えば，本書の第 3 部の第 7 章で言及した永広繁松による 1900
（明治 33）年の調査によれば，幾何学の教科書で菊池のものを使っていたのは 67,
長沢亀之助のものが 5，そのほか 6 であり，菊池の教科書はトップにあったこ
とがわかる[560]。
　菊池の幾何学の著書の内容は今日の中学校の教科書と比べると，ユークリッ
ドの幾何学を多く扱った点でその内容がかなり違っていた。
　当時の尋常中学校上級の教科書として，特に「比及比例」の扱い方は難しい
ものであった。しかし菊池が，あえてこのように厳格な書物を著したのは，当
時の中学生は，現在とは異なり，数少ないエリートであったことを考え，教育
上の困難がある程度予想されても，彼等にユークリッドの精神を正しく伝えよ
うとしたからだった。この点については，菊池の著した『初等幾何学教科書随
伴幾何学講義』（2 巻，大日本図書，1897, 1906）のなかに詳しく説明がある。す
なわち菊池は「幾何学と代数学とは別学科にして，幾何学に自ら幾何学の方法
あり。濫に代数学の方法を持ちいる可からざるなり」[561]，「之〔比例を指して
いる〕を避けんとして，ゴウマン的方法を用いるは，教育上甚だ宜しからず。
凡て初歩の学科を授くるに当て，困難なる条項を説くに，尤もらしく而も其実
推理上大欠点ある論法を用いる程，不良なることなし。欧米の教科書にも随分

比例なきにあらず。之を酷評せば初学者の知識の足らざるに乗じて，之を詐騙するものと云うべし。教育上の害悪之より甚だしきものあらんや」[562]　と論じていた。

1899（明治 32）年に菊池は『初等幾何学教科書』を簡略化し，『幾何学小教科書』（大日本図書）を編纂した。後述するが，この本は第一高等学校に留学した清末の留学生の数学教育に使われていた。

19 世紀末，20 世紀初頭の日本では，ほかにも幾何学の教科書が現れていた。例えば中条澄清が社主であった数理社から出版された『実験幾何学初歩』（上下，数理社訳，1890），高橋豊夫編纂『幾何学初歩』（敬業社，1890）などあったが，清末の留学生の教育中には菊池の著書が比較的多く使われていた。

3.　数学教育の実態と特徴

清末留学生が東京大同学校に学んだ数学教育の特徴をまとめてみよう。

A. 東京大同学校で基礎教育（日本語，英語，数学）の一つとして，数学教育が重視されていたが，成城学校の留学生に対する数学の教育と違う点は，数学の教育に三角法の内容が含まれていなかったことである。

B. 成城学校と同様に東京大同学校に留学していた清末の留学生たちの授業で使われていた教科書は，当時の日本の小，中学校の学生たちが使っていた教科書と同じものであった。

前述した永広繁松による調査でとりあげられた教科書のうち，東京大同学校での留学生の授業に使われた教科書は全部含まれているだけではなく，しかもいずれもよく使われていた教科書であった。

藤沢の『算術教科書』は明治 20 年代以降の中学校と師範学校で多く使われていた。1900（明治 33）年に 46 の中学校と 32 の師範学校について調査した結果があり，それによると，藤沢の『算術教科書』は 40 校，三輪恒一郎の教科書は 8 校，樺正董の教科書は 7 校，長沢亀之助の教科書は 6 校，澤田吾一の教科書は 6 校，松岡文太郎の教科書は 3 校に使われていたという結果があり，藤沢の本は一番多く使われていた[563]。

C. 藤沢利喜太郎の『算術教科書』，日本語版のスミス『代数学』，菊池の『初

等幾何学教科書』は，東京大同学校の留学生の教育施設の授業中に使われただけではなく，清末の留学生，及びほかの知識人により，中国語に翻訳され，中国の中学校においても教科書として使われた。

例えば，藤沢利喜太郎の『算術教科書』が 1904（明治 37）年に山西大学訳書院，上海通社から翻訳され，山西で中学校の教科書，上海では高等小学校の教科書として使われていた。スミス『代数学』（長沢訳）は 1906（明治 39）年に上海科学会編訳部，商務印書館から訳され，上海で中学校の教科書として使われていた。菊池の『初等幾何学教科書』は 1905（明治 38）年に教科書訳輯社，科学書局，科学会社から中国語訳が刊行され，上海や北京の中学校で広く使われていた[564]。

D. 東京大同学校に来た留学生の多くは亡命者だったため，一時身を置く場所として，ここに集まった。彼らは政治に熱心であったが，ほかの教育機関での留学生ほど勉強に熱心ではなかったので，清末の数学教育に貢献した人物は現れなかった。

第 4 節　第一高等学校

1. 最初の留学生

第一高等学校において清末留学生の受け入れと教育を始めたのは，1899（明治 32）年 9 月のことである。

1898（光緒 24, 明治 31）年 5 月に浙江省の「求是書院」から留学生が日本に派遣された。それについては「林公嘱選学生留学日本，当即商定陳楽書，何燮侯，銭念慈，陸仲芳四人，為各省派往留日之首倡」[565] とのべられている。すなわち，「林公が嘱託されて日本に留学する学生を選ぶことになり，即時に陳楽書，何燮侯，銭念慈，陸仲芳の 4 人を決めたのが，各省が日本への留学生を派遣した事業の先駆けとなったのである」という。ここに言及された林公とは，当時の杭州の知府であった林啓（1839-1900）を指している。林啓は 1897 年に現在の浙江大学前身である「求是書院」を創設したことで有名である。彼らが日本に着いた具体的な時期については，留学生雑誌『浙江潮』[566] 第 7 期の以下の記録により知ることができる[567]。

［原　文］

　戊戌四月，遂有求是学院学生陳楽書，何變侯，銭念慈，陸仲芳四君，偕武備学堂学生蕭星垣，徐方謙，段蘭芳三君[568]東渡，蕭，徐，段三君，湘鄂人，于壬寅三月畢業，今充浙江営管

［訳　文］

　戊戌（1898年）の4月，すでに求是学院の学生陳楽書，何變侯，銭念慈，陸仲芳の4君は，武備学堂の学生蕭星垣，徐方謙，段蘭芳の3君と東へ渡った。蕭，徐，段3君は，湘鄂の人であり，壬寅（1902年）3月に学業を終え，今浙江省の営管になっている[569]。

　この浙江省からの8人の日本での留学生活について1898（明治31）年8月の『教育時論』に，「清国留学生の近況　先般，本邦に来遊文武学生八名の中，武備学生四名は，目下成城学校に入りて，勉強中なるが，文学生陳榥，何橘時，銭承志，陸世芬の四名は，今般本郷区駒込西片町十九番地に，一戸を借受け，中華学館なる表札を掲げて寄寓し，中島裁之氏の監督の下に，邦語研究中なるが，追て東京帝国大学に入学する志願なりと云ふ」[570]　という記事がある。つまり，この時期4名の武備学生は，すでに成城学校に入学していた。陳榥らの4名は中島裁之の監督の下に日本語を勉強し，東京帝国大学への入学を志望していたということである。

　この中島裁之（1869–1939）と

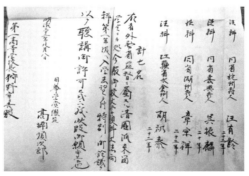

図47　「一高」最初の清末留学生資料

は，清末の日本人教員として中国の教育の近代化に貢献した人物である。中島は熊本の生まれで，西本願寺の大学林普通教校（熊本大学の前身）を卒業後，1891（明治 24）年に中国に遊学し，中国の事情を調査し，呉汝綸に師事した。そして，呉汝綸の後援により，1901 年 3 月に北京で「東文学社」を開設した。この学校は 1906 年 6 月まで存在し，学生から授業料は一切徴収しない方針を貫いて，教育としては日本語と地理，理科などの科目を教えていた[571]。

なお，「中華学館」とは留学生たちが自らの寄寓した家に掲げた表札で，これが後に「日華学堂」に変わった可能性があると言われている[572]。

日華学堂は 1898（明治 31）年に，東京帝国大学における仏教学の研究で有名な高楠順次郎（1866-1945）が東京の本郷に開設したものであり，「求是書院」からの 4 人の学生の教育を引き受けたのを機に開校された[573]。

1899（明治 33）年日華学堂章程には日本の教育制度が詳しく紹介され，本学堂が創設された趣旨については次のように書かれている。

　　　本学堂は明治三十一年六月に開き，専ら清国学生を教育し務めて学生をして速かにわが語言を講習し，わが風俗に暗熟し，並に普通各科の学を修め，而して専門各科を修むるの地歩たらしむ[574]。

日華学堂の清末留学生教育における実際の科目と修業年限，学習目的などは以下のとおりである。

「正科」には「普通予備科」と「高等予備科」が含まれていた。「普通予備科」の修業年限は 2 年であり，主に高等専門学校入学のための教育であって，日本語・英語・ドイツ語・地理・数学・物理学・化学などの科目を教授した。「高等予備科」の修業年限は 1 年であり，主に帝国大学分科入学のための教育であって，法学・文学・工学・理学・農学などの科目を教授した。

「別科」には「予備専科」と「日語専修科」が含まれていた。「予備専科」の修業年限は不定期であり，主に高等専門学校に相当する教育を終えた者が帝国大学等に入学するための教育であり，「正科」の教授科目のなかから選んで教えた。「日語専修科」の修業年限は 1 年であり，主に留学生が速かに日本語に通じるための教育で日本語のみを教授した。

　日華学堂では，浙江省からきた陸世芬・陳榥・銭承志・何橘時・汪有齡・呉振麟，南洋公学からの章宗祥・胡祁泰・富士英・雷奮・楊蔭杭・楊廷棟，ほかには北洋大学から来た留学生や私費留学生が学んでいた。

　1899（明治32）年9月に，浙江省からきた6名の留学生と南洋公学から章宗祥・胡祁泰の8名が聴講生として一高に入学した。最初に一高入学を決めたのは浙江省からの6名だったが，その後南洋公学からの2名を追加して8名になったものだった。これは一高の歴史における最初の留学生であった[575]。

　この8名の学生の一高への入学には，主に留学生監督孫淦の働きがけがあった。孫淦とは，1870年代から大阪に商業を営んでいた商人でありながら，浙江省の林啓らと密な関係を持っていた人物であり，1897（明治30）年から留学生を世話することを始め，1898年に正式な留学生監督として任命され，1900（明治33）年まで在職した[576]。入学した当時は，彼らの希望によって別々の組に分けて，日本人学生の授業を聴講させた。1899（明治32）年6月14日に外務省の学務長より文部省宛に以下のような内容の照会が行われていた[577]。

　　清国の浙江省の巡撫より派遣された留学生（以下6名の姓名を略）6名は昨年以来，我が国の言語を習得し，今では日本語による講義を理解できるようになったので，今年の9月から貴校へ聴講生として入学させたいという旨の照会が外務省よりあったのでこれを許可されたい。なお，本件は外務省へ回答する都合があるので，これに対する回答をよろしくお願いする[578]

　これは，文部省専門学務局長文学博士の上田万年が第一高等学校校長狩野亨吉に宛てた布達である。

　これらの学生の入学願書と日華学堂総監高楠順次郎からの狩野校長宛の1899（明治32）年9月8日と9月13日の手紙が残っている。9月8日の手紙では，「右者外務省監督に属スル清国派来留学生ニ処今般御校大学予科工法両科第一年級ヘ入学志望ニ付特別ノ御講義ヲ以テ聴講御許可上成ニ就此段御願申上也　明治三十二年九月八日　日華学堂総監　高楠順次郎　第一高等学校長狩野亨吉殿」[579] と書かれている。

　すなわち，高楠順次郎が狩野亨吉に手紙を書き，清国からの留学生が東京大

学予備科の工学，法学への入学を希望しているので，彼らを第一高等学校に聴講生として講義を受けさせることを要請したのである。

　この 8 人の入学後の状況については，翌年 3 月 28 日提出の調査報告案がある。それによると，8 人を 2 組に分けて，それぞれ 1 部，2 部で聴講させた。1 部 1 年 1 の組に聴講生として入学したのは，汪有齡・呉振麟，章宗祥・胡祁泰の 4 人だった。彼らの修めた学科は「ドイツ語，英語，政治，地理，体操」だった。2 部 1 年 1 の組に入学した学生は陳榥と銭承志の 2 人であり，「ドイツ語，英語，代数，三角，図画，体操」などの授業を聴講した。2 部 1 年 2 の組に入ったのは陸世芬と何橘時の 2 人であり，彼らの受けた授業は陳榥と銭承志と同じものであった[580]。

　この最初の 8 人は外務省の依託によって聴講生として入学したため，入学試験は行わなかったし，入学料，授業料，図書貸付料も徴収しなかった。また本人の希望により学生寮に無料で寄宿させた。そして彼らが切望したので，体操教員から時間外に兵式体操の初歩を教えることにした[581]。

　数学の授業を受けたのは，工学部の入学を希望した陳榥，銭承志，陸世芬，何橘時の 4 人であった。彼らは聴講生として編入されたので，一高留学中には日本人学生と同じ教科書を使っていた。

　当時の一高の 1 年生の使っていた代数学の教科書は藤沢利喜太郎の『続初等代数学教科書』であり，三角法の教科書には *Todhunter's Plane Trigonometry*（トドハンターの『平面三角法』）が使われていた[582]。

　Todhunter's Plane Trigonometry に対しては，1883（明治 16）年の 6 月に長沢亀之助訳述・川北朝鄰校閲による日本語版が現れた[583]。そして，後述するが，この本は留学生により日本語から中国語にも翻訳された。

　一高に留学した最初の清末の学生たちの卒業後の進路は以下のとおりである。

　陸世芬は一高卒業後，東京高等商業学校に入学した。陸世芬が日本留学中に行った翻訳事業については後述する。

　陳榥と何橘時はともに一高卒業後，東京帝国大学工学部に進学した。陳榥の数学や物理学の教科書の翻訳と帰国後の功績については後述する。

　銭承志と，章宗祥は一高卒業後，東京帝国大学法学部に進学し 1904（明治 37）年の 6 月に修了した。

　銭承志は帰国後，清朝政府の大理院推事，官職は「二品」になった[584]。彼の子孫の中からも多くの有名な学者が出た。

　呉振麟は帰国後 1905 年から京師大学堂の監督になり，京師大学堂から日本の第一高等学校へ留学した学生に度々訓示を与えた。呉振麟が日本語の上達のために 900 人の日本人学生と同じ宿舎に入居し，学問にも勤勉であったことについて，監督であった孫淦がほめ，もともと私費生であった呉を官費生に推薦するために書いた書状が残っている[585]。ちなみに，彼は日本の教育者伊澤修二に女婿として迎えられたことでも有名だった。

　章宗祥は帰国後清政府の民政部に奉職した。1912 年に袁世凱総統府の秘書になり，1914 年に司法総長の職に就き，1916 年に駐日公使になった。彼が一高に派遣された京師大学堂の留学生の世話をしたことについては，後の項で言及する。

　胡祁泰は 1900 年の冬に，日本からアメリカに留学するように命じられた[586]。

　以上が最初に一高に留学した 8 人の留学生の状況である。次の節では，この 8 人に続いて東京大学に入学するために，京師大学堂から派遣され，一高に留学した清末の留学生について議論する。

2.　京師大学堂から派遣された留学生

　京師大学堂から派遣された留学生に対する教育事業を論じる前に，今日の北京大学の前身である京師大学堂の創設された経緯と日本との関わりについて紹介しよう。

2.1.　京師大学堂と日本の教育界

　前節で論じたように，清末における中国人の日本への教育視察は，戊戌新政前後の中央から地方へ及んだ「興学」の熱意の中で初めて現れたものだった。

　戊戌新政前後，中央及び地方から派遣された多くの日本の教育視察の中に，京師大学堂の創設に関わる視察があった。それは，管学大臣孫家鼐が京師大学堂を設立するために，1898 年 9 月に，監察御史李盛鐸，翰林院編修李家駒，翰林院庶吉士宗室寿富，工部員外郎楊士燮ら 4 人を日本に派遣し，東京帝国大

学の校舎建築及び日本の大・中・小学校の一切の規制・課程を視察させたものである[587]。これは日清戦争後に，清政府から派遣された最初の公的な対日視察団であった。

　京師大学堂の創設は，戊戌変法期に行われた教育に関する改革措置の中でも特に重要なものである。京師大学堂（1898-1912）は中国最初の近代的大学であるとともに，1905 年に中国へ学部（文部省に相当する）が設立されるまでは近代的な教育体制における頂点としても位置づけられていた。全国の最高学府であると同時に，全国の学校を統轄する最高の教育行政機関でもあったのである。

　京師大学堂の創設について以下のような史料がある。

　　［原　文］

　　　光緒二十四年五月初十日清帝諭催各省辨高等，中等学校及小学，義学，社学，〔中略〕同年同月十五日開辨京師大学堂，派孫家鼐管理[588]。

　　［訳　文］

　　　1898 年 5 月 10 日，清の皇帝が全国各省で高等学校，中等学校及び小学校，義務学校，社会人の学校を創設することを諭し，〔中略〕同年同月 15 日に京師大学堂を開くことになり，孫家鼐を派遣して管理させるようにした。

　しかし，大学堂の創設事業は光緒皇帝の希望したように，順調に行われることはなかった。

　京師大学堂を創設する提案は，1896 年 6 月 12 日に刑部左侍郎の李瑞棻が朝廷に向けて上奏した「奏請推広学校摺」の中で提起されたものだった。光緒皇帝はこの上奏文について詮議するよう総理衛門に回したが，当時の重臣たち，例えば奕訢らは新政を嫌っており，経費困難などを理由に実施の延期を主張し，結局京師大学堂の創設の建議は取り上げられることなく放置されてしまった。ところが，26 日に光緒皇帝が再び，京師大学堂の設置について「迅速に奏上を行い，いささかも遅延するなかれ」[589] と命じるに至った。軍機大臣及び総理衛門は皇帝の再度の命令を受けた後，急いでその計画準備に着手したが，前例がなかったため，慌てて度を失った。総理衛門は密かに人を派遣し，梁啓超

に京師大学堂章程の起草を依頼した。梁啓超は主に日本の学校制度を参考にし，中国の国情も勘案しつつ，80 余条からなる章程の草案を起草した[590]。「籌議京師大学堂章程」がそれである。同年 7 月 3 日，総理衛門及び軍機処は「籌議京師大学堂章程」を上奏したが，その章程にはつぎの 4 か条が要として挙げられている。「一，資金を広く調達し，二，校舎を大規模に建築し，三，管学大臣を慎重に選び，四，総教習を任命する[591]」。この章程は同日に皇帝の批准を受け，京師大学堂の創設が正式に認可された。そして，工部尚書孫家鼐が管学大臣に任命され，既存の官書局，訳書局が京師大学堂に組み込まれることも決まった[592]。孫家鼐はさらに適当な人材を物色し，工部左侍郎許景澄を大学堂の総教習として招き，また，本書の第 1 部に言及したようにアメリカ宣教師ウィリアム・マーティン（丁韙良）を京師大学堂の洋学総教習として招聘したのだった。

　こうして京師大学堂の開設が決まったので，次に校舎の建築が急務となった。「籌議京師大学堂章程」のなかに，「校舎を大規模に建築する」[593] と規定されていたためである。1898 年 5 月 16 日，朝廷は慶親王奕劻，礼部尚書の許応騤に建設工事の担当を命じた。奕劻の奏上文のなかには「臣等奉命承修大学堂工程，業経電知出使日本大使裕庚，将日本大学堂規制広狭，学舎間数，詳細絵図貼説，諮送臣衙門参酌辦理」と書かれている[594]。すなわち，彼らはすでに日本の東京帝国大学の建築を模倣することを決め，駐日公使の裕庚に調査，報告を命じた。裕庚の報告書は東京帝国大学の校舎建築だけでなく，学校制度・学科課程などについても詳しく紹介した[595]。

　しかし，管学大臣孫家鼐はそれに満足せず，1898 年 8 月 30 日に京師大学堂の職員を日本への教育視察に派遣するよう朝廷に上奏した。彼の上奏文は次のように述べている。

　　日本が学校を創設する際には，まず人を欧米各国に派遣し，広く考察させてから，初めて規則・制度を定めたという。全国で一律にこの規則・制度を実行し，その結果として現在に至って学校が林立し，人材が次々と輩出している。現在京師大学堂の章程は一応定められたが，各省の中・小学堂はまだ統一されていない。〔中略〕すべての学校に関する規則・制度は

東西各国の制度を参考にすべきである。しかし，欧米は道が遠く，往復するには時間がかかる。日本なら近隣であり，その学校は欧米の長所を兼ねている。人を日本に派遣して考察させるれば効果が早く得られる[596]。

さらに視察期間を 2 か月とし，費用は大学堂の経費から出すことなどについても提案した。このようにして京師大学堂の職員による，日本の教育視察が決定された。彼等はそれぞれの専門分野から日本教育の各方面を視察したのである。

しかし，その後戊戌政変があったため，上述した京師大学堂の職員が日本の教育を視察した成果もほとんど利用されなかった。政変後，1898 年 12 月 31 日に京師大学堂は辛うじて開学したが，草創期の大学堂は学生が定員を割り，規則も細部が欠けていて，大雑把な体制が存在するだけであった。大学堂の校舎は暫定の用地として，紫禁城下，景山の東側にある馬神廟の四公主府を決めただけであった。

「京師大学堂」の各事業が軌道にのったのは，1902 年であった[597]。

このように京師大学堂が創設された時期に，日本にモデルを取る議論が多少提唱されていたことが判明しているが，まだそれを本格的に実行する段階には至っていなかった。1902 年以降，あらためて新政が実施される中で，大学堂は再び発足し，近代学校制度を導入するにあたって，日本の教育が制度・目的・内容・方法など，すべての面において模倣されることとなったのである。

2. 2. 日本人教員と京師大学堂

1902 年 1 月，管学大臣に任命された張百熙は，京師大学堂の再開にあたって，本科はしばらくおかず，まず予備科および速成科をもって発足させ，速成科には師範館および仕学館をおき，日本のやり方をモデルにその運営をおこなうこととした。そのためマーチンなどかつての外国人教習を解雇し，それにかえて日本人教員を招聘するのである。大学堂の再開を師範・仕

図 48　京師大学堂の
　　　　日本人教員

学両館での速成教育から着手したのは，現段階でまず必要なのは，新教育を担う人材の早急な養成および若手現職官吏の再教育だと考えられたからである。

　清末の政府に招聘された日本人教員は，数百人を超え，清末中国の日本型教育制度の実施と教育近代化の事業を補佐する人材を日本にもとめたのはその由来であり，日本側には教習や学務顧問の派遣により，留学生の受け入れと並んで，日中両国が提携して欧米列強の侵略に対処すべきだとする「東亜保全論」的考え方や日本が大陸進出を実現していくための手がかりにしようとする思惑があった[598]。

　清末の中国に赴いた日本人教員の筆頭にあげられるのは，服部宇之吉（1876-1939）である。

　京師大学堂の留学生派遣事業における服部の貢献を簡単に紹介する。

　前述したように，義和団事件後，清朝政府が近代学校制度を本格的に導入し，そのモデルとして1902年，京師大学堂を再開するにあたり，まず師範館および仕学館の開設から着手し，服部を師範館正教習として招いたのである。

　服部は1902（明治35）年7月11日に東京帝国大学文科大学教授に任ぜられ，16日に文学博士の学位を授与され，急遽準備を整え，文部大臣の認可を得て，9月の初めに北京へ向かったという[599]。ついで，服部は師範館の総教習となり，仕学館総教習には厳谷孫蔵（京都帝国大学法科大学教授）が就任した[600]。師範科と予備科の数学教習は日本人教員氏家謙曹と太田達人らが担当した[601]。

　同年9月，服部らの到着をまって師範館は開館した。

　服部ら日本人教員の到着した1902年から1908年の12月までに，師範科と予備科から450人の卒業生を社会へ送ったが，彼等の数学課程を担当したのは全部日本人教員であった。訳学館は1903（光緒29）年に設立された，語学を修得した人材を育てるための機関である。訳学館では数学は必修科目であり，外国語以外で時間数が最も多い科目であった。そして，数学の内容には，算術，代数学，幾何学，三角法などがあった。当時の教科書には日本の教科書が多く採用され，数学を教えた日本人教員に氏家謙曹と太田達人がいた。現在，中国第一歴史档案館所蔵の訳学館教科書目録では，数学書117種類の中で日本語の書物は101種類ある[602]。

　服部ら日本人教員の指導により，1907年には師範館学生第一期生104名が

卒業し，ついで 1909 年に第二期生 203 名が卒業した。1904 年に，「奏定学堂章程」の発布により，京師大学堂には予備科のほか，経学科，文科，法政科，格致科，農科，工科，商科などの分科大学，および通儒院が設置され，それにともない将来，師範館は独立させて優級師範学堂に改組されることとなっていた。校長には範源廉が内定し，日本人教員も全員招聘される予定であった。ところが，その後経費の不足から同学堂は設立計画の縮小を余儀なくされ，服部は 1909 年 1 月，師範館の日本人教員全員を率いて，帰国した[603]。

服部は，こうして京師大学堂の創始期に，六年間にわたり師範館にあって 10 名近い日本人教員を率いて学生の指導にあたり，そのかたわらで学校運営にも重要な役割を果たし，中国高等師範教育の基礎づくりに貢献した。帰国する際，清国政府は彼に外国人教習としては最高の二等第二宝星を授与し，さらに「文科進士」の称号をも奨給してその功績を称えた[604]。

ここでは，主に，服部宇之吉が京師大学堂の初期留学生派遣事業についてどのような役割を果たしたのかを議論する。

服部は，京師大学堂で授業を担当するかたわら，師範館正教習として同館在籍の日本人教員に対する指導監督にあたり，また師範館の管理運営全般に関して中国側当局者に各種の助言もおこなった。また，京師大学堂の日本へ留学生を派遣する事業に関わった重要な人物であった。これは今までに知られていなかった事実であった。

筆者は，本書を執筆している際に，東京大学駒場図書館に現存する未公開資料のなかから服部の書いた幾つかの手紙を見ることができ，その内容により，服部宇之吉と京師大学堂の留学生派遣事業の内幕を知ることができた。

本書の主題である清末の数学教育の近代化は京師大学堂の留学生派遣事業と深い関わりがあるため，その背景を理解する予備知識として，以下の箇所で服部の京師大学堂の留学生派遣事業に関する提議などを簡単に紹介する。

東京大学に現存する 1903（明治 36）年 12 月 8 日付，「久保田文部大臣宛　服部宇之吉・巌谷孫蔵書翰」に京師大学堂からの留学生派遣に関して以下のように書かれている。

今日同大臣同行，内田公使に面会の上大臣より直接内田公使に留学生監

督者選択を文部大臣に御依頼申度旨申陳べられ候，一両日後に更に公文を
以て管学大臣より内田公使に依頼相成筈に候間[605]。

ここでの「大臣」とは京師大学堂の学務を管理していた張百煕を指している。
以上の記述により，（手紙を書いた当日）1903（明治36）年12月8日，服部は張
と一緒に内田公使に面会し，直接留学生監督者の選択を文部大臣に依頼すると
述べ，そして，一両日後に，更に公文を以て管学大臣より内田公使に依頼する
手筈を整えたということがわかる。

また，手紙の内容により，前述した東京帝国大学法科大学選科卒業の章宗祥
（当時京師大学堂の助教授）が留学生を東京まで送ることを決めたことや留学生
派遣の期日は，1903（明治36）年12月31日であり，東京に翌年1月5日か6
日に到着するように決定したことが分かる。

さらに，1月7日の狩野亨吉宛の服部宇之吉書翰により，京師大学堂の留学
生派遣事業に関する以下のような事実を明らかにすることができた。

例えば，中国での資料と書類によると，京師大学堂より派遣の留学生は全部
で31名[606]と言われてきたが，服部の手紙によると，1904（明治37）年一高に
入学した学生の人数は私費で留学した2名を含めて33人であった。私費生の
1人は京師大学堂の師範館の学生であり，日本で機械工学を学ぶために留学を
希望した施恩曦である。もう1人は京師大学堂付属医学実業館の学生であり，
同じく機械工学を学ぶために留学を希望した葉克学支である。さらに，服部の
1905（明治38）年の手紙によると，服部の推薦により，施恩曦の成績が優秀だっ
たため，半年後に官費留学生になった[607]。

また，服部の手紙により，清政府が第1回官費留学生を派遣した目的が明確
になった。それは，この時に派遣された留学生の日本での専門が中国における
将来の「分科大学」を設立する時の必要に基づいたものであったことである。
また，留学生本人の希望を参酌して分野が決められたが，種々の都合により派
遣した人数が予定より多くなったので，同一の学科に2,3名の学生を配当す
る場合もあったことがあきらかになった。さらに，京師大学堂からは，日本と
は別に10名の学生を英仏等に派遣した[608]。日本へ派遣する学生が専攻する学
科とヨーロッパへ派遣する学生の専攻を調整したので，日本留学生の中に割り

当てられた者のない専門もあったようである。例えば，日本へ派遣した学生のうち，工科大学では応用化学・電気工学の2科を専攻する留学生がいるのみで，土木・機械等の学科を専攻する者がいなかったのは，英仏留学生の中にそれらの学科を学ぶように割り当てた学生がいたからである[609]。

　服部の手紙によると，『京師大学堂留学生章程』は主に，張之洞と内田公使との間で交渉し，日本政府の承諾を得て定めたものであるが，その具体的な内容は主に服部が起稿したものであった。この留学生章程の第5条は，管学大臣より学生の一高卒業後の入学すべき学校を指定することを決めると規定していた。

　これによると，清政府がこれら留学生の一高卒業後の専門などを決めるようにしており，留学生たちを清末中国における教育の近代化のための人材として育てるという派遣の目的が伺える。実際，後述するように，留学生たちの一高卒業後の専門の選択にあたっては様々な調整があったことが分かる。留学生個人の意志も尊重されていたが，派遣当時の専門を変える時，京師大学堂からの許可が必要であり，留学生と清政府との間の連絡役と調停役を担っていたのは服部であった。

　この時の派遣について，中国側には以下のような資料がある。

　　［原　文］

　　奏陳京師大学堂便宜派学生出洋分習専門，以備随時体察，益覚咨派学生出洋之挙万不可緩，誠以教育初基，必从培養教員入手。而大学堂教習尤当儲之於早，以資任用[610]。

　　［訳　文］

　　京師大学堂は外国に学生を派遣し，専門科目を割振って学習させ，随時外国のことを体験し観察する備えをしなければならない。外国に学生を派遣することを遅れさせてはならないと考える。教育の基礎として，教員を育てることから着手すべきである。そこで大学堂の教員を育てることをもっとも急ぎ，任用すべきである。

　これによると，留学生を派遣した目的は，将来，大学の教員となるべき人材を早期に育成することであった。

　中国に残っている資料と，服部の手紙の中に書かれた情報をつきあわせると，教員を育成することだけではなく，京師大学堂に「文科大学」を設立することも留学生派遣の目的の一つであったことが分かる。

　また，次のような記述が記されている。

［原　文］

　　査日本明治八年，選優等学生留学外国，至明治十三年，留学生畢業帰国，多任為大学堂教員。迄今博士学士，人材衆多，六科大師。取材本国。従前所延欧美教員，毎科不過数人，去留皆無足軽重。而日本留学欧美者尚源源不絶。此用心深遠，可為前事之師[611]。

［訳　文］

　　日本のことを調査すると明治8年優等な学生を選び外国に留学させ，明治13年に学業を終えて帰国すると，多くは大学の教員に任用された。今では博士と学士の人材が大勢いて，6つの科の教師の多くは自国から人材を採用するようになった。以前に招いた欧米の教員は科毎に数人しかいなくなり，その去就が大きく影響することはなくなった。しかし今でも日本は欧米へ絶えることなく留学生を派遣している。これは実に深遠な配慮であり，〔わが国が〕学ぶべき模範である。

　以上の記述によると，京師大学堂の留学生派遣事業も，日本をモデルとした教育政策の一環であった。日本での人材育成の経験を参照し，自国の教育の近代化のために自分たちでも人材を育てようとしたのである。

　次項では，京師大学堂からの留学生たちの一高での留学生活を考察し，主に，彼らに対する数学の教育プログラムや留学生に数学を教えた教員，授業に使われた教科書を中心に紹介する。

2.3.　初期における京師大学堂派遣留学生

　初期の京師大学堂からの留学生派遣は，清末の中国において最初に多人数を官費で派遣したものであり，派遣政策の策定に日本人教員の参加があり，派遣の目的もはっきりしていたことが特徴である。

2.3.1.　留学生の到着

　1904（明治37）年1月17日に杜福垣，王桐齢ら27名の留学生が東京に到着し，ただちに第一高等学校の寄宿舎南寮に入った。

　さらに陳治安は2月1日に，曽儀進と蘓振潼は2月4日に，唐演は3月17日に到着し，入寮した。これらが京師大学堂からの官費留学生31名の日本に着いた具体的な日時である。

　私費生の2人に関しては，服部宇之吉の書いた2通の手紙が書かれた内容と，一高側の1月に実施した学力試験を受けていることから，官費生27名と一緒に出発し，同じ時期に一高に着いたことがわかる。

　一高側は1月20日に留学生の事業に関する事務員，教員及び医員を決定した。留学生監は一高教授谷山初七郎が担当し，教務のことを一高教授伊津野直が担当するように定めた。

2.3.2.　数学能力測定試験

　入学した京師大学堂派遣の留学生に対し，一高に着いた後の1月23日から25日の間の3日間に日語，日文，英語，ドイツ語，フランス語，歴史，地理，数学などの諸科目について学力試験を行い，試験の日本語の成績により，31名を「甲，乙，丙」組に分けて授業をするようになった。

　その数学の試験問題は次のようなものである[612]。

　試験問題は算術，代数，幾何学，三角法の4種類であった。

　算術の問題は，

$$(1)\quad 1 - \frac{1}{2} - \frac{1}{4} - \frac{1}{8}$$

$$(2)\quad 41\frac{2}{3} \div 1\frac{2}{3}$$

(3)　甲乙丙ノ三人アリ資ヲ合セテ商業ヲ営ミ利潤 2500 圓ヲ得タリ。但シ
　　　三人出ス所ノ資本，甲ハ 2000 圓，乙ハ 3000 圓，丙ハ 5000 圓ナリ。
　　　利潤ヲ配分スル法ハ如何。

代数学の問題は，

(4)　$\begin{cases} x - 2y = 5 \\ 2x - y = 4 \end{cases}$　コノ方程式ヲ解ケ。

(5)　$2x^2 + 3x - 5 = 0$　コノ方程式ヲ解ケ。

幾何学の問題は，

(6)　三角形 ABC ノ内ノ一点ヲ P トスレバ PB ＋ PC ＜ AB ＋ AC　コレ
　　　ヲ証明セヨ。

(7)　圓 PAB ニ於テ O ヲ心トスレバ角 APB ノ二倍ト角 AOB トハ相等シ。
　　　コレヲ証明セヨ。

三角法の問題は，

(8)　凡テ三角形 ABC ニ於テハ sin A：sin B ＝ a：b ナルコトヲ証明セヨ。

(9)　右ノ三角形ニ於テ sin B，sin A，tan B ノ価各々若干。

である。

　数学の学力試験問題をみると，その時代の中学校レベルの内容であったこと
がわかる。

　一高側は各学力試験を担当する委員を定めた。数学の担当者は理学士飯島正
之助である。

　数学の試験の点数は 40 点満点（算術，代数学，幾何学，三角法各 10 点）で景定成，
馮祖苟，施恩曦の 3 名が 23 点の最高得点を得て，それ以下は 16 点，12 点，8 点，
5 点，3 点であり，さらにまったく答えなかったため 0 点を得た学生もいた。

　試験用紙に，留学生たちの書き残した記述があり，京師大学堂にいた時の数
学教育の程度が分かる。例えば，6 点を取った葉克学支は解答用紙に「命分初
学」と書いている。すなわち，「分数の初歩を学んだ」というのである[613]。また，
算術の問題だけ 4 点を取った周宣は「初歩的な数学を勉強した」と書いている
し，3 点を取った陳継鵰が解答用紙に「幾何代数三角尚未学」と書いている。
さらに 0 点を取った王蔭泰は「初学加減法，所出之問題不能算」，すなわち，「初
歩的な足し算と引き算を学んだだけなので，出題された問題を解くことができ

ない」と解答用紙に書いた。

　40点満点の数学の試験で最高の23点を取っていることから，後述するように中国の近代史上最初の数学者・数学教育者の一人となる馮祖荀が，一高に入学した時期から，数学を得意としていたこともわかる。また，私費留学生である施恩曦の成績も，服部の推薦したとおり優秀なものであったことをわかる。ちなみに，施恩曦は二つの英語文を日本語に訳す問題であった英語の試験でも満点をとり，最高評価の「甲」を得て，「英語も一寸出来」ることは確かであった[614]。

　一高側は，主に学生たちの日本語で授業を受ける能力に関心があったため，日本語の成績により甲，乙，丙の3組に分けて，留学生たちの日本語のレベルアップに力を入れる方針を採っていた[615]。

　当時留学生に対する日本語の授業は，文法の授業を「日語」とし，文章を読む授業を「日文」と2科目に分けて行っていた。

　3組の留学生の姓名は以下のとおりである[616]。

甲組

杜福垣　顧徳隣　呉宗栻　鐘賡言　張輝曽　景定成　何培琛　劉成志　黄芸錫

乙組

王桐齡　王舜成　席聘臣　余棨昌　黄徳章　屠振鵬　朱深　朱獻文　馮祖荀陳治安

丙組

範熙壬　陳発檀　劉冕執　蒋履曽　史錫綽　成雋　王曽憲　周宣　朱炳文曽儀進　蘇振潼　唐演

3組の名前のなかに私費留学生である施恩曦，葉克学支の2人の名前がない。この時期，2人を入学させるかどうかが，まだ決まっていなかったものと思われる。

2.3.3.　留学生の学習生活

　留学生たちが一高に到着したあとの2ヶ月間は，主に日本語の教育が中心になされていた。

　上述した3組ともに2月6日から日語と日文，及び体操の授業が始まった。その時の教員と毎週の授業時間数は以下のとおりである[617]。

　日本語教育関係の主任を務めたのは，東京外国語学校（現在の東京外国語大学の前身）の教授，文学博士の金沢庄三郎であり，日本語の文章を教えたのは，台湾協会学校の講師金井保三と東京外国語学校の講師竹内修二であった。日本語の文法を教えたのは一高教員の杉敏介であった。体操教育関係の主任を務めたのは後備歩兵少佐の堀井孝澄であり，体操を教えたのは一高教員の小池常宗，米田源次郎，大沼浮蔵の3人であった[618]。

表15　京師大学堂初期留学生の最初の学科と週間時間数

科目	甲組	乙組	丙組
日本語の文章	11	10	10
日本語の文法	3	2	2
体操	6	6	6
計	20	18	18

　日本語の授業は主に教科書により，留学生が分からない時，「清語ヲ用イテ説明ヲ加フルコトトセリ」[619] という。すなわち，教員が中国語で説明していたのである。

　1904（明治37）年4月になって，留学生たちの日本語理解力が高まってくると，新たに歴史，及び数学の2科を加え，法科，文科志望者に歴史を履修させ，理科，工科，農科，医科，及法科の理財統計，文科の哲学を志望する者に数学を履修させ，余力ある者には歴史，数学の2学科を兼修させるようにした。

　その教員及び毎週の授業時間数は以下のとおりである。

表16　1904年4月からの教員と学科の週間時間数

科目	時間数	教員	教員の所属
歴史	4時間	原勝郎	第一高等学校
数学	5時間	沢田吾一	高等商業学校

　教育の方法として，授業中は日本語で講義し，分かり難い内容を教員らが中国語に訳していたという[620]。

　留学生たちを 9 月に直接一高の本科に編入するため，そして夏休みを利用して日本語を習熟させるため，7 月 13 日に留学生たちを軽井沢に連れて行き，15 日間の特別な授業を行った。

　その際の学科目と毎週の授業時間数および教員の姓名は以下のとおりである[621]。

表 17　軽井沢特別授業の学科目と教員，および授業時間数

学科	授業時間数	教員	注釈
日語	18 時間	金井保三	
数学	12 時間	澤田吾一	数学の授業は 1 週間
歴史地理	12 時間	八木金一郎	
博物学	12 時間	脇山三弥（東京府立第一中学校教諭）	実地採集及び簡易な実験をしていた

　8 月の下旬に，成績がよかった鐘賡言，杜福垣，張輝曽の 3 名以外の留学生たちを，レベルにより新たに 2 組に編入し，引き続き勉強させた[622]。

　以上の資料によると，留学生たちの最初の数学の教員は澤田吾一であったことがわかる。だが，具体的な数学の教育内容は分からないので，今後の課題にしておきたい。

　9 月 14 日に一高の入学式が行われたが，留学生たちもそこへ列席し，この日から正式に一高の学籍に編入され，各自の志望した学科に合わせたクラスで授業を受けるようになった[623]。

　留学生たちが留学する前に希望していた学部・学科と，習得していた科目は以下のとおりである。

　この表を整理すると，文科大学進学志望者は 3 名，理科大学進学志望者は 7 名，法科大学進学志望者は 9 名，法科大学兼文科大学進学志望者は 1 名，農科大学進学志望者は 2 名，工科大学進学志望者は 5 名，医科大学進学志望者は 3 名，高等商業学校進学志望者は 1 名であった。

　1904（明治 37）年 9 月から学科を変更する者と留学年限の延長，或は短縮を

表 18　留学生たちの希望した学部と専門，及び京師大学堂で学んだ科目

留学生の氏名	希望した学部	希望した専門	京師大学堂で学んだ科目
杜福垣	文科大学	哲学	日語，ドイツ語，英語，歴史，数学
王桐齢	同上	哲学（但以教育学為主）	英語，数学，歴史
唐演	同上	歴史及地理学	英語，歴史
顧徳隣	理科大学	地質鉱物学及地地文学	ドイツ語，英語，数学
呉宗杦	同上	化学	ドイツ語，英語，数学
成巂	同上	化学	英語，数学
馮祖荀	同上	数学及物理学	英語，数学
朱炳文	同上	物理学	ドイツ語，英語，数学
席聘臣	同上	動物学	英語，数学
黄芸錫	同上	植物学	英語，数学
黄徳章	法科大学	私法（尤以民法為重）	英語，歴史
余棨昌	同上	私法（尤以商法為重）	フランス語，英語，歴史
曽儀進	同上	交渉法（国際公法と私法）	英語，歴史
朱獻文	同上	刑法	ロシア語，英語，歴史
屠振鵬	同上	公法	英語，歴史
範熙壬	同上	統計学	英語，数学
周宣	同上	政治学	フランス語，英語，歴史
朱深	同上	訴訟法（民事刑事）	フランス語，英語，歴史
張輝曽	同上	理財学（財政為重）	日本語，英語，数学，歴史
陳発檀	法科大学兼文科大学	教育行政学	英語，歴史
景定成	農科大学	農学	英語，数学
鐘賡言	同上	農芸化学	英語，数学
何培琛	工科大学	応用化学	英語，数学
劉冕執	同上	応用化学	英語，数学
史錫綽	同上	応用化学	英語，数学
劉成志	同上	電気工学	英語，数学
王舜成	同上	電気工学	ドイツ語，英語，数学
蘇振潼	医科大学	内科医学	英語，数学
蒋履曽	同上	外科医学	英語，数学
王曽憲	同上	薬学	英語，数学
陳治安	高等商業学校	商業学	英語，数学

する者が続出し，一高側はその希望を満足させるため，同年 11 月までに何度も調整した。このことについて狩野宛の服部の手紙の内容から，一高側は京師大学堂側と常に相談していたことがわかる。

同年 12 月末の時点で，留学生たちの組別，並びに学科課程として決まっていたのは，次頁のとおりである。

第 1 部第 1 年 1 の組には範熙壬，周宣，張輝曽，席聘臣が入った。第 1 部第 1 年 2 の組には王桐齢，陳発檀（日本学生と同一の学科課程による），陳治安が入った。第 1 部第 1 年 4 の組には杜福垣，余棨昌，屠振鵬，朱深，唐演が入った。第 2 部第 1 年 1 の組には馮祖荀が入った。第 2 部第 1 年 2 の組には蘇振潼（日本人学生と同一の学科課程）が入った。第 3 部第 1 年 2 の組には蔣履曽（日本人学生と同一の学科課程）が入った。

留学年限を短縮した者の姓名は以下のとおりである。第 1 部速成科甲乙クラスの曽儀進，黄徳章，劉成志，顧徳隣，劉冕執，朱獻文，唐演と速成科の蔣履曽である。

留学年限を延長した者は，第 2 部予科の鐘賡言，王舜成，史錫綽，呉宗栻，何培琛，景定成，成儁，朱炳文，黄芸錫と第 3 部予科の王曽憲である。

留学生の中で年限を変更し，大学予科を短縮して 1 年にした者は，唐演，顧徳隣，黄徳章，曽儀進，朱獻文，劉冕執，劉成志，蔣履曽の 8 名である。

筆者は学年を短縮した理由を探るために黄徳章，曽儀進，朱獻文が書いた理由書を読んでみたが，そこには，

［原　文］

　　願今歳即入西京法科大学為聴講生兼予備学科為不見許則請改定課程加習等必須之学科若歴史地理在本国時已稍学過且可自習請勿加深[624]。

［訳　文］

　　今年度中に京都大学の法科［西京法科大学］に聴講生として入学するため，科目を改め，論理学，心理及び日本語の必須科目を強化し，母国ですでに学んだ歴史と地理の科目は自習するのでその内容を深くしないでほしい。

表 19　1904 年 9 月以後の学科目，教員と週間時間数

学科	教員の氏名	時間数	教員の学力
英語	森巻吉	15	文学士
英語	五島清太郎	10	理学博士
英語	小島憲之	5	
英語	畔柳都太郎	3	文学士
独語	藤代禎輔	2	文学士
独語	丸山通一	3	
独語	福間博	5	
数学	友田鎮三	6	理学士
数学	関口弥作	5	
歴史地理	磯田良	5	文学士
哲学	岩元禎	4	文学士
法政	中村政次	4	法学士
物理学化学	菅沼市蔵	4	理学士

表 20　留学生たちの学科の変更状況の統計

学生の氏名	元の学科	改めた後の学科
杜福垣	哲学	法科
唐演	史学	法科
顧徳隣	地質学	法科
陳発檀	行政学	法科
劉冕執	応用化学	法科
王曽憲	薬学	医学科
席聘臣	動物学	法科
劉成志	電気工学	法科
蘇振潼	内科医学	工科
陳治安	商業学	文科

　留学生のなかには京都帝国大学の法科に入学することを希望した 5 名と，医科に入学することを希望した 1 名がいた。1905（明治 38）年の 8 月の初めごろ，留学生監督の谷山初七郎が京都帝国大学に出張する際に，6 人の入学のことを「京大」側と交渉した。その結果，病気で帰国した 1 名を除く 5 名は，同年 9 月から希望どおりの学科に入学した。

　この 5 名の学生は「京大」における最初の中国人留学生であり，彼らの監督を担当したのは「京大」の学生監督であった石川一であった。

　5 名の学生とは，法科第 1 年に入学した黄徳章，朱献文，曽儀進，顧徳隣の 4 名と医科第 1 年に入学した蒋履曽である。

　これまで中国では，この 5 名の学生が京都大学に進学したとする資料が残されていなかったので，彼らが一高を卒業した後の行き先については不明であるとされていた[625]。

　留学生のなかで年限を変更して，大学予科を 1 年延長した者は呉宗栻，成儁，朱炳文，黄芸錫，景定成，鐘賡言，何培琛，史錫綽，王舜成，王曽憲らの 10 名である。

　延長の理由について「其目的在至来年入本科時得與日本学生一律受課免再須特別予備」と書かれている。すなわち，その目的は来年に本科に入る時，日本人学生と一緒に授業を受けて，特別にクラスを設けるようにしないためであった。

　一高側は留学生の成績により，不得意な科目を学ばせるための特別班を設定し，また成績のよい者は日本人学生と同じクラスで勉強するようにした。

　たとえば，英語の特別班に黄徳章，王舜成，張輝曽，朱炳文，成儁，呉宗栻，顧徳隣，鐘賡言，劉冕執，史錫綽，景定成，何培琛，王陰泰，葉克学支，席聘臣，王桐齢らがいて，余榮昌，杜福垣，朱深の 3 人は英語とほかの科目を兼習していた。ドイツ語の特別班には王曽憲がいて，数学の特別班には黄芸錫，朱炳文，成儁，呉宗栻，顧徳隣，鐘賡言，王曽憲，蘇振潼，劉冕執，王陰泰，葉克学支，王舜成がいて，各自の志望した学科に対応する科目の勉強を強化していた。

　英語の特別クラスでは，規定どおりの毎週 13 時間のほかに文法を少なくとも 5 時間増やしていた。数学の特別クラスでは翌年の夏休み前に藤沢利太郎の

『初等代数学』2 冊，及び続巻の内容の半分程度を勉強することを決めた。

　留学生のなかには勤勉に勉強し，1904（明治 37）年末に日本人学生と同じクラスで授業を受ける者も現れた。

　例えば，数学を日本人学生と同じクラスで受けるようになった者には，馮祖荀，景定成，何培琛，史錫綷，施恩曦らがいて，英語を日本人学生と同じクラスで受けた者には，馮祖荀，蘇振潼，陳発檀，施恩曦らがいた。

　1904（明治 37）年 12 月からの留学生たちの学科目には，日本語，英語，数学，ドイツ語，歴史，鉱物学，図画，体操などの科目があって，学生たちの多くは自分の選んだ学科で決められた科目を履修していたが，残る学生は個人の状況に基づいて学習科目を選んでいた。景定成，施恩曦，馮祖荀，陳発檀，蘇振潼の 5 人は全体の科目を履修していた。

2. 3. 4.　留学生の日常生活と京師大学堂とのつながり

　一高側は留学生の学業の合間に，1905（明治 38）年 1 月 25 日より 30 日まで，皇居，日比谷，浅草公園，各省の官衙，上野公園，動物園，博物館の見学に行かせている。

　1904（明治 37）年から，呉振麟と範源廉の 2 人が監督に任命されている。彼らから留学生にたびたび指示があり，また清国駐日大使楊樞が同年中に 2 回ほど留学生の状況を視察し懇談した。服部宇之吉と厳谷孫蔵は留学生の案件にその後も関与し続け，日本に帰った際にしばしば一高を訪れて留学生の状況を調査していた。厳谷孫蔵は軽井沢における夏休みの集中講習を視察した。

　1905 年 3 月からは，留学生が日本人学生との交流を密にするように，留学生を南，北，中の 3 寮に分配し日本人の学生と雑居させることにした。

　清国京師大学堂は留学生たちの費用として 1904 年度に 17,631,650 円を送金したが，一高側の記録によると，その利息が 222,171 円あったものの，5,605,519 円をさらに一高は支出し，その年度の歳出合計は 23,459,340 円になった。

　1905（明治 38）年 2 月 21 日の文部大臣官房会計課長兼文部書記官福原鐐次郎から狩野への手紙によると，不足金額 7,422 円 67 銭は清国公使から文部大臣に渡されたという[626]）。

1904 （明治 37）年の組別学科課程表[627]と 1905 （明治 38）年の学部別学科課程表を見ると[628]，その中にある 1 週間の学科課程表から，彼らのスケジュールがかなりハードであったことがわかる。一高から文部省への報告書の「衛生事項」一覧に記録されている学生の病気の中で，一番多いのが「神経衰弱症」だったことにも注目すべきである[629]。

2.3.5. 卒業後の進路

これらの 33 名の留学生の一高卒業後の進路は，以下のとおりだった。

黄徳章，朱獻文，曽儀進，顧徳隣，蔣履曽の 5 名は京都帝国大学に入学した。

東京帝国大学法科に進学した者はもっとも多く，余棨昌，屠振鵬，範熙壬，周宣，朱深，張輝曽，杜福垣，唐演，陳発檀，劉冕執，席聘臣，劉成志の 12 人だった。

王曽憲は医学科に進学した。

何培琛，史錫綝，王舜成，蘇振潼，施恩曦の 5 人は工科に進学した。

陳治安，王桐齡，葉克学支の 3 人は文科に進学した。

呉宗栻，成嶲，馮祖荀，朱炳文，黄芸錫の 5 人は理科に進学した。

景定成，鐘賡言の 2 人は農科に進学した。

2.4. 数学教育の実態と特徴

ここでは主に，留学生たちが一高で受けた教育のなかの数学の内容，その勉強の状況，及び彼らの数学の教育を担当した教員がどのような人物であったのかを考察する。

1904 （明治 37）年 4 月から 9 月の間に留学生に対する数学の授業を行ったのは，高等商業学校の教授の澤田吾一であった。それ以降は当時の一高の数学の教員が担当した。

同年 9 月から翌 1905 年 3 月までの間は，数藤斧三郎，保田棟太が留学生たちに数学を教えた。

1905 （明治 38）年 4 月から翌年 3 月までは保田棟太，

図 49　京都大学に入学した留学生の記録

数藤斧三郎，藤原松三郎らが数学の授業を担当した。

1906（明治39）年以降に，留学生たちに数学を教えた教員には窪田忠彦，内藤丈吉，松下徳次郎らがいる。

第一高等学校の留学生の数学の教師の一高での任期と留学生たちに数学を教えた期間を表にしてみると以下のようである[630]。

図50　「一高」留学生の日本人教員

表21　一高での清国留学生の数学科を担当した教員たち[631]

教員の氏名	第一高等学校での任期	担当科目	注釈
澤田吾一	1904–1905	数学全般	「京師」からの留学生に数学を教える時，高等商業学校の教授だった
保田棟太	1884–1919	代数学	「京師」からの留学生に1905年4月–1906年3月の間に教えた
数藤斧三郎	1898–1915	代数学	「京師」からの留学生に1904年9月–1905年3月の間に教えた
窪田忠彦	1908–1911	数学全般	1908年以降中国からの留学生に数学を教えた
内藤丈吉	1907–1915	幾何・三角	1906年以降に幾何・三角を教えた
松下徳次郎	?–1909	幾何・三角	1906年以降に幾何・三角を教えた
藤原松三郎	1906–1907	数学全般	「京師」からの留学生に1906年1月–1906年3月の間に教えた

一高での留学生たちが使っていた数学の教科書は，日本人学生と同じクラスになる前は，主に授業を担当した教員によって留学生の状況に基づいて決められていた。その時の教科書は以下のようなものであった。

1904（明治37）年の夏休み中，軽井沢で特別講習をする時，教員であった澤田吾一は菊池大麓『幾何学小教科書』を使って1週間の授業を行った[632]。

9 月以降は留学生たちの特別授業のうち，1 部 1 年
1 の組，2 の組，4 の組は寺尾寿の『代数学小教科書』，
林鶴一の『幾何学教科書』，ガウスの『対数表』を使っ
ていた。延長 2 部と 3 部の留学生たちは藤沢利喜太郎
の『小代数学教科書』を使っていた。

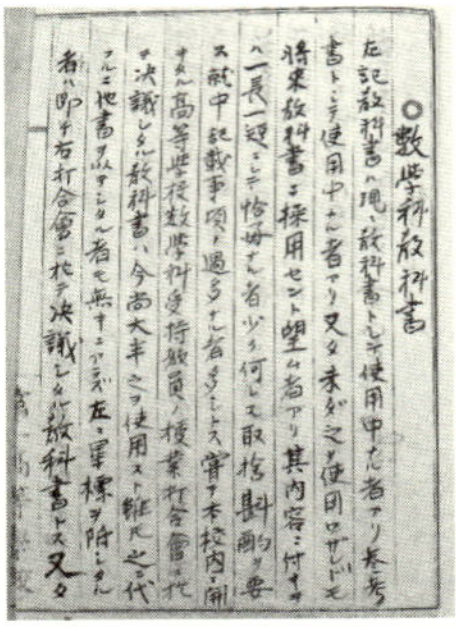

数学の成績が良かった 2 部 1 年 1 の組の馮祖筍，蘇
振潼，施恩曦の 3 人は，日本人学生と同じく藤沢利喜
太郎の『続初等代数学』，トドハンター『平面三角』
などの教科書を使っていた。

図 51 「一高」での
数学教科書

一高で留学生たちが使っていた以上の教科書のほと
んどは中国語に翻訳され，20 世紀初頭の中国で使われた。翻訳者の多くは一
高に留学した経験のある者である。

3. 特設予科における留学生教育

1907（明治 40）年の 8 月に，清国駐日大使館の楊枢らは日本の文部省に向け
て官立高等専門学校の留学生収容枠を拡大するようはたらきかけを行っており，
再三にわたる交渉の結果，「五校特約」という協定が成立した。それによると，
今後 15 年間，下記の官立高等専門学校に，中国側の経費負担において，毎年
合計 165 人の留学生を受け入れるというものである。
・第一高等学校 65 人
・東京高等師範学校 25 人
・東京高等工業学校 40 人
・山口高等商業学校 25 人
・千葉医学専門学校 10 人

ここに見られるように，一高はもっとも多くの留学生を引き受けることに
なった。

一高の資料によると，1908（明治 41）年 4 月に，210 人の応募者のうち 60 人
が入学試験に合格し，清国の官費留学生として第 1 部（文科），第 2 部・第 3
部（理科）の二つのクラスに入学した[633]。

　この 60 名の留学生のために一高は特設予科を設け，学科課程を定めて特別に講師を委嘱し，その授業を行うようになった。これが一高の特設予科制度[634]の始まりである。

表 22　1908 年入学清国留学生の授業科目及び毎週授業時数[635]
（1908 年 4 月至 1909 年 7 月）

学科	第一部					第二，第三部				
	1908 年 4 月–1909 年 3 月				1909 年 3 月–7 月	1908 年 4 月–1909 年 3 月				1909 年 3 月–7 月
	I	II	III	IV		I	II	III	IV	
倫理	2	2	2	2	1	2	2	2	2	1
日語	6	6	6	6	4	6	6	6	6	5
漢文					2					2
英語	4	4	8	4	6	4	4	8	4	6
独語	3	3	3	3	2	3	3	3	3	2
歴史	3	3	3	3	3					
数学	4	5	7	4	4	5	6	6	4	6
物理	2	2	2	2	2	2	2	2	2	2
化学	2	2	2	2	2	2	2	2	2	2
博物	2	2	2	2	2	2	2	2	2	2
図画						3	3	3	3	3
体操	3	3	3	3	3	3	3	3	3	3
計	31	32	38	31	31	32	33	37	31	34

　1908（明治 41）年からは，入学を志願した留学生に対して，毎年 3 月の初めに入学試験を行い，それにより約 50 名を入学させ，また試験の成績により学科の選別を行った。修業年限は 4 年であり，最初の 1 年は予科とし，残りの 3 年を本科の修業年限とした。

　第 1 部の数学の授業は毎週 3 時間で，主に代数のなかから一次方程式，連立方程式，二次方程式（虚数を除く），級数を教えた。

　第 2 部の数学の授業は毎週 8 時間で，代数（4 時間）では，教科書により一

次方程式，連立方程式，二次方程式（虚数を含む），級数，順列組合を教えた。幾何（3 時間）では，平面，立体幾何学を教科書により教えた。三角（1 時間）は，代数と合わせて学期により時間を調整した[636]。

表 23　第 2 部の数学の授業の時間割

	第一学期	第二学期	第三学期
代数	5 時	4 時	3 時
三角		1 時	2 時
幾何	3 時	3 時	3 時

　特設予科制度が始まった 1908（明治 41）年 7 月より毎年約 50 名の留学生が入学試験の上，特設予科に入学することになった。もちろん，入学試験の成績により，入学者が 50 名以下となることもあった。そして，入学者に 1 ヶ年（最初は 1 年半）の予備教育を施し，修了後は本校およびほかの高等学校に配当し，その後に帝国大学に進学する道を開いた。清末の 3 年間（1909-1911）に，138 名の留学生が一高の課程を修了した。

　一高特設予科は 1932（昭和 7）年 6 月 1 日まで続いた[637]。一高特設予科は設置された後，留学生についての様々な規程を制定した。その規程によると，特設予科は日本の高等学校の高等科に入学しようと志望している中国人留学生のために 1 ヶ年の予備教育をすることを目的にしていた。毎年 1 回清国駐日大使館の紹介する入学志望者の中から，中学校第 4 学年修了程度の学力を問う入学試験及び身体検査に合格した者を 50 名以内で入学させ，入学した後，修身，日語，英語，歴史，数学，物理，化学，博物，図画，体操の科目を毎週 32 時間修得させる。そのうち数学と日語，英語が 6 時間となっており，ほかの科目より多くの割合を占めていたことは注目すべきである[638]。

この章のまとめ

　以上第 9 章において，筆者は清末の留学生の残したオリジナルのノートや入

学試験のために書いた入学願書，履歴書を調査し，それによって当時の授業に使われた数学の教科書を知ることができた。

各学校の留学生に対する教育では，数学教育は日本語と英語と並んで重視されていたことがわかる。そして成城学校と東京大同学校（清華学校）における清末の留学生に対する数学教育を考察することにより，このような留学生教育機関では数学の教科書として，当時の日本においても最新で，広く普及していた教科書を使っていたことも分かった。例えば代数学では，樺正董の『代数学教科書』，および，日本語に訳されたスミスの『代数学』などが使われていた。幾何学では長沢亀之助の『幾何学教科書』と『新幾何学教科書』，菊池大麓の『初等幾何学教科書』（平面）などが使われていた。三角法は菊池・沢田吾一編纂の『初等平面三角法教科書』，三守守の『初等平面三角法』などである。

第一高等学校の清末の留学生の場合は，最初は留学生の学力を高めるために特別な授業が行なわれていた。やはり英語と日本語以外に重視されたのは数学であった。その時の教科書は菊池大麓『幾何学小教科書』，寺尾寿の『代数学小教科書』，林鶴一の『幾何学教科書』，ガウスの『対数表』，藤沢利喜太郎の『小代数学教科書』である。数学の成績が良かった学生には，日本人学生と同じく藤沢利喜太郎の『続初等代数学』，トドハンター『平面三角』などが教えられていた。

20世紀初頭の日本で留学生を受け入れた教育機関として，成城学校と東京大同学校などの学校のほかに，宏文学院，東京同文書院，数学専修義塾，成城学校，京北中学校，大成中学校，正則英語学校，正則予備学校，研数学館，明治大学経緯学堂などがあった。留学生の多くは最初にこれらの学校に入学し，修了後第一高等学校，早稲田大学清国留学生部，東京高等師範学校，東京高等工業学校などの入学を志望した。それからさらに帝国大学に進学した者もいた。

清末期には日本をモデルとした教育政策のもと，大量の留学生が日本にやってきた。1906（明治39）年になると，日本留学が「大量速成の時代」であったことに対して様々な問題が提起された。これによって，1907（明治40）年から1908（明治41）年にかけて，「量から質への留学生教育の転換」の時代を迎える。清国政府は「速成科」を廃止し，日本側も留学生を受け入れる態勢を整備した結果，留学生の人数は大幅に減少したのである。

　日本留学最盛期の 1906（明治 39）年には，一高にいた留学生はほかの大学よりはるかに少ない人数だったが，「速成教育」の時代が終わって 1908（明治 41）年からの「量から質への」時代になると，ほかの大学の留学生数が大幅に減る一方，一高は特設予科を設置し，留学生教育にさらに力を注いだのである。

　統計をとってみると，1908（明治 41）年より 1919（大正 8）年までの第 1 部・2 部・3 部の修了者は合計 440 名であり，1919 年より 1923（大正 12）年までの文科，理科に分かれた時期の修了者は合計 203 名，1923 年より 1932（昭和 7）年までの文理科を分ける制度を廃し全学生が一科となった時期には合計 167 名の学生が修了し，特設予科の全期間で累計 810 名の中国人留学生が修了した[639]。

　これらの留学生たちは，日本留学を通じて西洋化された教育をうけた。数学教育の視点からみると，留学生たちが日本人教師の下で，日本人数学者の著書を介して西洋数学を身につけることができたのである。

　次の第 10 章では，日本に留学した学生たちが中国の近代化にどのような役割を果たしたのかを考察しよう。

第10章　中国における近代数学の発展

　19世紀後半の中国では教会学校や洋務運動期の新式学堂で西洋数学の教育を行っていたが，これらの機関から西洋数学を研究した学者は現れなかった。とりわけ，これらの機関で西洋数学の知識を身につけた人々が非常に少なかったので，彼らの社会での影響は殆どなかったとみてよい。

　中国における西洋数学の普及は20世紀以降の日本に留学した学生によって完成する。彼らは日本にいた時から，授業中学んだ数学の教科書を中国語に訳し，中国における数学教育の近代化に貢献した。

　この章では，このような数学教科書の翻訳活動を考察し，清末の留学生らの活動によって，西洋数学の知識が20世紀初頭の中国に輸入されて普及し，数学教育の変革及び数学知識の伝播を促したようすについて述べたい。

第1節　漢訳される日本の数学書

1. 日本書漢訳に対する見地

　日本人学者の著書を中国語に翻訳することが，中国を発展させるために不可欠な一大事業であると認識されるようになったのは，20世紀に入ってからのことである。

　1900年まで，中国に伝えられた日本の数学教科書は1冊もなかった。ところが，それ以後は，和書の漢訳が盛んに行われ，量的に漢訳西洋数学書を上回っていった。ではなぜこの時期に方針が転換されたのであろうか。

　梁啓超は「英語を習う者は，5，6年経って始めて成し遂げる。しかし，日本語を習う者は，数日で小成になり，数カ月で大成になる」[640] と述べ，康有為も「和書には，中国の文字が7，8割である」[641] と述べている。

　1901年，張之洞が日本の書籍を中国語に翻訳することを奨励するように奏請した。そのなかには「日本の政治及び他の学問の書物は，自分で著したものもあれば，洋書を翻訳したものもあり，また洋書を添削したものもある。これ

らのものは中国の季節，郷土，国情，民族，風習に近い」[642] と書かれている。

　張之洞はまた「教科書の編纂は教育の土台であり，非常に大事なことでありながら手が付けにくいものである。そのため自ら日本へ行って直接目にしたものを根拠に定めなければならない。買ってきた本に頼ってまねできるものではないであろう」[643] と，教科書編纂の重要性について深い認識を示しただけでなく，よい教科書を編纂させるために，羅振玉等6人を日本の学務視察に派遣した。羅振玉は1901年日本を視察した後，『扶桑両月記』（1901）を著したが，それによると「伊澤修二は，『日本の教育家は，中国に助力して教科書を編纂することを大いに望んでいる。彼らは，来年〔1902年〕中国へ学務視察に行く予定である』と話した。彼らの考えは周到で真摯である。〔中略〕伊澤は，訳書について詳しく論じ，中日の力を合わせて教科書を翻訳・出版し，版権の法制を定める意欲を示し，教科書10余種を送ってくれた」[644] と記されている。また伊澤は，自ら泰東同文局[645]を経営しただけでなく，商務印書館の教科書編修顧問も担当していた。このことからも，中国の教科書の編纂における日本人教育家の熱意がうかがえる。

　羅振玉は日本の教育の視察から帰国後の1902年4月に「学制私議」を発表し，「教科書の採用」について，儒教の修身道徳を綱領とし，全国の学校がこれを一律に守ることを提議しさらに，「中国は西洋各国と国体が異なるため，その教科書を模倣してはならず，国体が類似する日本の教科書を見本とすべし，或いは全訳すべし」[646] と強調した。

　このように，清末の知識人や張之洞を代表する官僚たちは西洋の語学を身につけるのは難しいが日本語には漢語が多いためわかりやすいこと，日本と中国では地政や国情が似ているという実際的理由から，和書を漢訳する必要性を呼びかけていた。

2. 数学教科書の漢訳

　科学技術書，および数学著書の漢訳は中国における科学技術の歴史に重要な意味を持っていた。日清戦争以前の中国では，前述したように漢訳西洋書が西洋の科学技術を理解する主な書物であったが，日清戦争以後は日本語で書かれ

た科学，数学書籍を翻訳することが主流になった。特に，20 世紀に入ると，日本語学習，日本留学，日本書の翻訳が盛んになってくる。

中国での和書の翻訳は上海の東文学社（1899）から始まる[647]。ここで教育を受けた王国維の回顧によると，当時の東文学社では藤沢利喜太郎の『算術教科書』，『代数教科書』が教科書として使われていた。そして，上海東文学社の社員は新しい学制が公布される以前から数多くの科学技術関係参考書を翻訳した。そのなかで，漢訳された最初の数学書は王国維が 1901 年翻訳した藤沢利喜太郎の『算術条目及ビ教授法』である。

1900 年に，東京にいた留学生たちは日本の数学や科学技術の著書を翻訳するために，「訳書彙編社」を創立した。会員には戢翼翬，王植善，陸世芬，雷奮，章宗祥，汪栄宝，曹汝林などの 14 人がいた。『訳書彙編』の第 2 年の第 3 巻の広報によると，「訳書彙編社」から翻訳された数学書には藤沢利喜太郎『算術小教科書』，長沢亀之助『初等幾何学教科書』，菊池大麓『平面三角学』，上野清『代数学』などが含まれていた。

1902 年陸世芬が東京の本郷に「教科書訳輯社」を創設した。これは中学校で使われる教科書を翻訳する機関であった。「教科書訳輯社」で翻訳した数学書としては『初等平面幾何学』（菊池大麓著，任允訳，1906），『中学算理教科書』（水島久太郎著，陳幌訳，1906）などがあった。陳幌は東京帝国大学工科（1902）の留学生であったことから，これらの教科書は当時留学生たちが使ったものではないかと思われる。

1902 年の初め，「清国留学生会館」ができて日本書の中国への取次ぎも行われた。例えば，数学教科書として『数学新編中学教科書』（徐家璋編著，東京清国留学生会館，1906），『代数学教科書上巻』（樺正董著，陣尔訳，東京清国留学生会館，1905）等があった[648]。

中国からの留学生が急増する気運に乗って，日本の三省堂では株式会社東亜公司を創設し，編集所内に東亜公司編集室を設け，牧野謙二朗，古城貞吉らを招聘し，また中国から呉汝綸が来日した際に，彼の意見も求めた[649]。書物の翻訳は，東亜公司編纂局の編集者たちと西師意（日本人），王挺幹等が担当していた。中国国内では 1897 年に設立した商務印書館が 1903 年に日本の金港堂と提携することになり，高等師範学校校長兼文部委員の経験がある伊澤修二が商

務印書館の顧問となった[650]。『最新算術教科書』（東野十治朗著，西師意訳，東京三省堂，1906），『平面幾何学教科書』（菊池大麗著，黄元吉訳，商務印書館，1908）などの著書はこれらの機関で翻訳された代表的な数学の教科書である。

　1908年には，第一高等学校と東京帝国大学，京都帝国大学に留学していた27名の留学生が，「北京大学留日学生編訳社」を創設し，「講求実際，輸入文明供政界之研究，増国民之知識為宗旨」，すなわち，「実情を講じて，政界の研究のため文明を輸入し，国民の知識が増えることを宗旨にすること」を目的として掲げ，文学，法学，政治，理学，工学，農学，医学の本を多数翻訳した。1908年に出版した本を見ると『徳華字典』，『日本衛生行政法』，『詳解物理学』，『理論化学』，『実験化学』，『新三角術』，『平面幾何通論』などがあった。それ以外にも，『学海』という雑誌を刊行し，甲編，乙編に分けて発行されていた。甲編には文学，法学，政治学，商学（経営学）の論文や文章を掲載し，乙編に理学，農学，工学，医学の論文や文章を掲載していた[651]。

　当時，和書漢訳の数学教科書は，量的に多かっただけではなく，質的にも高く評価されていたと推察される。1906年学部検定の『学部審定中学教科書提要』[652]によると，中学堂の数学教科書の12冊のうち，明らかに和書漢訳数学書であるものが6冊あった。例えば，学部は『算術教科書一冊』に関して次のように述べている。

　　日本・樺正董著，陳文編訳の藤沢利喜太郎著・算術条目及教授法が従来の教科書の雑駁で，乱れている弊害を矯めて以来，教科書の編纂者は皆それを宗旨とするが，その中でも樺正董氏の算術教科書が最も有名である。ただし，樺氏の「諸等法」と「百分算」の両編は，わが国の学生に適していないため，編集を行わなければならない。しかしながら，従来の翻訳者は，このことをあまり重んじていなかった。これは数学の進歩に莫大な妨げになる。本書の訳者はそれに鑑みて，専ら編訳者が平日に会得した要点をまとめ，本書に補充し，便利を図った。本書は下記のような特微がある。その一，道理の筋道がはっきりしており，隠れた障害がない。その二，分かりやすく，整然としている。その三，掲載された例題の大半は科学と関わりがある。それ故，中学の算術の教科書の中で，本書は最も理想的であ

ると言えるだろう。

　以上のように，漢訳和書へは高い評価が与えられている。

　清末の代数学の教科書の多くも日本語の訳本を媒介として西洋の数学者の著書を中国語に翻訳していた。たとえば，チャールス・スミスが著した代数学の教科書（1886 年刊）を長沢亀之助が『代数学』（1887）というタイトルで日本語に訳したが，この長沢の訳本をもとにいくつの中国語の訳本は現れた。即ち，『査理斯密小代数学』（陳文訳，商務印書館，1906），『初等代数学』（仇毅訳，上海群益書社，1908），『初等代数学』（陳幌訳，東京清国留学生会館，1908 訂正 5 版），『査理斯密初等代数学』（王家英訳，商務印書館，1908 初版），『査理斯密初等代数学』（王家英訳，商務印書館，1919）などがあった。

　清末に翻訳刊行された日本の教科書は，小学校の初等的算術から大学の微積分の教科書まで合わせて，少なくとも 145 種類ある。なかでも 1904–1908 年の間に出版された中国語訳日本数学書は 97 種あり，平均して毎年 20 点強が翻訳出版された[653]。これら教科書のうち，菊池大麓，藤沢利喜太郎，林鶴一，上野清，長沢亀之助らによって編纂された教科書が多かった。このようなブームが現れたのは，当時科挙制度が廃止され，新しい学制が実施されたことと密接な関係がある。

　新学制が公布された当時，新教育を推し進めるための教科書はほとんどなかったので，日本の数学教科書の翻訳，出版，発行がこの空白を埋めた。日本語から翻訳された数学の教科書は各地の学堂で使われ，中国における西洋数学の普及を大いに推進した。

　このような日本の数学教科書の翻訳を推進したのは，中国の先覚者たちの呼びかけと日本の教育者達の協力によるものであるが，緊急に教科書を編纂する必要性と日本の数学教科書が好評であったという中国の国内事情も一因としてある。

　日本の数学書の漢訳には，留学生や日本人が直接或いは間接的に関わっていた。なお，漢訳された日本の数学書は量的に多かっただけでなく，その質が高く評価され，教科書として広く普及するに伴い，旧来の中国式の数学記号から西洋式数学記号が用いられるようになった。そして，漢訳された日本人数学者

の著書を通じて，西洋近代数学の知識が日本から全面的に 20 世紀初頭の中国に輸入され，西洋近代数学の知識の中国での普及を大いに推進し，清末の教育制度の改革を推し進め，数学教育の変革及び数学知識の伝播を促したのだった。

第 2 節　帰国した留学生

　20 世紀の最初の 10 年間に大量の留学生が帰国したことによって教師の質が向上したことは，中国の数学教育の発展に大きな役割を果たした。

　1905 年に科挙を廃止して以降，中国各地にさらに多くの新式学校が創立され，普通学校や技術学校の区別なく，すべての学校に数学の課程が設けられた。一般に小学校では筆算，初等代数，簡単な平面幾何が教えられ，中学校と高等学校では初等代数，平面幾何，立体幾何学が教えられ，大学では三角法，解析幾何，微分学，微分方程式論などの内容が講義されていた。この時の新式学校の教壇に立っていたのが，一高のような教育機関を経て，日本を媒介として西洋の科学技術や数学の知識を身に付けた留学生であった。

　ここでは前述した一高に留学した清末の留学生関係の資料を用いて，東京帝国大学や京都帝国大学に進学し，中国に戻った後，数学者や数学教育者として中国数学の近代化に貢献した代表的な 3 人について考察する。

　この 3 人とは，1899（明治 32）年 9 月に一高に入学した最初の中国人留学生陳幌，1904（明治 37）年 1 月に京師大学堂から選ばれた 31 人の留学生のなかの 1 人である馮祖荀と私費で日本に留学し，同年の一高の入学試験に合格した胡濬済である。

1.　陳幌

　陳幌（Chen Huang）[654]，字は楽書，本籍は浙江省義烏であり，1898（光緒 24，明治 31）年の 4 月にほかの 3 人の学生とともに浙江省の官費留学生に選ばれ，日本に渡った。当時 30 歳だったと記録されているので，彼は 1869 年の生まれであると推定できる。彼は，日華学堂において日本語を勉強した後，1899 年にほかの 7 名の留学生と一緒に一高に入学した。『第一高等学校同窓生名簿』

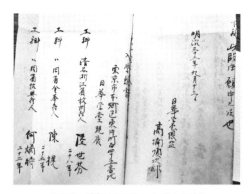

図52　陳幌が留学した時の記録　　　　**図53**　陳幌訳数学書

によると陳幌は 1902（明治 35）年一高の工科を卒業したという記録がある。一高を卒業した後，陳幌は引き続き東京帝国大学工科大学に進学し，1905（明治38）年に卒業した。帰国後，京師大学堂東文科と理科の教員になった。1912-1914 年に上海製造局に勤めた後，北京大学の教授となった。彼は数多くの日本の教科書を翻訳し，自身でも教科書を編集した。彼の翻訳した数学書の一つは水島久太郎の書いた『中学算理教科書』であり，1906 年に教科書訳輯社から出版された。陳幌はまた『初等代数学』という本を訳した。この本は東京清国留学生会館から第 5 版まで刊行された。ほかに『小物理学』という物理学の本も訳した[655]。

2.　馮祖荀

　　1904（明治 37）年の一高入学者の名簿に馮祖荀（1880-1940）の名前が見られる。馮祖荀は中国における著名な数学者の 1 人であり，数学教育者としても中国の近代数学教育史における代表的な人物である。

　　今までの馮祖荀に関する研究では，一高卒業後，京都帝国大学に入学した経緯に関しては不明であったが，駒場博物館の資料のなかから，馮祖荀が一高に留学していた時の状況と一高卒業後，京都帝国大学に入学した過程を詳細に記録した文書が発見された。すなわち，馮祖荀は 1902 年京師大学堂に入り，そ

の間日本への留学生に選ばれ，1904 年に初来日し，一高に入学した。一高同窓生名簿によると，1907（明治 40）年に理科を卒業した。そして，翌年に京都帝国大学に入学したのである。

　馮祖荀は 1910 年から 1911 年の間に帰国し，浙江両級師範学堂に赴任し，その後間もなく北京大学に務めるようになった。そして，1911 年以降何回も北京大学の数学学部の主任になったのである。1919 年には北京大学の数学門は数学学部に改称され，馮はふたたび数学学部の主任に任命された。彼は関数論，微分方程式論，変分法，集合論などの講座を担当した[656]。

　馮祖荀は北京大学数学学部の他にも，北京師範大学，中国東北大学の数学学部の主任にもなり，中国の近代数学教育の発展に貢献した[657]。

3.　胡濬済

　胡濬済（Hu Xun-Ji, 1884-？），字は東で，本籍は浙江慈渓である。彼は 1903（光緒 29, 明治 36）年 2 月，18 歳のときに私費で日本に留学し，最初は「清華学校」に入学して日本語を習得し，翌年の 1904 年に一高に入学した。『第一高等学校同窓生名簿』によると胡濬済は 1908（明治 41）年に一高の理科を卒業した。駒場博物館の資料には，京都帝国大学から一高に宛てた，胡濬済が京都帝国大学と東京帝国大学の入学試験に同時に合格したので，どちらか一つを選択させるように連絡した書類も残っている。胡濬済は東京帝国大学に進学して，理論物理学を専攻した。

　胡濬済は帰国後，浙江高等学堂，両級師範学堂の教員になり，1913 年に北京大学数学門の教授になった。1921（民国 10）年前後，彼の講座で講義されていた分野は群論，高等微積分，立体解析幾何などである。1935 年，中国数学会が設立されたときに，彼は評議委員になった。著書として『整数論』がある。また胡濬済は，日本人数学者竹内端三の『関数論』を翻訳した。竹内端三は 1919（大正 8）年から 1922（同 11）年に一高の教授になっていたが，胡濬済より 1 年前の

図 54　馮祖荀と胡濬済が留学した時の記録

1907（明治40）年に一高を卒業した先輩であった。

　以上例として挙げたのは日本からの帰国後，数学者，及び数学教育者になった人物であるが，教育者には前述した3人の数学教育者のほかに直隷師範学堂監督として中国の華北の師範教育の改革に貢献した張鎔緒，東京帝国大学農科を卒業し，帰国後2等の挙人の称号を授与されて，胡宗瀛直隷師範学堂監督として中国の華北の師範教育の改革に貢献した張鎔緒，東京帝国大学農科を卒業し，帰国後2等の挙人の称号を授与された胡宗瀛などがいる。

この章のまとめ

　20世紀初頭になると，清朝政府は教育制度の方面で，日本の学制やその後の教育制度を総合的に参照して模範とし，自国の近代的教育制度を定めた。

　本文で議論したように，清朝政府は1902年，日本の学制を模範として作った「欽定学堂章程」を公布したが，実施するにはいたらなかった。そして，それを基礎に1904年「奏定学堂章程」を公布し，教育の近代化に制度的な保障を与えた。

　この張之洞が主導して作成された「奏定学堂章程」は，中国教育史上初めて国民教育の理念を明確な形で打ち出し，画期的な役割を演じた学校制度である。張之洞は国民教育の普及が急務であることを次第に認識するようになり，戊戌変法時期の人材教育主義から国民教育主義へと思想的転換をしたのである。しかし，張之洞が国民教育を強調した背景には，従来の支配体制を維持・強化するための国民意識の統合という狙いが含まれていた。彼は国民教育の普及を通じて清朝による統治を社会の末端まで浸透させ，社会秩序の崩壊を食い止め，列強による中国分割の危機に対処しようとしたのである。

　清末最後の10年間に，「日本型教育体制」は確立された。ここで注意すべき点は，日本の各時期の教育制度を考察した上で公布された「奏定学堂章程」は，一時的な便宜（日本に学ぶ方が経済的で，文化的に有利）として，日本を媒介にして西洋の教育制度を学ぶことを主張したのではなかったという事実である。中国が西洋の近代教育を受容する際に，中国より30年早く教育の近代化をおこなった日本が，近代教育制度を定める時，各時期においてどう対処し，自国の

状況とどのように対応したのかが注目されていたのである。清末中国が日本から学ぼうとしたのは、いかにして急速に西洋の近代的教育システムを「伝統文化」に接合したかという方法である。

新教育制度を定めた 1904 年に、政府は計画的に留学生を派遣し、国内でも近代式大学の体制を備えることを目指した。20 世紀の初めに、日本や西洋に送り出した留学生が西洋の科学技術や数学を学ぶことになった。そして、留学から帰国した人々の手によって、中国では最初の数学学部が創設され、西洋数学の授業が開始された。清朝は自国の数学方面の人材を育てることに力を注ぎ、数学教育の近代化へ積極的に歩み始めたのである。

清末中国における数学教育の近代化において、中国語に翻訳された日本の数学者たちの著書は大きな役割を果たした。20 世紀初めの 20 年間、中国における新式学校で数学の教科書として使われたのは、ほとんど日本から伝わった教科書である。

このように 20 世紀初頭の中国の科学技術、数学教育の近代化だけではなく、社会構造の変化にも日本に留学した人々からの影響があり、張之洞のような官僚や康有為など啓蒙家が明治日本の経験を学び、中国の近代化を推進させるという目的はある程度実ったと言えるだろう。

結 論　中日数学の近代化が意味するもの

　19世紀半ば，中国と日本は，両国の文明史に未曾有の転機をもたらすこと
になった変革期の最中にあった。西洋からの圧力により，清末の中国と幕末・
明治初期の日本は，西洋で発展した近代科学技術の威力を実感し，その根底に
ある西洋数学を輸入するという道を歩むことを余儀なくされることになった。
しかしながら両国は，西洋の科学技術やその基礎である西洋数学を受容する点
に関しては大きく異なる対応を見せ，それぞれの行く末もまた大きく異なるこ
とになった。

　その状況を分析するために，19世紀後半の中国と日本において相互に影響
を及ぼした西洋の数学書を年代順に並べた図を次に示す。

中国		日本
ワイリー『数学啓蒙』1853	——→	塚本明毅『筆算訓蒙』1869
ワイリー・李善蘭『代数学』1859	——→	塚本明毅訓点版『代数学』1872
ワイリー・李善蘭『代微積拾級』1859	{	神田孝平写本『代微積拾級』1864-1865
		大村一秀『代微積拾級』訳本（作成年不詳）
		福田半『代微積拾級譯解』1872
フライヤー・華蘅芳『代数術』1873	——→	神保長致訓点版『代数術』1875
フライヤー・華蘅芳『微積溯源』1874	——→	東京数学会社雑誌』に問題の紹介がある（1879）

王国維訳『算術条目及教授法』1901	←——	藤沢利喜太郎『算術条目及教授法』1895
周藩訳『初等幾何学教科書』1905	←——	菊池大麓『初等幾何学教科書』1888
周藩訳『代数学講義』1907	←——	上野清『代数学講議録』1888
王水霊訳『平面三角法新教科書』1909	←——	沢田吾一『初等平面三角法教科書』1893
馬瀛訳『微分積分学』1911・1914	←——	長沢亀之助『微分学』1881，『積分学』1882

　図から読みとれるように，清末の中国では，李善蘭と華蘅芳のような数学者
が，いち早く西洋数学の先進性を認識し，西洋人宣教師との共訳という手段で

算術，代数学，幾何学，微分積分学の書物を翻訳した。それらの数学書は，日本人学者が西洋数学を学ぶ時の主な参考資料になった。だが，1880年代から日本の数学界は中国からの影響を受けることが少なくなり，直接西洋から大量の数学書を翻訳することになり，20世紀初頭になると，逆に中国の数学界に影響を及ぼし始めたわけである。

　筆者は本書の各章で，19世紀後半の中国と日本における西洋数学の受容の様相を比較することにより，その差違が生じた諸要因を探究した。

　西洋近代文明を取り入れるには日本より早かった清末の中国が，20世紀初頭になると，逆に日本を介して西洋文明を受容し，教育の近代化に努めた理由を，その制度的，思想的，社会的背景からまとめてみよう。

1.　教育制度改革がもたらしたもの

　19世紀の後半の中国では，人々の思想は官吏登用試験としての科挙制度に束縛され，教育内容は四書五経の訓詁注釈および八股文の作成を中心とした古典教育が主流であった。科挙制度そのものが社会生活の現実から完全に離れていたので，外国語や数学，自然科学などの教育を受けて政府に出仕するのは困難であった。そのため，当時の知識人階級は官吏登用とは無関係な新式学校や近代的学問にはまったく関心を示さず，新式学堂が優秀な人材を集めることは実際上不可能であった。

　本書第1部で登場した李善蘭と華蘅芳のように，西洋の数学や科学技術に興味を持ち，精力的に西洋文化の普及に力を注いだ人々は，清末中国では極めて少数であった。確かに，彼らの仕事を通じて，西洋の数学や科学の知識は清末中国に伝わり，彼らの著書は当時の洋務派の学校の教科書として使われ，一部知識人に読まれ，社会的にも一定の影響があった。さらに本論第2部，第3部で議論したようにそれらは日本にも伝わり，日本人学者の西洋数学，科学技術の受容にも影響を与えたのである。

　だが，清末の中国では，李善蘭と華蘅芳らの著作があったとしても，西洋の数学や科学技術の研究に専念した人物はあまり現れなかった。第1部で言及したように彼らの弟子にあたる何人かの人物が西洋数学の教育者になっていたが，

彼らは李善蘭と華蘅芳の訳した書物の内容を理解して，その内容を講じることだけで精一杯であった。2人の後継者から，影響力のある書物を残す数学者は現れなかった。

1904年の「奏定学堂章程」が定まる以前や，1905年に科挙制度が廃止される前の中国では，国民に広く西洋数学，科学知識を普及することは不可能であった。

清末の科挙制度のもと，李善蘭や華蘅芳のような人物が西洋の数学や科学技術に興味を持った背景には，彼らの家庭環境と個人の興味があった。彼らの共通点は，裕福な官僚の家庭に生まれて環境にも恵まれ，苦労をして科挙を受験しなくとも生活や社会的な地位が保障されていたことである。

彼らのもう一つの共通点は，そうは言っても科挙試験は何度か受験して失敗したことから，自分の生き甲斐となる新たな道を探した人々であるという事実である。李善蘭と華蘅芳の後継者のなかにもそのような人物はいた。本書第4部で議論した「瀏陽算学館」を創設した譚嗣同も6回ほど科挙試験に失敗した経歴がある。

1860〜1890年代までの中国では，洋務派が創設した新式学堂で西洋数学の教育も行われていた。しかし，同じ時期の日本のように，国民教育に関する政策の実施はなかった。西洋数学を義務教育に採用すること，数学普及のための学会創設，数学術語の整備，大学での数学科の設置，国際数学界への進出などの現象は，やはり当時の中国には現れなかった。

すなわち，洋務派の官僚たちは西洋列強との戦いで負けたことにより，西洋の軍事技術，科学技術に注目し始め，創設した学堂において西洋数学の教育を行っていたが，隣国日本のような制度改革による国民教育の普及，自然科学と工業技術の方面でも西洋各国と肩を並べるような近代国家の創出を目指さなかった。

清末に創られた新式学校はもっぱら，外交や翻訳，機械技術，軍事技術に関する人材の養成を目的にしたもので，科挙制度を頂点とする旧来の教育体制とまったく無関係な一部開明派官僚によって設立されたものにすぎず，もともと伝統的な教育体系やその内容を根本的に変革することをめざしたものではなかった。そのため，この新式教育により，全体的な教育の改革を実現すること

はできなかった。

　科挙を廃止した後も，その後遺症は知識人の意識に根を張りつづけていた。
例えば，本書第4部で論じたように，1904年に北京の京師大学堂から第一高
等学校に留学生を派遣する時に一高校長の狩野亨吉に宛てられた書類に，清国
政府制定「約束遊学生章程　鼓励遊学畢業生章程」があるが，そこでは，「文
部省直轄の各高等学校に三年留学して優秀な成績で卒業した者を挙人出身を
以て特別録用する，〔中略〕大学の某一科或は数科を学び畢業の文憑を得る者
を進士出身を以て特別録用する，〔中略〕日本国家大学院に五年以上留学し畢
業し博士文憑を得る者を翰林出身を以て升階する」と述べられ，科挙時代の資
格名称を留学から帰国した人々の資格にも適用しようとしていたのである。

　中国の近代教育者である陶行知（1891-1946）は，

　　　小学堂を卒業すれば秀才，中学堂卒業生は貢生，その上は挙人といい，
　　進士という。外国留学から帰って受験・合格すれば，翰林・状元となる。
　　そして世人はかれらを，洋秀才・洋貢生〔中略〕洋状元とよんだ。

と書き，さらに，

　　　資格の名称が廃止となり，学士・碩士・博士などというよびかたになる
　　と，一般社会はなんのことか，さっぱりわからない。資格を獲得した人々
　　のほうでも，やはり従来の名称に翻訳したがることとなり，学士は秀才，
　　第一位の博士は秋元ということになった。当人は得意満面，聞く人は羨望
　　おく能わずという状態である。これは洋服をまとった老八段，すなわち
　　「洋八段」である[658]。

と記述しているように科挙時代の影響により，政府のこのような妥協策は，
1912年中華民国が成立するまでつづいた。

　清末中国は明治期の日本に先立って，西洋の数学や科学技術を受容したが，
その背景には科挙試験を通して政府に出仕する制度があった。

　日本では，儒学の影響も強かったが，学制やその後の教育政策により，社会

全体は儒学教育の枠を超え，西洋実学主義，科学主義の学問教育に切り替え，西洋の近代科学技術を導入し，その基礎である西洋数学を完全に受容した。

第3部で議論した1872（明治5）年公布の学制のなかの「邑に不学の戸なく，家に不学の人なからしめん」という言葉は1904年に発布された清末の教育制度にも使われていた。学制公布から30余年後の中国で学制期のように国民教育の理想が提唱され，知識を学ぶべき道理が人々に教えられた。

こうして，もともと西洋数学を日本より早めに受け入れ，日本にも影響を与えた清末中国の教育界は，日清戦争後，日本に留学生を派遣し，日本に定着した西洋数学を学ぶようになった。

2.　近代化を妨げる保守的な思想

中国の歴史のなかで，昔は周辺の少数民族を「蛮夷」，「韃虜」と称し，近代になると西洋人を「夷狄野蛮人」と見下していた。1842年のアヘン戦争後に結ばれた南京条約に「英清両国は互に対等の礼を用うべく，夷狄野蛮人と称すべからざること」という1か条があり，1858年に結ばれた天津条約でも，「凡て欧州人を蛮夷と称すべからざること」という1か条があったのはその証拠である。

清末になっても中国は，西洋人が中国を訪れるのは，中国の文化を慕っているからであると思い続けて，西洋的な近代化を認めようとはしなかった。

明末清初の宣教師らによる中国への宣教から200余年も経つ間，中国は西洋のことを全く理解していなかった。このことについては，清末に訪れた宣教師らも言及している。フライヤーの著書には「マッテオ・リッチらは科学技術の本を著してから，200余年を過ぎて，西洋各国に科学技術は大いに発展し，新しい理論が輩出しているのに，中国はなお未だに知っていない」[659]としたように，清初から200余年過ぎた後の清末の社会は西洋の科学技術の成果に未知であった。そのため，アヘン戦争以降，西洋の列強は軍事的な侵略をし，鎖国をしていた清末の中国を開放させるとする一方，西洋の思想と文化を伝えようとしたが，中国は拒否していた。

多くの中国知識人は西洋の宣教師の協力で翻訳した漢訳の数学書や科学技術

の著書に無関心であり，長い間，自分の方から進んで西洋の本を翻訳すること
もなかった。

　西洋の語学を習得するための専門学校の設立は，日本では自発的であったが，
中国では 1858 年の天津条約の結果，イギリスやフランスに強制されて設立し
たにすぎない。

　清末漢訳西洋数学書の主な代表者である李善蘭と華衡芳は西洋数学の普及や
数学研究の交流のもつ重要性に対してある程度の認識を持っていたが，西洋の
語学力を備えていなかったため，彼らの翻訳した数学書は宣教師たちの選択に
頼っていた。これは明治時代の日本の数学者との根本的な違いだった。

　清末の多数の知識人と違って，李善蘭と華衡芳らは中国の伝統数学の教養が
あり，西洋の数学を受容する態度も積極的であったが，西洋数学の原典を直接
読めなかったので，共訳した漢訳書には明確な間違いも時々あった[660]。

　19 世紀後半の中国は，国内の教育施設の教育により，西洋の事情を熟知し，
西洋の語学力を身につけた数学者や西洋の科学技術に教養の有る学者を育てる
ことができなかった。

　これを解決するために海外への留学生派遣事業が発足したが，はたして，上
述した人材を養成することができたのか。実際には，日清戦争以前の海外留学
事業では，西洋数学に素養のある人材は 1 人も現れなかった。

　故に，19 世紀後半の外国へ留学生を派遣して，本場で西洋の科学技術や数
学を学ばせるという進歩的な人々の計画は，保守派官僚の妨害により挫折させ
られていたのである。

　以下はその一例である。

　1881 年は，中国と日本の数学教育の近代化に差が出始めた明治 14 年であり，
中国の時代区分では，光緒 7 年である。この年，中国である出来事があった。
それは，清末の中国では目立った事ではないかもしれないが，中国の数学教育
の西洋化が遅れ，日本より先に西洋の数学を受容していた優位性を失った時代
の背景として記述すべきことである。

　それは，清政府の駐米管理遊学委員（監督）呉子登が学生のアメリカ派遣中
止を上奏し，容閎（1828-1912）が洋務派官僚を説得し，実施したイエール大学
に毎年 30 名の留学生を派遣する事業を台無しにさせたことである[661]。呉子登

が留学生派遣を完全に中止させた理由は，「各学生，異国に適応し大本を忘れ，年長を敬わず，もとより無論その学問によって人材と成るを期し難し，たとえ成ってもまた中国に適用できず。後日，学業を終わり帰国しても，国家のために貢献することなく，且つ社会の害になるので，中国の国家の幸福のために，即時に留学事業を解散すべき」[662] ということであった。

　日本の数学界は漢訳西洋数学書の影響から離れ，中国で海外への留学生派遣事業を中止した 1880 年代から，中日両国の文化的地位は逆転しはじめ，日本は完全に過去の中国の地位を追い抜き，数学教育の近代化の方面でも越えて行くことになった。

　清末の新式学堂が設立された当時の官僚たちは，儒学のみが学問だと思っていたので，新式学堂が設立された当時は自然科学の科目を設置しなかった。同文館の状況はその一例である。

　多くの清末の保守的な官僚や一般の知識人は，西洋の科学技術や数学の受容に猛烈に反対した。その反対の旗印は儒教の思想の根本である聖人の道に背くとしたのである。西洋から伝わった数学・天文学・物理学などは「西学」と名づけられたが，この「西学」をもとにして造った機器は「機巧」の小術であって，「聖人の道に至らずし，聖人の道をけがすもの」と考えられた。

　保守派を説得するために，清末の開明派の官僚たちがとった対策は，「西学の起源は中国にある。機器の起源は中国にある」という「西学中源」説を打ち出して，「西学」を受容しようとしたことであった。

　本書第 4 部で言及した清末の変法維新派の人物である康有為や張之洞は，皆自分の著書のなかで，西洋の学問の源を中国の古代典籍のなかにあるとして，違う文化圏で発達した学問を無理に関係づけようとしていた。

　1904 年，第一高等学校に留学生を派遣した京師大学堂の総監督・孫家鼐「議覆開班京師大学堂摺」のなかで，「中学を主となし，西学を輔となす。中学を体となし，西学を用となす」と書いている。

　例えこのように言ったとしても，19 世紀末になると，中国は西学を受容しなければならないことになり，20 世紀初頭になると，教育制度を改革し，多くの留学生を日本や西欧各国に派遣することになった。

3. 学術団体が担う役割

　明治日本の代表的啓蒙思想家である福沢諭吉は，「東洋の儒教主義と西洋の文明主義と比較して見るに，東洋になきものは，有形に於いて数理学と，無形に於いて独立心と，此二点である」[663] と述べていた。福沢のいう「数理学」を体系的に導入し，その学問の制度化を図ることが，東京大学などの西洋数学の教育機関と東京数学会社のような学術団体の担うべき任務であった。

　中国や日本などの東アジア諸国が封建的で閉鎖された世界の中で「自足自楽」の「安易生活」を送っている間，西洋社会では，ガリレオ，デカルト，ホイヘンス，ライプニッツ，ニュートンらの科学者が登場し，数学，天文学，物理学，化学，生物学，地学，及び医学などの各分野において，スコラ学の伝統からほぼ完全に脱皮することに成功し，新しい学問体系が創造された。そして，この新しく創られた学問体系の制度化に，17世紀以降に設立された各種学会が貢献し，近代科学技術の発展を保証したのであった。

　数学では，19世紀後半の西洋において，専門的な数学教育を開始することによって職業としての数学者を生み出した。また近代的な数学学術団体を創立して，数学の専門家の研究組織が制度化するようになっていた。

　本書第3部で論じたように，東京数学会社は創設された初期から西洋数学界の情報を収集し，西洋数学の輸入に力を注いだ。また，それとともに数学を普及する役割を果たして，自由な学術の交流を行なう公的な数学者集団が出現した。

　東京数学会社が創設された時，主唱者の神田孝平や柳楢悦を始めとする主要メンバーたちは，西洋において数学会が次々と創設されていることを知っていた。初代社長になった柳の残したいくつかの発言の記録には，西洋各国が数学を発展させるために数学会を創設した事実を紹介した文章が見られる。例えば，柳は1880（明治13）年5月と翌年6月の発言において，

　　数学協会トイウモノハ泰西各国ニ於テ皆疾クニ開設シ以テ数理ヲ研究スル所ナレハ目下我国百事進歩ノ際ニ在テハ決シテ欠クベカラザル一事業タル…[664]

　　特ニ近世ニ至テハ泰西各国ノ士最モ此ニ留意シ相與ニ会社ヲ結ヒ醵金協
　　力此学ヲ擴張シ天地間千差万別ノ数理ヲ探究シ亳モ知ルベカラザルノ事物
　　ナカランヲ要スルモノ如シ其篤志ニシテ忍耐感歓ニ所不堪ナリ…[665]

と述べて，西洋諸国で数学会が創設されている状況を論じ，日本の数学を発展
させるためには数学会の創設が必要であると指摘し，日本数学界にとって不可
欠な一大事業であることを強調していた。和算家たちも，このような西洋の動
向を理解し，軍人出身の学者と西洋に学んだ数学者と協力し，日本の数学全体
の発展のために学術交流団体を設けて，学者同士が共通の学問的な環境の下で，
共同の研究を行なうことが必要だという点について，十分な認識を持っていた。
　東京数学会社が1884（明治17）年に東京数学物理学会に転換したあと，機関
誌で扱う数学の内容についても，西洋数学が中心になるようになった。
　東京数学会社の創設は，西洋科学技術の受容を制度的に保証する先駆になっ
た。さらに，その発展，及び東京数学物理学会への転換は，20世紀初頭，日
本が比較的速やかに西洋文明を受容し定着させたことの基礎工事となったので
ある。
　こうして，学制やそのあとの各教育制度，および東京数学会社のような学者
たちの集団的研究が定着したことで，19世紀日本における西洋数学の受容は
清末の中国より早まることが可能になった。
　東京数学会社が創設された時代と比較すると，中国で初期の数学会が創設さ
れた時期ははるかに遅い。19世紀後半の中国人数学者の研究は，非常に孤立
した形で行なわれており，集団的に研究をする機関はずっと現れなかった。李
善蘭と華衡芳のような2，3人の数学者が，西洋人宣教師の力に頼って数学書
を翻訳したが，数学教育の普及や研究交流のための学会を創設することはな
かった。
　本書第4部で紹介した譚嗣同の瀏陽算学館は西洋数学を普及するための小さ
な規模の学校のような施設であり，数学者たちの集団ではない。瀏陽算学館を
創設するという計画には最初から様々な困難があって，ようやく設立されたが，
集まってくる数学者や数学に興味を持っている会員が少なかったので成功する
に至らなかった。譚嗣同と唐才常も清末の維新運動や政治改革のために命を失

い，彼らの数学教育を振興させようとする事業も失敗に終わった。

　1900 年に設立された周達の知新算社は学会と言うべき組織だったが，規模は小さく影響もさほど大きくはなかった。中国での全国的な数学会は，1935 年 7 月 25 日に上海で創立された。この学会の創設者の陳建功，蘇歩清らも，日本で近代西洋式数学の教育を受け，日本の大学（東北帝国大学）で数学の学位を授与された人たちであった。

　清末中国では，西洋の科学技術や数学の重要性を認識した人物の多くは維新思想や西洋の民主思想を主張していた人々であったため，彼らの数学団体を創設するという発想は最初から保守勢力の反発を招いていた。第 4 部で論じたように，梁啓超が主幹になっていた時務学堂が西洋の数学教育を行っていた。この学堂は張之洞らの開明派の官僚たちに支援されていたが，その機関誌の『時務報』に維新思想や教育制度改革の言論が掲載されると即時に制裁されるようになった。

　このように清末中国の数学界と明治期の日本の数学界を比較してみると，日本で東京数学会社のような組織があったことは，西洋数学の普及が速く進んだ一因になったわけである。

　本書では，清末の中国と明治期の日本における西洋数学の受容を，主に両国間の文化と教育における交流を中心にして，一部新資料や未公開の資料を利用して研究を進めた。だが，幾つかの事項は今後の課題として残されている。

　本書では，東京数学会社の会員の数学上の業績を，その機関誌に発表した問題や西洋から翻訳した著書を中心にして検討したが，明治期の日本における西洋数学の普及を促したほかの著書やほかの機関誌に発表された業績については論じられなかった。たとえば，東京数学会社の会員であった和算家の福田理軒の西洋数学書の翻訳事業については言及しなかったが，彼の仕事も正当に評価していくべきだと思われる。

　明治時代の西洋の幾何学教育については，本書第 2 部で静岡学問所に教員として務めていたアメリカ人の宣教師クラークが日本人学者川北朝鄰・山本正至とユークリッドの *Elementa* の前 6 巻を『幾何学原礎』という名前で翻訳したことを紹介した。この『幾何学原礎』がユークリッドの幾何学の教科書として

明治 19 年まで日本の尋常中学校で使われていた。『幾何学原礎』の底本は長年知られていなかったが，筆者が明治時代の日本に輸入された幾つかのユークリッドの *Elementa* の著書を探して調べた結果，その種本はイギリスの数学者ロバート・シムソンの *The elements of Euclid*（1787）であることが判明した。しかし，19 世紀のイギリスにおけるロバート・シムソンの幾何学の研究の状況はよく分かっていない。今後機会を求めて詳細な調査を行ないたい。

　本書では，明治初期の日本における漢訳西洋数学書の影響に関する研究として，神保長致の訓点版『代数術』の内容を詳細に分析し，『代数術』の底本についても研究をおこなった。それをもとに，定説になっていたウィリアム・ウォレスの *Encyclopaedia Britannica*（8th ed. 1853）Volume Ⅱ のなかでの Algebra の項であるという通説が正確ではないことを指摘し，ウィリアム・ウォレスにはほかにも代数学の著書があると論じた。だが，『代数術』の真の底本，また漢訳書の共訳者の 1 人である宣教師のフライヤーがウィリアム・ウォレスのものを選んだ理由については，本書では，明らかにすることをできなかったので，これをも今後の課題として残したい。

　上述した 2 つの課題のほか，明治期の数学者が西洋の数学書を直接翻訳した時，底本を選んだ理由についても本書のなかでは深く検討しなかったので，これらの問題に明確な答えを出すことを筆者の今後の数学史，科学史の研究の新たな目標にしたい。

　本書では，清末の留学生らが日本でうけた数学教育の実態を考察し，彼らの手によって中国語に訳され，中国に伝わった数学書，および初期の留学生のなかから生まれた，中国最初の数学者，数学教育者を紹介した。清末の留学生たちの帰国後の業績が実り始めたのは，1910 年代以降のことであるため，本書では詳細に検討することはしなかった。そのような研究をも今後の課題として，さらなる成果を得ることを期待する次第である。

　このように，中国と日本のような東アジアの国々における数学教育の近代史は，伝統的な数学を捨て，西洋の航海術，科学技術を学ぶための基本として，西洋数学の知識を勉強することから始まった。そして，伝統数学を西洋数学に置き換えるといった当時の西洋数学からすれば初等的な内容から出発し，西洋

の数学書を用いた受容を深めていた。両国の数学教育の近代化はそれぞれの国の時代背景により，進んだ道も違っていたが，結果的には，両国とも世界数学のネットワークに加わることになったわけである。

　最後に指摘しておきたいことは，数学は人類の文化の一つであり，国と国の間に，教育と文化の国際的な交流を実現させるということである。今日の数学史の一つの研究課題に，西洋の数学者の数学的業績がどのような形で東アジアに紹介され，また，理解されたのかという問題が存在するが，これが東西文化交流の研究に欠かせない一つのテーマである。本書は，筆者のこのテーマへのささやかな挑戦であり，今後はさらなる努力を通じて，自分の研究を深めることを目標として進めていきたい。

注

1) 東京大学駒場博物館保存の『自明治三十六年至明治四十五年　外国人入学関係書類　第一高等学校』，『自明治四十六年至大正四年　支那留学生入学書類　第一高等学校』，『自明治四十一至大正十年　支那留学生ニ関スル職員進退』，『昭和二―六年　留学生書類』，駒場図書館保存の『清国留学生関係公文書・書翰目録』を利用した。以上の文献は未公開の資料であり，東京大学大学院総合文化研究科岡本拓司先生の紹介によって知ることができた。また，『清国留学生関係公文書・書翰目録』のなかの「01　明治36年12月7日付狩野亨吉宛山川健次郎書翰（第24函：（ヤ40）山川健次郎），「02　明治36年12月8日付久保田文部大臣宛服部宇之吉・巌谷孫蔵書翰（留学生1-8）」，「03　明治37年1月7日付狩野亨吉宛服部宇之吉書翰（留学生1-6）」などの資料は東京大学大学院総合文化研究科の安達裕之教授の整理した書類を参考にした。

2) ここでの新式学堂とは，科挙のための私塾や地方での学校と区別される，西洋の科学技術や数学を教える学校を指している。

3) イタリア人。イエズス会の宣教師で，ドイツの数学者クラヴィウス（C. Clavius, 1537-1612）に数学を学んだという。1582年中国に来て，最初はマカオにいて，その後中国の南昌，南京に布教し，さらに，北京に進出した。中国の官僚たちと知り合い，中国人学者と『幾何原本』，『測量全義』，『同文算指』，『圓容較義』などの書籍を共訳した。

4) 雍正朝（1723-1735），皇帝は清世宗胤禛（1678-1735）である。

5) 中国故宮博物院編『康熙帝与羅馬使節関係文書』によると，清の康熙朝（1662-1722）の後期にローマ教皇は「教皇禁約釈文」を発布し，中国のカトリック教徒に対する支配をますます強めた。このことに対し，康熙皇帝（1654-1722）が激怒し，「以後不必西洋人在中国行教，禁止可也，免得多事」と命じたと書かれている。清朝の鎖国に関する最初の法令は，1724年2月に雍正帝が発した禁教令である。清朝の鎖国期にあたる清高宗弘暦（1717-1799）の統制していた乾隆朝（1736-1795）には，西洋の天文学，暦法，地理学の書物は稀にではあるが入っていたという。しかし，鎖国期に伝わった西洋の数学の書籍があったとする史料はいままで見つかっていない。黎難秋『中国科学文献翻訳史稿』，中国科学技術大学出版社，1993，p. 57 参照。

6) 1850-1864年に起こった清末の農民たちによる武装蜂起のこと。

7) 範迪吉編訳『編訳普通教育百科全書』は1903年に刊行された会文学社出版の叢書。宗教・哲学6種類，文学1種，教育5種類，政治・法律18種類，自然科学28種類，農業・商業・工業22種類の日本の著書を中国語に翻訳し，完全に日本で使われていた術語を使った訳書であり，当時の中国の教育に広く使われた。数学書である『初等代数新書』，『初等幾何学』，『新撰三角法』はいずれも冨山房編の教科書である。

8) 日本における数学書の横書きは，東京数学会社の社員であり，訳語統一論の先駆者である中川将行・荒川重平訳の『幾何問題』（1875）が最初であり，これについで長沢亀之助『ウーリッチ陸軍大学試験問題集』（1886年7月）が横書きで印刷された。小倉金之助『数学教育の歴史』，『小倉金之助著作集6』，勁草書房，1973，p. 264 参照。

9) イタリア人。イエズス会の宣教師で，マッテオ・リッチと同じくクラヴィウスに数学を

学んだという。1602年来日。各地に布教。京都に学林を設け，のちに火刑に処せられた
（元和大殉教）。

10）広瀬秀雄，古島敏雄，中山茂ほか編『近世科学思想』（下）（日本思想大系63），岩波書店，
1971。このなかの尾原悟「ヨーロッパ科学思想の伝来と受容」，「解題」を参照。

11）禁書令緩和の前にも既に輸入されていたことが今日では知られている。

12）幕末に，オランダから日本に輸入された数学書としては，P. J. Baudet, *Opleiding tot de
kennis der algebra* (1850), J. Badon Ghijben, *Beginselen der differentiaal-en integraal-rekening*
(1847) などがある。さらに，英米から輸入された数学書としては，G. R. Perkins, *A
Treatise on Algebra, Embracing besides the Elementary Principles* (1865), H. N. Robinson, *New
Elementary Algebra* (1859) などがある。幕末アメリカに留学した新島襄も約10部の数学
書を携えて帰ってきたという。仏独から輸入された数学書としては，M. Saigey, *Elements
d'algebre de Bezout* (1848) などがある。前掲書『日本の数学100年史』（上），pp. 37-42。

13）1885（明治18）年に刊行された東京数学物理学会編輯委員輯録『東京数学物理学会記事』
第1巻のなかに，本書で議論する，「本会沿革」という「東京数学会社」の発展の流れが
記録された文章があり，その中にはこの一文が書かれている。

14）この点については，特に三上義夫がその著『文化史上より見たる日本の数学』（創元社，
1947）のなかで力説するところである。

15）正橋剛二『筬井四郎右衛門と自然登水車』1991，丸善金沢出版サービスセンター，p. 43,
または，佐藤賢一『近世日本数学史』，東京大学出版会，2005，pp. 183-212。

16）東アジア数学史研究会編『関流和算書大成―関書四伝書』（第1巻 解説 前伝首巻～第
94）勉誠出版，2008，pp. 113-116。

17）東京数学会社が創設された年の1877年，和算家佐久間纉（1819-1896）は『算法起源集』
（点竄術の定則と実例を説明）と『和算独学』（佐久間は『雑誌』の第11号に容円問題を
提出している）を刊行した。そのほか，萩原禎助『円理算要』（1878），鈴木円『容術新題』
（1878），福田理軒『算法玉手箱』（1878，1879）などが出版された。

18）本書の第3部に紹介するが，東京数学会社の初代社長であった柳楢悦が東京数学会社の
機関誌に西洋数学を和算で解釈した記事を掲載したという代表的な事例がある。

19）西洋数学が普及した明治時代の後期に入った後でも，一部地方では，当時の義務教育の
補助として和算の教育が行われたことを佐藤賢一先生より教示された。

20）大村一秀が代表的な人物である。

21）神田孝平，塚本明毅，神保長致，福田治軒，長沢亀之助らがその代表的な人物である。

22）その代表的な事例として，本書の第2部，第3部に紹介する神保長致や長沢亀之助らの
仕事が挙げられる。

23）小林龍彦「『暦算全書』の三角法と『崇禎暦書』の割円八線之表の伝来について」『科学
史研究』Vol. 29（1990/06）（通号174）pp. 83-92，または小林龍彦博士論文『徳川日本に
おける漢訳西洋暦算書の受容』（東京大学，2003）pp. 239-242。

24）原文は「近来偶得窺幾何原本，勾股法義，測量法義等之旨，竊探其蘊，而倍喜焉」である。
万尾時春『見立算規矩分等集』の序文，第1丁裏参照。

25）日本学士院編『明治前日本数学史』第4巻，岩波書店，1960，pp. 160-161。

26）図形の面積や体積などの大きさを測ること。

27）小林龍彦前掲博士論文 p. 285。

28）八耳俊文「入華プロテスタント宣教師と日本の書物・西洋の書物」『或問』第 9 号，2005，pp. 29-30。

29）黎難秋『中国科学文献翻訳史稿』，中国科学技術大学出版社，1993，p. 84。

30）黎難秋前掲書，pp. 84-85。

31）Mikami Yosio, *The Development of Mathematics in China and Japan*，(Leipzig：Teubner, 1913；New York：Chelsea, 1974)。日本では『和漢数学発達史』と訳され，中国で『中日数学発展史』と訳されている。

32）汪暁勤『中西科学交流的功臣―偉烈亜力』，科学出版社，2000，p. 43。

33）汪暁勤前掲書，p. 43。

34）前掲書，p. 120。

35）李善蘭『天算或問』巻一，李迪著，大竹茂雄・陸人瑞訳『中国の数学通史』，森北出版，2002，p. 287。

36）銭宝琮『中国数学史』科学出版社，1992，p. 317，または川原秀城訳銭宝琮『中国数学史』p. 317。

37）李善蘭『重学』中国語訳自序（1859）参照。

38）李善蘭前掲書自序（1859）参照。

39）前掲書自序（1859）参照。

40）丁福保『算学書目提要』巻中，北京：文物出版社，1984。前掲載李迪著大竹茂雄・陸人瑞訳『中国の数学通史』，p. 288。

41）『格致彙編』第 3 巻（1880）p. 45。

42）沈国威編『六合叢談（1857-1858）の学際的研究』，白帝社，1999。

43）呉文俊主編『中国数学史大系』（第 8 巻），北京師範大学，2000，p. 153。

44）牟安世著『洋務運動』4，上海人民出版社，1956，p. 147。

45）牟安世前掲書，p. 147。

46）呉文俊前掲書，p. 153。

47）フライヤー（傅蘭雅）『江南製造局翻訳西書事略』参照。

48）王揚宗『傅蘭雅与近代中国的科学啓蒙』（西学東伝人物叢書），科学出版社，2000，p. 132。

49）前掲書，p. 140。

50）王鉄軍「傅蘭雅与『格致彙編』」，『世界哲学』2001，第 4 期，p. 43。

51）『格致彙編』第 1 期，南京古旧書店刊行影印本，1992。

52）梁啓超『西学書目表』1896 年 10 月，上海時務報館石印。この著書には 298 種の洋書が収録されている。

53）フライヤーの「格致書室」では書籍も出版されていたので，出版社とも言われていた。

54）『国史・儒林・華蘅芳列伝』による。李厳・銭宝琮『科学史全集』（第 8 巻）遼寧教育出版社，1998，p. 353。

55) ここでの「飛帰」とは中国伝統数学「珠算」のなかの術語であり，2桁の数の除法を計算する方法を指す。

56) 華蘅芳『学算筆談』（全12巻），1897。和算研究所所蔵本を参照した。この引用は，中国語の原文を筆者が日本語に訳した。文中の〔　〕は便宜的に補足したものである。

57) 李厳・銭宝琮前掲書，p. 353。

58) フライヤー「江南製造総局翻訳西書事略」，『格致彙編』，1880（光緒6）年巻を参照。

59) 李迪著大竹茂雄・陸人瑞訳『中国の数学通史』pp. 311-313 参照。銭宝琮『中国数学史』科学出版社，1992，pp. 335-337，または川原秀城訳銭宝琮『中国数学史』pp. 347-349。

60) 紀志剛『傑出的翻訳家和実践家―華蘅芳』，科学出版社，2000，p. 58。

61) 華蘅芳の『算草叢存』は4巻本と4冊の8巻本があり，1897（光緒丁酉）年に再刊された。

62) 原筆者の英語名および書名は不明である。

63) 呉文俊前掲書，p. 154。

64) 魏允恭『江南製造局記』，台北:文海出版社（1905，光緒31年刊本の影印），1969，pp. 34-35。

65) フライヤー（傅蘭雅）『江南製造総局翻訳西書事略』1880（光緒6）年，第4章「論訳書各数目與目録」参照。

66) エーテル。宇宙空間を満たす媒質として，かつて仮想されたもの。「以脱」ともいう。

67) 黎難秋前掲書，pp. 102-103。

68) 「国子監」とは儒学の普及督学に務めるために設けられた官庁である。儒学を講ずる国子学・太学（共に中央の国営学問所。入学資格に違いがある）や律学，書学，算学など実務を担当する下級官吏を養成する学校を管理するところである。

69) 偉烈亜力『中国基督教育事業』，商務印書館（上海），1922，p. 18。

70) 李厳『中国数学大綱』（下冊），科学出版社，1958，p. 527。

71) 陳景磐『中国近代教育史』，人民教育出版社，1986，p. 65。

72) 東京大学駒場博物館保存『自明治三十六年至明治四十五年　外国人入学関係書類　第一高等学校』による。

73) 中国科学院自然科学史研究所編『李厳銭宝琮科学史全集』（第8巻），遼寧教育出版社，p. 276。

74) 畢桂芬「京師同文館学友会第一次報告書」，『報告書』，1916年3月，京華書局印刷。

75) 中国の官僚の職名で省の最高官僚である。

76) 陳宝泉前掲書，p. 3。

77) 馮桂芬「上海設立同文館議」『校頒廬抗議』1861 参照。陳富康著『中国訳学理論史稿』，上海外語教育出版社，1992，p. 73 参照。馮桂芬（1809-1874）江蘇呉県の人。1832年，24歳のとき，林則徐の門人となる。後に上海に至り，西欧資産階級の思想に触れ，政治改革と西欧学術の導入による国力の充実を主張，その思想は洋務派に影響を与えた。

78) 清代の政府機構の名称，現在の日本の内閣に相当する。

79) 馮桂芬（1809-1874），江蘇省呉県の人である。1832年，24歳の時，林則徐の門人となる。その後，上海に行き，西欧の資産主義思想に触れ，政治改革と西洋学術の導入による国力の充実を主張した。彼の思想は洋務派と資産階級改良派の両方に影響を与えた。馮桂芬に

よる地方にも西洋の言語学の施設を設立するという建議は彼の「上海設立同文館議」『校
頒廬講義』（1861）に書かれている。陳富康著『中国訳学理論史稿』上海学国語教育出版社，
1992，p. 73。

80）鄭鶴声，鄭鶴春『中国文献学概要』，商務印書館，1930，p. 164。

81）前掲書，p. 164。

82）席裕福，沈師徐輯『皇朝政典類纂』巻 230，台北文海出版社，1969 のなかの「諭折彙存」
を参照。または，『東華統録』（清）王先謙纂修，台北：文海出版社，1963 年再刊本，p. 369。

83）席裕福，沈師徐輯『皇朝政典類纂』巻 230，台北文海出版社，1969 のなかの「諭折彙存」
を参照。

84）『東華統録』（清）王先謙纂修，台北：文海出版社，1963 再刊本，p. 369。

85）鄭鶴声，鄭鶴春前掲書，p. 164。または席裕福，沈師徐前掲書，p. 369。

86）熊月之『西学東漸与晩清社会』，上海人民出版社，1994，p. 336。

87）『江南製造局記』巻 2 参照。「正課の学生」とは「本科生」，「附課の学生」とは「予科生」
に当たる。

88）当時の中国では「数学」のことを「算術」，「算学」としていた。

89）陳宝泉『中国近代学制変遷史』，北京文化学社，1927，pp. 9–10。

90）李兆華「時日醇『百鶏術衍』」『数学史研究文集』，第 2 輯，1991，または，諸可宝「時日
醇伝」『疇人伝』3 編，巻 5，商務印書館，pp. 815–816 参照。

91）劉彝程の数学の研究および教育について田淼「清末数学家与数学教育家劉彝程」『中国数
学史論文集』（第 3 輯），内蒙古師範大学出版社・（台北）九章出版社，1992 を参照。

92）李恭簡修，魏俊，任乃庚撰「劉彝程伝」『続修興化県志』，1943。

93）華蘅芳『微積溯源』序文一丁表参照（同治 13 年江南製造局刊行）。

94）劉彝程「求志書院算學課藝」，1896，p. 4 参照。

95）田淼「清末數學家與數學教育家劉彝程」『数学史研究文集』（第 3 輯），内蒙古大学出版社・
九章出版社，1992，p. 117。

96）前掲呉文俊主編『中国数学史大系』（第 8 巻），p. 319。

97）陳宝泉前掲書，p. 6。

98）『江南製造局記』巻 2，p. 23。

99）恭親王の本名は奕訢という。1833 年道明帝の第 6 子として誕生。中国初の外交機関を設
立。政治改革を断行し清朝の実権を握るも，西太后との確執により失脚。1898 年没。清
朝末期の外交を一手に引き受けていた人物であり，洋務運動の支持者である。

100）『皇朝経世文』3 編巻 1。舒新城『近代中国教育史料』第 1 冊，中華書局，p. 8。

101）前掲載「京師同文館学友会第一次報告書」「序」参照。

102）前掲載「序」参照。

103）『皇朝蓄艾文編』巻 14。前掲書舒新城『近代中国教育史料』第 1 冊，pp. 9–11。

104）格物致知（かくぶつちち）とは，古代中国における思想史上の術語。普段「格致」と略
されている。『礼記』大学篇（『大学』）の一節「致知在格物，物格而知至」に由来し，儒
学史上，さまざまな解釈がなされた。宋代以降の儒教（宋学）において「窮理」（『易』説

卦伝に由来）と結びつけられ、事物の道理を追究することとして重要視された。清末中国
では、西洋から自然科学を導入するに際して格物や格致が「博物学」の意味でよく使われ
るようになった。日本では窮理から理科や理学の語を当てたと考えられる。

105) 『東華続録』巻58の「同治」の部分を参照。

106) 銭宝琮『中国数学史』、科学出版社、1992、p. 330。

107) 席淦、貴栄の紹介について前掲書呉文俊主編『中国数学史大系』（第8巻）、p. 275。

108) 丁韙良「同文館算学課芸序」、1896（光緒22）年石印本。

109) 『測円海鏡』（1248）とは宋朝の数学李冶（1192-1279）の著書である。

110) 四元術とは、中国の宋元時代の伝統数学であり、未知数が四つである連立方程式のこと
をさしている。宋元時代の伝統数学者朱世潔（生卒年不詳）『四元玉鑑』（1303）がその代
表作である。朱世潔のもう1冊の著書『算学啓蒙』（1299）は、日本の伝統数学の設立に
大きな影響が与えた。清代の数学者たちは四元連立方程式の研究で多くの成果をあげた。
李善蘭も四元術に対する著書があるので、ここで現れた「四元術」とは李の著書である『四
元解』のなかの内容を指している可能性が高い。

111) 何炳松「三十五年来中国之大学教育」『最近三十五年之中国教育』、1931、pp. 56-58。

112) 呉文俊前掲書、p. 273。

113) 船渠とは船舶の修理、建造、検査などのために海岸に設けられた施設を言う。

114) 沈伝経『福州船政局』、四川人民出版社、1987、p. 56。また、沈伝経、劉洪决『左宗棠専論』
（四川大学出版社、2003）第四章第三節を参照。

115) 舒新城編『近代中国教育思想史』、上海：中華書局、1929、pp. 43-44。

116) 「武備」とは軍事のことである。

117) 梁啓超『飲氷室文集上』、廣智書局、1914（訂正10版）、p. 189。

118) 前掲書、p. 189。

119) 大槻宏樹『教育上からみた大隈重信研究』早稲田大学大学院文学研究科修士論文、1958、
付録「致遠館」に関する内容を参照。

120) 笠井助治『近世藩校の総合的研究』所収の近世藩校一覧表、吉川弘文館、1960。

121) 和算用語、代数学のことである。「点竄」の源について東京数学会社機関雑誌第43号
（1882年1月）に、川北朝鄰による詳しい説明がある。

122) 「日本の数学100年史」編集委員会編『日本の数学100年史』（上）、岩波書店、1983、p. 23。

123) 藤井哲博『長崎海軍伝習所―19世紀東西文化の接点』、中公新書、1991年5月、p. 3。

124) 前掲書、pp. 4-7。

125) 前掲書『日本の数学100年史』（上）、p. 23。

126) 秀島成忠編『佐賀藩海軍史』『明治百年史叢書』第157巻、原書房、1972（1917年の複製）、
pp. 142-143。カリキュラムのなかの「巻木綿」とは外科の包帯術であり、ペロトンとは、
peloton（仏）、platoon（英）のことで、小隊をいい、また百羅屯と書く時もある。バタイ
ロンとは、bataillion（仏）、battalion（英）のことで、大隊をいい、また抜隊龍と書く時も
ある。利仁意とは、リニーともいい、ligné（仏）、line（英）、横隊を言う。それぞれの下
に「学校にて」とあるところを見ると、実地訓練ではなく、学校での座学（講義）と思わ

れる。

127）前掲書『日本の数学 100 年史』（上），p. 24。

128）藤井哲博『咸臨丸航海長小野友五郎の生涯―幕末明治のテクノクラート』中公新書，1985，
p. 35。

129）前掲書，p. 40。

130）前掲書藤井哲博『長崎海軍伝習所―19 世紀東西文化の接点』，p. 126。筆者は国立国会図
書館所蔵ピラールの航海術書を閲覧した。この本のタイトルを日本語に訳すと『理論的お
よび実践的航海術の手引き』である。本文で後述するが，伝習生になっていた柳楢悦は，
ピラールの原書を翻訳し，『航海惑問』（1862）として出版した。

131）中村孝也『中牟田倉之助伝』，1919，または武田楠雄『維新と科学』岩波新書（青版），1972，
p. 31，および『日本の数学 100 年史』（上）p. 25。

132）沼田次郎『幕末洋学史』，刀江書院，1951 年 7 月，p. 94。

133）秀島成忠前掲書，p. 102。引用箇所のなかで，ステルキュンストは点竄，代数学，メート
キュンストは測量術を指している。

134）小松醇郎『幕末・明治初期数学者群像』（上）幕末編，吉岡書店，1990，p. 18。

135）前掲書藤井哲博『咸臨丸航海長小野友五郎の生涯―幕末明治のテクノクラート』p. 24。

136）前掲書，p. 25。

137）中村孝也著『中牟田倉之助伝』，中牟田武信，1919，p. 146。

138）小野家所蔵小野友五郎自筆の「本邦洋算伝来」なる草稿を参照。

139）「渦巻」とは，「不規則曲線」のことを言っている。

140）小野友五郎「珠算の巧用」『数学報知』90 号，1891 年 5 月 20 日。

141）小野家所蔵小野友五郎自筆の「本邦洋算伝来」なる草稿を参照。

142）秀島成忠前掲書，p. 86。

143）小松醇郎前掲書，p. 24。

144）大林日出雄「柳楢悦―わが国，水路測量の父―」『津市民文化創刊号』，1992 年 9 月を参照。

145）前掲文を参照。

146）前掲文を参照。

147）明末清初の中国に伝わった西洋の三角関数のことを指す。

148）武田楠雄『維新と科学』，岩波新書（青版），1972 年 3 月，p. 134。

149）小倉金之助『数学教育史研究』（第 2 輯），岩波書店，1948，p. 212。

150）筆者は東北大学狩野文庫が所蔵している，柳楢悦の著書『新巧算題三章』，『量地括要』
を閲覧したが，その内容は主に楕円に関する解法である。『新巧算題三章』の最後のペー
ジには「関流第八伝」と書かれている。『量地括要』は航海術のために使う三角関数を論
じたものである。『算法蕉葉集』，『算法橙実集』，『算題類選』については学士院所蔵の原
本を閲覧したが，これらは円錐曲線論・解析幾何の問題を扱った書物である。

151）小松醇郎前掲書，pp. 53-58。

152）大林日出雄「洋学の研究」『津市民文化』第 20 号，1993，p. 35。

153) 前掲文, p. 34。

154) 原平三「蕃書調所の創設」『歴史学研究』No. 103, 1941, p. 345。

155) 文部省編『日本教育史資料』第7巻, 鳳出版 (冨山房, 明治23-25年刊の複製), 1984, p. 664。または『日本の数学100年史』(上) p. 28。

156)「開物成務」は『周易』「易経繋辞上」のなかの言葉である。人知を開発し, 事業を成しとげさせることを指す。

157) 原平三「蕃書調所の科学および技術部門について」『帝国学士院記事』(2), No. 3 (1943), p. 437。

158) 前掲書『日本の数学100年史』(上) p. 28。

159) 宮地正人「混沌の中の開成所」, 以下のサイト
http://www.um.u-tokyo.ac.jp/publish_db/1997Archaeology/01/10300.html からの参照である。

160) 宮地正人前掲論文参照。

161) 前掲書『日本の数学100年史』(上) p. 28。

162) 原平三「蕃書調所の科学および技術部門について」(1943年10月12日報告) 参照。

163) 三河西端藩は, 現在の愛知県の一部である。黒沢弥五郎については, 小松醇郎「蕃書調所数学教授黒沢弥五郎について」『数学史研究』第110号, 1986年9月, pp. 13-16。

164) 小倉金之助前掲書『数学史研究』p. 174。

165) 原平三前掲論文「蕃書調所の科学および技術部門について」p. 438。

166) 前掲書『日本の数学100年史』(上) p. 29。

167) 原平三前掲論文「蕃書調所の科学および技術部門について」p. 438。

168) 前掲書『日本教育史資料』第7巻, p. 666。

169) 神田孝平が『代微積拾級』を学んだ際の写本は東北大学の林文庫に保存されているが, 筆者がそれを実見した際, 本の余白に神田の書いた数式が多数あることを確認した。神田孝平の『代微積拾級』の研究については, 馮立昇氏の論文「『代微積拾級』の日本への伝播と影響について」,『数学史研究』Vol.162, 1999, pp. 17-18を参照。

170) 容術とは和算の用語である。「円や多角形」を接触させる問題を「容術」と呼ぶ。

171) 神田孝平の生涯と業績については, 神田乃武編輯『神田孝平略伝』(秀英舎第一工場, 1910), または, 前掲書小松醇郎, pp. 89-117, 田崎哲郎「神田孝平の数学観をめぐって」『日本洋学史の研究V』(創元社, 1980) pp. 191-204 などを参照。

172) 尾崎護『低き声にて語れ——元老院議官　神田孝平』(新潮社, 1998) p. 273。

173) ここでのa型とは, まず掛ける数 (乗数) を, 掛けられる数 (被乗数) に掛けあげ, 下ろしてその積を書き, このように「掛け上げ下ろし」を繰り返す方法を言う, b型とは, 乗数を被乗数に掛け下ろして積を書いて, 「掛け下ろし」を繰り返す方法を言う。二つの方法の根本的な違いは「被乗数の位置が積から遠いか近いによる」のである。したがって, 「a型」を「遠積法」, 「b型」を「近積法」とも言う。「a型」の「遠積法」と「b型」の「近積法」について, 小倉金之助『近代日本の数学』, 勁草書房, 1973, pp. 276-277 を参照。現在の数学の教育中, 「a型」を教えている教科書が多い。

174) 英学者, 神田孝平の養子である。

175）『算学新誌』，第 17 号，（東京）開数舎，1879 年 4 月。

176）小倉金之助前掲書，p. 201 参照。

177）『数学教授本』第 2 巻序文を参照。

178）馮立昇「代微積拾級の日本への伝播と影響について」，『数学史研究』Vol. 162，1999，pp. 15-28 参照。

179）東京帝国大学編『東京帝国大学五十年史』（上），1932，p. 122。

180）菊池大麓「本朝数学について」「関孝和先生二百年忌記念」東京数学物理学会『本朝数学通俗講演集』（大日本図書株式会社，1908），p. 12 を参照。

181）目賀田種太郎（めがた たねたろう）は，日本の政治家・弁護士・法学者・裁判官・官僚。元貴族院議員。専修大学の創始者の 1 人である。男爵。ハーバード法律学校（ハーバード大学）卒業。

182）小倉金之助前掲書『数学史研究』（第 2 輯），p. 175。

183）安藤洋美「明治数学史の一断面」『数学史の研究』，京都大学数理解析研究所，2001 年 4 月，p. 181 を参照。

184）安藤洋美前掲論文，p. 182。

185）前掲論文，p. 184。

186）山下太郎『明治の文明開化のさきがけ―静岡学問所と沼津兵学校の教授たち』，北樹出版，1995，p. 64。

187）山下太郎前掲書，p. 65。

188）小倉金之助前掲書『近代日本の数学』，p. 152。

189）杉本つとむ『西欧文化受容の諸相　杉本つとむ著作選集』第 9 集，八坂書房，1999，p. 578。

190）『明治史料館通信』Vol. 2 No. 2　通巻第 6 号　1986 年 7 月 25 日。

191）小倉金之助前掲書　p. 198。

192）松宮哲夫「大阪兵学寮における数学教育―佐々木綱親の経歴および著書『洋算例題』の特徴―」『数学教育研究』第 34 号，大阪教育大学数学教室，2004，p. 159。

193）小倉金之助前掲書，p. 200。

194）渡辺正雄，「E. W. クラーク：米国人科学教師」『科学史研究』岩波書店，1975，p. 155。

195）『徳川慶喜　静岡の 30 年』静岡新聞社，1997，p. 85-86。

196）渡辺正雄『お雇い米国人科学教師』講談社，1976，p. 160。

197）『静岡市史』第 2 巻，1931，pp. 569-574 参照。渡辺正雄前掲書，p. 162 から引用。

198）『備外国人教師・講師履歴』（東京大学総合図書館参考室），一の上，p. 58。渡辺正雄前掲書，p. 163。

199）クラークの *Life and Adventure in Japan* を飯田宏は『日本滞在記』と訳して 1967 年講談社から出版した。

200）渡辺正雄前掲書，p. 161。

201）クラーク・川北朝鄰・山本正至訳『幾何学原礎』（首巻），静岡：文林堂，1875，p. 1。

202）「符号」とは現在でいう「数学記号」のことである。

203) 公田蔵前掲論文, p. 195 参照。

204) 遠藤利貞『増修日本数学史』岩波書店, 1918, p. 686。

205) 石原純『科学史』『現代日本文明史』(第 13 巻), 東洋経済新報社出版部, 1942, p. 94。

206) 根生誠「明治期中等学校の教科書について (3)」pp. 45-47。

207) 筆者は和装 2 冊本の川北朝隣編輯『幾何学原礎例題解式』, 静岡文林堂上梓, 1880-1882, を早稲田大学の図書館で閲覧した。2 冊のなかに巻 1 (1880), 巻 2 (1882), 巻 3〜5 (1884) 出版の 5 巻が含まれている。

208) 『長野県教育史 資料編四』1975, p. 932。

209) 小松醇郎前掲書, p. 64 参照。なお, 塚本明毅の履歴については同書 pp. 63-65, または小倉金之助『近代日本の数学』『小倉金之助著作集 2』, 勁草書房, 1973, pp. 195-196 を参照されたい。

210) 小倉金之助『数学教育の歴史』『小倉金之助著作集 6』, 勁草書房, 1974, p. 224。なお, 小倉同ページにおいて『筆算訓蒙』の内容の紹介もある。

211) 小倉金之助『数学教育の歴史』に引用されている文部省『日本教育資料』の一節, 勁草書房, 1975, p. 218。

212) 漢訳西洋数学書の日本への影響について以下の著書と論文などを参照されたい。前掲書小倉金之助『近代日本の数学』。馮立昇『中日数学関係史研究』(中国・西北大学博士学位論文, 1999)。馮立昇「代微積拾級の日本への伝播と影響について」,『数学史研究』Vol. 162, 1999, pp. 15-28。李佳嬅『19 世紀東アジアにおける西欧数学の伝播』(東京大学修士論文, 2002)。

213) 八耳俊文「アヘン戦争以後の漢訳西洋科学書の成立と日本への影響」『日中文化交流史叢書』第 8 巻, 大修館書店, 1998, p. 285 参照。

214) 田中彰校注『開国』『日本近代思想大系』岩波書店, 1999, p. 219。

215) 『代數積拾級』は『代微積拾級』の誤りであろう。中村孝也著『中牟田倉之助伝』1919, p. 253。

216) 小野友五郎「珠算の巧用」『数学報知』89 号, 1891 年 5 月 5 日。

217) 小野友五郎「珠算の巧用」『数学報知』90 号, 1891 年 5 月 20 日。

218) 神田孝平の自筆写本は東北大学附属図書館林鶴一文庫に保存されている。神田孝平の自筆写本と中国語版との比較について, 馮立昇前掲論文, pp. 17-18。

219) 小倉金之助前掲書, p. 212。

220) 渡辺孝蔵編集『順天百五十五年史』学校法人順天学園発行, 1989, p. 82。原文は以下のとおりである。「此書ハ米利堅ノ人「ロヲミュス」氏著ハストコロニシテ「エナリチカール, ゼヲメトリー」ト号シ測量術ヲ分離シ代数, 微分, 積分, 種々ノ法術詳解スルモノナリ英国イレアリ氏上海ニ於テ之ヲロ訳シ代微積拾級ト名ク今亦其号ニ随フ更ニ千八百七十一年出版ノ原書ヲ訳シ又上海訳本ヲ比較シ其ノ書ニ遺漏スルトコロハ原書ノ如ク之ヲ補載シ家父ノ註解ヲ加ヘ編輯スト雖ドモ余ヤ短見不才尚其任ニアラサレハ必ス其美ヲ尽サザルコトヲ歎ス遇々孝平神田先生ノ訳稿ヲ借受ケ以テ潤色ヲ加ヘ速カニ稿ヲ脱ス快然ニ堪スお茲ニ吐露ス」, 本書中筆者により, 現代語に訳した。「ロヲミュス」とは数学者 Elias Loomis を言う,「エナリチカール, ゼヲメトリー」とは解析幾何学 Analytical geometry を言う。

221）筆者は大村一秀の自筆写本である『訓訳代微積拾級』を東北大学附属図書館狩野文庫において閲覧した。

222）筆者は，塚本明毅の訓点版『代数学』首巻，および，前3巻の訓点版については，東京大学総合図書館と早稲田大学小倉文庫に保存されている原本を閲覧した。原著の扉には「冢本明毅」と書かれている。

223）日蘭学会編『洋学史事典』，雄松堂出版，1984年9月20日，p. 415。

224）W. Wallace, *Encyclopaedia Britannica*（8th ed. 1853）Volume II の Algebra の項. *THE ENCYCLOPAEDIA BRITANNICA, OR, DICTIONARY OF ARTS, SCIENCES, AND GENERAL LITERATURE ENGHTH EDITION*, VOLUME I, Edinburgh: Adam and Charles Black, 1855, pp. 482-584. 図版は巻末に1頁。

225）筆者は早稲田の小倉文庫で資料調査した際，その二種類の版を閲覧することができた。

226）これまでの東アジア数学史研究では，数学者オイラーが，19世紀後半の東アジア数学界にあって，どのように紹介され，また，彼の数学がどのように認識されたかなどについては，ほとんど研究されていないと言ってよい状態にある。

227）「八線表」と中国の明末清初の数学者が一般的に使っていた数学用語であり，三角関数表のことを指している。明末スイスからの宣教師，鄧玉函（Jean Terrenz, 1576-1630）の『大測』，『割円八線表』などは，西洋の三角法を中国へ伝えた最初の本であり，その中の「八線」で8つの三角関数を表示するようになった。「八線表」と「割圓八線説」の日本への伝播については，小林龍彦『徳川日本における漢訳西洋暦算書』（東京大学，2004），p. 182, p. 202, pp. 247-285 を参照せよ。

228）*Britannica* の原文（p. 547 の 216 節の途中）では Euler, who stands pre-eminent in every branch of the mathematics, has contributed more especially to this doctrine, as in his *Subsidium Calculi Sinuum*, in the New Petersburg Commentaries, vol. v. (for 1754 and 1755), and his *Introductio in Analysin Infinitorum*. The doctrine of spherical trigonometry was given in an analytic form by the same writer, in a memoir entitled *Trigonometria Spherica universa ex primis principiis derivate,* in the Petersburg Acts for 1779；とあって，オイラーの原典が紹介されている。『代数術』巻 24 は主に，*Introductio in Analysin Infinitorum*, Tomus Primus（第 1 巻）（1748, E101, 日本語訳はレオンハルト・オイラー著，高瀬正仁訳『オイラーの無限解析』（海鳴社，2001），（Opera Omnia I. 8 (Leipzig & Berlin, Teubner, 1922) 所収））からの内容とわかる。特に，Opera Omnia I. 8 の Caput XIV De multiplicatione ac divisione angulorum, pp. 258-283, 日本語訳の『オイラーの無限解析』では「第 14 章　角の倍加と分割」pp. 220-244 のところに該当する内容が記されている。また，*Subsidium Calculi Sinuum* は Opera Omnia I. 14 (Leipzig & Berlin, Teubner, 1925) pp. 542-584, (Novi commentarii academiae scientiarum Petropolitanae 5, (1754/55), 1760, p. 164-204, E246) に収録されている。また，*Trigonometria Spherica universa ex primis principiis breviter et dilucide derivate*（Britannica のタイトルには脱落あるいは省略がある）は Opera Omnia I. 26 (Zürich, Orell Füssli, 1953), pp. 224-236, (Acta academiae scientiarum Petropolitanae 3 I, (1779: I), 1782, p. 72-86, E524) に収録されている。『オイラーの無限解析』の「第 14 章　角の倍加と分割」を見ることによって，確かに『代数術』巻 24 に記されていることはオイラーによっても研究されていたと考えることができる。

229) 数学者ガウスは正十七辺形の作図法を発見したことをきっかけに数学に興味を持ち始め，代数学の研究に多大な業績を残したと言われる。ガウスは 1799 年に博士論文のなかで「代数学基本定理」を証明した。

230) 数式 $corde\,(\pi - a) = corde\,(180^0 - a) = 2\cos\dfrac{1}{2}a$ が訓点版のなかでは $corde\,(\pi - a) = corde\,(180^0 - a) - 2\cos\dfrac{1}{2}a$ と間違って書かれている。

231) 訓点版のなかではこの三つの式の二番目の式と三番目の式の y の冪数が間違って書かれている。すなわち

$$\sin a = y \qquad\qquad \sin a = y$$
$$\sin 3a = 3y - 4y^3 \qquad が \qquad \sin 3a = 3y - 4y^4 \qquad と書か$$
$$\sin 5a = 5y - 20y^3 + 16y^5 \qquad \sin 5a = 5y - 20y^3 + 16y^6$$

れている。

232) 訓点版のなかでは $\sin na = ny - \dfrac{n\,(n^2 - 1)}{2\cdot 3}y^3 + \dfrac{n\,(n^2 - 1)\,(n^2 - 3)}{2\cdot 3\cdot 4\cdot 5}y^5 - \cdots$ と間違って書かれている。なお，この式中「$ny-$」の「$-$」は訓点版の原文では脱落しているので，ここで補った。

233) 訓点版のなかで $2x$ 幅式

$$\sin 2a = 2xy \qquad\qquad \sin 2a = 2xy$$
$$\sin 4a = x\,(4y - 8y^3) \qquad が \qquad \sin 4a = x\,(4y - 8y^2)$$
$$\sin 6a = x\,(6y - 32y^3 + 32y^5) \qquad \sin 6a = x\,(6y - 38y^3 + 32y^5)$$

と間違って書かれている。

234) *Britannica* の原文（p. 555 の 256 節）に，256. We owe to Vieta the formula in tables (Q), (R), (2V), and (X). He, however, enunciated them as properties of the chords of arcs, to which they may be transformed, by considering that chord $a = 2\sin.\dfrac{1}{2}a$, and chord $(\pi - a) = $ sup. chord $a = 2\cos.\dfrac{1}{2}a$; he did not indicate the general law of the series, but merely showed how the cosines and sines of the multiple arcs might be formed one from another. とあるので，訓点版原文のなかの「某倍弧之正餘弦」は「多倍角の正弦と余弦」と理解すべきと判断した。

235) 一つの弧に張られる弦の長さをもとめる式のことである。

236) ヤーコプ・ベルヌーイの二つの角の通弦式は彼の発表した論文 Section indéfinie des Arcs circulaires en telle raison qu'on voudra, avec la maniére d'en déduire les Sinus, &c. (Histoire de l' Académie Royale des Sciences, Paris, 1702, pp. 281-288) のなかに現れている。ヤーコプ・ベルヌーイ論文の日本語訳について，横塚啓之「ヤーコプ・ベルヌーイ「望むような比での円弧の限りない分割，そのことから正弦などを導出する方法とともに」の数学的部分の訳注」，『数学史研究』192 号，2007，pp. 1-21 を参照。

237) 中国版や日本語の訓点版では「しかし，当時は（この通弦式を）証明する人がいなかった」と記されているが，実際には「ヨハン・ベルヌーイは証明なしに，多倍角の弦の一般的な公式を与えた」となっている。

238) 19 世紀中葉の日本では，単なる三角法を超えて，無限級数として捉える和算家も出現している。例えば，小林龍彦「剣持章行の「角術捷徑」について」『数学史の研究』2002, pp. 234-243。

239) Morris Kline, *Mathematical thought from ancient to Modern times*, Oxford U. Press, New York, 1972, p. 336.

240) Euler, *Elements of Algebra*, translated by John Hewlett; with an Introduction by C. Truesdell, New York: Springer-Verlag, 1984, p. 43。

241) Euler, Opera Omnia, Ser, 1, Vol. 6, pp. 66-77。黒川重信・若山正人・百々谷哲也訳『オイラー入門』シュプリンガー・フェアラーク東京，2004，p. 117。

242) W. ダンハム前掲書，p. 119。

243) 今日の教科書では，$e^{ix} = \cos x + i \sin x$, $i^2 = -1$ と書く。

244) 「算学士固霊者」について，*Britannica* の原文（p. 560）では a Flemish mathematician とあり，Friedrich Katscher, *Einige Entdeckungen über die Geschichte der Zahl Pi sowie Leben und Werk von Christoffer Dybvad und Ludolph van Ceulen*, Springer-Verlag, 1979 の p. 85 の Abstract には the German-Dutch mathematician と書かれている。Ludolph Van Ceulen の数学的な活動は主にオランダで行われたので，本書では「ドイツ出身で，オランダで活動していた数学者」とした。

245) 訓点版のなかに図書館の名前が現れていなかったが，前掲載 Britannica の原文 p. 560 によると，Radcliffe Library at Oxford と書いているので，本書では「ラドクリフ図書館」を添付した。

246) 紀志剛『傑出的翻訳家和実践家—華蘅芳』，科学出版社，2000，p. 54。

247) 著書『代数術補式』（1〜8）の第 1 頁に「欽命二品頂戴江南分巡蘇松太兵備道余　為早年読代数術一書英国華里司輯　英国傳蘭雅口譯　金匱華蘅芳述　海内風行久為定本然其間簡略求賅之処亦復不少因為之補式増題演設真数竭数年求心力今始告成題其名日代数術補式」と書かれている。

248) 小倉金之助前掲書，p. 226。

249) 倉沢剛『学制の研究』，講談社，1973 年 3 月 30 日，p. 1。

250) 前掲書 p. 273。

251) 上垣渉「「学制」期における算術教育の研究」『愛知教育大学数学教育学会誌　イプシロン』第 40 号，1998 年 12 月，p. 90。

252) 『数学知報』第六号（共益商社，1890 年 11 月）所収川北朝鄰の「高久慥齋君の傳」における「高久守静小學校教員勤務履歴」，pp. 26-28。

253) その詳細は小倉金之助『数学史研究』（第 2 輯）岩波書店，1948 年 11 月 25 日，p. 110 参照。

254) 詳しくは上垣渉「和算から洋算への転換期に関する新たなる考証」『愛知教育大学数学教育学会誌　イプシロン』第 40 号，1998 年 12 月，または同氏「『学制』期の数学教育」『数学教室』（国土社発行）No. 617（2003 年 4 月），No. 618（2003 年 5 月）に連載された論文を参照せよ。

255) 倉沢剛前掲書，p. 408。

256) 上垣渉前掲論文，p. 42。

257) 1872 年 9 月 8 日に文部省布達番外として発布された「小学教則」参照。松本賢治・鈴木博雄編『原典近代教育史』福村書店，1965，p. 58。

258）柳楢悦『算法蕉葉集』自筆稿本2部は日本学士院に所蔵されている。内容は典型的な和算の問題とそれらの解義を収録したものである。本書の詳しい内容については佐藤賢一「早過ぎた数学史　和算史の光と闇」『科学史・科学哲学』16号（2002），pp. 15-34 を参照。

259）柳楢悦『算法橙實集』の草稿1冊は日本学士院に所蔵されている。その内容も『算法蕉葉集』と同じく，典型的な和算の問題とそれらの解義を収録したものである。その内容と形式から『算法蕉葉集』と姉妹編であることがわかる。

260）三上義夫増修，遠藤利貞著『増修日本数学史』，岩波書店，1918，p. 695。

261）岡鳩千幸「「社会」という訳語について」『明六雑誌とその周辺』，御茶の水書房，2004，pp. 145-165。

262）柳は，例えば，明治13（1880）年5月の社則の緒言で，今日の「数学会」という意味で「数学協会」という言葉を使っていたが，その翌年の明治14年6月，「共存同衆館」で行われた記念会に祝詞を寄せ，その中で「数学会社」という用語を使っている。

263）長岡半太郎「回顧談」『日本物理学会誌』（5）（1950）p. 323 を参照。

264）東京数学会社では，神田孝平と柳楢悦を「社長」と称したが，機関誌には「総代」とも書かれている。

265）明治13年に決められた「東京数学会社学務委員申合概則」のなかで，「各人ノ質問ヲ受ケバ必ズ之ガ答ヲ為ス可キ也」に対応する規程であり，その第4条には，「社則ニ依リ」学務委員は社内もしくは社外より質問ある時には，それぞれ担当の委員が答えることとされていた。各種類の問題を受持つ責任者も決められており，明治初期数学者の数学普及への大きな意気込みが感じられる。

266）東京数学会社機関誌の多くの号の巻末には，会員や一般人からの寄贈書が記録されている。明治13年に，東京数学会社は，「東京数学会社蔵書貸與概則」を定め，その第14条に「和漢洋ヲ問ハス凡数理書ニシテ廣ク江湖ニ知ラレザル書ハ尚更社ニ蔵シ度依テ有志者ハ見聞キニ随ヒ報知アラン事」とさらに詳しく収集について決めている。それのみならず，明治14年には「数理温古会」と呼ばれた展覧会を開き，その会則第1条には，「本邦古今ノ数理書歴書等並ニ支那古今ノ数学書等ヲ蒐集陳列シテ廣ク展覧ニ供ヘ名ケテ数理温古会ト云」と書かれている。この展覧会の仕事に柳も積極的に参加したことが判明している。「本会沿革」p. 25，p. 48 の記録を参照。

267）西洋数学書を日本語に翻訳する際，数学用語を統一して訳することが求められた。当時，訳者はそれぞれ自分が最も適当と考える用語を使用して翻訳していた。明治初期の数学界において，西洋数学の用語を翻訳し，数学用語を統一することは緊急に解決すべき課題であった。そのため，東京数学会社は，明治13年7月に「訳語会」の設置を決めた。それは，神田の提唱に応えたのだという解釈もなりたつ。「訳語会」は，数学用語の統一を企図し，その会合によって多くの訳語が決められることになった。

268）柳楢悦が明治14年に開かれた記念会に演説した祝辞は，『東京数学会社雑誌』の第38号（1882年7月）に掲載されている。そのなかで，彼は東京数学会社の創設以来の歴史を振り返って，その目的と趣旨を説明し，さらに数学という学問の重要性を論じながら西洋の数学界のことを例として述べている。

269）川北朝鄰『数学協会雑誌』第1号（1887年5月），p. 168。伊東俊太郎ほか編『科学史技

術史事典』弘文堂，1982，p. 713。

270) 日本学士院編『明治前日本数学史』（第 5 巻），岩波書店，1960，pp. 205-207。日蘭学会編『洋学史事典』，雄松堂出版，1984，p. 113。

271) 水木梢『日本数学史』，教育研究会，1928，p. 502。

272) 大村一秀の洋算の輸入に対する貢献については，薩日娜『東京数学会社の創設，発展，転換』（修士論文・東京大学，2005）第 2 章第 2 節で論じた。大村の写本『訓訳代微積拾級』は，現在，東北大学付属図書館狩野文庫に収蔵されている。

273) 栗島山助編『大日本人名辞典』，東京実益社，1916，を参照。

274) 「瑪得瑪弟加塾」とは Mathematica を「瑪得瑪弟加」（マテマティカ）という漢字の音読みにしたものである。

275) 内田五観の「詳証学」の概念については，川尻信夫『幕末におけるヨーロッパ学術受容の一断面』東海大学出版会，1982，pp. 221-253 を参照。

276) 日本学士院編『明治前日本数学史』（第 4 巻），岩波書店，1958，pp. 103-105 を参照。

277) 赤松則良については，赤松範一編注『赤松則良半生談』平凡社，1977，pp. 172-205，大野寛孝著『沼津兵学校と其人材』安川書店，1978，幸田成友「赤松大三郎」『文芸春秋』（11 期，1933），p. 9 などを参照せよ。

278) 中川将行について小倉金之助『近代日本の数学』『小倉金之助著作集』（2），勁草書房，1973，pp. 191-193 を参照せよ。

279) 長沢亀之助については，「日本の数学 100 年史」編集委員会編『日本の数学 100 年史』（上）岩波書店，1983，p. 127。小松醇郎前掲書『幕末・明治初期数学者群像』（下）p. 335 を参照せよ。

280) 長沢亀之助は 20 世紀初頭，中国人学者周達（1879-1949）と数学についての交流をもった。また，崔朝慶（1860-1943）によって，長沢の教科書は中国語に翻訳された。胡炳生「周達的家世和業績述略」『中国科学史料』第 15 期（1994），p. 26 を参照されたい。

281) 小山騰『破天荒〈明治留学生〉列伝』講談社，1999，p. 95 参照。

282) 菊池大麓については，原平三「幕府の英国留学生」『歴史地理』79-5（1947）。または，小山騰前掲書 pp. 76-107，小松醇郎前掲書『幕末・明治初期数学者群像』（上），pp. 295-300 を参照。

283) 『雑誌』の中には，『クレレ誌』に掲載された文章が多く翻訳された。詳しくは薩日娜前掲修士論文第 2 章第 2 節 3 を参照。クライン著，石井省吾・渡辺弘訳『クライン：19 世紀の数学』，共立出版，1995，p. 96。

284) 前掲書『日本の数学 100 年史』（上），p. 69。

285) 公田蔵「明治期の日本における理工系以外の学生に対する「高等数学」の教育」数理研講究録『数学史の研究』2004 年号，p. 1。

286) 「本会沿革」，p. 8。

287) 会員の入退会については，『雑誌』の第 2 号から第 67 号（1884 年 6 月）までに報告されている。

288) 「本会沿革」p. 88。「動議」とは会議中に予定した議案以外の事項を議事に付するため，

議員から発議することをいう。

289)『東京数学会社雑誌』第 36 号第 1 套の「記事」に，川北朝鄰が「紙面改良ノ議」という一文を載せた。その中には，第 1 号から第 35 号までの『雑誌』の形態の変更理由が述べられている。東京数学会社機関誌の形式変更については，前掲書『日本の数学 100 年史』（上）p. 90 を参照せよ。また，「東京数学物理学会」編『本朝数学通俗講演集』（1908）に載った藤沢利喜太郎の「開会の辞」p. 12，「本会沿革」p. 9 などを参照。

290) 遠藤利貞ついては，遠藤利貞遺著（三上義夫編）『増修日本数学史』，岩波書店，1918，「故遠藤利貞翁略伝」を参照，花井静については，小倉金之助『数学教育史』，岩波書店，1941，p. 265 を参照。

291)『東京数学会社雑誌』第 1 号の第 9 套「本朝数学」。

292) 前掲雑誌第 1 号の第 9 套「本朝数学」。

293) 寺尾寿の解答について，『東京数学物理学会記事』巻 1 の pp. 155-166 を参照。寺尾寿の用いた標題は「岩田好算翁ノ問題ノ別解並ニ敷衍」である。「岩田問題」を明治 23 年に日本の天文台に務めていた水原準三郎が，また明治 28 年になると，当時大学 2 年生だった林鶴一が，更に拡張して解答することになった。

294) 菊池大麓「本朝数学について」「関孝和先生二百年忌記念」東京数学物理学会『本朝数学通俗講演集』（大日本図書株式会社，1908），p. 11 を参照。

295) 関孝和，通称は新助，上野国藤岡もしくは江戸で生まれた。1674（延宝 2）年に『発微算法』を公刊した。初め甲府の徳川綱重に仕え，綱重の没後は子の綱豊に奉じ，勘定吟味役などを務めた。江戸で，優れた数学上の弟子を育て，徳川日本の数学のレベルを飛躍的に向上させた。佐藤健一ほか編著『和算史年表』 東洋書店，2002，p. 22。

296) 生没年は不明である。この本は点竄術に関するものであり，付録に重心を求める問題が載せてある。

297)『不朽算法』は筆者の安島直円が亡くなってから，その遺作を高弟日下誠がまとめたものである。穿去問題，対数の研究，平方零約術などを解説している。詳しくは日本学士院編（藤原松三郎遺著）『明治前日本数学史』第 4 巻，岩波書店，1958，pp. 198-201 を参照されたい。

298) 最上流の創始者会田安明（1747-1817）は出羽国（現在の山形県）七日町出身で，通称は算左衛門，号は自在亭といった。「関流」の藤田貞資（1734-1807）の門に入ろうとしたがかなわず，「関流」一派との論争が始まるに至った。会田は自分の流派を「最上流」と称し，多くの弟子の教育と数学の普及に努めた。

299) 前掲書『明治前日本数学史』第 4 巻，p. 177。

300)「招差」は中国古代数学に見える用語で，主に等差級数のことをさしている。

301)『東京数学会社雑誌』1882 年 4 月刊行第 46 号。

302) 前掲書小倉金之助『近代日本の数学』，p. 47。

303)『格致彙編』は 1876 年，中国でイギリス人宣教師フライヤーによって創刊された雑誌である。格致とは，当時の中国語で科学の意味である。雑誌には数学，物理学，天文学，地理学に関する文章が掲載されている。

304) *Educational Notes and Queries* は 1880 年代に創刊されたアメリカの雑誌。

305)『東京数学会社雑誌』1882 年 10 月刊行の第 52 号を参照。

306) Cycloid とは広義に平面内において一直線上を円が滑ることなく転がるとき，円周上に固定された一点が描く軌跡（以下 C）のことを言う，普通単にサイクロイドと言えば，点が母円の周上にある場合（以下 C′）を言う。日本で最初に紹介されたのは志筑忠雄（1760-1806）の『暦象新書』（1798-1802，3 編）においてであった。そこでは塵跡線を名づけられている。和算書に現れた最初のものは 1832（天保 3）年内田五観の門弟佐野盛門が筑波神社に奉掲した算題である。次いで，和田寧の門弟奥山直祇及び小池庸達が 1834（天保 5）年芝愛宕社に奉掲した亀円問題が同じ曲線を論じている。Cycloid と Epicycloid とは内田の『変源手引草』に論じられている。前掲書『明治前日本数学史』第 5 巻（岩波書店，1960），p. 107，と pp. 403-405 を参照。

307)『東京数学会社雑誌』第 50 号（1883 年 2 月）「サイクロイドノ歴史」。

308) Cycloid についての西洋の研究を概観すると，ロベルヴァルが 1636 年に，C′ の求積と接線の決定，また C′ について底の周囲の回転体の求積に成功，続いて 1645 年までに C′ について対称軸 a の周囲の回転体の求積に成功した。次いでパスカルは 1658 年頃，C′ について，底に平行な直線 L と a と弧とに囲まれた図形に関し，その面積と重心，L の周囲の半回転体 SL の体積と重心を決定した。同じ年にレンが C′ の弧長を決定した。

309) A 点をそれより低いところにある点 B に結ぶ空間曲線に沿って，MB 質点が摩擦をうけることなく重力の作用により滑り落ちるという運動を考える時，降下に要する時間が最小となるような曲線は，AB を含む鉛直面内で A を通る水平線を底辺とするサイクロイドである。この性質により，Cycloid は「最速降下曲線」とも呼ばれる。

310) 花井静『筆算通書』（1871）「序」。

311) 前掲書小倉金之助『近代日本の数学』p. 74。

312)『五明算法』とは和算家家崎善之の著書である。前集は 1814 年刊行，扇に関する問題が 50 個あり，後集は 1826 年に刊行され，前集の答えを載せている。前掲書『和算史年表』p. 80 を参照。

313)『東京数学会社雑誌』第 1 号の第 10 套の「極大極小ヲ求ムル捷法」。

314) 弧背とは「弧背術」を指している。中国伝統数学と和算の用語であり，（弓形の）弦の長さと（円の）直径から弧背の長さを求める算術である。

315) 斎藤宜義著『算法円理鑑』の私家版が 1834 年に出され，さらに書肆から 1837 年に刊行されている。円理の問題を穿去，軌跡，重心など 8 種類に分類して解いている。

316) 小倉金之助前掲書『近代日本の数学』p. 74。

317)『東京数学会社雑誌』第 44 号（明治 15 年 2 月）。

318) 菊池大麓「学術上ノ訳語ヲ一定スル論」『東洋学芸雑誌』第 8 号（明治 15 年）を参照。

319) 菊池大麓前掲文「学術上ノ訳語ヲ一定スル論」。

320) 以下の引用文については，『東京数学会社雑誌』第 31 号〜第 32 号（1881 年 1 月）に掲載された中川の論文「読数理叢談」を参照されたい。

321) 同上参照。

322) 倉沢剛『幕末教育史の研究』（2），吉川弘文館，1984，p. 124。また，長崎海軍伝習所に赴任したオランダ人士官たちも全く日本語を理解できなかった。オランダ人側の様子につ

いては，倉沢剛前掲書 p. 179 を参照。

323) 藤井哲博『長崎海軍伝習所』中央公論社，1997，pp. 59-68 を見よ。

324) 前掲書『幕末教育史の研究』(2)，p. 193，p. 215。「日本の数学 100 年史」編集委員会編『日本の数学 100 年史』(上)，岩波書店，1983，p. 24。

325) 同書序文を見よ。なお，1867（慶応 3）年に出版された平文編訳『和英語林集成』は *A Japanese and English Dictionary ; with an English and Japanese Index*（日本横浜梓行）の英文題名をもつ日本最初の和英辞典として知られている。編訳者の「平文」はヘボン式ローマ字で有名な James Curtis Hepburn（1815-1911）のことである。ヘボンは 1859 年に来日した宣教師で，まだキリスト教が禁止されていた時代に横浜に住み，約 8 年間の苦労の末に本書を出版した。

326) 英華辞典の代表的なものとして，S. Williams の『英華辞典』(1844)，W. H. Medhurst の『英華辞典』(1848)，あるいは W. Lobscheid の『英華辞典』(1866-1869) などがある。

327) 李迪著，大竹茂雄・陸人瑞訳『中国の数学通史』森北出版，2002，p. 309。

328) 中国数学へ日本数学用語が受容されたのは，本書の第 4 部で論じるように清末の留学生が伝えたものである。

329) 上垣渉「明治期における数学用語の統一」数学教育協議会編『数学教室』No. 624（2003，11），p. 85。

330) 橋爪貫一『童蒙必携洋算訳語略解』宝集堂，1872。

331) 山田昌邦『英和数学辞書』(山田氏蔵版，1878)。度量衡に関する明治初期の刊本に吉田庸徳訳『西洋度量早見』(1871，回春楼蔵) がある。

332) 「本会沿革」p. 25。

333) 「本会沿革」pp. 26-29。

334) 『東京数学会社雑誌』(1880 年 7 月) 27 号。

335) これらの曲線の名称については，漢訳物理学書『重学』(英国艾約瑟口訳，海甯李善蘭筆述) からの影響が考えられる。

336) 菊池大麓が『雑誌』に投稿した論文では「算数級数」，「幾何級数」などが使われている。

337) 「内藤公」とは内藤政樹（1703-?）を指している。内藤政樹は 1747（延享 4）年，延岡藩の藩主になり，和算家久留島義太，松永良弼を招聘したことで有名である。自らも数学者であった。

338) 前掲書『日本の数学 100 年史』(上) p. 18。

339) 川尻信夫『幕末におけるヨーロッパ学術受容の一断面—内田五観と高野長英・佐久間象山』東海大学出版会，1982，p. 147。

340) 「本会沿革」p. 143。

341) 「流数」の原語は Fluxion である。今でも，中国の数学史の本のなかでは，ニュートンの Fluxion を「流数」と翻訳している。また，ニュートンの積分に相当 する語 Fluent を中国史の本のなかで，「流量」という。

342) 『東京数学会社雑誌』第 14 号（明治 12 年 4 月）第 7 套「微分積分法雑問」。

343) （英）華里斯撰（英）傅蘭雅口訳（清）華衡芳筆述著『微積溯源』(8 巻)，測海山房中西

算学叢刻初編，1896，巻 3，p. 12。

344) 長沢亀之助，『微分学』数理学院，1881，「序」。

345) 近藤真琴閲，田中矢徳編，鈴木長利校『代数教科書』（壹）の「緒言」，1882 年 1 月，攻玉社出版。

346) 『東京数学会社雑誌』第 31 号（1880 年 12 月）には，デーヴィスの数学書を買入という記録がある。明治初期の日本数学界においてデーヴィスの著書は数多く翻訳され，その影響が大きかった。

347) 『東京数学会社雑誌』第 42 号，長沢亀之助「曲線説第二稿」。

348) Diocles（約紀元前 180 年），古代ギリシャの数学者，立方体倍積問題を解決する時，シッソイド（cissoid）を発見したという。C を一つの円とし，c は C 円の点 A に接する接線とする。O 点は C 円に A 点と直径で相対する一点である。そうすると c と C は極点 O に対する cissoid となる。Howard Eves, *An Introduction to the History of Mathematics* (Saunders College, 1953), p. 97.

349) 「本会沿革」p. 10。

350) 小松醇郎『幕末・明治初期数学者群像』（下）（明治初期編），吉岡書店，1991，p. 322。

351) 菊池大麓の第 2 回目の「社長ヲ廃スル説」内容について「本会沿革」pp. 56-58 を参照。

352) 「日本の数学 100 年史」編集委員会，『日本の数学 100 年史』（上）岩波書店，1983 年，p. 106。

353) 「本会沿革」p. 88。

354) 数学物理学会編集委員編集『東京数学物理学会記事』巻Ⅲ，第 1，1885 年 10 月，pp. 185-189。

355) 『東京数学会社雑誌』第 1 号，p. 1。

356) 「本会沿革」p. 93。

357) この場合も制度と実態とは必ずしも一致せず，小学校 8 年を終了した後に中学校へ入学したものが多かった。

358) 前掲書『日本の数学 100 年史』（上）p. 110。

359) 前掲書，p. 111。

360) 内田糺「明治後期の学制改革問題と高等学校制度」，『国立教育研究所紀要』，第 95 集，1978。

361) 前掲書『日本の数学 100 年史』（上）p. 133。

362) 前掲書，p. 112。

363) 1880 年代における文部省教科書統制の始まりとして，採用した教科書を文部省に届け出る制度を「開申制」という。

364) 採択の許可を必要とする制度を「認可制」といい，「開申制」の次に明治 16 年〜19 年（1883-1886）の間に採用された制度である。

365) 詳しくは山住正己『教科書』岩波書店，1970，p. 48。

366) 前掲書『日本の数学 100 年史』pp. 123-126。

367) ラクロワの本は，オランダ語訳本などとして幕末から明治初期に多く輸入され，日本の

幾何学導入に果たした役割は小さくない。その詳しくは前掲書『日本の数学 100 年史』（上）p. 32-34。

368）伊藤説朗「数学教育と形式陶冶の関係に関する史的考察」，『愛知教育大学数学教育学会誌』20 号，1978。

369）前掲書小倉金之助『数学教育史』p. 352。

370）前掲書『日本の数学 100 年史』p. 114。

371）新島襄ほか「私の若き日に」（明治文学全集 46 巻），筑摩書房，1977，浜田敏男「自然科学者としての新島襄」（文部省科学研究費報告），1979，黒田孝郎「新島襄と数学」，『専修自然科学紀要』，No. 12（1980）。

372）森中章光編「新島先生書簡集（続）」，同志社大学，1960，p. 115。

373）黒田孝郎前掲文「新島襄と数学」。

374）前掲書『日本の数学 100 年史』p. 116。

375）このほかに，東京数学会社の関係者である近藤真琴と柳楢悦がこの時期に海外に行っている。近藤は，1873 年にウィーンで開かれた万国博覧会に事務官として渡航した。柳は 1878-1879 年に欧米の海軍関係の視察のために渡航している。

376）高木貞治「日本の数学と藤沢博士」，『教育』3，No. 8（1935）p. 236。

377）前掲書『日本の数学 100 年史』p. 183 により作成。

378）「赤門教授らくがき帳」（鱒書房，1955）所載。「数学の窓」（科学随筆文庫 15，学生社，1978）転載。

379）前掲書『日本の数学 100 年史』p. 185 により作成。

380）「東北数学雑誌」は 1911 年，「東北帝国大学理科報告」は 1912 年にそれぞれ創刊された。

381）東京数学物理学会編集委員会『東京数学物理学会記事』巻 3（1886）pp. 153-161。

382）『数物学会記事』3（1887）pp. 245-248。

383）『数物学会記事』3（1886）p. 145。

384）『数物学会記事』3（1886）pp. 146-152。

385）『数物学会記事』3（1887）pp. 234-244。

386）『数物学会記事』4（1888）pp. 7-8。

387）『数物学会記事』4（1888）p. 183。

388）『数物学会記事』4（1889）pp. 186-212。

389）『数物学会記事』4（1888）pp. 95-121。

390）菊池大麓「本朝数学について」「関孝和先生二百年忌記念」東京数学物理学会『本朝数学通俗講演集』（大日本図書株式会社，1908），p. 13。

391）前掲書『日本の数学 100 年史』（上），p. 189。

392）文体が定形の「八股文」のことを指している。

393）時事に関する文章。

394）N とは南京，K とは江南水師学堂をさす。魯迅は 1898 年，江南水師学堂に入学し，翌年，改めて江南陸師学堂附設の礦物鉄路学堂に入学しなおし，1902 年，卒業と同時に官費生

として日本へ留学した。

395) 魯迅著，竹内好訳『魯迅文集』第 1 巻，筑摩書房，1983 年新装版，p. 4。

396) 創始者は方苞という安徽省桐城の人であり，清代に 200 余年続いた儒学者の伝統的な学派である。

397)「変通政治人材為先遵旨籌議摺」光緒 27 年 5 月 27 日。『張文襄公全集』2，奏議 52，pp. 939-949。

398) 呉汝綸「駁議両湖張制軍変法三疏」光緒 27 年 8 月 28 日。『桐城呉先生（汝綸）日記』巻 1，「時政」pp. 508-509。

399)『桐城呉先生（汝綸）尺牘』巻 3，「論児書」pp. 2616-2617。

400) 前掲書巻 3，pp. 2614-2615。

401)「京都に於ける呉汝綸一行」『大阪毎日新聞』1902 年 6 月 27 日。

402)「日本の今日ある所以」『日本』1902 年 8 月 25 日。

403)「呉氏の教育視察」『九州日日新聞』1902 年 7 月 2 日。

404) 清末中国では，朝鮮をめぐる日清戦争の敗北から，内外にその弱体ぶりを暴露し，国内は動揺した。ことに明治維新を経て，急速に発展した新興の日本に敗れたことは，知識人層に深刻な反省をうながし，政治的改革の必要性を痛感させた。彼らのうちには，これまでのような西洋の機械や技術の導入のみでなく，日本のように政治面にも西洋の制度をとりいれ，立憲体制を樹立すべきであると主張する一派があらわれた。これらの知識人を中国の近代史で変法維新人物と称する。また，彼らの提唱した立憲運動を「変法自強運動」，あるいは「変法維新運動」という。

405) 挙人は，中国の科挙試験の合格者の名称の一つである。そのほかにも秀才，進士，状員などがある。「挙人」になると官僚になることができるので，その選択試験は重要な試験である。

406) 科挙試験で挙人になると政府の専用車にのれることから，公車とは挙人のことを指している。

407) 公羊学（くようがく）とは，孔子が作ったとする『春秋』を公羊伝に基づいて解釈する学問であり，さらにそこで発見された孔子の理想を現実の政治に実現しようとする政治思想である。前漢（B. C. 206-8 年）に形成され，後漢（25-220 年）以降は衰退したが，清代になると，常州学派によって公羊学が重視されるようになり，清末の学問や政治思潮に大きな影響を与えることになった。康有為ら戊戌変法派の思想的柱となった。

408) 康有為「『日本明治変政考』序」西順蔵編『原典中国近代思想史洋務運動と明治維新』岩波書店，1977，p. 190。

409) 黄明同・呉熙釗『康有為早期遺稿述評』，「附『日本変政考』序，按語，跋」，「日本変政考按語」，中山大学出版社，1988，pp. 128-129。

410) 原文は『時務報』第 7，8 冊，1896 年 10 月 7 日，17 日（光緒 22 年 9 月 1 日，11 日）。

411) 梁啓超「論変法不知本原之害」『梁啓超全集』第 1 冊，北京出版社，1999，p. 15。

412) 前掲書，p. 15。

413) 銭国紅『日本と中国における『西洋』の発見』山川出版社，2004，p. 316。

414）梁啓超「日本横浜中国大同学校縁起」『梁啓超全集』第 1 冊，北京出版社，1999，p. 323。

415）前掲書，p. 323。

416）梁啓超「東籍月旦」『梁啓超全集』第 1 冊，北京出版社，1999，p. 325。

417）銭国紅前掲書，p. 318。

418）1897 年の 10 月に湖南省の長沙で創設された，清末の教育制度の改革を呼びかけ，学生たちに改革思想を教授した学校である。

419）謝国楨『近代書院学校制度変遷考』『近代中国史料叢刊続編』第 66 輯，651 冊，台湾文海出版社，1983，pp. 34-35。

420）「溥通学」とは現代の日本の大学の教養学部にあたる科目である。「経学」とは，昔の中国（王朝時代の中国）において，儒教の聖典である経書の権威を是認し，その前提の下に経書に現れた聖王乃至聖人の発言趣旨を解読しようとする学問である。「諸子」とは中国儒教学における「孔子」，「孟子」などの古典を指している。

421）舒新城『近代中国教育史料』第 1 冊，1928，pp. 40-61。

422）欧陽中鵠，字は節吾，号瓣疆，1849 年瀏陽に生まれ，1873 年「挙人」になり，翌年に「内閣中書」になる。地方の有名な学者である。

423）中国の清代に一世を風靡した学問，もしくはその研究方法である。この清朝を代表する考証学の学風は「実事求是」の標語に示されるように，文献資料を博捜・選択し，客観的事実に基づいてその真相・真理を究明しようとするものであった。

424）経世致用の学（けいせいちようのがく）とは，儒学において明末清初に現れた学術思潮。学問は現実の社会問題を改革するために用いられなければならないと主張された。顧炎武・黄宗羲・王夫之などの人物が代表であり，その先駆は明末の東林学派の主張に見られる。

425）李宏『譚嗣同与清末変法運動』湖南師範大学出版社，1983，p. 211。

426）科挙のうち省レベルで行われる試験を言う。

427）寄付により官職を購うことである。

428）清末の居士仏教の中心人物である。

429）譚嗣同著，西順蔵，坂元ひろ子訳『仁学―清末の社会変革論』岩波文庫（青），1989，湯志鈞『戊戌変法人物伝稿』（増訂本）上冊，中華書局，1961，蔡尚思・方行編『譚嗣同全集』中華書局，1981 などを参考。

430）李喜所『譚嗣同評伝』，鄭州・漆南教育出版社，1986 年 10 月，pp. 106-112。

431）「上欧陽瓣疆師論興算学書」は譚嗣同が 1895（光緒 21）年に書いた文章である。

432）「河図洛書」（かとらくしょ）は，古代中国における伝説上の瑞祥である河図（かと）と洛書（らくしょ）を総称したもの。略して図書（としょ）ともいう。儒教において八卦や洪範九疇の起源と考えられて重視された。

433）音階の基準について議論がなされる場合，日本では一越（いちおつ），中国では黄鐘（こうしょう）がそれになる。西洋音律のレに近い音である。

434）「九州」とは中国のことであり，「18 省」とは清末の中国で 18 個の省があることを指している。

435）中国古代の伝説上の名君。

436）中国の伝統数学『九章算術』のことを指している。

437）『九章算術』の各章の名称である。

438）秦九韶（1202？-1261？），中国，南宋時代の数学者。四川に生まれる。「数書九章」（1247）をあらわしたことで知られる。各章は2部にわかれ，各部ごとに九つの問題がある。その書式は，「九章算術」などの算経の影響を受けて，問題集の形式に作られている。ほとんどが不定分析や一次方程式の解法など，純粋な数学問題であるが，そのほかに天文学，暦法の内容も含まれている。

439）秦九韶の著書『数術九章』を指している。

440）『原論』（げんろん，Στοιχεία，英：Elements）のことを指している。

441）舒新城編『中国近代教育史資料』中，人民教育出版社，1961，p. 634。

442）学政とは地方の学校や教育のことを管理する官僚である。

443）江標は清末の維新派である。字は建霞，江蘇元和（今呉県）の人。光緒時代の進士。1890年翰林院の編修になり，1894年湖南省の学政になる。若い時から国を強くするための努力をし，維新運動を応援した。維新失敗後，官職を辞めさせられ，翌年故郷で病死した。

444）舒新城前掲書，p. 635。

445）前掲書，p. 636。

446）今日の瀏陽市第一中学校のキャンパス内である。

447）西太后や栄禄らの眼には，康有為らが導入を目指す憲法や議会制度は，明治日本に倣った官庁の統廃合は官僚の人数の整理でもあるため，官僚層の猛烈な反発を招くものであった。

448）または，「戊戌の政変」という。1898（光緒24）年4月23日（新暦6月11日）より同年8月6日（新暦9月21日）までの約100日間におこなった康有為，譚嗣同，梁啓超らの建議を採用した光緒皇帝による政治的な改革である。

449）1898年の8月の2日に光緒帝が軍事大臣に下した詔書である。

450）義和団事件（義和団の乱ともいう）は，1899年起こした清朝末期の動乱である。当初は義和団を称する秘密結社による排外運動であったが，1900年に西太后がこの反乱を支持して欧米列国に宣戦布告したため国家間戦争となった。だが，宣戦布告後2ヶ月も経たないうちに欧米列強国軍は首都北京及び紫禁城を制圧し，清朝は莫大な賠償金の支払いを余儀なくされる。この乱の後，西洋的方法を視野に入れた政治改革の必要を認識した西太后は，かつて自らが失敗させた戊戌の変法を手本としたいわゆる光緒新政を開始した。

451）戊戌の政変で光緒帝は監禁されたが，帝位が廃止されなかったので，1900年以降の政治的な改革を「光緒新政」と称する。

452）実藤恵秀『中国人日本留学史』くろしお出版，1960，p. 42。

453）前掲書，pp. 40-41。

454）軍事技術を学ぶ学生を指す。

455）実藤恵秀前掲書，p. 59。

456) 張之洞『勧学篇』外篇「設学第三」,『張文襄公全集』6, 巻 203, p. 3727。

457) 康有為「請改直省書院為中学堂, 郷邑淫祠為小学堂, 令小民六歳皆入学, 以広教育而成人才摺」光緒 24 年 5 月。黄明同ほか『康有為早期遺稿述評』附「傑士上書彙録」中山大学出版社, 1988, p. 298。

458) 黄明同ほか『康有為早期遺稿述評』附「傑士上書彙録」中山大学出版社, 1988, p. 300。

459) 張之洞『勧学篇』外篇「設学第三」,『張文襄公全集』6, 巻 203, p. 3727。

460) 前掲書, p. 3727。

461) 多賀秋五郎編『近代中国教育資料・清末編』日本学術振興会, 1962, p. 42。

462) 張之洞『勧学篇』外篇「学制第四」, pp. 3729-3730。

463) 康有為前掲書光緒 24 年 5 月。黄明同前掲書, p. 297。

464) 前掲書, p. 297。

465) 前掲書, p. 298。

466) 前掲書, p. 298。

467) 前掲書, p. 299。

468) 例えば, 康有為が1891（光緒 17）年に書いた『大同書』の中で, あらゆる男女が, 平等な教育が受けられ, しかも幼児はすべて平等に公共機関で育成されるべきであるとしている。大同世界では育嬰院―小学院―中学院―大学院という系統が考えられていた。

469) 張之洞前掲書, pp. 3727-3728。

470) 前掲書, p. 3728。

471) 阿部洋『中国近代学校史研究―清末における近代学校制度の成立過程』福村出版, 1993, pp. 194-201。

472) 汪婉博士論文『清末中国対日教育視察の研究』東京大学, 1996, p. 151。

473) 前掲書張之洞「崙請修備儲材摺」, 光緒 21 年閏 5 月 27 日。『張文襄公全集』2, 奏議 37, pp. 712-713。

474) 姚錫光『東瀛学校挙概』自序, 清光緒 25 年刊。

475) 第一高等学校編『第一高等学校六十年史』第一高等学校出版, p. 481。

476) 姚錫光前掲書自序参照。

477) 張之洞前掲書『勧学篇』外篇「学制第四」, p. 3729。

478) 姚錫光前掲書『東瀛学校挙概』p. 23。

479) 前掲書, p. 23。

480) 張之洞前掲書『勧学篇』外篇「設学第三」, p. 3727。

481) 前掲書, p. 3727。

482) 張之洞前掲書『勧学篇』外篇「学制第四」, p. 3730。

483) 前掲書「変通政治人材為先遵旨籌議摺」光緒 27 年 5 月 27 日。『張文襄公全集』2, 奏議 52, pp. 939-949。

484) 前掲書, pp. 940-946。

485) 前掲書, pp. 940-946。

486) 中体西用とは，「中体」とは，中国の儒教を中心とする伝統的な学問や制度を主体にすることであり，「西用」とは富国強兵のために西洋の科学技術を利用することである。中体西用は清末の洋務運動期の官僚たちが西洋の科学技術を受容する時，中国元来の政治体制を変えないようにして，主なスローガンとして使っていたことばである。

487) 川尻文彦「『中体西用』論と『学戦』」，『中国研究月報』1994，8月号，pp. 7-8。

488) 繆荃孫『日遊匯編』序，清光緒29年刊，p. 1。

489) 張之洞「致上海羅（叔芸）振玉」光緒27年9月30日。『張文襄公全集』5，電牘52，p. 3219。

490) 羅振玉『扶桑両月記』教育世界社，清光緒28年刊，p. 1。

491) 張之洞「致上海羅（叔芸）振玉」光緒27年9月30日。『張文襄公全集』5，電牘52，p. 3219。

492) 羅振玉前掲書，pp. 10-20。

493) 前掲書，pp. 10-11。

494) 清末の大学の創設，留学生の派遣，教育制度の公布などの事業を担当する官僚の職名。

495) 張之洞「致京張治秋尚書」光緒28年正月30日。『張文襄公全集』5，電牘57，p. 3279。

496) 羅振玉『貞松老人外集』『羅雪堂先生全集』続編4，台北，文華出版公司，1968。

497) 羅振玉『羅雪堂先生全集』5編，台湾大通書局有限公司，1973，pp. 15-16。

498) 羅振玉『扶桑両月記』，教育世界社，清光緒28年刊，p. 34。

499) 前掲書「雪堂自伝」，羅振玉『羅雪堂先生全集』5編（1），p. 15。

500) 前掲書，p. 16。

501) 張之洞「籌定学堂規模次第興辦摺」光緒28年10月初1日。『張文襄公全集』2，奏議57，p. 1010。

502) 多賀秋五郎前掲書，p. 40。

503) 陳青之『中国教育史』商務印書館，1936，pp. 586-587。

504) 「奏定初等小学堂章程」光緒29年11月26日。璩鑫圭ほか編『中国近代教育史資料匯編・学制演変』p. 292。

505) 小林歌吉『教育行政』1900。牧鉦名「教育を受ける権利の内容とその関連構造」日本教育法学会年報第2号，有斐閣，1973。

506) 溝口雄三『方法としての中国』，第9章「近代中国像は歪んでいないか―洋務と民権および中体西用と儒教」p. 254。

507) 平野健一郎・山影進・岡部達味・土屋健治『アジアにおける国民統合』第2章，平野健一郎「中国における統一国家の形成と少数民族」東京大学出版会，1988，p. 42。

508) 張之洞『勧学篇』序，前掲『張文襄公全集』6，202，p. 3702。

509) 張之洞『勧学篇』内篇，「教忠第二」，前掲『張文襄公全集』6，202，pp. 3706-3709。

510) 張之洞前掲文，p. 3709。

511) 前掲文，p. 3709。

512) 前掲文，p. 1019。

513) 「門」とは現代の「科」にあたる。

514) 「算学門」は今日の「数学科」にあたる。

515）「奏定大学堂章程」の第 5 節に京師大学堂に格致科大学を設置したことを記している。なかに，一，算学門（数学門），二，星学門，三，物理学門，四，化学門，五，動植物学門，六，地質学門があった。舒新城編『中国近代教育史資料』中，人民教育出版社，1961, p. 600。

516）前掲書『日本の数学 100 年史』上，p. 173。

517）澤柳政太郎「清国の新教育制度」，『国家学会雑談』「講演」，19 巻，7 号，1905 年 7 月 1 日。安部洋『中国の近代教育と明治日本』福村出版，1990, pp. 34-35。

518）周達の生涯について胡炳生「周達対我国現代数学教育的開創性貢献―兼論知新算社的性質和歴史功績」，李兆華主編『漢字文化圏数学伝統与数学教育』科学出版社，2004, pp. 139-143 を参照。

519）清華大学図書館の『善本書目』に登録されなかった教科書として，周達の『知新算社課藝初集』がある。

520）周達の『知新算社課藝初集』の緒言に関して，小林龍彦「梅文鼎著『中西算学通』と清華大学図書館の暦算書」『科学史研究』第 45 巻（No. 238）2006 夏，岩波書店，pp. 92-95 を参照されたい。

521）李善蘭と華蘅芳らが翻訳した西洋数学書のなかで西洋の数式を中国式に書き直したことを指している。

522）李迪「周達と中日数学交流」『中国科学史国際会議報告書』（京都，1987）pp. 23-33。

523）馮立昇著，薩日娜訳「周達と日中近代数学交流」『科学史・科学哲学』19 号，2005 年 3 月，東京大学大学院総合文化研究科科学史・科学哲学研究室，pp. 40-43。

524）周達『巴氏累円奇題解』（揚州知新算社印刷本，1904）。

525）周達『調査日本算学記』1902，知新算社刊，p. 28。

526）1898 年の旧暦 9 月 21 日に，西太后は戊戌の政変に参加した変法派の人物に対する大粛清を行った。康有為，梁啓超らはいち早く逃亡して日本に亡命した。しかし光緒帝は幽閉され，譚嗣同ら 6 人の官僚は 9 月 28 日，北京城内の菜市口で処刑された。譚嗣同は逃亡の勧めを断り，「改革の礎になる」と自ら捕らわれ処刑されたという。なお，処刑された主要な変法派 6 人（譚嗣同，林旭，楊鋭，劉光第，楊深秀，康広仁）を「戊戌六君子」と呼ぶことがある。

527）張之洞『勧学篇』外篇「遊学篇」参照。

528）さねとう・けいしゅう，『中国人日本留学史』（増補版），くろしお出版，1970, p. 37。この初期留学生に関して酒井順一郎「1896 年中国人日本留学生派遣・受け入れ経緯とその留学生教育」『日本研究』第 31 集，角川書店，2005 年 10 月，pp. 191-207 に詳しく紹介している。

529）阿部洋前掲書，p. 63。

530）三上義夫「岡本則録翁」『科学』第 1 巻第 4 号（1931）。

531）1878（明治 11）年の東京数学会社機関雑誌に岡本則録で書いている。詳しくは薩日娜（東京大学大学院総合文化研究科 2003 年度）修士論文「東京数学会社の創設，発展，転換」を参照。

532）三上義夫「私の見た岡本則録翁の回顧」『高等数学研究』第 2 巻第 6 号（1931）を参照。

533）岡本則録の「八面体ノ質ヲ求ム」について，前述した薩日娜修士論文「東京数学会社の

創設, 発展, 転換」第 2 章第 2 節の 3 を参照されたい。

534) 松岡本久・平山諦編著『岡本則録』中央印刷, 1980, p. 12。

535) 阿部洋前掲書, p. 63。

536) 黄福慶著『清末留日学生』(台湾) 中央研究院近代史研究所, 1975, p. 34。

537) 実藤恵秀前掲書, p. 65.

538) 蔡鍔（1882-1916), 中華民国の軍人・政治家。湖南省邵陽出身。1898 年に長沙の時務学堂に入学し, 梁啓超・唐才常に師事し, 変法思想の影響を受けた。1899 年, 日本に留学し, 1900 年, 唐才常に従って帰国し, 自立軍運動に参加した。失敗後, 名を鍔と改め, 再び日本に赴いた。日本では成城学校と陸軍士官学校で軍事学を学ぶ。1904 年, 卒業して帰国し湖南省, 広西省, 雲南省などで新軍の教練にあたった。1916 年結核に冒され, 日本に行き, 福岡で治療を受けていたが, 11 月 8 日に死去した。

539)「武備」とは清末の軍事技術を習得することを指している。

540)「成城学校事件」, または「呉孫事件」という。それは 1902 年に, 5 人の私費留学生が成城学校に留学を希望したのだが, 当時の駐日公使蔡鈞がその保証を拒否したため, 学生と公使側が衝突し, 日本警察も介入し, 学生の引率者呉敬恒が自殺未遂するまでの大騒ぎに発展した事件である。

541) 阿部洋前掲書, p. 94。

542) 東京大学駒場博物館「留学生書類, 明治 34 年-37 年」。

543) 本書のなかで, 1901（明治 34）年に成城学校に入学し, 1904（明治 37）年, 第一高等学校の工科入学を希望し, 入学試験に参加するために履歴書を書いた四川省の留学生王佩文という人の資料を参考した。

544) 東京大学駒場博物館「留学生書類, 明治 34 年-37 年」収録の成城学校に留学した王佩文の履歴書では,「三角法の教科書は菊池大麓先生の教科書を勉強した」と書かれている。それは菊池・沢田吾一編纂『初等平面三角法教科書』である。成城学校側の残した資料によると, 三角法の授業中にはまた, 三守守の『初等平面三角法』も使われていた,「留学生書類, 明治 34 年-37 年」参照。

545) 現在の数学教育では,「最大公約数」と「最小公倍数」だが, 当時は最高公因数, 最低公倍数という用語を使っていた。

546) 東京大学駒場博物館「留学生書類, 明治 34 年-37 年」の資料のなかに含まれている 1904（明治 37）年の成城学校の教育カリキュラムによる。

547) 直三角形とは現代の数学用語直角三角形のことであり, 円関数とは三角関数のことである。

548) 永広繁松「中学師範数学科教科書及教授時間に関する調査表」『教育時論』1900 年 1 月 5 日, pp. 46-47。

549) 北京大学図書館蔵書目録, 北京師範大学図書館蔵書目録, 内蒙古師範大学科学史・科技政策系蔵「涵楼蔵書目録」による。

550) 実藤恵秀前掲書, p. 41。

551) 横浜山手中華学校百年校誌編輯委員会編『横浜山手中華学校百年校誌 1898〜2004』, 発行：学校法人横浜山手中華学園, 2005.5, p. 1-3。

注

552) 1911 年以降中国の教育総長，北京師範大学校長になった人物である。

553) この学校は，その後，横浜中華公立小学校，横浜中華学校から横浜山手中華学校へとその名称を変え現在は，「横浜山手中華学校」という校名で JR 石川町駅（またはみなとみらい線元町・中華街駅）の近くにある。

554) 実藤恵秀前掲書，p. 48。

555)『自明治三十六年至明治四十五年　外国人入学関係書類　第一高等学校』参照。

556) 東京大学駒場博物館保存『自明治三十六年至明治四十五年　外国人入学関係書類　第一高等学校』のなかの東京大同学校に留学した中国人留学生の資料を参照。

557) 長沢亀之助・宮田耀之助訳『スミス初等代数学』増訂第 16 版，数書閣，1895 年 4 月刊，「序」，p. 5。

558) 前掲書，p. 7。

559) 前掲書，p. 9。

560) 永広繁松前掲文，pp. 46-47。

561) 菊池大麓『初等幾何学教科書随伴幾何学講義』（第 1 巻），大日本図書，1897，p. 34。

562) 菊池大麓前掲書，p. 103。

563) 永広繁松前掲文，pp. 46-47。

564) 北京大学図書館蔵書目録，北京師範大学図書館蔵書目録，内蒙古師範大学科学史・科技政策系蔵「涵芬楼蔵書目録」による。

565) 陳仲恕「本校前身求是書院成立之経過」朱有瓛主編『中国近代学制史料』第 1 輯，下冊，華東師範大学出版社，1983-1992，p. 257。

566) 1903 年，東京に留学していた浙江省出身の清国留学生が中心となって創刊した思想誌に『浙江潮』の名がつけられた。十期まで発行された『浙江潮』は，清朝を倒した辛亥革命を研究する上で重要な文献となっている。

567)『浙江潮』第 7 期，p. 4。

568) 1 人を書き漏らしている。

569) 戊戌の四月は 1898 年 5 月，壬寅三月は 1902 年 4 月である。

570)「清国留学生の近況」『教育時論』総 479 号，1898 年 8 月 5 日発行，開発社，p. 25。

571) 阿部洋前掲書，pp. 139-140。

572) 呂順長「1898 年的浙江大学留日学生」，p. 88。

573) 実藤恵秀前掲書，p. 66。日華学堂の清末の留学生教育については，実藤恵秀「日華学堂の教育」『東亜文化圏』3 の 2，青年文化協会東亜文化圏社，1942，参照。

574) 呉相湘主編『中国史学叢書』(21) 収録（清）于寶軒編輯『皇朝蓄艾文編』巻 16，台湾学生書局，1965，p. 167。

575)『自明治三十六年至明治四十五年　外国人入学関係書類　第一高等学校』参照。

576) 呂順長「清末の留日学生監督―浙江留日学生監督孫淦の事跡を中心に」，浙江大学日本文化研究所編集『江戸・明治期の日中文化交流』，社団法人　農山魚村文化協会出版，2000 年 10 月，pp. 128-145。

577) 第一高等学校編『第一高等学校六十年史』，第一高等学校出版，1939 年 3 月，p. 481。

578) 筆者による解釈。

579) 『自明治三十六年至明治四十五年　外国人入学関係書類　第一高等学校』参照。

580) 同上参照。

581) 前掲書『第一高等学校六十年史』p. 483。

582) 前掲資料『自明治三十六年至明治四十五年　外国人入学関係書類　第一高等学校』参照。

583) トドハンター著，長沢亀之助訳述・川北朝鄰校閲，『平面三角法』，東京：土屋忠兵衛，1883.6，別タイトル：*Todhunter's plane trigonometry: for the use of colleges and schools: with numerous examples* である。

584) 大理院の前身は「大理寺」であり，清朝では主に全国の重大な刑事案を裁判する最高機関だったが，1906年に名称を「大理院」と改め，1911年から全国の最高裁判所になった。「推事」とは，清朝官職の一つであり，「大理院推事」は最高裁判所長官にあたる。「大理院推事」は「五品」である。清長の官職は最高位の「一品」から「九品」までの九つある。

585) 上海図書館編『汪康年師友書札』上海古籍出版社，第2冊，1986，pp. 1466-1467。

586) 『日華学堂章程要覧』，前掲呉相湘主編『中国史学叢書』(21) 収録（清）于寶軒編輯『皇朝蓄艾文編』巻16参照。

587) 外務省外交史料館所蔵『外国官民本邦及朝・満視察雑件』「清国之部」の1，第5，1898年9月20日。

588) 『光緒東華録』巻144-145。または『戊戌変法資料』(2) 補日期。

589) 光緒24年正月25日上諭，清朱寿朋編『光緒朝東華録』(4)，p. 4041。

590) 楊松，鄧力群原編，栄孟源重編『中国近代史資料選輯』生活・読書・新知三聯書店，1972，p. 375。

591) 清王延熙・王樹敏編『皇朝道咸同光奏議』巻7，変法類，学堂条，上海久敬斎石印本，1902（光緒28）年，pp. 7-13。

592) 孫家鼐が「籌議京師大学堂章程」に満足せず，就任後まもなく8月9日に，その内容の改定を求める「奏陳籌辦大学堂大概情景疎」を提出した。前掲王延熙・王樹敏編『皇朝道咸同光奏議』巻7，変法類，学堂条，pp. 14-15。

593) 王延熙・王樹敏前掲書，p. 8。

594) 国家档案局明清档案館編『戊戌変法档案史料』中華書局，1958，p. 266。

595) 大僕寺少卿出使大使裕庚片，1898（光緒24）年7月初3。前掲国家档案局明清档案館編『戊戌変法档案史料』pp. 270-271。

596) 管理大学堂孫家鼐摺，1898（光緒24）年7月14日。前掲国家档案局明清档案館編『戊戌変法档案史料』pp. 275-276。

597) 『皇朝政典類纂』巻230，『邸鈔』よりを参照。

598) 阿部洋前掲書，p. 137。

599) 服部先生古稀祝賀記念論文集刊行会編「服部先生自叙」『服部先生古稀記念論文集』冨山房，1936，p. 13。

600) 前掲「服部先生自叙」『服部先生古稀記念論文集』p. 18。

601) 汪向栄著竹内実監訳『清国お雇い日本人』朝日新聞社，1991，pp. 84。

602）北京大学・中国第一歴史档案館『京師大学档案選編』北京大学出版社，2001 年 8 月，p. 326。

603）阿部洋前掲書，p. 160。

604）前掲「服部先生自叙」『服部先生古稀記念論文集』p. 20。

605）東京大学駒場図書館保存狩野文書『清国留学生関係公文書・書翰目録』1904-1905，「02 明治 36 年 12 月 8 日付久保田文部大臣宛服部宇之吉・巌谷孫蔵書翰（留学生 1-8）」参照。

606）この 31 名の名前は杜福垣，王桐齢，顧徳隣，呉宗栻，成儁，馮祖荀，朱炳文，席聘臣，黄芸錫，黄徳章，余棨昌，朱献文，屠振鵬，範熙壬，周宣，朱深，張輝曽，陳発檀，景定成，鐘賡言，何培琛，劉冕執，史錫綽，劉成志，王舜成，蒋履曽，王曽憲，陳治安，曽儀進，蘇振潼，唐演である。

607）京師大学堂の留学生派遣事業に関する日本側の資料による研究は空白の状態であった。筆者は本研究において，1904 年の京師大学堂の留学生派遣事業の内情をある程度明らかにすることができた。

608）ヨーロッパに派遣された 16 人は余同奎，何育傑，周典，潘承福，孫昌火亘，薛序鏞，林行規，陳祖良，華南圭，鄧寿佶，程経邦，左承詒，範紹濂，劉光謙，魏渤，柏山である。

609）京師大学堂の初期留学生派遣事業では，日本への留学生に応用化学・電気の科目を勉強させ，英仏への留学生に土木・機械等の科目を勉強させるように決めていた。日本留学生とヨーロッパ留学生の専門の違いやどのような人々が，英仏日の学科の教育レベルを判断し，それらの配分をしていたのかに関する調査は今後の課題にしておきたい。

610）張百熙『奏派学生赴東西洋各国遊学折』，『光緒朝東華録』第 5 冊，中華書局，1958，pp. 5113-5114。

611）張百熙『奏派学生赴東西洋各国遊学折』，『光緒朝東華録』第 5 冊，中華書局，1958，pp. 5113-5114。

612）『清国留学生関係公文書・書翰目録　明治 37 年-明治 38 年』参照。

613）中国の古代数学で，「命分」とは分数のことを意味する。

614）東京大学駒場図書館『清国留学生関係公文書・書翰目録』のなかの「03　明治 37 年 1 月 7 日付狩野亨吉宛服部宇之吉書翰（留学生 1-6）」参照。

615）『清国留学生関係公文書・書翰目録　明治 37 年-明治 38 年』参照。

616）『自明治三十六年至明治四十五年　外国人入学関係書類　第一高等学校』参照。

617）同上参照。

618）同上参照。

619）同上参照。

620）同上参照。

621）同上参照。

622）同上参照。

623）同上参照。

624）『自明治三十六年至明治四十五年　外国人入学関係書類　第一高等学校』参照。

625）馮立昇，牛亜華「京師大学堂派遣首批留学生考」，『歴史档案』2007 年 3 期，p. 92。

626）『清国留学生関係公文書・書翰目録　明治 37 年-明治 38 年』参照。

627）前掲書『第一高等学校六十年史』p. 490。

628）前掲書，p. 494。

629）前掲書，p. 493。

630）一高同窓会「編『第一高等学校同窓生名簿』（平成 7 年版）「職員」pp. 1-30。日本の数学 100 年史編集委員会『日本の数学 100 年史』（上）岩波書店，1983，p. 243-244。東京大学 駒場博物館資料に保存されている旧制第一高等学校の資料，前掲載『第一高等学校六十年 史』pp. 483-514 を参照。

631）図表 21 のなかで京師大学堂を「京師」と省略する。

632）夏休みの集中講義は主に，留学生たちの数学の能力を速やかに高め，日本人学生と同じ クラスになる時，困らないように配慮した特別な講義である。

633）『自明治三十六年至明治四十五年　外国人入学関係書類　第一高等学校』参照。

634）1908（明治 41）年，第一高等学校は正式に清国政府留学生受入のための特設予科を設置 した。

635）前掲書『第一高等学校六十年史』p. 501。

636）前掲書，p. 514。

637）前掲書，p. 514。

638）前掲書，p. 515。

639）東京帝国大学編『東京帝国大学一覧』（明治 30 年/明治 31 年（明 30/31）-明治 44 年/明 治 45 年（明 44/45）-大正元年/大正 2 年-大正 15 年/昭和 2 年），東京帝国大学出版，1897.12-1943.9 参照。

640）梁啓超「論学日文之益」（1899），『飲氷室文集上』，広智書局，1914（訂正 10 版），p. 38。

641）康有為「請廣訳日本書派遣遊学摺」（1898），中国史学会『戊戌変法』神州国光社，1953，p. 68。

642）張之洞・劉坤一『合奏変法自強三疏』（1901），舒新城『近代中国教育史料』（第 1 冊）上 海中華書局，1928，p. 93。

643）張之洞「至上海羅叔芸」（1901），（璩鑫圭，唐良炎）『中国近代教育史資料彙編　学制演変』上海教育出版社，1991，pp. 116-117。

644）羅振玉「日本教育大旨」（1902），（璩鑫圭，唐良炎）『中国近代教育史資料彙編　学制演変』上海教育出版社，1991，p. 118。

645）泰東同文局は伊澤修二が企画した大事業で，彼が自ら顧問となった。日本には近衛，島 津両公爵を始めとする知己が少なくとも 40 人，中国には載振貝子，張之洞を始めとする 50 人がいた。泰東同文局は，文明を啓発し，東亜を連絡する趣旨で設けられた。「泰東同 文局」『教育』第 31 号，茗渓会，1902，pp. 40-41。

646）羅振玉「学制私議」，『教育世界』第 24 冊，壬寅年 3 月下。璩鑫圭ほか編『中国近代教育 史資料匯編・学制演変』p. 155。

647）さねとう・けいしゅう『増補版中国人日本留学史』くろしお出版，1981，p. 258。

648）馬忠林等著『数学教育史簡編』広西教育出版社，1991，北京師範大学図書館蔵『師範 学校及中小学教科書書目』2003，宜枞室叢編『清末民初洋学学生題名録初輯』中央研究院

近代史研究所，中華民国 51 年（1976），p. 124。

649）三省堂百年記念事業委員会『三省堂の百年』三省堂，1982，p. 215。

650）「日本教育家伊澤修二君略傳略」『東方雑誌』第 11 期，商務印書館，1905，p. 124。

651）さねとう・けいしゅう前掲書，pp. 259-266 参照。

652）「学部審定中学教科書提要」『教育雑誌』商務印書館，第 1 年第 1 期，p. 8，第 2 期 pp. 9-12。

653）北京大学図書館蔵書目録，北京師範大学図書館蔵書目録，内蒙古師範大学科学史与科技管理系所蔵「涵芬楼蔵書目録」による統計である。

654）東京大学駒場博物館と駒場図書館に残された留学生関係の第一高等学校の記録では陳榥という書き間違いが多かった。

655）『北京師範大学図書館蔵書目録』（師範学校及中小学校教科書書目），2003，p. 117。

656）北京大学編『北京大学校史論著目録索引』北京大学出版社，2006，p. 348。

657）丁石孫，袁向東，張祖貴「北京大学数学系八十年」『中国科技史料』1993，14(1)，pp. 74-85。

658）陶行知著『陶行知教育文選』，中央教育科学研究所編，北京：教育科学出版社，1981，p. 342。

659）フライヤー（傅蘭雅）『江南製造総局翻訳西書事略』1880（光緒六）年，第 1 章参照。

660）本書の第 2 部第 4 章 2.1.2. の内容を参照。

661）1854 年，イエール大学を卒業した容閎が帰国した後，中国の各地を遊学し，中国社会の愚昧落后に驚いて，洋務派官僚を説得し，アメリカへ留学生を派遣するようにさせた。容閎のアメリカへ留学生を派遣する事業は曽国藩らの支持を得ていたが，曽の死去（1871）により，後援を失い，さらに保守派の陳蘭彬が駐米公使になり，また自分の腹心である呉子登を留学生の監督にさせたため，留学生事業の有益性は全面的に否定され，北京での李鴻章に容閎や留学生について，事実無根の密告が続けたため，遂に失敗で終わった。容閎原著徐鳳石，惲鉄樵原訳，張叔方補訳『西学東漸記』（原タイトル My life in China and America），湖南人民出版社，1981，pp. 92-110 参照。

662）容閎前掲書，p. 104。

663）福沢諭吉『福翁自伝』富田正文校訂（岩波文庫，1978），p. 206。

664）「本会沿革」p. 13。

665）「本会沿革」p. 42。

参考文献

一．資料

1. 小野家所蔵小野友五郎自筆『本邦洋算伝来』（年代不詳）
2. 神田孝平自筆写本『代微積拾級』（1865-1866）
3. 東京大学駒場図書館保存狩野文書『清国留学生関係公文書・書翰目録』（1904-1905）
4. 東京大学駒場博物館保存『自明治三十六年至明治四十五年　外国人入学関係書類　第一高等学校』（1903-1915）
5. 東京大学駒場博物館保存『自明治四十一年至大正四年　支那留学生入学書類　第一高等学校』（1908-1915）
6. 東京大学駒場博物館保存『自明治四十一至大正十年　支那留学生ニ関スル職員進退』（1908-1921）
7. 東北大学狩野文庫保存柳楢悦自筆稿本『新巧算法三章』（1854）
8. 日本学士院所蔵柳楢悦自筆稿本『算法橙實集』（1878）
9. 日本学士院所蔵柳楢悦自筆稿本『算法蕉葉集』（1877）

二．文献

（中国語の文献）

1. 北京大学・中国第一歴史档案館『京師大学档案選編』北京大学出版社，2001
2. 北京大学校史館編『北京大学校史論著目録索引』北京大学出版社，2006
3. 畢桂芬「京師同文館学友会第一次報告書」『報告書』京華書局，1916
4. 蔡尚思・方行編『譚嗣同全集』中華書局，1981
5. 陳宝泉『中国近代学制変遷史』北京文化学社，1927
6. 陳富康『中国訳学理論史稿』上海外国語教育出版社，1992
7. 陳景磐『中国近代教育史』人民教育出版社，1986
8. 陳青之『中国教育史』商務印書館，1936
9. 丁福保『算学書目提要』巻中，文物出版社，1984
10. 丁石孫・袁向東・張祖貴「北京大学数学系八十年」『中国科技史料』1993
11. 丁韙良「同文館算学課芸序」1896
12. 杜亜泉，胡愈之ほか「日本教育家伊澤修二君略傳略」『東方雑誌』第11期，商務印書館，1905

13. 範迪吉編訳『編訳普通教育百科全書』会文学社，1903

14. 馮立昇「代微積拾級在日本的伝播」『自然弁証法通訊』(4)，1999

15. 馮立昇博士論文『中日数学関係史研究』(西安・西北大学)，1999

16. 傅蘭雅「江南製造総局翻訳西書事略」『格致彙編』，1880

17. 高紅成「呉嘉善与洋事教育革新」『中国科技史雑誌』(第1期)，2007

18. 何炳松「三十五年来中国之大学教育」『最近三十五年之中国教育』1931

19. 胡炳生「周達的家世和業績述略」『中国科学史料』第15期，1994

20. 胡景桂『東瀛紀行』直隷省学校司排印，1904

21. 胡鈞『清張文襄公之洞年譜』台湾商務印書館，1978

22. 華蘅芳『代数術』(25巻)，測海山房中西算学叢刻初編，1896

23. 華蘅芳『学算筆談』(全12巻)，1897

24. 華里斯撰・傅蘭雅口訳・筆蘅芳筆述『微積溯源』(8巻)，測海山房中西算学叢刻初編，1896

25. 黄福慶著『清末留日学生』(台湾)中央研究院近代史研究所，1975

26. 黄明同・呉熙釗『康有為早期遺稿述評』「附『日本変政考』序，按語，跋」「日本変政考按語」中山大学出版社，1988

27. 黄明同ほか編『康有為早期遺稿述評』附「傑士上書彙録」中山大学出版社，1988

28. 季春泰『中日料技発展比較研究』遼寧教育出版社，1992

29. 紀志剛『傑出的翻訳家和実践家―華蘅芳』科学出版社，2000

30. 黎難秋『中国科学文献翻訳史稿』中国科学技術大学出版社，1993

31. 李迪「十九世紀中国数学家李善蘭」『中国科技史料』3(3)，1982

32. 李迪「周達と中日数学交流」『中国科学史国際会議報告書』(京都)，1987

33. 李迪主編『中外数学史教程』福建教育出版社，1993

34. 李善蘭・偉烈亜力共訳『代数学』13巻，墨海書館，1866

35. 李善蘭・偉烈亜力共訳『代微積拾級』18巻，墨海書館，1866

36. 李喜所『譚嗣同評伝』河南教育出版社，1986

37. 李厳『中国数学大綱』(下冊)，科学出版社，1958

38. 李厳・銭宝琮『科学史全集』(第5，6，7，8巻)，遼寧教育出版社，1998

39. 梁啓超「東籍月旦」『梁啓超全集』第1冊，北京燕山出版社，1997

40. 梁啓超「論変法不知本原之害」『梁啓超全集』第1冊，北京出版社，1999

41. 梁啓超「論学日文之益」(1899)，『飲氷室文集上』広智書局，1914

42. 梁啓超『西学書目表』上海時務報館石印，1896

43. 梁啓超『飲氷室文集上』廣智書局，1914

44. 梁啓超ほか編『時務報』第7冊，1896

45. 梁啓超ほか編『時務報』第 8 冊，1896

46. 劉兵『克麗奥眼中的科学』山東教育出版社，1996

47. 劉彝程「求志書院算學課藝」求是書院，1896

48. 羅振玉『扶桑両月記』教育世界社，1903

49. 羅振玉『羅雪堂先生全集』5 編，台湾大通書局有限公司，1973

50. 羅振玉『貞松老人外集』『羅雪堂先生全集』続編 4，台北，文華出版公司，1968

51. 馬忠林等著『数学教育史簡編』広西教育出版社，1991

52. 繆荃孫『日遊匯編』序，1904

53. 牟安世著『洋務運動』4，上海人民出版社，1956

54. 欧陽降訳・Howard Eves 著『数学史概論』山西経済出版社，1986

55. 銭宝琮『中国数学史』科学出版社，1992

56. 清王延熙・王樹敏編『皇朝道咸同光奏議』巻 7，変法類，学堂条，上海久敬斎石印本，
1902

57. 璩鑫圭ほか編『中国近代教育史資料匯編・学制演変』上海教育出版社，1991

58. 容閎原著徐鳳石，惲鉄樵原訳，張叔方補訳『西学東漸記』（原タイトル *My life in China and America*），湖南人民出版社，1981

59. 上海図書館編『汪康年師友書札』上海古籍出版社，第 2 冊，1986

60. 沈国威編『六合叢談（1857-58）の学際的研究』白帝社，1999

61. 沈伝経，劉泆泆『左宗棠専論』四川大学出版社，2003

62. 沈伝経『福州船政局』四川人民出版社，1987

63. 沈雲龍主編『近代中国史料叢刊』第 37 輯，文海出版社，1966

64. 舒新城編『近代中国教育思想史』中華書局，1929

65. 湯志鈞『戊戌変法人物伝稿』（増訂本）上冊，中華書局，1961

66. 陶行知著『陶行知教育文選』中央教育科学研究所編，教育科学出版社，1981

67. 田森「清末数学家与数学教育家劉彝程」『中国数学史論文集』（第 3 輯），内蒙古師範大学出版社・（台北）九章出版社，1992

68. 汪暁勤『中西科学交流的功臣―偉烈亜力』科学出版社，2000

69. 汪暁勤博士論文「偉烈亜力与中西数学交流」（北京・中国料学院自然科学史研究所），
1999

70. 王国維「奏定経学科大学文学科大学章程書後」『王観堂先生全集』(5)，文華出版公司，
1968

71. 王国維ほか編『教育世界』第 24 号，教育世界社，1902

72. 王鉄軍「傅蘭雅与『格致彙編』」『世界哲学』（第 4 期），2001

73. 王先謙纂修『東華続録』(清)，台北：文海出版社，1963

74. 王揚宗「晩清社会訳著雑考」『中国料技史料』第 15 巻第 4 期，1994

75. 王揚宗『傳蘭雅与近代中国的科学啓蒙』（西学東伝人物叢書），科学出版社，2000

76. 王渝生「華蘅芳：中国近代科学的先行者和伝播者」『自然弁証法通訊』7(2)，1985

77. 偉烈亜力『中国基督教教育事業』商務印書館（上海），1922

78. 魏允恭『江南製造局記』台北：文海出版社，1969

79. 呉文俊編『中国数学史大系』副巻第 2 巻『中国算学書目彙編』（李迪主編）（北京師範大学出版社，2003

80. 呉文俊主編『中国数学史大系』（第 8 巻），北京師範大学，2000

81. 呉文俊主編『中国数学史論文集』(1)，山東教育出版社，1985

82. 呉相湘主編『中国史学叢書』(21) 収録（清）于寶軒編輯『皇朝蓄艾文編』巻 16，台湾学生書局，1965

83. 呉艶蘭編『北京師範大学図書館蔵書目録』（師範学校及中小学校教科書書目），北京師範大学出版社，2003

84. 席裕福，沈師徐輯『皇朝政典類纂』巻 230，台北文海出版社，1969

85. 謝国槇『近代書院学校制度変遷考』『近代中国史料叢刊続編』第 66 輯，651 冊，台湾文海出版社，1983

86. 熊月之『西学東漸与晩清社会』上海人民出版社，1994

87. 姚錫光『東瀛学校挙概』京師刊本，1899

88. 宜楙室叢編『清末民初洋学学生題名録初輯』中央研究院近代史研究所，1976

89. 澤柳政太郎「清国の新教育制度」『国家学会雑談』「講演」19 巻，7 号，1905

90. 張百熙『奏派学生赴東西洋各国遊学折』『光緒朝東華録』第 5 冊，中華書局，1958

91. 張之洞「至上海羅叔芸」(1901)，（璩鑫圭，唐良炎）『中国近代教育史資料彙編　学制演変』上海教育出版社，1991

92. 張之洞・劉坤一『合奏変法自強三疏』(1901)，舒新城『近代中国教育史料』（第 1 冊），上海中華書局，1928

93. 鄭鶴声，鄭鶴春『中国文献学概要』商務印書館，1930

94. 鄭鶴聲「張之洞氏之教育思想及其事業」下，『教育雑誌』第 25 巻，第 3 期，上海商務印書館，1935

95. 周達『巴氏累円奇題解』揚州知新算社印刷本，1904

96. 周達『調査日本算学記』知新算社刊，1902

97. 朱有瓛『中国近代学制史料』（上・下），華東師範大学出版社，1989

（日本語の文献）

1. 赤松範一編注『赤松則良半生談』平凡社，1977

2. 阿部洋『中国近代学校史研究―清末における近代学校制度の成立過程』福村出版，1993

3. 生駒萬治『幾何学教科書』宏文学院，1906

4. 伊東俊太郎ほか編『科学史技術史事典』弘文堂，1982

5. 上垣渉「明治期における数学用語の統一」数学教育協議会編集『数学教室』No. 624

6. 江木千之「明治二十三年小学校令の改正」国民教育奨励会『教育五十年史』国書刊行会，1922

7. 遠藤利貞著・三上義夫増修『増修日本数学史』岩波書店，1918

8. 汪向栄著，竹内実監訳『清国お雇い日本人』朝日新聞社，1991

9. 大野寛孝著『沼津兵学校と其人材』安川書店，1978

10. 大矢真一編『西算速知・洋算用法』恒和出版，1980

11. 岡本拓司「京城帝国大学と科学」『科学史・科学哲学』11 号，1993

12. 小倉金之助『数学史研究　第一輯』岩波書店，1935

13. 小倉金之助『数学史研究　第二輯』岩波書店，1935

14. 小倉金之助『数学教育史』岩波書店，1941

15. 小倉金之助『明治時代の数学』理学社，1947

16. 小倉金之助『近代日本の数学』『小倉金之助著作集』(2) 勁草書房，1973

17. 小倉金之助『中国・日本の数学』『小倉金之助著作集』(3) 勁草書房，1973

18. 小倉金之助『数学と教育』『小倉金之助著作集』(5) 勁草書房，1974

19. 小倉金之助『数学教育の歴史』『小倉金之助著作集』(6) 勁草書房，1974

20. 尾崎護『低き声にて語れ――元老院議官　神田孝平』新潮社，1998

21. 外務省外交史料館所蔵『外国官民本邦及朝・満視察雑件』「清国之部」の 1，第 5，1898 年 9 月 20 日

22. 加藤祐三『黒船事件』岩波新書，1988

23. 樺正董『代数学教科書』三省堂，1903

24. 川北朝鄰『数学協会雑誌』第 1 号，1887 年 5 月

25. 川北有頂（朝鄰）「高久慥斎君の伝」『数学報知』第 6 号，1894

26. 川尻信夫『幕末におけるヨーロッパ学術受容の一断面―内田五観と高野長英・佐久間象山』，東海大学出版会，1982

27. 川尻文彦「『中体西用』論と『学戦』」『中国研究月報』1994 年 8 月号

28. 川本亨二『近世庶民の算教育と洋算への移行過程の研究』風間書房，2000

29. 神田孝平『数学教授本』(第一巻) 開成所，1867

30. 神田乃武編輯『神田孝平略伝』秀英合第一工場，1910

31. 菊池大麓『初等幾何学教科書』(平面) 文部省編輯局，1888

32. 菊池大麓『初等幾何学教科書随伴幾何学講義』（第 1 巻）大日本図書，1897

33. 菊池大麓・沢田吾一編纂『初等平面三角法教科書』大日本図書，1905

34. クラーク述，川北朝鄰・山本正至訳『幾何学原礎』（全 7 冊）静岡：文林堂，
    1875-1878

35. クライン著，石井省吾・渡辺弘訳『クライン：19 世紀の数学』共立出版，1995

36. 倉沢剛『学制の研究』講談社，1973

37. 倉沢剛『幕末教育史の研究』（1）吉川弘文館，1984

38. 倉沢剛『幕末教育史の研究』（2）古川弘文館，1984

39. 栗島山之助編『大日本人名辞典』東京実益桂，1916

40. 幸田成友「赤松大三郎」『文芸春秋』11 期，1933

41. 康有為「『日本明治変政考』序」西順蔵編『原典中国近代思想史洋務運動と明治維新』
    岩波書店，1977，p. 190

42. 児玉幸多編『くずし字解読辞典』普及版，東京堂出版，1970

43. 小林龍彦『徳川日本における漢訳西洋暦算書の受容』東京大学博士論文，2004

44. 小林龍彦「梅文鼎著『中西算学通』と清華大学図書館の暦算書」『科学史研究』岩
    波書店，第 45 巻（No. 238）2006 年夏

45. 小松醇郎『幕末・明治初期数学者群像』（上）幕末編，吉岡書店，1990

46. 小松醇郎『幕末・明治初期数学者群像』（下）明治初期編，吉岡書店，1990

47. 小山騰『破天荒〈明治留学生〉列伝』講談社，1999

48. 近藤真琴閲，田中矢徳編，鈴木長利校『代数教科書』（壹），攻玉社，1882

49. 斎藤憲『ユークリッド「原論」の成立』東京大学出版社，1997

50. 酒井順一郎「1896 年中国人日本留学生派遣・受け入れ経緯とその留学生教育」『日
    本研究』第 31 集，角川書店，2005 年 10 月

51. 坂出祥伸著『中国の人と思想 11 康有為』集英社，1985

52. 佐藤英二博士『近代日本の中等学校における教育の史的展開』東京大学，2001

53. 佐藤健一ほか編著『和算史年表』東洋書店，2002

54. 佐藤賢一「早過ぎた数学史　和算史の光と闇」『科学史・科学哲学』東京大学総合
    文化研究科科学史・科学哲学研究室 16 号，2002

55. 佐藤賢一『そして数は遥かな海へ―東アジアの数理科学史』北樹出版，2005

56. 佐藤賢一『近世日本の数学史―関孝和の実像を求めて』東京大学出版会，2005

57. 実藤恵秀「日華学堂の教育」『東亜文化圏』3 の 2，青年文化協会東亜文化圏社，
    1942

58. 実藤恵秀『中国人日本留学史』くろしお出版，1960

59. 三省堂百年記念事業委員会『三省堂の百年』三省堂，1982

60. ジー・リチャードソン，エー・エス・ラムジー共著，菊池大麓・数藤斧三郎訳『近世平面幾何学』大日本図書出版，1895

61. 下中邦彦編集『日本人名大事典』（1〜6冊）平凡社，1986

62. 神保長致訓点版『代数術』陸軍文庫，1875

63. 杉本つとむ『西欧文化受容の諸相』八坂書房，1999

64. 銭国紅『日本と中国における『西洋』の発見』山川出版社，2004

65. 多賀秋五郎編『近代中国教育資料・清末編』日本学術振興会，1962

66. 田崎哲郎「神田孝平の数学観をめぐって」『日本洋学史の研究Ⅴ』創元桂，1980

67. 譚嗣同著，西順蔵，坂元ひろ子訳『仁学―清末の社会変革論』岩波文庫（青），1989

68. 塚本明毅訓点版『代数学』沼津兵学校，1869

69. 辻哲夫『日本の科学思想』中公新書，1973

70. 東畑精一・薮内清監修『中国の科学と文明』（4）思索社，1991

71. 永井良知『東京百事便』三三文房発行，1890

72. 長岡半太郎「回顧談」『東京物理学会誌』（5），1950

73. 長沢亀之助『微分学』数理学院，1881

74. 長沢亀之助『幾何学教科書』大阪：三木書店，1896

75. 長沢亀之助『新幾何学教科書』国定教科書共通販売所，1897

76. 長沢亀之助『中等教育算術教科書』大阪：三木書店，1900年4月20日

77. 長沢亀之助譯述・川北朝鄰校閲『平面三角法』東京：攻玉社，1883

78. 長沢亀之助，宮田耀之助訳『初等代数学』東京：数書閣，1900

79. 永広繁松「中学師範数学科教科書及教授時間に関する調査表」『教育時論』1900年1月5日

80. 中村孝也『中牟田倉之助伝』1919

81. 中村幸四郎『近世数学の歴史』日本評論社，1980

82. 中村幸四郎ほか訳・解説『ユークリッド原論』共立出版，1971

83. 日蘭学会編『洋学史事典』雄松堂出版，1984

84. 「日本の数学100年史」編集委員会『日本の数学100年史』（上）岩波書店，1983

85. 「日本の数学100年史」編集委員会『日本の数学100年史』（下）岩波書店，1984

86. 日本歴史学会編『明治維新人名辞典』古川弘文館，1981

87. 野島博文『日本近現代史』講談社，1998

88. 狭間直樹編『梁啓超：西洋近代思想受容と明治日本：共同研究』みすず書房，1999

89. 橋爪貫一『童蒙必携　洋算訳語略解』宝東堂，1872

90. 橋本毅彦『〈標準〉の哲学』講談社，2002

91. 服部先生古稀祝賀記念論文集刊行会編「服部先生自叙」『服部先生古稀記念論文集』冨山房発行，1936

92. 原口清『日本近代国家の形成』岩波書店，1968

93. 原平三川「幕府の英国留学生」『歴史地理』79－5，1947

94. 東野十治郎『最新算術教科書』宏文学院，1906

95. 福沢諭吉『文明論の概略』岩波文庫，1995

96. 藤沢利喜太郎『算術教科書』（上，下）大日本図書，1896

97. 藤沢利喜太郎『続初等代数学教科書』大日本図書，1898

98. 富士短期大学学術研究会『富士論叢』第10巻，1965

99. 富士短期大学政治経済研究会『富士論叢』第7巻，1962

100. 藤原松三郎・日本学士院編『明治前日本数学史』第4巻，岩波書店，1958

101. 藤原松三郎・日本学士院編『明治前日本数学史』第5巻，岩波書店，1960

102. 古川安『科学の社会史』南窓社，1989

103. 本庄栄治郎編著『神田孝平一研究と資料』1，経済史研究会業刊第7冊，1973

104. 牧鉦名「教育を受ける権利の内容とその関連構造」日本教育法学会年報第二号，有斐閣，1973

105. 松岡本久・平山諦編著『岡本則録』中央印刷，1980

106. 三上義夫「岡本則録翁」『科学』第1巻第4号，1931

107. 三上義夫「私の見た岡本則録翁の回顧」『高等数学研究』第2巻第6号，1931

108. 三上義夫著『文化史上より見たる日本の数学』創元社，1947

109. 水木梢『日本数学史』教育研究会，1928

110. 三守守『初等平面三角法』東京：山海堂，1905

111. 宮崎十三八・安岡昭男編『幕末維新人名事典』新人物往来社，1994

112. 村上陽一郎『日本近代科学の歩』三省堂，1977

113. 文部省教学局編「教育に関する勅語渙発五十周年記念資料展覧図録」1941

114. 柳楢悦『量地括要』（全二巻）水路寮，1871年9月

115. 藪内清『中国の数学』岩波書店，1974

116. 山田昌邦『英和数学辞書』山田氏蔵版，1878

117. 米山有吉『幕末西洋文化と沼津兵学校』三省堂，1935

118. 李迪著・大竹茂雄ほか編訳『中国の数学通史』森北出版，2002

119. 梁啓超著，小野和子訳『清代学術概論―中国のルネサンス』東京平凡社，1974

120. 呂順長「清末の留日学生監督－浙江留学生監督孫淦の事跡を中心に」，浙江大学日本文化研究所編集『江戸・明治期の日中文化交流』農山魚村文化協会出版，2000年10月

121. 渡辺孝蔵編集『順天百五十五年史』順天学園，1989

122. 「京都に於ける呉汝綸一行」『大阪毎日新聞』1902 年 6 月 27 日

123. 「呉氏の教育視察」『九州日日新聞』1902 年 7 月 2 日

124. 「清国留学生の近況」『教育時論』総 479 号，開発社，1898 年 8 月 5 日

125. 「泰東同文局」『教育』第 31 号，茗渓会，1902

126. 「日本の今日ある以所」『日本』1902 年 8 月 25 日

127. 『算学新誌』第 17 号，（東京）開数舎，1879 年 4 月

128. 『数学報知』（6 号）共益商社，1890

129. 『数学報知』（89 号）共益商社，1891

130. 『数学報知』（90 号）共益商社，1891

131. 『数藤斧三郎君―遺稿と伝記―』数藤斧三郎君遺稿出版会，1918

132. 『数理会堂』（第十三会），数理社，1889 年 12 月

133. 『東京数学会社雑誌』東京数学会社，第 1-67 号，1877-1884

134. 『東京数学物理学会記事』東京数学物理学会，第 1-4 巻，1884-1890

135. 『攻玉社百年史』攻玉社学園，1963

（英語の文献）

1. Catherine Jami, "'European Science in China' or 'Western Learning'? Representations of Gross-Cultural Transmission, 1600-1800", *Science in Context*, 12, 3, 1999, pp. 413-434 (copyright Cambridge University Press)

2. Douglas Reynolds, *China, 1895-1912: State-sponsored reforms and China's Late-Qing revolution: selected essays from Zhongguo Jindai Shi (Modern Chinese history, 1840-1919)* / guest editor and translator, Armonk, N. Y.: M. E. Sharpe, 1995

3. Douglas Reynolds, *China, 1898-1912: the Xinzheng Revolution and Japan*, Cambridge, Mass.: distributed by Harvard University Press, 1993

4. Rikitaro Fujisawa, *Summary report on the teaching of mathematics in Japan*, Tokio, 1912

5. Robert Simson, *The elements of Euclid*, 1787, Edinburgh: J. Balfour

6. *The Encyclopaedia Britannica, or, Dictionary of Arts, Sciences, and General Literature Eighth Edition*, Volume I, Edinburgh: Adam and Charles Black, 1855, pp. 482-584.

引用図版一覧

図 1　墨海書館でのメドハースト　「中国近代報業泰斗—麦都思牧師」『基督教週報』第2258 期（2007 年 12 月 2 日）より

図 2　アレクサンダー・ワイリー　汪曉勤『中西科学交流的功臣—偉烈亜力』（科学出版社，2000）より

図 3　北華捷報　中国徐家彙蔵書楼蔵

図 4　数学啓蒙　日本東京大学総合図書館蔵

図 5　幾何原本　日本静嘉堂文庫蔵

図 6　李善蘭　王渝生『中国近代科学的先駆――李善蘭』（科学出版社，2000）より

図 7　訓点版『代数学』　日本東京大学総合図書館蔵

図 8　代微積拾級　日本東京大学総合図書館蔵

図 9　六合叢談　日本早稲田図書館蔵

図 10　江南製造局の翻訳館　中国国家図書館蔵

図 11　ジョン・フライヤー　王扬宗『傅蘭雅与近代中国的科学啓蒙』（科学出版社，2000）より

図 12　格致彙編　台湾国立政治大学『中国近現代思想及文学史専業数拠庫，1830-1930』データベースより

図 13　華蘅芳　紀志剛『華蘅芳—傑出的翻訳家，実践家』（科学出版社，2000）より

図 14　数学会社の学生資料　日本東京大学駒場博物館蔵

図 15　本邦洋算伝来　日本東京都日本橋小野友五郎家文書

図 16　柳楢悦　水路部『水路部沿革史』（1935）より

図 17　量地括要　日本国立国会図書館近代デジタルライブラリーより

図 18　数学教授本　日本東京大学総合図書館蔵

図 19　洋算用法　日本東京大学総合図書館蔵

図 20　筆算訓蒙　日本東京大学総合図書館蔵

図 21　数学教梯　日本大阪教育大学図書館蔵

図 22　幾何学原礎　日本京都大学総合図書館蔵

図 23　幾何学原礎例題解式　日本京都大学総合図書館蔵

図 24　代数術　日本東京大学総合図書館蔵

図 25　訓点版『代数術』　日本内閣文庫蔵

図 26　『東京数学会社雑誌』第 1 号　日本東京大学数理研究科図書館蔵

図 27　東京数学会社題言　日本東京大学数理研究科図書館蔵

図 28　成城学校での清末留学生が受けた教育　日本東京大学駒場博物館蔵

図 29　訳語草案　日本東京大学数理研究科図書館蔵

図 30　『微積溯源』巻 2 の中の一枚　日本早稲田大学総合図書館小倉文庫蔵

図 31　華蘅芳と長沢亀之助の数式の比較　筆者作成

図 32　長沢亀之助の蔓葉線　筆者作成

図 33　東京数学会社雑誌最後の一枚　日本東京大学数理研究科図書館蔵

図 34　『東京数学物理学会記事』巻 2　日本東京大学数理研究科図書館蔵

図 35　菊池大麓が数物学会記事に掲載した和算関係の問題　日本東京大学数理研究科図書館蔵

図 36　『勧学篇』学制第四　日本東京大学総合図書館蔵

図 37　成城学校での清末留学生が受けた教育　日本東京大学駒場博物館蔵

図 38　長沢亀之助『中等教育算術教科書』　筆者個人蔵

図 39　樺正董『代数学教科書』　筆者個人蔵

図 40　長沢亀之助『新幾何学教科書』　筆者個人蔵

図 41　三守守『初等平面三角法』　筆者個人蔵

図 42　菊池大麓・沢田吾一『初等平面三角法教科書』　筆者個人蔵

図 43　東京大同学校（清華学校）での清末留学生資料　日本東京大学駒場博物館蔵

図 44　藤沢利喜太郎『算術小教科書』　日本広島大学図書館蔵

図 45　チャールス・スミス『代数学』　筆者個人蔵

図 46　菊池大麓『初等幾何学教科書』　日本東京大学数理研究科図書館蔵

図 47　「一高」最初の清末留学生資料　日本東京大学駒場博物館蔵

図 48　京師大学堂の日本人教員　中国北京大学図書館蔵

図 49　京都大学に入学した留学生の記録　日本東京大学駒場博物館蔵

図 50　「一高」留学生の日本人教員　日本東京大学駒場博物館蔵

図 51　「一高」での数学教科書　日本東京大学駒場図書館蔵

図 52　陳幌が留学した時の記録　日本東京大学駒場博物館蔵

図 53　陳幌訳数学書　中国北京師範大学図書館蔵

図 54　馮祖荀と胡濬済が留学した時の記録　日本東京大学駒場博物館蔵

謝　辞

　本書は，2009 年東京大学における筆者の博士論文に基づき，その後の新たな知見，研究成果を盛り込んだものである。博士論文の完成には，橋本毅彦先生，岡本拓司先生，廣野喜幸先生から構想，文献・資料の調査，分析まで多面にわたってご指導頂き，研究の上で貴重なアドバイスを頂いた。また，安達裕之先生，八耳俊文先生には論文をまとめあげるのにかかせない様々な貴重な資料を頂いた。

　2011 年より京都大学の武田時昌先生と交流を深め，中国と日本における古代科学技術に関して様々なご教示を頂いた。本書の刊行が実現したのも，ひとえに武田先生のお力添えのお蔭である。

　今まで学問的，精神的にサポートしていただいた故李迪先生，江曉原先生，関増建先生，紀志剛先生，中国での研究仲間など，名前を挙げだしたらきりがないが，あらためて関係各位に深甚なる謝意を心より申し上げる。

　本書の出版原稿の一部は森本光生先生，小林龍彦先生，小川束先生，藤井康生先生にご校正頂いた。編集出版に際しては，臨川書店の工藤健太氏に大変お世話になった。

　最後に，本書の出版を迎え，今まで応援してくれた家族に深く感謝の意を表する次第である。

　本書は 2015 年度上海交通大学文理交叉課題重点研究プログラム（批准号：AF090010）の援助で出版されたものである。

2016 年 10 月

薩　日　娜

索　　引

人名索引

あ行

アーベル（N. H. Abel） 111, 238

赤松則良 65, 97, 98, 144, 146, 152, 158, 159, 231

アダム・シャール（Johann Adam Schall von Bell） 23, 24

荒川重平 98, 142, 146, 152, 158-161, 197, 199

伊藤直温 98, 143, 159-161

ヴィエト（François Viète） 117

上野清 91, 100, 145, 146, 160, 187, 227, 229, 292, 312, 351, 353, 359

エドキンズ（Joseph Edkins） 31

遠藤利貞 97, 134, 137, 145, 146, 165, 225, 239

オイラー（Leonhard Euler） 11, 29, 109-111, 113, 117-121, 123, 208

王錫闡 24

王韜 26, 27, 33

大木喬任 129, 130

大隈重信 64, 130

大村一秀 104, 146, 149, 158-160, 165, 166, 208, 238, 359

岡本則録 78, 138, 142, 152, 158-161, 173, 174, 196, 198, 216, 227, 298

小野友五郎 65, 69, 71, 99, 100, 103, 133, 142, 149, 152, 231

か行

華蘅芳 9, 11, 14, 25, 29, 34, 36-44, 48, 52, 60, 102, 105, 106, 108, 111, 112, 122, 123, 206, 208, 209, 214, 359-361

ガウス（K. F. Gauss） 111, 114, 122, 221, 238, 344, 347

樺正董 228-230, 240, 301-303, 307, 308, 317, 347, 351, 352

カルダーノ（G. Cardano） 108, 110

ガロア（E. Galois） 111

川北朝鄰 65, 89, 91, 99, 100, 129, 138, 143, 146, 149, 153, 158-161, 165, 191, 197-199, 216, 217, 220, 227, 228, 322, 368

神田孝平 65, 75, 77, 81, 99, 100, 104, 137, 138, 147, 149, 154, 158, 159, 186, 216, 221, 359, 366

菊池大麓 77, 82, 88, 100, 136, 138, 143, 147, 154, 158-162, 168, 174, 186, 196, 197, 199, 215-217, 220, 226, 228-231, 233, 238, 239, 306, 308, 309, 314, 343, 347, 351-353, 359

肝付兼行 148, 149, 158-160, 199

呉汝綸 247, 248, 320, 351

日下部慎太郎 97

クラーク（Edward Warren Clark） 88-92, 95, 96, 191, 368

クラヴィウス（Christopher Clavius） 23, 24

グリフィス（William Elliot Griffis） 89

康熙帝 24

康有為 43, 44, 245, 249-253, 257, 262, 263, 265-269, 293, 308, 309, 349, 358, 365

さ行

サートン（G. Sarton） 29

左宗棠 58

澤田吾一 148, 149, 317, 336, 342, 343

時日醇　51

シムソン（Robert Simson）　95, 369

周達　287, 288, 290-293, 308, 368

徐建寅　33, 36

徐光啓　23, 24, 29, 31

徐寿　34-36, 40

神保長致　11, 65, 84-86, 98-101, 105,
　106, 123, 144, 214, 359, 369

鄒伯奇　55, 56

杉亨二　88

スミス（Charles Smith）　15, 29, 229, 230,
　309, 312-314, 317, 318, 347, 353

曽国藩　29, 34, 36, 40, 247

副島種臣　64

外山正一　88

た行

高久守静　129, 166

武田楠雄　73

田中矢徳　97, 145, 148, 161, 173, 199,
　211, 225, 312

タルタリア（Tartaglia）　108

譚嗣同　43, 245, 251, 254-263, 293, 361,
　367

中條澄清　97, 146, 147

丁福保　32

張之洞　59, 60, 247, 262-283, 287, 293,
　296, 299, 330, 349, 350, 357, 358,
　365, 368

秦九韶　39, 259

塚本明毅　65, 79, 85, 97, 98, 105, 124,
　138, 142, 231, 359

程大位　24, 39, 80

デーヴィス（Charles Davies）　96, 131,
　193, 210, 212, 227

デカルト（René Descartes）　23, 107, 178,
　366

寺尾寿　144, 168, 203, 218, 228, 229,
　235, 344, 347

ド・モルガン（A. De Morgan）　32, 41

トドハンター（Isaac Todhunter）　74, 91,
　94, 95, 97, 99, 153, 154, 199, 210,
　211, 225-228, 322, 344, 347

な行

中川将行　98, 142, 146, 152, 158-161,
　187, 195, 196, 199

長沢亀之助　11, 15, 100, 112, 146, 147,
　149, 153, 161, 165, 173, 176, 184,
　206, 209, 213, 218, 227-230, 291,
　292, 301, 304, 307, 308, 312, 316,
　317, 322, 347, 351, 353, 359

中牟田倉之助　65, 68, 70, 103, 144, 146,
　159

中村正直　88

ニーダム（J. Needham）　29

ニュートン（Isaac Newton）　14, 23, 29,
　32, 79, 112, 117, 120, 208, 366

は行

梅珏成　24

梅文鼎　24, 39, 113, 188

パスカル（Blaise Pascal）　41, 177-179

服部宇之吉　327-329, 332, 341

馮桂芬　36, 49

福田治軒　104, 151

福田理軒　53, 64, 138, 143, 146,
　148-150, 158-160, 165, 166, 180,
　225, 368

プトレマイオス（Ptolemaios）　113

フライヤー（John Fryer）　9, 11, 25, 29,
　32, 36-38, 40, 41, 43, 44, 48, 52, 106,
　108, 123, 256, 359, 363, 369

ペック（William Guy Peck）　193, 227

ベルヌーイ（Jakob Bernoulli I） 11, 113, 117, 156

ポアソン（S. D. Poisson） 41, 121

ホイヘンス（C. Huygens） 41, 176, 178, 179, 366

細井廣澤 24

ま行

マーティン（William Alexander Parsons Martin） 56, 325

マテオ・リッチ（Matteo Ricci） 13, 23, 24, 29

真野肇 98, 142, 152, 160, 195, 197, 198

箕作麟祥 77, 130

三守守 228, 229, 301, 306, 347

ミュアーヘッド（William Muirhead） 26

三輪桓一郎 148, 149, 203, 218, 224, 230, 233, 237, 240, 317

メドハースト（Walter Henry Medhurst） 26, 27

森有礼 223

や行

柳河春三 79, 81

柳楢悦 65, 69, 72, 73, 75, 78, 99, 100, 137-139, 146, 148, 149, 158, 159, 164, 165, 168, 169, 171, 180, 181, 198, 199, 215, 366

山本正至 89, 91, 191, 368

姚錫光 270-274, 293

容閎 364

ら行

ライプニッツ（Leibniz） 29, 118, 120, 178, 366

ラグランジュ（Joseph-Louis Lagrange） 29, 111-114, 117, 120

羅振玉 275-279, 293, 350

ラプラス（P. S. Laplace） 41

李鴻章 27, 35, 40, 44, 48-51, 58, 59, 247

李之藻 23, 24

李善蘭 9, 11, 14, 25-33, 36, 40, 42-44, 55, 56, 60, 102, 104, 105, 108, 112, 122, 123, 190, 206, 208, 214, 359-361, 364, 367

劉彝程 51-53

梁啓超 28, 38, 43, 60, 123, 245, 249, 251-255, 262-266, 293, 309, 324, 325, 349, 368

ルーミス（Elias Loomis） 32, 47, 104

ルジャンドル（Adrien-Marie Legendre） 96, 122

わ行

ワイリー（Alexander Wylie） 9, 11, 15, 25, 27-33, 36, 47, 79, 108, 124, 190, 359

書名索引

あ行

『算法蕉葉集』　74, 137
『算法橙實集』　137

か行

『解析幾何と微積分初歩』　32
『海島』　39
『開方別術』　40, 41
『学算筆談』　39-41, 255
『格致彙編』　32, 37, 38, 173, 253
『退邇貫珍』　34
『勧学篇』　262-265, 267, 269, 270,
　　272-274
『幾何学原礎』　89, 91, 97, 191, 368, 369
『気学須知』
『幾何原本』　23, 24, 29-31, 33, 39, 55,
　　255
『九章算術』　30, 56, 57
『教育世界』　275-278
『曲線須知』　48
『金石識別』　42
『形学備旨』　47, 255
『決疑数学』　41
『航海惑問』　74
『合数術』　41
『行素軒算稿』　41

さ行

『算式解法』　41
『算題類選』　74, 146
『算法統宗』　24, 39, 80
『実用算術概論』　24
『重学』　33, 56

『拾璣算法』　70, 170, 171
『周髀』　39
『初等幾何学教科書』　143, 155, 229,
　　309, 314, 316-318, 347, 351, 359
『申報』　156, 261
『数学教授本』　78-82, 201
『数学啓蒙』　15, 28, 31, 47, 79-82, 103,
　　201, 211, 253, 359
『数学報知』　70, 129, 133, 292
『数書九章』　39
『数理精蘊』　24, 28, 39
『西学書目表』　38, 123
『西国天学源流』　33
『増修日本数学史』　137
『崇禎暦書』　24, 113
『測円海鏡』　30, 39, 56

た行

『対数探源』　30
『代数学』　31-33, 56, 105, 108, 122-124,
　　190, 199, 206, 309, 312, 317, 318,
　　347, 351, 353, 359
『代数学初歩』
『代数術』　11, 29, 37, 41, 44, 52, 56, 101,
　　102, 105-111, 117-119, 122, 123,
　　206, 207, 211, 214, 255, 292, 359, 369
『代数備旨』　47, 255
『代微積拾級』　10, 31-33, 82, 100, 104,
　　112, 149, 190, 206, 208, 210, 211,
　　213, 214, 359
『代微積拾級訳解』　104
『地学浅釈』　42
『中外新報』　34
『同文算指』　24

は行

『八線備旨』 47
『微積溯源』 37, 41, 52, 131, 142, 206,
　　211, 213, 255, 359
『筆算訓蒙』 28, 79, 80, 97, 98, 131, 142,
　　359
『筆算数学』 47, 255
『扶桑両月記』 276, 350
『北華捷報』 27

や行

『洋算用法』 79-81
『容術新題』 74, 78, 144, 166

ら行

『量地括要』 73, 74, 146
『量地図説』 70
『暦算全書』 25, 39, 113, 188
『暦象考成』 24
『六合叢談』 33, 34

薩 日 娜（Rina Sa）

1972 年中国内モンゴル生まれ。中国内モンゴル師範大学数学科卒業。同大学科学技術史研究院修士課程修了。同研究院講師を経て東京大学大学院総合文化研究科（博士）。現中国上海交通大学准教授。主な著書に，『東西方数学文明的碰撞和融合』（独著，上海交通大学出版社，2016 年 8 月），『幾何原本』注釈（合著），『泰西水法』注釈（合著），『艾薩克・巴罗几何学讲义』（訳著）などがある。

日中数学界の近代
西洋数学移入の様相

平成二十八年十二月三十一日　初版発行

著者　薩　日　娜

製本　印刷　尼崎印刷株式会社

発行者　片　岡　敦

発行所　株式会社　臨　川　書　店

606‒8204　京都市左京区田中下柳町八番地

電話〇七五　七二一‒七一一一
郵便振替　〇一〇七〇‒一‒二八〇〇

落丁本・乱丁本はお取替えいたします
定価はカバーに表示してあります

ISBN 978-4-653-04335-5　C3040　© 薩日娜 2016